U0248702

“十二五”国家重点出版物出版规划项目

电/化/学/丛/书

谱学电化学

Spectro-electrochemistry

田中群 等编著

化学工业出版社

·北京·

内 容 简 介

《谱学电化学》重点介绍了谱学电化学领域的常用技术和最新成果及应用，展示了谱学电化学的主要进展。书中首先回顾了半个世纪来，谱学电化学从建立初期到成长壮大的历程，针对电化学拉曼光谱技术、电化学衰减全反射表面增强红外光谱技术、电化学非线性光学技术、电化学质谱技术、量子化学理论在谱学电化学中的应用和电化学扫描探针显微术，讲解了其原理与特点、实验技术和理论计算的要点与细节，总结了这些方法与技术在界面电化学、能源电化学、材料电化学应用方面的最新进展，并列举了丰富的应用实例。同时还简要讨论展望了谱学电化学的前沿和发展趋势。

本书可供从事谱学电化学、界面电化学、材料电化学、谱学、表面科学研究以及电化学工程应用的科技人员阅读，也可供大专院校相关专业师生参考。

图书在版编目（CIP）数据

谱学电化学/田中群等编著 . —北京：化学工业出版社，2020.8（2024.10 重印）
（电化学丛书）
ISBN 978-7-122-36767-9

Ⅰ.①谱…　Ⅱ.①田…　Ⅲ.①电化学　Ⅳ.①O646

中国版本图书馆 CIP 数据核字（2020）第 077948 号

责任编辑：成荣霞　　　　　　　　　文字编辑：向　东
责任校对：宋　夏　　　　　　　　　装帧设计：刘丽华

出版发行：化学工业出版社（北京市东城区青年湖南街 13 号　邮政编码 100011）
印　　装：北京盛通数码印刷有限公司
710mm×1000mm　1/16　印张 23¼　字数 477　千字　2024 年 10 月北京第 1 版第 2 次印刷

购书咨询：010-64518888　　　　　　售后服务：010-64518899
网　　址：http://www.cip.com.cn
凡购买本书，如有缺损质量问题，本社销售中心负责调换。

"电化学丛书"编委会

"谱学电化学" 编写人员名单

田中群（厦门大学 化学化工学院）

任　斌（厦门大学 化学化工学院）

刘国坤（厦门大学 化学化工学院）

连小兵（厦门大学 化学化工学院）

蔡文斌（复旦大学 化学系）

郭　源（中国科学院化学研究所）

陈　微（中国科学技术大学 化学与材料科学学院）

陈艳霞（中国科学技术大学 化学与材料科学学院）

颜佳伟（厦门大学 化学化工学院）

毛秉伟（厦门大学 化学化工学院）

吴德印（厦门大学 化学化工学院）

赵刘斌（厦门大学 化学化工学院）

黄　荣（厦门大学 化学化工学院）

序

　　"电化学丛书"的策划与出版，可以说是电化学科学大好发展形势下的"有识之举"，其中包括如下两个方面的意义。

　　首先，从基础学科的发展看，电化学一般被认为是隶属物理化学（二级学科）的一门三级学科，其发展重点往往从属物理化学的发展重点。例如，电化学发展早期从属原子分子学说的发展（如法拉第定律和电化学当量）；19世纪起则依附化学热力学的发展而着重电化学热力学的发展（如能斯特公式和电解质理论）。20世纪40年代后，"电极过程动力学"异军突起，曾领风骚四五十年。约从20世纪80年代起，形势又有新的变化：一方面是固体物理理论和第一性原理计算方法的更广泛应用与取得实用性成果；另一方面是对具有各种特殊功能的新材料的迫切要求与大量新材料的制备合成。一门以综合材料学基本理论、实验方法与计算方法为基础的电化学新学科似乎正在形成。在"电化学丛书"的选题中，显然也反映了这一重大形势发展。

　　其次，电化学从诞生初期起就是一门与实际紧密结合的学科，这一学科在解决当代人类持续性发展"世纪性难题"（能源与环境）征途中重要性位置的提升和受到期待之热切，的确令人印象深刻。可以不夸张地说，从历史发展看，电化学当今所受到的重视是空前的。探讨如何利用这一大好形势发展电化学在各方面的应用，以及结合应用研究发展学科，应该是"电化学丛书"不容推脱的任务。另一方面，尽管形势大好，我仍然期望各位编委在介绍和讨论发展电化学科学和技术以解决人类持续发展难题时，要有大家风度，即对电化学科学和技术的优点、特点、难点和缺点的介绍要"面面俱到"，切不可"卖瓜的只说瓜甜"，反而贻笑大方。

　　"电化学丛书"的编撰和发行还反映了电化学科学发展形势大好的另一重要方面，即我国电化学人才发展之兴旺。丛书各分册均由该领域学有专攻的科学家执笔。可以期望：各分册将不仅能在较高水平上梳理各分支学科的框架与发展，同时也将提供较系统的材料，供读者了解我国学者的工作与取得的成就。

　　总之，我热切希望"电化学丛书"的策划与出版将使我国电化学科学书籍跃进至新的水平。

查全性

（中国科学院院士）

二〇一〇年夏于珞珈山

前　言

　　电化学是历史悠久且仍然充满生机的物理化学的重要分支之一，因其涉及的对象几乎无所不在，包括离子导体和电子导体及它们组成的各种界面现象、结构和电荷转移及物质传输反应和过程，都需要用电化学知识来阐述并用电化学技术来研究。电化学界面的物理与化学过程互为交叠与影响，使其成为表面（界面）科学界一般认为的最为复杂体系。因此，要适应当代电化学日益扩大且复杂的研究对象的需要，需全面深入认知其结构和过程，离不开表征方法和科学仪器的建立与进步。谱学电化学发源于 20 世纪 60 年代中期。随着激光的发明和各类光源特别是各类光谱学技术的发展，人们开始摸索尝试引入光谱技术研究各类材料表面化学和电化学体系，其间，人们逐渐把各种谱学方法（包括各种光谱、波谱、能谱、质谱和扫描探针显微技术等）与电化学方法相结合，成功地研究不同的电化学体系，由此产生了谱学电化学分支学科，建立了电化学研究历史上新的里程碑。

　　在过去的半个世纪中，人们充分利用了 20 世纪发展起来的激光、电子束、离子束和微探针等技术，获得了电极表面的形貌、电子态、物种类型与表面键合等物理和化学信息，对电化学界面的物理化学过程及其机理有了更深入全面的了解。谱学电化学技术随着研究新技术的不断涌现和仪器性能（特别是检测灵敏度）的不断提高，其应用范围和实际应用体系不断扩展，在鉴定参与电化学过程（包括中间步骤）的分子物种，研究电极表面吸附物种的取向和键接，确定双电层及表面膜的组成和厚度等方面都取得了引人注目的成就。目前谱学电化学已成为在分子（原子）水平上原位研究电化学体系的最重要手段，表征对象从固-液界面拓展至液-液和固-固等不同界面，推动电化学研究上升至一个新高度，即由宏观到微观、由经验及唯象到非唯象、由统计平均深入到分子（原子）水平。自 20 世纪 90 年代以来，在国家自然科学基金委的长期大力支持下，我国电化学工作者全面进入谱学电化学领域，迄今已在国际上占有重要的一席之地，在一些方向上已成为领跑者。

　　本书旨在展示谱学电化学领域的新进展，突出介绍我国在这一领域的最新研究和应用成果。书中首先回顾了半个世纪以来，谱学电化学从建立初期到成长壮大的历程，针对电化学拉曼光谱技术、电化学衰减全反射表面增强红外光谱技术、电化学非线性光学技术、电化学质谱技术、量子化学理论在谱学电化学中的应用和电化学扫描探针显微术，讲解了其原理与特点、实验技术和理论计算的要点与细节，总结了这些方法与技术在界面电化学、能源电化学、材料电化学应用方面的最新进展，并列举了丰富的应用实例。同时还简要展望了谱学电化学的前沿和发展趋势。

本书作者都是我国谱学电化学领域的知名专家和学者，其中有院士、教授，不少是新一代的学术带头人。他们大多数在谱学电化学领域的各自方向上已经辛勤耕耘了二三十个春秋，为推动我国谱学电化学技术的进步和促进电化学科学与技术的发展，做出了积极重要的贡献。因此，本书融入了作者们数十年来承担国家及部委研究计划所进行科研工作的结晶，渗透着这些专家多年来的研究成果和对谱学电化学科学与技术问题的独到见解。读者可以从书中了解到我国在这一领域所取得的创新性研究成果及丰富的实践经验。

本书撰写的过程中，力求兼顾内容的科学性、专业性、新颖性，突出其实用性。希望在传播和普及谱学电化学知识，促进电化学学科的发展，加快电化学技术的进步等方面起到积极的作用。

本书的写作人员分工如下：第1章田中群；第2章任斌，刘国坤，连小兵，田中群；第3章蔡文斌；第4章郭源；第5章陈微，陈艳霞；第6章吴德印，赵刘斌，黄荣，田中群；第7章颜佳伟，毛秉伟。衷心感谢我的厦门大学同事与学生在过去30年发展谱学电化学方向所做出的贡献，特别感谢李超禹在图表和文献及格式等多方面给予的大力协助和辛勤付出。

本书是一部具有特色的基础研究与应用技术著作，可供从事电化学、谱学、表面科学、材料科学等专业的研究人员、大专院校师生及工程技术人员学习和参考。由于参与撰写的人员较多，写作风格虽经整合，但仍难免有疏漏之处，介绍的内容和深度很难完全统一，不当之处敬请指教。

衷心感谢本书所有作者的辛勤细致工作和国家自然科学基金委员会的长期支持，特别感谢厦门大学黄开启和化学工业出版社相关工作人员在组织协调本书编辑出版等多方面的辛勤付出。

田中群

目　录

第1章

谱学电化学综论

1.1 引言

　　电化学研究起源于 1791 年意大利生理学家 L. Galvani 发现的"动物电"现象，因此引发了意大利物理学家 A. Volta 的兴趣，并于 1799 年发明了伏特电堆。该科学与技术的重大突破立即被应用于电解水，分解出氢气和氧气。英国化学家 H. Davy 随后通过电解分离各类化合物，发现了钾、钠、镁、钙、锶、钡、硼、硅 8 种新元素，并由此创立了化学上最强大的氧化还原反应——电解法。电化学从此蓬勃发展，建立了电化学学科，并在 19 世纪的科学与技术发展方面发挥重要作用。1887 年德国化学家 W. Ostwald 和荷兰化学家 J. H. van't Hoff 创刊的首个物理化学的学术刊物在其初期阶段的相当部分论文与电化学研究相关。

　　200 余年来，电化学所研究的对象已从原先为数不多的金属、碳材料、半导体和电解质水溶液等拓宽至导电高分子、氧化物、石墨烯和碳纳米管、分子自组装膜、仿生膜、生物膜、超导体、离子液体、熔融盐、固体电解质等种类繁多的复杂体系。电化学所应用的领域也远非人们所普遍熟知的化学电源、电解、电镀、电合成、腐蚀、电分析传感器等，电化学一方面通过学科交叉，促进材料、能源、生命、环境、信息科学的发展；另一方面，又将电子学、理论化学、结构化学、催化化学、谱学、固体物理学、材料化学、统计力学、动力学、流体力学、计算机科学的新成就不断地渗透到电化学研究与应用中，使这门古老的科学充满活力，不断拓展，前景广阔。

　　电化学之所以成为历史悠久仍充满生机的物理化学的重要分支之一，是因其涉及的对象几乎是无所不在，包括离子导体和电子导体及它们组成的各种界面现象、结构和电荷转移及物质传输反应和过程，都需要用电化学知识来阐述和电化学技术来研究[1~8]。对于大多数电化学体系，固/液、固/固、液/液乃至固/液/气所组成的不同凝聚相的界面是控制并影响整个电化学过程的最重要场所，因为带电粒子（电子或空穴或离子）的传递过程发生在界面区间。界面（interface）通常定义为固体最外 3～5 个原子层和最接近的数纳米的电解质层。由于存在界面电势降，其结构性质与固体和电解质的体相比较往往有较大差异。固体表面结构、表面物种特别是物种与表面的相互作用强弱，决定了该界面的性质以及可能发生的物理化学过程。电化学最常研究的固/液界面体系一般可以分为三个区域：一是固体表面的原子结构或电子态形貌；二是固体表面分子或离子吸附层的电化学双电层的紧密层；三是与其相邻的液层（分散层）。首先，紧密双电层是由带电的固体表面和具有偶极性的物种决定了其电场和电势分布。由于电场强度可高达 $10^9 \mathrm{V \cdot m^{-1}}$，因此其存在和分布情况对界面反应的活化能有很大影响，电极反应的速率随着所施加电极电势（电压）的改变而发生很大变化，可达到几个数量级。在同样的电极电势下，通过改变溶液组分来改变电势分布，也会影响电化学反应速率。除了电极/电解质界面的电场因素之外，电极材料、表面原子的排列、台阶和缺陷等活性位、表面吸附分子也构成了影响界面反应的化学因素。例如，许多电极反应会产生吸附中间体，这些中间体对后续的电极步骤将产生很大的影响。电化学界面的物理与化学过程互为交叠与影响，使其成为表面（界面）科学界一般认为的最为复杂体系。因此，要全面深入认知其结构和过程是极具挑战性的。

对于电化学体系尤其是对界面结构和过程的研究，离不开表征方法和科学仪器的建立与进步。它们的发展与重要科学现象的发现、重大科学问题的需求以及技术领域的突破性进展是密不可分的。自 19 世纪逐渐发展的传统电化学研究方法主要是通过电信号作为激励和检测手段，利用电流、电位和电荷的精确测量（例如循环伏安、计时电位、交流阻抗等）研究有关电极/电解质溶液界面的结构和过程的机理，虽然电化学方法随着先进的电子学技术的不断发展，迄今已经具有极高的检测灵敏度，可探测在电化学界面发生的亚单原子（分子）层的变化，对电化学科学的建立和应用具有重大贡献。但是传统电化学方法和仪器有其本质的局限性，例如：它所基于的电信号激励和检测方法不具有表征界面的具体分子及其细节的能力，无法适应深入至微观研究的要求，在复杂的多物种体系中，常规电化学方法仅可提供电极反应的各种微观信息的总和，难以准确地鉴别电极上的各类反应物、中间物和产物并解释电化学反应机理，因此无法适应当代电化学日益扩大且复杂的研究对象的需要，引入在此方面更具优势的其他技术则势在必行。

谱学电化学发源于 20 世纪 60 年代中期。随着激光的发明和各类光源特别是各类光谱学技术的发展，人们开始摸索尝试引入光谱技术研究各类材料表面化学和电化学体系。

在过去的半个世纪中，人们充分利用了 19 世纪发展起来的激光、电子束、离子束和微探针等技术，获得了固体表面的形貌、电子态、物种类型、与表面键合的情形等物理和化学信息，对电化学界面的物理化学过程及其机理有了更好的了解。近年来，谱学电化学技术随着仪器性能（特别是检测灵敏度）的不断提高和新技术的涌现，其应用范围不断扩展，在鉴定参与电化学过程（包括中间步骤）的分子物种，研究电极表面吸附物种的取向和键接，确定表面膜组成和厚度等方面都取得了引人注目的成就。目前谱学电化学已成为在分子（原子）水平上原位表征和研究电化学体系的最重要手段，它推动电化学研究上升至一个新高度，即由宏观到微观、由经验及唯象到非唯象、由统计平均深入到分子（原子）水平。

基于谱学电化学近年来拓宽显著且发展迅速，此综述希望能提供其基本全貌和展望未来，更是为了帮助读者们抓住发展机遇。首先有必要回到半个世纪之前的历史原点，简要回顾建立该学科的初始关键阶段。

1.2 历史

在 20 世纪 60～70 年代间，电化学家抓住当时谱学技术迅速发展的机遇期，建立了一批谱学电化学技术[9]。人们分别采用椭圆偏振、紫外-可见、电反射、红外、拉曼等光谱和顺磁技术，用于表征电化学过程中的电极表面膜的生成和识别电极反应产物以及中间物种[10~14]（图 1-1）。在 70～80 年代间，人们全面地将各种谱学方法（包括各种光谱、波谱、能谱、质谱和扫描探针显微技术等）与电化学方法相结合，成功地研究了不同的电化学体系，由此产生了谱学电化学分支学科，建立了电化学研究历史上的新的里程碑。

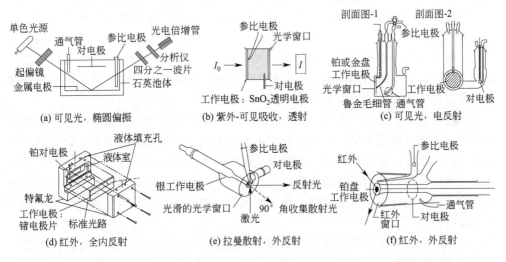

图 1-1　早期采用椭圆偏振光谱、紫外-可见透射光谱、电反射光谱、红外全内反射光谱、拉曼散射光谱和红外外反射等六类光谱方法研究电化学体系的电解池和光路示意图[10~14]

椭圆偏振光谱技术可以测量光亮金属表面反射光的偏振态变化，很早就被应用于表征薄膜材料。L. Tronstad 于 1929 年就已用椭圆偏振光谱技术对镍或铁材料在溶液中钝化或活化之后的表面膜进行非原位表征[15]，这归属于材料腐蚀学科的研究。真正在电化学控制条件下开展的原位电化学-椭圆偏振光谱实验则是由 J. O'M. Bockris 于 1963 年首先报道的。他们将对电极施加恒电流控制的同时，使用椭圆偏振仪记录电极材料表面的偏振光强度的变化，进而可以原位表征电极阳极溶解产生的阳离子与电解液阴离子生成薄膜过程，例如在汞电极上形成氯化亚汞薄膜的过程，实验构型如图 1-1(a) 所示[16]。需要指出的是，因为椭圆偏振光谱对材料表面的平滑度要求极高，而该研究受限于阳极氧化过程导致电极表面粗糙化，无法获得角分辨信息，因此只能对具有较强信号的薄膜结构进行简单表征。

T. Kuwana 于 1964 年则将另外一种简单易用的光谱技术——紫外-可见光谱首次引入到电化学体系[10]。基于当时的研究条件，他们所采用的光谱电解池也非常简单，仅仅在类似于比色皿的结构上加上三电极体系，具体结构由图 1-1(b) 所示。该实验采用的是紫外-可见光谱检测最常用的透射光谱模式，选择了在所研究的光波长范围为光透明的二氧化锡作为工作电极，另一面电解池窗口则是石英玻璃。他们将一束光垂直地入射到二氧化锡透明电极上，穿过电解液和石英窗口到达光检测器。他们最初研究的是亚铁氰化钾和高铁氰化钾氧化还原对，因为二者具有显著不同的颜色，当加上阴极或者阳极电压时，还原或氧化反应产物可反映到电极附近溶液相的颜色变化，进而比较方便地被光谱仪所检测。这是用光谱方法来研究溶液相里的电化学反应产物的首次报道，但是它能够获得的信息是非常有限的，因为即使采用肉眼也可以观察到反应过程中电极附近溶液的颜色变化。因为需要反应物及产物有比较明显的颜色差异，能够适用此研究的分子体系也是极少的。

J. Feinleib 和 D. F. A. Koch 等于 1966 年分别尝试了电反射光谱的实验[12,17]。他们基于金属电极的阳极溶出成膜会引起金属电极表面反射率的明显变化，通过记录不同电势下金属电极表面的原始反射光谱，再与起始电势下的标准样进行比较，进而分别获得金电极表面在 KCN 溶液中的刻蚀和铂电极在高电势下形成氧化物膜过程随施加电压变化的电反射光谱，具体的电解池构型如图 1-1(c) 所示。

应当指出，上述的三类光谱的应用是有益的尝试，也表明开拓谱学电化学方向的可行性。椭圆偏振和电反射光谱皆对电极表面的平滑度的要求很高，但是由于当时仪器检测灵敏度的限制，所研究的都受限于具有一定厚度的电极表面薄膜。紫外可见光谱所检测到的信号也是来自浓度较高的溶液物种。因此，这些早期报道的原位光谱技术并没有真正体现谱学电化学的优势，相当于只是找到了谱学电化学的大门（方向）。

H. B. Mark 等也于同年进行了难度较大且意义也较大的尝试，他们采用红外光谱技术开展谱学电化学的探索研究[11]。因为红外光在水溶液里被强烈吸收而传播距离很短，其信号在几十微米的水层内便会显著衰减，这给研究电极/水溶液体系的电化学红外光谱造成很大困难。为此，他们采用了很聪明的方法，即全内反射光谱模式以及锗材料作为电极，避免红外光进入溶液而被吸收。如图 1-1(d) 所示，红外光仅仅在锗材料里传播，从材料的一端引进，进行多次的内反射，最终由材料另外一端反射出后导入红外光谱仪。他们以此研究了 8-喹啉醇还原成二氢-8-喹啉醇和四甲基联苯胺自由基还原成四甲基联苯胺的电化学反应。这是采用分子振动光谱研究电化学体系的首次报道。该进展的意义远大于紫外-可见透射光谱，电反射光谱和椭圆偏振光谱研究，因为全内反射模式控制红外光束在电极材料里经过数十次的反复可以比较敏感地检测到电极-溶液界面的反应产物的红外光谱信号。原则上可以研究电化学方法常用的大量在可见光区无吸收的、无颜色的分子体系。更为重要的是，红外光谱属于分子振动光谱，具有分子指纹信息的识别能力，并通过光谱鉴别和分析电极反应物和产物而获得电化学方法无法获得的信息。

但是应当指出，该研究在光谱激发收集模式和电极材料方面有较大局限，因而不具备普适性，因为当时要设计加工全内反射光谱电解池的难度很大，要引入和导出肉眼看不见的红外光更属不易，尤其是能够真正实现在电极材料里进行全内反射的红外光谱研究的体系非常有限。他们所使用的锗材料显然不是一个广泛使用的电极材料，而电化学界广泛采用的金属电极是无法直接用于全内反射模式。所以大家认为仅仅是个概念性的尝试工作，没有实用性，导致该工作长期不受到重视。不过回顾历史，在 1966 年便将红外光谱用于电化学水溶液体系的思路是非常超前的。直到 20 世纪 90 年代之后，由于人们可以较方便地将各类金属材料以薄膜形式镀在红外光传导材料上，全内反射模式技术才得以复兴（请详见第 3 章）。

在 1968 年，C. N. Reilley 等人使用薄层电化学电解池，首次应用在了红荧烯分子的电化学-荧光行为研究中。因为荧光分子的散射截面较大，故可结合电化学技术，在极低浓度下进行原位研究。他们在对二萘嵌苯的电化学荧光分析中，进一步将浓度降到了微摩尔级别，在早期的电化学谱学技术研究中，显现出了比紫外吸收光谱更高的灵敏度[18]。

M. Fleischmann 和 P. J. Hendra 等人于 1973 年首次将拉曼光谱技术应用于电化学研究[19]。其特色在于拉曼光谱与红外光谱同样是具有分子指纹识别能力的分子振动光谱，但前者的优势在于激光光源的波长在可见光区域，因此水溶液不会吸收和干扰入射光，故可以采用一个类似于常规电化学研究的电解池，激光通过光学玻璃经过电解质溶液入射到银电极表面，其散射光由具有高数值孔径的透镜收集到拉曼光谱仪进行分析。该工作与之前报道的谱学电化学工作的重大差异是，首次采用了外反射收集模式［见图 1-1(e)］，可以将电化学界普遍采用的棒状金属电极用于谱学电化学研究，这使得电化学家引进和接受谱学技术的可行性显著提升。

但是拉曼光谱信号的灵敏度远远弱于红外光谱信号，故他们首先选择研究的体系是 Hg_2Cl_2、Hg_2Br_2 和 HgO 薄膜电极，因为这些汞氧化物和汞卤化物皆是非常大的拉曼散射体，并且又是与单分子层相比其分子数量要多得多的薄膜材料（这也是 J. O'M. Bockris 等人十年前首次开展原位椭圆偏振光谱研究的体系），他们由此获得了可检测到的拉曼光谱信号。虽然该研究对象的应用价值并不大，但该实验证明了利用拉曼光谱研究电极材料本身结构的可行性。更重要的是，他们首先采用这些具有强拉曼信号的体系，用于调整入射和收集光路并改进和优化光谱电解池，为开展更为重要且更为困难的电极表面的（亚）单层吸附（反应）物种的研究打好基础。这也是任何一个新的谱学电化学技术在建立研究方法初期所需遵循的实验路径。

谱学电化学作为一个学科的建立而被学术界公认是在 20 世纪 70 年代初期到 80 年代中期。其里程碑式的事件当属英国皇家化学会于 1973 年举办的第 56 期法拉第研讨会，这个题为 "Intermediates in Electrochemical Reactions" 的研讨会聚集了当时全球几乎所有最活跃和著名的电化学家和刚崭露头角的年轻学者。与会者深入研讨各类电化学研究方法，重点讨论的内容之一便是如何将非传统电化学研究技术和方法，特别是光谱技术用于研究电化学体系[2]。当时最受到大家关注的是电反射光谱和紫外-可见光谱方法。但是，来自 M. Fleischmann 研究组的博士后 A. J. McQuillan 在讨论中介绍了他们近期探索的更具有重要意义的新工作，即首次获得了吸附于银电极表面的吡啶分子的拉曼光谱的信号，当时仅仅展现了一条简单的拉曼光谱谱线。由于与会者对于拉曼光谱知之甚少，且他没有展示其拉曼光谱是否具有电极电势依赖性，甚至此结果是否可靠都是问题。由于拉曼光谱的灵敏度低于紫外-可见和红外光谱达几个数量级，人们不得不怀疑是否真可能如他所说，能够检测到以单层数量吸附的分子的信号。因此当时未引起电化学界的重视，直到该研究组自 1974 年进行进一步的系统研究，特别是由 R. P. Van Duyne 等于 1977 年揭示表面增强拉曼散射（surface-enhanced Raman scattering，SERS）效应之后，其重要性才逐渐被学术界所认可[13,20]，因为这是谱学电化学历史上首次获得的单层吸附分子的振动光谱信号。

表 1-1 为谱学电化学的主要技术发明的简介。由此可见，自 20 世纪 60 年代中期至 80 年代中期，美国得克萨斯 A&M 大学的 J. O'M. Bockris 团队[16,21]、加州大学河滨分校的 T. Kuwana 团队[10]、英国南安普顿大学的 M. Fleischmann 团队[13,19,22] 和美国凯斯西方储备大学的 E. Yeager 团队[23] 在全面开启谱学电化学大门方面作出关键性的贡献，由此在谱学电化学发展史中占有举足轻重的地位。

表 1-1　以发明时间为续的各类谱学电化学技术的特点和开拓者简介

时间	谱学电化学技术	是否原位技术	开拓者	文献
1929	椭圆偏振光谱	否	L. Tronstad	[15]
1959	电子自旋共振	是	A. H. Maki	[24]
1963	椭圆偏振光谱	是	J. O'M. Bockris	[16]
1964	紫外-可见吸收光谱	是	T. Kuwana	[10]
1966	电反射光谱	是	J. Feinleib; D. F. A. Koch	[12,17]
1966	基于全内反射模式的红外光谱	是	H. B. Mark	[11]
1968	荧光光谱	是	C. N. Reilley	[18]
1970	穆斯堡尔谱	是	J. O'M. Bockris	[21]
1971	质谱	否	S. Bruckenstein	[25]
1973	质谱	是	S. Bruckenstein	[26]
1973	拉曼光谱	是	M. Fleischmann	[19]
1975	核磁	是	J. A. Richards	[27]
1980	基于外反射模式的红外光谱	是	A. Bewick	[28]
1983	X 射线衍射技术	是	M. Fleischmann	[22]
1983	X 射线吸收精细结构谱	是	M. Kuriyama	[29]

时间	谱学电化学技术	是否原位技术	开拓者	文献
1986	扫描探针显微术	否	P. K. Hansma	[30]
1988	扫描探针显微术	是	A. J. Bard； K. Itaya； D. M. Kolb； H. Siegenthaler	[31～34]
1986	卢瑟福背散射谱	是	R. Kötz	[35]
1990	和频光谱	是	A. Tadjeddine	[36]

1.3 分类

　　谱学电化学学科经过约半个世纪发展成长壮大，现已成为电化学学科和谱学学科的重要分支。谱学技术基本上是采用"激励-响应-检测"的模式。用来激励待测电极表面的有光子、电子、原子、离子束等，也有引入尖锐的金属或半导体材料的实体针尖，这些统称为探针，它们和界面相互作用后（即得到检测物质的"响应"）可能改变了自身的能量、方向，或者转变成另外一种形式，检测分析这些变化可以得到和界面相关的信息。迄今采用谱学技术研究电化学体系的事例层出不穷，有必要给予归纳分类。

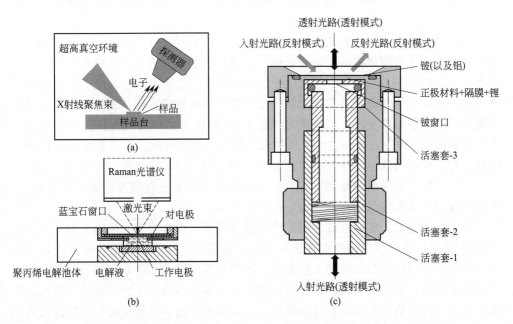

图 1-2　（a）非原位的 XPS 实验示意图；（b）非水体系中所用的原位电化学拉曼光谱的电解池和光路示意图；（c）可用于透射以及反射模式的在线（工况）的 X 射线衍射和吸收的电解池和光路示意图[37,38]

需要特别强调的是，根据所使用的探针类型，谱学技术能否在电化学条件下研究界面过程乃至直接在电化学反应体系进行在线检测分析作为判据，可将所有谱学技术分为三类：ex situ（非原位）、in situ（原位）和 operando（在线或工况）技术。为便于理解它们的差异，有人对此做了较通俗的比喻，非原位是研究一条离开水已死去了的鱼，原位则研究较小鱼缸里被限制游动的鱼，在线可全面研究在湖海里正常生活的鱼。非原位技术一般应用于需要超高真空等严苛实验条件下的测试中，如 X 射线光电子能谱（XPS）分析技术［图 1-2(a)］。而原位技术则可以调控外加物理场，不仅可以研究体相变化过程（如原位 X 射线衍射），也可以在极薄的样品表层进行振动光谱表征［如原位红外或者拉曼光谱，见图 1-2(b)］[37]。因为在线（工况）技术的全面性，所以特别适合于体相研究，比如使用同步辐射技术进行锂离子电池中电极材料的电化学过程表征[38]。如图 1-2(c) 所示，J. B. Leriche等人设计的反射模式以及透射模式的电解池，可以分别适用于以 X 射线衍射以及吸收技术在线研究锂离子电池电极材料在充放电过程的变化[38]。该电解池主要由池体、中空的金属外环（正极），三个活塞套（负极）以及金属铍窗片组成，而所研究的电极材料则可以放置于铍窗片的背面。另外，当电极电势较大时，则再加入铝片以防止引起铍窗片氧化。三个活塞套共同构成负极，它们之间可以通过弹簧进行调节，这样则可以轻松置换铍窗片和样品。由于电化学体系（尤其是各类电池体系）很复杂，真要实现在线（工况）研究的难度较大，所以真正成功的事例非常有限，故本章主要讨论非原位与原位技术。

非原位技术往往需要在超高的真空度（$10^{-3} \sim 10^{-9}$ Pa）下研究，它们用电子、离子、原子等作为探针源撞击电极表面。这些探针粒子和表面相互作用之后产生散射电子、二次电子、光电子、俄歇电子、散射离子、二次离子、X 光子、散射原子等响应信号，为了保证探针和信号粒子的正常工作并获得正确的表面信息，需要尽量避免探针和信号粒子同电极周围的液态电解质/固态电解质或气体分子相碰撞而先发生作用[23,39~45]。这些技术在获得表面形貌、表面组成、表面晶型和表面物种的键合等方面的信息上，比较容易结合具有确定结构（well-defined）的单晶技术，往往可以得到非常准确的结果，有利于建立理论模型和进行模板计算与理论解释，从而使人们更深刻地认识表面结构与性能的关系。

但是严格地说，非原位技术研究的是固体表面，而非两相之间的界面，对于电化学固/液界面这类对周围环境和施加电压极其敏感的体系，破坏其原位条件并移入高真空体系的做法是无法使人信服的。因为高真空体系下溶剂和弱吸附物种是无法稳定存在的；更关键的是，它无法施加界面电场，而事实上界面电场、溶剂、吸附中间体等因素都起着极其重要的作用。人们在发展谱学电化学的初期阶段便认识到，在高真空体系，无法施加电位和必须去除电解液而裸露电极，这与常压甚至高压条件下的电化学固/液界面或固/固界面体系之间存在巨大的差别。因此，发展可以原位研究电化学界面的谱学技术是必经之路。

因为光子可以穿透大多数介质，入射光容易穿过固/液体系的溶液层或具有光学透明的固体电极材料，通过光入射至样品表面（界面），可导致反映电化学界面结构与性质的各种电、热、声和光信号。因此，自1963年，以光为激励和检测手段的光谱电化学方法一直是发展谱学电化学的先头部队，随着激光技术和相关的光谱技术的迅速发展而日益受到重视，已成为原位谱学电化学的最重要的分支之一。还应指出，分子振动光谱（包括红外光谱、拉曼光谱与基于非线性效应的和频光谱）技术等由于能够得到分子水平的界面物种的指纹信息而受到人们的格外重视。

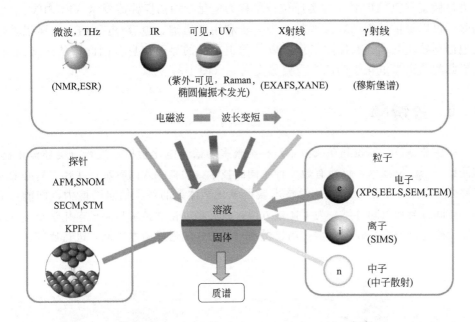

图1-3　基于激励-检测手段的三大类谱学电化学技术包括电磁波、探针、粒子等激励源，可直接对电化学反应的物种进行检测的电化学-质谱则归属于第四类技术

NMR—核磁共振；ESR—电子自旋共振；EXAFS—扩展X射线吸收精细结构；XANE—X射线吸收近边结构；AFM—原子力显微镜；SNOM—扫描近场光学显微镜；SECM—扫描电化学显微镜；STM—扫描隧道显微镜；KPFM—开尔文探针力显微镜；XPS—X射线光电子能谱；EELS—电子能量损失谱；SEM—扫描电子显微镜；TEM—透射电子显微镜；SIMS—二次离子质谱

谱学电化学的另一大类重要探针检测手段是制备极其尖锐的金属、合金或半导体材料的探针，控制针尖从液体一侧逼近固体电极表面，使针尖得以定域表面作用于很小的范围。此类技术不受限于光学衍射，其空间分辨可以较易达到数十至数个纳米，甚至通过测量导电针尖最突出的原子和电极表面之间流过的隧道电流达到原子尺度的分辨率，通过二维扫描可以获得具有远远超过光学衍射极限的超高空间分辨率的表面成像。这是采用金属等材料制备的探针来观测材料表面形貌及表面物种的一类全新方法，该重大突破受到了学术界的广泛重视和认可，由此获得了诺贝尔物理学奖。自从1981年首台具有原子分辨率的扫描隧道显微镜（STM）诞生以来，人们便意识到STM在电化学研究中的巨大潜力，并开展了大量的探索性工

作。1986 年首次报道了溶液环境下的 STM 实验，自 20 世纪 90 年代初，STM 用于现场电化学研究拓宽到金属单晶电极体系，人们通过包封针尖等方法初步克服了在电化学体系所带来的困难而达到了原子分辨率，避免了针尖上所产生电化学电流对隧道电流的严重干扰等问题[30]。此后，电化学扫描隧道显微镜（ECSTM）成功地用于原位表征和研究各类平滑电极/溶液界面结构和过程。目前 ECSTM 已成为界面电化学研究中不可缺少的强有力手段。目前最为通用的是 ECSTM 和电化学原子力显微镜（ECAFM），这类原位技术称为电化学扫描探针显微术（ECSPM）。它们除了可以提供精细的表面形貌，进一步利用隧道谱、电容/电压谱、力谱以及与其他谱学技术联用而获取除了形貌以外的更丰富的界面信息。因此，从广义而言，它们归类于谱学电化学的四大重要分支之一（图 1-3）。

1.4 分辨率

采用非原位、原位和在线技术对种类繁多的谱学电化学技术进行分类还显粗糙，即便集中于原位技术，仍然有数十种不同的技术，使得刚入门者难以抉择。有必要从三种分辨率来评价谱学和电化学技术获得电化学体系的各类信息的能力，即能量分辨、空间分辨和时间分辨。为了比较方便，我们将电化学技术与光谱电化学技术（以激光拉曼光谱为例）和电化学扫描显微术（以扫描隧道显微术为例）进行比较。

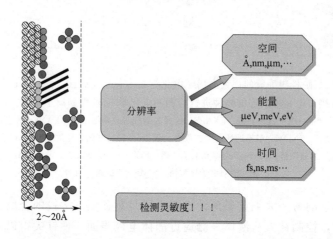

图 1-4　各类技术在表征各类电化学表（界）面结构和过程时最需关注的两大类指标：
如何提高检测（亚）单分子层的灵敏度，如何提高空间、能量和时间分辨率

对于研究复杂的电化学界面结构和过程，采用具有高能量分辨的技术是非常关键的（图 1-4），因为电化学过程或反应发生在最靠近电极表面的固/液界面处。当分子接触或吸附于电极表面上，其分子结构会发生微小的变化。具有高能量分辨的技术方可区分电化学界面的分子与溶液体相的相同分子的微小能量差异，如此便可仔细研究电极表面的吸附分子或者氧化分子的分子结构，进而详尽分析吸附过程和

反应过程及机理。这也是为何要引入谱学技术的主要原因。

电化学技术在能量分辨方面不具优势，仅仅对于结构非常明确的单晶电极，在研究其表面相变过程时，可以观测到电势诱导下的相变电流变化所形成陡峭尖锐的电流峰，其电势分辨率可达几个毫伏。但是，对于绝大多数表面电化学体系，所采用的多是多晶或粉末电极，其电流随电势的变化往往比较缓慢。当该体系有两个或多个电化学吸附或反应同时发生时，若它们的吸附或反应电势过于靠近，则难以用电化学技术区分开，可以区分开的电势（即能量）之差有数十甚至上百毫伏。但是，对于分子振动光谱，不论是光源波长在可见光区的拉曼光谱还是在红外光区的红外光谱，其光谱分辨率容易达到一个波数的分辨率，对于用可见光激光作为探测源的拉曼光谱，这相当于 0.1meV 的能量分辨率。这相比于常规电化学技术，至少有两个数量级的优势。这便是分子振动光谱被称为具有指纹分析能力的原因，谱学电化学技术中有很重要的地位的关键就在于具有很高的能量分辨。

波谱技术相比光谱技术具有更高的能量分辨率，至少又有 2～4 个数量级以上的优势。固体核磁共振（NMR）技术在波谱技术中最具代表性，已被广泛应用于表征具有十分复杂结构的生物大分子体系以及固体材料的长程和短程结构，成了研究纳米尺度和无定形材料局域结构的有力工具。由于该法还可提供材料结构中离子传输动力学及待测核周围阳离子的电子结构等信息，因此近年来在电极/电解质材料研究方面扮演了十分重要的角色。例如，近年来人们采用高能量分辨的电化学原位/非原位固体 NMR 波谱技术，对锂离子/钠离子电池材料在电化学反应中检测到极微小的结构变化，得以对相关的电化学反应机理进行了非常细致系统的研究[46]。

电化学技术在空间分辨率方面也存在自身的不足，其所测得的电流、电压或电化学阻抗信号都来源于整个电极表面各处的局部电化学信号的总体贡献，例如，即使表面的电化学活性位很不均匀，各处产生电化学反应电流只能汇总到一根导线后被电化学仪器所检测，如此得到的电化学信号的平均值是难以全面反映电化学界面的细节。为了提高其空间分辨率，唯有把电极越做越小。要达到微米甚至数十纳米的尺度，电极制作上愈加困难，电极的边缘效应问题也会愈加突出。实际使用的电极面积往往较大，表面反应活性位点和缺陷的分布是不均匀的，只有获取电极表面各处的局部电流、电压或电容信号的二维图像，才能更全面地研究界面电化学过程。这需要采用另一个微电极靠近表面进行检测，这又导致了被测体系的电流或电势的重新分布。若用激光光谱来研究电化学体系，其入射光斑直径一般仅为微米或亚微米，空间分辨率比较好，且不存在干扰电流或电势分布问题。即便如此，也无法满足人们希望观测和研究电化学反应活性位所需的数埃至数纳米的超高空间分辨率。

自 20 世纪 80 年代初，以扫描隧道显微镜（STM）为代表的、具有超高空间分辨率的扫描探针显微镜（SPM）系列的问世，使人类第一次能够实时地观察单个原子在物质表面的排列状态和与表面电子行为有关的物理、化学性质。对于电化学家而言，更重要的是，SPM 可用于溶液环境下的原位（in-situ）研究电化学界面结构，即在不改变被测体系的原有环境和电化学条件下进行表征和分析。因此，

SPM 现已成为高空间分辨（原子级）研究固/液界面（特别是电化学界面）的结构与过程的最重要手段。但是，开展这一研究具有相当的难度。由于在电解质溶液中探针-样品间所加的隧道偏压同时也相当于二电极电化学体系中所加的电位，使探针-样品间流过附加的电化学反应电流（又称法拉第电流），从而引起对隧道电流的严重干扰以及对探针几何结构和稳定性的破坏。由于隧道电流在纳安数量级，而典型的法拉第电流值为微安级，要想将隧道电流从较大的法拉第电流中区分出来是十分困难的，而且这种情况下维持 STM 测量所需的反馈控制几乎是不可能的。因此，首先必须通过用电绝缘材料包封针尖的绝大部分而极大地抑制针尖上的法拉第电流，从而在电化学条件下获得原子分辨 STM 图像。

因此，扫描隧道显微术研究电化学体系在空间分辨方面最具优势，其空间分辨率较易达到纳米甚至高达埃数量级，因此有望分辨电极表面上的微细形貌结构。但是应当指出，扫描隧道显微术的弱点在于能量分辨方面，虽然该技术可以采用隧道谱来达到与振动光谱相当的高能量分辨，但往往需要在超低温度下工作以达到好效果，鉴于电化学体系的工作温度一般都高于 0℃，要获得高质量的隧道谱的难度极大。若控制针尖和样品的电势为恒定值，改变针尖样品之间距离的同时记录隧道电流，该法称为距离隧道谱（distance tunneling spectroscopy，DTS），以此可通过扫描隧道谱获取垂直于电化学界面方向的结构信息，从而更全面揭示电化学双电层结构，具体事例请详见第 7 章。

电化学技术的时间分辨率也受限于其自身不足，当采用具有时间分辨能力的快速循环伏安扫描或电位阶跃方法时，都不可避免地遇到电化学双电层充电的问题。所以对于常规大电极体系，其时间分辨往往在毫秒数量级，若采用微电极体系，则可达到微秒数量级。若使用日益成熟的脉冲激光为光源的泵浦-探测模式的激光光谱，其时间分辨率可达皮秒甚至飞秒数量级，因此光谱技术在此方面具有明显优势。扫描隧道显微术的时间分辨则比较差，根据其成像面积的大小，其时间分辨率可从几秒至几毫秒。近年来各类光谱成像技术由于光学检测方式和 CCD 检测器的性能显著提升而发展迅速，在检测空间分辨为亚微米至数微米的条件下，对于大范围的电极二维成像的时间分辨也可达到数毫秒。总之，在研究不同电化学体系时，要根据实际需求，确定所关注的是能量、空间还是时间分辨率，有针对性地选择最合适的技术。

由于电化学扫描显微镜技术的仪器比较昂贵和操作难度较大，绝大多数研究组首选是基于电磁波谱学原理的一大类电化学光谱、波谱和能谱及衍射学技术。电磁波所跨越的波长（即能量）可以达到十几个数量级，从 γ 射线、X 射线、深紫外、可见光到红外、太赫兹及微波（尤其是核磁波谱）等。由于电磁波可以比较方便和较小干扰地探测电极/电解质界面，这一大类技术已成为谱学电化学的主力军。但是，对于刚入门者，在如此众多的光谱和波谱等技术中，如何选择最为合适的技术，往往感到困惑，甚至有找不到北的感觉。因此，很有必要对此进一步进行分析。

为方便起见，将位于长、短波长两端的核磁共振谱和 X 射线技术进行能量、空间分辨的比较。从能量分辨的角度看问题，核磁共振谱因其工作波长很长和能量很低而具有很高的能量分辨率（可研究氢键等弱键、能量在微电子伏特）。用该技术研究大分子内（间）的弱键和表面物种与电极的弱相互作用最为合适，可以获得最丰富的有用信息。然而，该技术的空间分辨率很差，目前除了极为特别的体系，其分辨率在微米数量级，并且其灵敏度较低，尚无法研究电极表面活性位的体系。对于波长很短的 X 射线从原理上具有很高空间分辨率，但是，几乎所有材料在此波段区间的折射率皆接近于 1，故难以制备高质量的聚焦系统。即使采用同步辐射光源，其实际聚焦的光斑也约为 $1\mu m$（采用 K-B 镜聚焦）和约 100nm（采用波带片聚焦）。当然，若利用基于晶格衍射原理的方法研究固体样品，则可达到亚埃级别的空间分辨率。因此，对于以电磁波为检测手段的各种谱学技术，具有高空间分辨的却只有低能量分辨能力，具有高能量分辨的则仅有低空间分辨能力。这一似乎不可逾越的矛盾直至 21 世纪初才发生了突破，有关进展将在有关章节给予介绍。

表 1-2 电化学、光谱、扫描探针显微镜三大类原位技术的简要比较

项目	电化学(CV)	光谱(Raman)	扫描探针显微镜(STM)
灵敏度	优秀亚单层分子	一般 $10^2 \sim 10^4$ 层分子	优秀单分子
能量分辨率	一般 10^{-2}V	优秀 10^{-4}eV($1cm^{-1}$)	差 10^{-2}V(STS 低温)
空间分辨率	一般 $1\mu m$	好 $0.5\mu m$	优秀 $1Å$①
时间分辨率	好 10^{-6}s	优秀 10^{-9}s	一般 0.1s

① $1Å=0.1nm$。

表 1-2 归纳了电化学、光谱、扫描探针显微镜这三大类原位技术的优劣之处，可以看到，没有一类技术可以处于完全主导地位。特别有必要强调，对于某一研究体系，不可能同时提高三项分辨率，因为三者是相互关联的。例如，为了提高能量（光谱）分辨率，需要减少谱仪的进出口狭缝的宽度，这必然减少了可以收集进入谱仪检测器的光子数。在保持谱图质量的前提下，不可避免地需要增加收集信号的时间而降低了时间分辨能力。因此，在设计和制定研究计划时，需要考量哪些信息对于所研究的体系最为关键，进而决定究竟以提高能量、空间或时间分辨中的哪项作为主要目标。不同探针往往能够得到反映电化学界面的两个不同侧面的不同信息，因此在研究某些复杂体系时，需要设计并综合使用不同的探针技术，即谱学电化学联用技术。

1.5 灵敏度

为了研究电化学体系，特别是电化学界面体系，具有高分辨率的谱学技术往往不具备高检测灵敏度，这对于研究表面或界面分子的结构及性质可能是致命的，因为参与表面过程或反应的物种往往仅有单分子层或亚单分子层，甚至仅有 1% 的表面活性位决定了体系的电化学活性。即使有些具有优异分辨率的谱学技术，由于其检测灵敏度达不到亚单分子层而无法用于界面电化学研究。因此检测灵敏度是所有

谱学技术应用于电化学研究的基石。

电化学技术在能量分辨、空间分辨和时间分辨率方面皆不具优势。但是要指出的是电化学方法在检测灵敏度方面具有强大的优势，因为我们采用的测量电子的方法随着电子仪器的不断发展可以比较方便容易地观测检测到电化学界面所发生的亚单层的反应物种和吸附物种的变化，在此方面电化学方法和电化学技术是高于分子振动光谱的，即使一些具有高分辨率的谱学技术。

在过去的半个世纪，谱学电化学的发展始终与如何提高检测灵敏度密切相关。为此，需要从以下几个方面克服灵敏度低的难题。第一方面是密切关注有关谱学仪器尤其是探测源和检测器的最新进展，及时采用最先进的仪器、探测源和检测器，可望在一定程度上解决灵敏度低的问题。然而谱学仪器的每次更新换代往往需要5～10年，如此进展显然过于缓慢。第二方面是改进谱学电化学池以及入射和检测方式。鉴于谱学仪器生产商在设计仪器时，往往考虑的是市场需求，仪器的设计以通用性为主要要素，往往其入射和收集光路的最优化是基于被测样品与大气的实验条件。然而，电化学体系是以固/液界面为主，被测样品所引起的检测灵敏度的变化很可能是巨大的，因为气体与电解质的介电性质差异很大，这导致了入射源和收集信号的途径严重畸变，从而因检测系统偏离优化条件而导致检测灵敏度的显著降低。因此，需要细致认真地设计基于固/液界面体系入射和收集模式特别是谱学电解池，其中的一个做法是尽量减少电解液的厚度，但是过薄的电解液又会增加溶液欧姆降而导致电化学行为的畸变，故需要综合考虑得与失。对于光谱电化学实验，还有另一种做法，即使用适合于研究水溶液的水镜光学显微镜头，若将其直接浸入电解液里，要求电解液对镜头不具备腐蚀性，否则需要先将镜头用透光性好的薄膜包封后再浸入。第三方面是发现和挖掘可显著提高灵敏度的表面增强效应，此方面的最好事例可能是表面增强拉曼增强效应的发现和应用。

众所周知，可提供分子的微观结构信息的电化学振动光谱技术在谱学电化学方法中占有重要地位，在电化学研究中最普遍使用和最重要的溶剂是水，由于拉曼光谱在测试时受水溶液的干扰小，且样品和电解池材料无特殊要求，因此比红外光谱和 SFG（和频）更适合于研究电化学体系。但是，拉曼散射是二次光子过程，拉曼信号通常都很弱，一般 $10^6 \sim 10^9$ 个入射光子才会产生一个拉曼光子，分子的微分拉曼散射截面通常仅有（甚至低于）10^{-29} 个·cm^{-2}·sr^{-1}。即便使用功率为 1W 的激光照射在 $1\mu m^2$ 的区域内时，每个分子的拉曼散射信号强度还不到每小时一个光子计数，远低于常规谱仪的检测极限。因此，在 20 世纪 70 年代之前，人们普遍认为，拉曼光谱不可能应用于表面科学和界面电化学研究。因为参与表面过程或反应的物种仅有单分子层，甚至是亚单层。常规的电化学体系是由固/液两个凝聚相所组成，表面物种信号往往会被液相里的大量相同物种的信号所掩盖。若使用常规的激光拉曼谱仪检测表面单分子层的物种，其拉曼信号强度一般低于每秒 1 个光子计数（此为常规谱仪的检测限）[47]。因此，即便以激光为光源，要用拉曼光谱研究表面吸附（反应）物种似乎毫无可能。但是，人们正是在勇敢挑战不可能实现的目标的努力中，发现了具有表（界）面选择性的表面增强拉曼散射（SERS）效应。

　　1974年，M. Fleischmann等首次报道了有关吡啶分子吸附在粗糙银电极表面上的拉曼光谱的系统研究[13]。由于所获得的一系列高质量拉曼谱随所施加的电位会发生明显的变化（图1-5），表明提供得到的拉曼信号的分子是来自于电极表面的物种，因为溶液体相的大量分子不会受电位改变的影响，故不会改变其拉曼光谱。该研究成功地奠定了将拉曼光谱应用于表面科学研究的实验基础。但是，他们将得到高质量的表面拉曼谱的原因简单地归结为所采用高粗糙的表面可以吸附大量的分子。美国西北大学R. P. Van Duyne及其合作者则敏锐地意识到，如此之强的表面拉曼信号不可能简单地仅来源于粗糙电极的表面积增大。他们对此做了详细的实验验证和理论计算，发现吸附在粗糙银表面上的吡啶的拉曼散射信号与溶液相中同数量的吡啶的拉曼散射信号相比，增强了5～6个数量级。这是一种从未被认识到的、与粗糙表面有关的巨大增强效应，即SERS效应[20]。但是他们关于在银电极表面吸附分子的拉曼信号被增强约6个数量级的文章被有关刊物的主编和审稿者数次驳回，认为该结论是荒唐和不可能的，因此拖延了许久才被接受，并于1977年得以发表。这一异常效应的发现经历充分说明，往往需要大胆挑战教科书的原有框架和理论，方可实现科学上的重大突破和新发现。

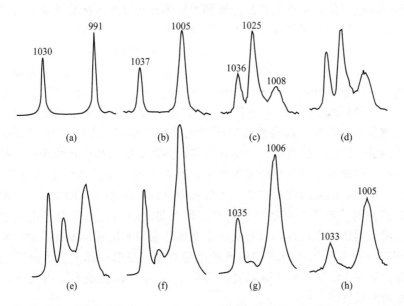

图1-5　（a）纯吡啶液体和（b）0.05mol/L的吡啶溶液的常规拉曼光谱；吡啶在不同电位下吸附在粗糙银电极上的表面增强拉曼光谱：（c）0V；（d）−0.2V；（e）−0.4V；（f）−0.6V；（g）−0.8V；（h）−1.0V[13]（单位：cm^{-1}）

　　SERS的发现和确认轰动了表面科学和光谱学界，人们随后又沿此思路陆续发展了其他的表面增强光谱技术［如表面增强红外吸收光谱（SEIRAS）[48]、表面增强二次谐波（SE-SHG）[49] 和表面增强和频（SE-SFG）[50]]。表面增强效应具有约百万倍的表面分子的信号增强，相当于将表面单层分子放大成为百万层分子，故SERS能避免溶液相中相同物种的信号干扰，轻而易举地获取高质量的表面分子信号。这些开拓性的工作和鲜明的检测表面物种的能力成功地奠定了表面增强光谱成为谱学电化学的重要实验分支。

但是，当人们从实验和理论上对 SERS 进行较全面研究之后，意识到其增强机理来自表面等离激元共振（surface plasmon resonance，SPR），某些金属纳米结构可导致表面局域光电场的显著增强，从而使表面增强拉曼光谱信号达到 10 个数量级，其探测灵敏度甚至可达到单分子水平。但是，SERS 技术的两大缺点如其优点一样显著：其一，仅有金、银、铜三种金属和少数极不常用的碱金属（如锂、钠等）具有显著的表面增强效应，而许多具有重要和广泛应用背景的过渡金属的SERS 活性低；其二，即使金、银、铜电极，也需进行表面粗糙化处理之后或为纳米结构所组成才具有高 SERS 活性，故表面电化学所偏重的平滑单晶表面皆无法用SERS 研究。这些难题导致 SERS 的研究热潮自 20 世纪 80 年代后期逐渐衰落。但是为数不多的研究组则认为 SERS 现象的复杂性正表明它隐藏着许多亟待认知和解决的基本科学问题。田中群等通过二十余年的努力与创新，最终取得了突破性的进展，将 SERS 应用体系拓宽至各类金属和半导体材料以及包括原子级平滑的单晶在内的各种表面形貌的电极体系，有关细节详见第 2 章。

在检测灵敏度极大提升的前提下，人们一直试图将具有高空间分辨的扫描探针技术与高能量分辨的光谱技术相结合。数个研究组于 2000 年同时在实验中建立了针尖增强拉曼光谱（tip-enhanced Raman spectroscopy，TERS）[51~54]，其关键是将常规用于 STM 研究的钨或铂铱合金为材料的尖锐针尖改用银或金材料，利用后者在激光照射下产生的局域表面等离激元共振（localized surface plasmon resonance，LSPR）效应，从而获得空间分辨率达到数十纳米甚至数纳米的拉曼光谱信号。董振超等在超高真空和超低温条件下，甚至实现了亚纳米的空间分辨[55]。这极大突破了常规表面光谱技术受制于衍射极限（200nm 左右）的状况。虽然 TERS 同时具备高空间分辨率和高能量分辨率，但要将 TERS 技术应用于电化学体系并非易事，需要周密考虑设计，以解决由于电解池窗口和溶液等多种折射率物质引起的光路畸变而显著降低 TERS 检测灵敏度等难题。虽然国际上数个研究组十余年来都在努力研制 EC-TERS 仪器装置，直至 2015 年才由任斌等取得突破，于近期首次报道研制成功[56]。

第四方面提升检测灵敏度的技术是非线性光学方法，与红外和拉曼光谱技术相比较，其最明显的特点是独特的表面选择性。由于非线性光谱在具有对称中心的介质中是禁阻的，而在任意两相界面都无法找到一对称中心，因此非线性光谱在研究电极/电解质界面时可避免溶液物种对检测的干扰而获得表（界）面物种的信息[57]，所以，这些具有独特表面灵敏度的技术一般无需采用非常薄的溶液层而避免电化学行为的畸变，所使用的光谱电解池也相对简单。二次谐波（second harmonic generation，SHG）和三次谐波（third harmonic generation，THG）方法与电化学技术的联用，可通过电极表面非线性光学参数分布成像技术研究电极表面局部电荷密度和局部电场的变化情况。但它们并不能识别分子的振动模式。和频（sum-frequency generation，SFG）方法不但具有表面选择优点，还可得到表面分子振动谱。但由于 SFG 使用的两束激光中包括在红外波段可调谐的激光，为了避免电解液对于红外光的强烈吸收，需特别注意设计光谱电解池、控制液层厚度和选用高功率以及高重复频率的红外激光。对于可研究某些非红外、拉曼活性振动模式的表面增强超拉曼光谱（surface-enhanced super-Raman spectroscopy，SESRS）的发展也初露端倪。由于采用超短脉冲激光作为光源，可通过研究表面物种的非线性光学系数的弛豫过程（含旋转与振动弛豫等），可得到具有很高时间分辨率（ps 或 fs 级）的表面物种的动力学信息，在研究电极表面吸附物种及修饰层的结构取向、单晶电极表面结构的重组以及电极过程的时间分辨光谱方面显示了极大的潜力。随着超短脉冲和中远红外激光器的迅速发展，电化学现场非线性光学方法大有后来者居上之势，有关细节详见第 4 章。

1.6 应用

鉴于本章所强调的重点在于方法学，本节将不介绍实际应用体系，仅仅做一些分类式的阐述，并对于本书章节不包括的内容做简要介绍。电化学吸附研究是谱学电化学应用最广泛的一个领域。电化学吸附是一种普遍而又很复杂的界面现象，参与吸附的各物种之间以及它们与电极表面之间的作用在不同的体系和条件下可能存在着本质的不同，电极表面吸附物种随实验条件（电位、电解液组成和浓度因素）的不同而变化。为了深入揭示电化学双电层结构和过程，需要细致研究和分析以下四方面：吸附分子取向及与电极之间的电荷转移、键接情况，由于吸附所导致的分子内部电子积聚和各键强的变化，共吸附物种间相互作用及与电极作用的本质，不同晶面结构的电极对于电极吸附和过程的影响等。

在提高检测灵敏度的基础上，人们已不满足仅仅用于表征电极表面物种，而注重于采用各类谱学电化学技术，可以通过其能量分辨率高的优势，超越常规电化学技术的不足，详细地鉴别表面吸附物种，乃至达到分子内的各个基团的层次，由此获得在电极表面的吸附结构和取向等有用信息。还可以通过系统分析所研究对象的谱学电化学参数的关系，对电化学多物种的复杂吸附现象做深入和准确的描述。例如，可较详细地描述电极表面吸附物种的不同取向结构（如平躺、倾斜或垂直）和作用位点形式(顶位、桥式或穴位)；通过分析参与共吸附的各个吸附物种的谱图与所施加电势的不同关系，可将共吸附进一步分类为平行、竞争或诱导共吸附等。

人们多年来一直探索在提高其能量分辨率的同时提升时间分辨率和空间分辨率，以便研究电化学界面中更为困难也是更为关键的动态过程。今后的主要应用对象可能从稳态的界面结构和表面吸附逐渐扩展至动态和反应过程，在分子（原子）

水平上揭示化学反应（吸附）动力学规律，研究表面物种间以及同电解质离子或溶剂分子间的弱相互作用等。例如将电化学暂态技术（时间-电流法、超高速循环伏安法）同时间分辨光谱技术结合，开展时间分辨为毫秒或微秒级的研究。通过光谱学在二维成像技术方面的最新进展，将高空间分辨与时间分辨结合，对整个电极表面实施同步的时空检测，由此获得全面反映表面性质不均的电化学体系的动态图像。

近年来陶农建等基于表面等离激元共振（SPR）对电极表面局域电流密度的高灵敏响应，发展了一种能实现局域电化学测量（如电位和电流）的显微成像技术[58]。这项表界面技术有亚微米的空间分辨，具有对样品无干扰、无需探针扫描、成像速度快等特点。鉴于本书章节无此内容，以下略做介绍。

传统电化学检测中测量的是电极表面整体的电化学信息，而无法提供局域信息。扫描电化学显微镜（scanning electrochemical microscopy，SECM）通过引入微电极探针，可以解决局域电化学探测的问题。但是，SECM技术成像速度较慢（受限于探针扫描速率），且探针可能会对探测的电化学过程产生干扰。此外，SECM的测量电流的量与微电极探针及测量区域大小成正比，因此，通过减小微电极尺寸来提高检测空间分辨率变得非常困难。

SPR对于局域环境折射率的改变异常敏感（当折射率改变时，SPR共振角度将发生改变，CCD接收的光信号强度也随之变化）。故可以通过SPR信号与电极表面局域物种浓度的关联来检测局域电化学电流密度变化。当表（界）面物种发生改变时，表面局域的介电环境（折射率）也将随之改变，因此，可以通过检测电极表面SPR的共振角度变化来推知对应区域的局域电流密度。

原位SPR显微成像实验装置如图1-6(a)所示，工作电极为金薄膜，入射激光与金属-溶液表面的SPP（表面等离极化激元）耦合后被反射到CCD（电荷耦合检测器）中。通过记录CCD中每个像素点对应的光强最弱反射角度变化（SPR吸收角），可推算出对应区域的局域电流密度，成像速度仅取决于CCD速度（2000帧/s）。通过积分并平均整个工作电极表面的电流，就可以得到对应电位下的CV曲线，从图1-6(b)可见，显微技术与传统电化学方法测得的CV吻合得非常好。为了验证对不同环境中反应过程成像的效果，作者通过手指按压在金电极上留下指纹，将皮肤中的分泌物转移到电极表面。图1-6(c)～(h)为电极上$Ru(NH_3)_6^{3+}$氧化还原过程的成像。在$-0.1V$电位下，$Ru(NH_3)_6^{3+}$未发生还原反应[图1-6(c)]，整个电极表面电流分布是均匀的。随着电位降低，$Ru(NH_3)_6^{3+}$开始还原，此时在电流密度上可以看到在电极区域与指纹分泌物区域对比度的改变[图1-6(d)、(e)]。其中细长的分泌物区域电位较弱，而较宽的金电极区域电流为负且较强。当电位正移时，可见对比度反转，说明电极反应从还原反应变为氧化反应。

还应当指出，如何充分利用电化学技术本身的优势，与原位谱学技术相结合，形成了谱学电化学应用的努力发展方向之一。例如，电化学时间分辨谱学技术可以研究在给定时间内表面分子结构以及分子和表面的作用在外加条件后发生的变化，

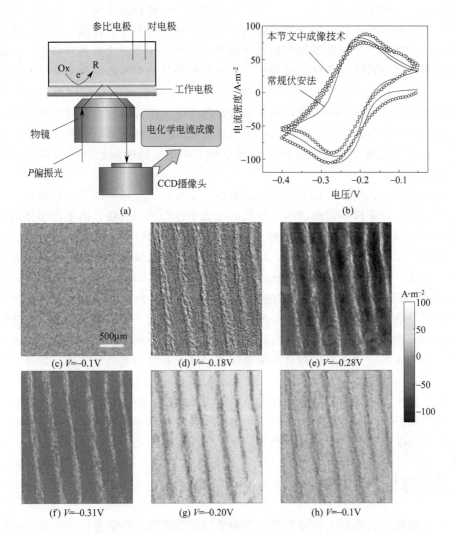

图 1-6 （a）原位 SPR 显微成像实验装置示意；（b）传统电化学方法以及本节中方法
测量的 CV 曲线 [电解液为 10mmol·L⁻¹ Ru(NH₃)₆³⁺ 及 0.25mol·L⁻¹ 磷酸盐缓冲剂]；
（c）～（h）不同电位下，电极表面电流密度分布（金电极通过按压方式印上了指纹标记）[58]

有助于观察某些快速过程，如电荷转移、中间体的生成等。但是，有不少谱学技术
由于检测灵敏度尤其是检测器的低时间分辨能力的限制，要提高时间分辨率的谱学
研究，可以使用电势平均谱学（potential averaged spectroscopy）方法。该技术的
应用大大提高了电化学体系中的时间分辨率，可采用常规的不具有时间分辨功能的
检测器来实现时间分辨的研究。该技术在两个选定的电位之间施加一定频率的方波
或三角波，同时记录该调制过程中的光谱，得到表面物种在这两个调制电位之间的
信息的总和，通过差谱的方法扣除在稳定电势下的谱图而得到另一个电势下的谱
图。通过改变调制电势的频率，便可得到电势阶跃所引起的电化学界面结构的动态

变化信息，视微电极尺度的大小，其时间分辨率可达微秒甚至纳秒。电势平均谱学适用于界面结构和过程在所研究的两个电势间的变化是可逆的体系。例如，通过在 Ag 和 Pt 微电极上采集在不同调制电势频率下的 SERS 谱图之后进行解谱，可在不具备从事时间分辨研究条件的拉曼仪器上进行时间分辨为微秒级的电化学时间分辨拉曼光谱研究[59]。通过电势平均技术可得到在两个电位下变化的"时间分辨谱"，有利于鉴别复杂的 SERS 谱峰，还可克服常规 SERS 技术的缺点使得在所研究的电位区间的 SERS 活性位不变，从而可正确地研究 SERS 强度随电位的变化并与吸附物种覆盖度相关联[60]，为使 SERS 的强度较准确地反映吸附物种的表面浓度提供了一种新方法。

必须指出，在谱学电化学的应用研究中，要特别注重如何准确获取和解读电化学谱学信号，并正确地与施加电势导致的电化学行为进行关联。由于许多体系为了提高灵敏度而不得不使用薄层电解池，这会导致其电化学行为与常规电解池的差异。事实上，对于一些应用体系，只要能获得足够强的谱学信号即可，而无需追求最高灵敏度，因为这很可能需要进一步减少电解液层的厚度。对于厚度低于 $100\mu m$ 的电解液层，往往会导致溶液欧姆降的增加，由此严重畸变电化学行为，而可能误导谱图的解析。对于原位扫描微探针技术或其他谱学技术，若使用开放电解池和会导致对该体系溶液里氧气的去除难度，这也不利于研究那些表面过程受溶解氧影响的体系，故需要提前对溶液进行充分除氧并使用充惰性气体（如氮气）的笼罩装置，由此尽量减少溶液的含氧量而尽可能与实际电化学体系的条件一致。

为了较全面地研究复杂体系和准确地解释疑难的实验现象，有针对性的联用技术往往是较好选择，这有望为各种理论模型和表面选择定律提供全面翔实的实验数据，促进谱学电化学的有关理论和表面量子化学理论的发展。

1.7 理论

结合电化学表面理论和谱学理论的谱学电化学理论为谱学电化学在分子水平上理解电化学过程提供了理论基础，有助于很好地通过解析谱学信号关联界面结构和过程，是深入研究电化学界面吸附和反应的重要工具。谱学电化学理论有助于深入地分析复杂的多种分子在电极表面吸附和共吸附作用，在电极表面吸附的分子，其电子性质依赖于电极材料的电子结构、分子与表面的成键以及电极电位，分析其谱峰频率和强度与自由分子的变化，将能提供相关吸附信息。对于研究已知分子的体系一般较为容易，通过以量子化学为基础的谱学电化学理论，可以确定分子与金属电极表面的成键特征，同时确定吸附分子在表面的吸附位和吸附取向。但是，对于未知分子的体系，难度要大得多，人们尝试基于量子化学计算所获得的谱峰，通过合理的推导分析，也可确定表面吸附物种和推测产生物种的反应机理。由此将量子化学计算和谱学技术结合有助于在分子、电子水平上更深入地揭示光谱学信息所隐藏的电化学本质。近年来随着计算能力的迅速提升，谱学电化学体系的模拟和理论计算与实验数据的关联性已达到较好符合程度，其可以发挥的预测和指导作用也日益增强，得到越来越多的实验工作者的认可。

目前主要有两类量子化学计算方法，一类是把分子和簇模型处理为类分子体系，其核运动作为谐振子模型计算，得到谐性振动频率和相应的谱峰强度信息，如红外强度和拉曼活性等参数。这对于谱学电化学研究十分重要，因为谱峰频率还需结合谱峰强度方可较全面地反映分子与表面相互作用的强弱。由于在分子中，特别是涉及具有强非谐性特征的振动模，如扭转振动模具有周期性势能函数，或翻转振动模具有双势阱的势能函数，若仍采用谐性近似描述这些振动模，会引起较大的计算误差。在这种情况下，就需要考虑以上理论计算过程中忽略了的非绝热耦合、振子的非谐性及振动-转动耦合作用，它们在某些情况下对合理准确分析实验数据很重要。对于有关非谐性效应对振动能级的影响，其势能函数可用四次项进行校正，从而获得更为准确的理论振动频率和波函数。另一类是基于固/液界面的周期性的理论模拟方法，既要考虑固体的量子化学效应，又要考虑溶液的统计力学性质。近年来基于周期性的理论模拟方法发展较快，可以更合理地描述电极表面的有序结构或分子层的相变现象等。但是迄今为止，该法可以获得精确的谱峰频率，但是尚无法提供谱峰强度的信息。因此，目前较好的途径是将簇模型和周期性模型的两类方法同时应用于同一体系的研究，有助于获得谱学电化学数据的全面详尽解析，进而揭示复杂界面结构图像。

在谱学电化学理论研究中，涉及表面增强谱学现象的理论计算尤为困难。以SERS为例，基于光、分子与金属纳米结构三者的复杂作用所产生SPR，不仅可以高效聚焦局域光电场，使表面分子的谱学信号得到显著增强，还可能直接诱发吸附分子发生化学反应，转化为新的表面物种，后者的作用是谱学电化学研究中需要注意避免的，因为许多实验者没有意识到所获得的谱图来自表面新物种，进而导致对于谱学电化学数据的错误解释。应特别注意具有很高SERS活性的金、银、铜等金属体系，它们对一些表面分子反应具有较高的催化活性，在SPR条件下较易诱导金属-分子界面产生新的电荷转移激发态，由此产生的电子/空穴对提供了新的光激发和光反应通道。另外，SPR非辐射弛豫最终会转化为热，这种光热效应会导致纳米结构局域快速升温，从而为表面化学反应提供必要的活化能。若在实验中观测到的谱图与自由分子的谱图有显著变化，例如出现一些新谱峰，则必须特别关注发生反应而产生新物种的可能性。一般可通过系统地改变入射光的功率密度和波长，分析所获得的一系列谱图，关注与产生的那些新谱峰的关联是否明显，因此理论计算和相关预测便显得尤为重要。若在实验中清楚观测到此现象而难以避免，则可以顺势而为，将其用于研究SPR诱导光化学反应。

迄今谱学电化学理论尚处在发展初步阶段，较为常用的是将量子化学计算与SEIRAS和SERS结合研究电化学界面吸附体系。表面吸附分子的吸附状态随电位发生变化，导致研究体系的光谱随电位和时间的演化。红外光谱常仅涉及表面电子基态性质，而拉曼光谱涉及表面激发态性质。在金属电极表面，分子的振动激发态和电子激发态的动力学性质均与在固体或液体相中的分子不同。由于金属存在连续能带，吸附分子本身的激发态或在表面形成复合物的激发态的寿命将显著缩短，从而其动力学过程时间尺度短，需要发展在理论指导下的快速时间分辨的谱学电化学技术。

虽然不同的表面增强光谱已用于电化学界面的研究，但由于增强机理复杂和表面纳米结构的不确定性，与其密切相关的表面选择定律尚无法准确和定量地建立。一方面，电磁场增强机理重点从光电场角度考虑光子与表面（纳米粒子）的相互作用，之前的大量研究认为吸附分子的种类和性质与电磁场增强无关，但是，这可能是片面的。另一方面，化学增强机理从激发态能级方面考虑了光子与分子以及金属表面三者的相互作用，一般研究尚未引入 SPR 所导致的强大表面光电场，也尚未引入可能的光驱电荷转移过程。目前面临的问题有，如何能全面将电磁场增强机理和化学增强机理有机结合，建立能考虑两种机理贡献的统一理论模型。唯有将分子光谱学理论方法和等离激元光子学（plasmonics）方法有机结合，建立和发展多尺度模型方法势在必行，具体来说是建立可研究光子、分子和金属纳米结构的三体相互作用的方法，进而发展出电化学表面增强谱学的定量计算方法和理论。

近年来，谱学电化学研究从电极表面吸附拓展至界面电化学反应无疑是很关键的进展，对于表面吸附体系，其表面谱图与体相体系的谱图往往很相似，其差别仅仅是部分谱峰的位置发生有限的变化，各谱峰的相对强度则可能由于表面吸附构型和取向而发生较大变化。因此，人们可以首先测量被研究分子的固相或液相的常规样品，将其谱图作为参考，进而与原位表征所获得的谱图相比较，最终揭示分子与表面的相互作用以及表面结构与电势的关系。但是，若研究体系的重点是较不稳定的电极反应中间产物，它们没有任何体相样品可以首先表征后以该谱作为参考比较，其表征解析反应中间产物的难度则大得多，目前成功的例子很少。因此，通过可靠的谱学电化学理论计算以及二维或多维相关光谱技术来分析中间产物显得至关重要，由此方可深入开展反应物与电极表面相互作用及其相关谱学电化学理论研究，并在更深的层次揭示反应物与电极表面的相互作用的规律和电化学反应机理。

1.8 新突破

如上所述，迄今为止主导谱学电化学领域的是基于电磁波的光谱/波谱学和基于尖锐探针的扫描探针显微学两大类技术。但是它们在检测电极表面弱吸附或不吸附物种、反应后立即从电极表面进入溶液相的中间物和产物以及定量分析方面皆存在明显不足。作为第三大类技术的电化学质谱技术（图 1-3）则在表征反应产物、中间产物及其获取生成速率等信息方面而独具特色和优势。质谱的基本原理是使待测样品中各组分在离子源中发生电离，生成不同质荷比（质量-电荷比）的带电荷的离子，经加速电场的作用，形成离子束进入质量分析器，再利用电场和磁场使其发生相反的速度色散，将它们分别聚焦而得到质谱图，从而精确确定其质量。质谱学分析方法具有高特异性、高灵敏度和应用范围广的特点，是当今分析科学领域最为重要的工具之一。但是，在原位研究电化学体系时，也遭遇到重大挑战，即如何将所感兴趣、极少量的表面物种或固/液界面处的中间产物引入到质谱仪里进行解析，而避免同时引入大量电解质溶液造成严重干扰。

S. Bruckenstein 等于 1971 年利用真空系统收集气态电化学反应产物用于电子电离质谱分析，首次实现了电化学和质谱的联用[25]。J. Heitbaum 等于 1984 年巧妙地将电化学池、两级分子泵和四极质谱仪结合而建立了微分电化学质谱（differential electrochemical mass spectrometry，DEMS）技术，并实现了利用质谱对电催化反应产物的实时、原位跟踪监测[61]。微分电化学质谱不仅能定性地鉴别溶液中的挥发性物种，而且能定量地、时间分辨地（毫秒级）给出该物种的浓度或绝对量（即生成或消耗速率），从而获得反应的动力学参数、中间体及其结构特性，其检测灵敏度可高达 10^{-6} 级。当然，长期以来，由于仅能从不通用的多孔电极材料的背面收集挥发性物种的要求，电化学质谱技术的普适性一直成为限制其发展的瓶颈问题。

近年来，无需复杂的样品前处理且在开放环境中实现电离的常压敞开式质谱获得极大发展，也由此推进了在电化学领域的新突破。R. G. Cooks 等于 2004 年[62]发明的解吸电喷雾电离（desorption electrospray ionizaton，DESI）是常压敞开式质谱的代表方法，其中样品电离过程是通过向样品高速喷射带电雾滴实现的。电喷雾电离是一种产生气相离子的软电离技术，可以检测不挥发性、极性、热不稳定化合物和生物大分子等。将电喷雾电离应用于电化学质谱联用技术可实现对不挥发性、极性电化学反应产物和中间物的检测，明显拓展电化学质谱技术的应用范围。DESI 可以直接对电化学池中的电解质样品溶液进行解吸和电离。2009 年，H. Chen 等将 DESI 电喷雾针尖放置于薄层电化学流动电解池的毛细出口附近，实现了 DESI 在电化学质谱联用技术中的应用，研究了水溶液中多巴胺和硫醇电化学氧化反应，缩氨酸和蛋白质二硫键的电化学还原等[63]。

R. N. Zare 等于 2015 年又报道了另一个突破[64]。他们提出和采用 "waterwheel" 电极将电化学与 DESI-MS 进行连接，直接分析来自工作电极表面的电化学反应产物或中间物。该方法中 DESI 喷雾探头在不施加高电压的情况下将样品雾滴引入 "waterwheel" 电极形成的工作电极-薄层溶液的界面进行电化学反应，并形成再生雾滴（tinier secondary microdroplets）经过毛细管收集进入质谱，避免了喷雾液滴内和辅助电极上电化学反应的干扰，保证进入质谱的样品只来自工作电极表面。电化学反应样品从工作电极表面转移形成气相离子进入质谱的时间很短，能够检测到毫秒级寿命的电化学反应中间物，如尿酸和黄嘌呤的电氧化二亚胺中间物。DESI-EC-MS 方法目前可应用在恒电位或恒电流控制的电化学过程，给出电化学反应产物和中间物的定性结构信息，但无法获得更多的反应动力学参数。由于DESI-MS 检测的 "基质效应"，与传统电化学不同，DESI-EC-MS 方法中使用的电解质溶液只允许含有极低浓度的支持电解质，且必须是易挥发性物质。还应当强调，电化学质谱方法研究中需要更灵活地选用电位和电流控制技术，适用于更多的溶剂体系及更高浓度的支持电解质体系，进一步缩短样品从工作电极表面转移到形成气相离子的时间等。这些问题的解决极大地依赖于质谱电离方式的进步以及电化学池与质谱电离界面的创新设计，有望在不远的将来发展为研究电化学活性物质、电化学反应机理和识别电化学产物与中间物的强有力的分析手段，有关细节详见第5章。

近几年谱学电化学领域的最重要突破性进展，可能当属基于电子、离子、原子或中子的粒子源的第四大类谱学技术。这类技术中使用粒子束入射到电极表面以研究各类电化学体系。其中唯有中子不带电、能量低、有磁矩、穿透性强、无破坏性，对轻元素（如 H，C，N，O 等）灵敏。自 1936 年首次中子衍射实验成功进行以来，中子散射技术不断发展和进步，应用范围不断扩大。因为中子束源可以方便地穿透各类液体和固体，故适用于原位电化学研究，小角中子散射有望成为研究界面电化学（特别是许多谱学技术较难研究的固/固界面）体系的有力工具。中子谱学研究所需加速器中子源的中子强度较高，反应堆中子源产生的中子强度最高。但是，我国的高质量中子源和谱仪装置正在建设中，国际上也屈指可数，其普适性受到很大限制。

基于电子和离子源的表征技术的形式多样，其主要优势是具有很高的空间分辨率（从埃至纳米数量级）。虽然它们被广泛用于材料科学的表面精细表征，但是，具有高能量的带电粒子束必然会与液体、固体乃至气体碰撞作用，故无法在常压环境下工作，更难以穿透溶液或固体层而研究电极/溶液界面。长期以来，人们只能够采用在超高真空条件下的非原位研究办法，即先在电化学体系里控制电势而实现某一电化学过程，之后撤除所施加的电势和电解质溶液，迅速将工作电极转移到超高真空腔体，再用电子束和离子束进行研究。虽然非原位研究与电化学的实际工作条件相差甚远，但由于电子束和离子束的空间分辨能力非常高，仍可提供一些有用信息。特别是对于一些通过电化学过程而形成表面膜或强吸附的体系，因为这些体系即使撤除所施加的电势后仍可保持电极表面的结构。故可以得到表面（膜）的晶格细节和分子水平信息，由此与一些不具备如此高空间分辨能力的原位谱学技术形成互补。这对于揭示各类界面电化学体系的分子/原子结构细节和电化学过程所发挥的作用显然很有限。这些困难的存在被定义为催化和电化学与高真空表面科学中的"materials gap"和"pressure gap"，许多研究组都长期致力于减小这些"gap"，相比催化研究中的固体/气体界面体系，发展为（准）原位的表征电化学体系的电子/离子谱学技术显然具有极大的挑战性。

X 射线光电子能谱（XPS）能通过化学位移来提供样品的化学态信息，由于 X 射线激发的电子动能通常在 $100 \sim 1400 \mathrm{eV}$ 范围内，光电子在固体中的非弹性平均自由程低于 $20 \mathring{A}$，故具有很高表面灵敏度。但这也造成了传统 XPS 测量的缺点，即需要超高真空（低于 $10^{-8} \mathrm{Torr}$，$1 \mathrm{Torr} = 133.322 \mathrm{Pa}$）来降低气体对出射光电子的散射效应和防止静电透镜元件及探测器的放电行为。人们尝试利用多级差分泵技术（differential pumping）来克服这一局限，在过去十年中，XPS已成功应用于接近常压（20～100Torr）的气相环境研究催化体系。

为了研究电化学体系，则需要设计特殊的电解池以适用于环境压力下的XPS能谱实验（图1-7）[65]。该工作采用Nafion膜为质子导体与阴阳极电极材料形成三明治结构。电解池整体被放入XPS系统的气室中。在研究氧还原反应时，Pt纳米粒子作为燃料电池的阴阳极同时被载在Nafion膜的两侧，其中阴极一侧面向XPS气室，阳极一侧则暴露在水汽饱和的合成气中（95％ N₂/5％ H₂）。在燃料电池过程中，存在水合羟基和非水合羟基这两种中间物种，它们的比例与电势相关。而且，在高氧气分压下，非水合羟基是氧还原反应中Pt阴极的主要表面物种。通过分析原位电化学XPS能谱信息，进而可以获取电催化剂表面的吸附质及其化学变化全新的、独特的信息。

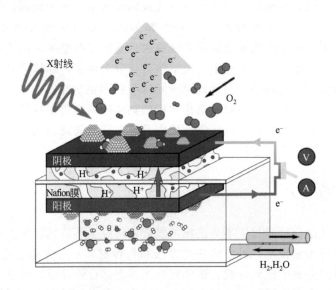

图 1-7　原位 X 射线光电子能谱电解池示意图，其中 Pt 纳米粒子作为燃料电池的阴阳极
同时被载在 Nafion 膜的两侧[65]

透射电子显微镜（transmission electron microscopy，TEM）经过近90年的技术开发，已经成功地把其分辨率从最初的50nm左右推进到了0.05nm，近年在原位研究电化学体系中有重大突破。美国IBM实验室 F. M. Ross 研究组于2003年首次报道电化学原位电子显微镜的工作，他们的成功在于制作了可以放入TEM的超高真空腔里的原位电解池，其关键点是具有超薄液体层（亚微米）、超薄窗片（80nm SiN）和超薄电极（20nm金电极），所以部分电子束仍可穿过如此极薄的溶液层和电极而到达检测器。他们在硫酸铜电解液中用循环伏安法控制在金表面电沉积铜，观察到二价铜离子还原成金属铜的过程，生长铜粒子的空间分辨率达到

$5nm^{[66]}$。之后人们不断改进超薄层电解池的厚度并研究史有意义的电化学体系。

最近，H. D. Abruña 和 D. A. Muller 等合作，在易挥发的电解液中（例如硫酸锂等）观测到磷酸铁锂正极材料在充放电过程中的形貌变化[67]，他们采用了原位能量过滤扫描透射电镜的方法（operando energy-filtered transmission electron microscopy），可以迅速（小于 1s）和大面积（例如 $1\sim10\mu m$）地表征富锂和缺锂的物体表面，并且首次在 TEM 中展示了铂纳米颗粒在硫酸中的循环伏安曲线。该方法在继承常规透射电子显微镜所具有的高空间分辨率优点的同时，实现了物质在外部激励下的微结构响应行为的动态、原位实时观测，可进行能源材料储能过程研究，如 H. M. Zheng 等实时观察锂离子电池充放电过程，研究了 SEI（固体电解质界面）的生成及锂枝晶的生长过程等[68]。

上述重要进展表明，多年来透射电镜仅能够在非原位的条件下研究电化学体系的时代过去了，可以预见在该方向上将有更重要的进展[69,70]。原位透射电子显微技术的发展也表明，其他以电子束为探测源或以发射电子作为检测、原先仅能在超高真空下研究的一类非原位技术（如 XPS 和 UPS）都有望成为原位技术，当然，由于它们所检测的电子的能量更低而难度更大。这使得在纳米、原子层次观察样品在电场作用下以及化学反应过程中的微结构演化成为可能。通过研究物质在外界环境作用下的微结构演化规律，揭示其原子结构与物理化学性质的相关性，进行动态深层次物质结构演变研究，为解决电化学中的具体问题提供了直接、准确和详细的方法，这无疑将成为原位谱学电化学领域中最具发展空间的研究方向之一，可望成为该领域发展的又一个里程碑。

1.9 趋势

总之，谱学电化学经过了半个世纪的发展，已经从不成熟、少方法和窄应用的初始阶段到了应用面很宽，可使用各类方法和各种材料、可大幅度提升能量分辨、空间分辨和时间分辨的成熟阶段，该学科的主体框架已经建成，将从发展自身方法学（也可称为"自娱自乐"）的层次迈向真正为电化学领域做出实质性贡献的新台阶。有理由乐观地预见，伴随着各类谱学新技术、激发源和探测采样分析技术乃至纳米科技的发展，谱学电化学将进一步在理论和实验方面创新，发展成为普适性和针对性更强的技术。以下简要讨论谱学电化学的主攻方向以及技术和应用等方面的少数例子，分析今后的重要发展趋势。

谱学电化学的主攻方向必定与电化学领域的主攻方向一致，还需要有针对性地进一步发展有关方法学，能切实解决该领域的关键科学与技术问题，以下分别从应用和基础两方面探讨。

由于能源和环保问题，当前乃至今后相当长的时期是电化学难得的重大发展期。电化学领域的主攻方向无疑是电化学能源。目前各类能量转换与储存体系面临着强烈需求，更面对结构复杂的各种新体系的挑战，这同时给谱学电化学提出前所未有的高要求。能量转换与储存中的电化学反应与过程都是发生在界面上的物理化学过程，实际的能源电化学体系的各类界面结构都非常复杂，往往是具有特定结构的活性位点（从单原子到团簇等）才具有较高活性，对于燃料电池等还涉及固/液/气三相处（界线或界面）。而且反应过程处于不均匀甚至不可逆的动态变化中，涉及关键中间物种的结构及其随时间演化的动力学过程。

为了解决在电化学科学与技术方面的实际难题，关键在于在线条件下获取各种电化学界面更可靠和有用的信息，谱学电化学技术争取在电化学能源体系的实际或接近实际工作的条件下，还能保证具备高的检测灵敏度，方可进一步提高检测分辨率（包括能量分辨、时间分辨和空间分辨），实现界面痕量物种的动态和结构表征。为此，谱学电化学研究的重点将逐渐从原位到在线，从吸附到反应，从稳态到动态。

光谱、波谱和能谱类的科学仪器往往强烈依赖于入射源强度和检测器灵敏度的提高。例如，拉曼散射现象在 1928 年发现，但直到 1960 年发明激光后才得到快速发展和广泛应用，激光技术对各类光谱的发展和普及是不可或缺的。要进行在线研究，对激光器的功率、效率和波长调谐范围要求更高，人们开始探索新的途径来提高激光器的性能。自由电子激光（FEL）具有一系列已有激光光源望尘莫及的优点。例如，频率连续可调，频谱范围广，峰值功率和平均功率大且可调，相干性好，偏振强，具有 ps 量级脉冲的时间结构且时间结构可控，等等。J. M. Madey 等于 1976 年在斯坦福大学首次实现了远红外自由电子激光[71]。红外自由电子激光可以提供波长范围为几微米到几百微米的连续可调激光，具有高功率、宽波段连续可调谐以及短脉宽等特点，适用于中红外-远红外区的光谱研究，其在远红外区的亮度比黑体辐射和同步辐射光源高约 6 个数量级。目前建成的自由电子激光器主要工作在远红外至紫外区。随着技术的不断发展，特别是加速器技术上的进步，FEL 将不断向短波（真空紫外、软 X 射线、硬 X 射线）方向推动。FEL 从出现至今刚刚经历了 30 多个年头，尚处于光源自身的发展阶段，技术还不成熟，但有必要给予重点关注，因为其在性能上无可比拟的优点，必将协助谱学电化学更上一层楼。

鉴于 FEL 的发展与成熟尚待时日，当前使用同步辐射光源是较好选择。例如，可发展电化学原位 X 射线拉曼散射技术，其最大特色在于使用高能量的硬 X 射线获得低能量的软 X 射线吸收光谱。常规拉曼散射可提供研究对象的分子振动光谱信息，X 射线拉曼散射则可提供核-电子激发光谱。后者能够在复杂的在线条件下获得常规 X 射线吸收光谱无法得到的本体材料的电子信息。如将其应用于原位电化学体系，一方面可以获得电位调制下研究对象的本体电子性质的变化；另一方面可借助于电势差谱技术，可望捕获研究对象的表面电子结构信息与电位的跟随关系。并且 X 射线的强穿透性使得 X 射线拉曼散射信号的获得可利用正向照射-背向收集模式，有效提高信号收集能力。基于同步辐射 X 射线光源的能源应用具有很大潜力。例如，在锂基电池的充放电过程中，电解液在电极表面发生分解反应而形成固体电解质界面（SEI）膜，其质量决定了电池的循环寿命、安全性等关键性能；因此，认知其形成机理、复杂结构及其构效关系具有极为重要的意义。这些技术可在各种电池的充放电过程，表征电极材料的本体特别是界面（如 SEI 膜本身不均匀的结构和分别与电极与电解液接触的两个界面）的电子结构和分子结构等信息及其动态变化方面，将为电极材料的优选和电池性能改进提供关键信息。这在基础研究方面也很有意义，因为固/固界面体系的表征研究难度极大，将是今后攻关的重点对象之一。

迄今研究固/液/气三相共存的电化学体系的例子更少，但其更接近于实际应用的燃料电池等电催化体系。如果能够建立同时存在固/液和固/气界面的固/液/气三相体系，以实现同一吸附物种在不同界面相下行为的在线实时表征。需要设计有关的谱学电化学检测技术并制作可变温、变压、更换溶液以及工作于三相体系的多功能电解池。鉴于固/液/气三相交接处既复杂又关键，这方面研究显然具有应用和基础研究的双重意义。

在基础研究方面，上述强光源技术和强磁场技术将显著提升电化学光谱、波谱和能谱的检测灵敏度以及时间与空间分辨率，若与其他仪器硬件（尤其是检测器）和软件相结合，必将推进谱学电化学的深入与拓展，从事迄今难以开展的重大基础研究问题。例如，表征双电层结构细节和表征表面弱吸附体系等。当然，要全面解决称为谱学电化学基础领域的皇冠级问题，必然需要多种技术的联用。

具有高空间分辨的电化学扫描微探针技术也将继续扮演很重要的角色。由于实验技术上的困难，迄今具有原子分辨率的 SPM 研究几乎都局限在平整的单晶表面。但是许多电化学过程和反应都发生在具有特殊化学性质的粗糙、纳米结构、团簇乃至单原子结构表面。例如，通常采用的谱学手段研究 SEI 膜往往获得二维表面平均信息，难以深入了解 SEI 膜的形成过程与微观机制，微探针显微术的成像可原位观察 SEI 膜的不均匀结构并测量其力学性能，因此，在线条件下高分辨观察和研究这些表面结构细节具有重要意义，也是对电化学扫描微探针技术提出的新挑战。此外，如何在电化学反应过程中研究反应物和产物在溶液相中距离电极表面不同高度的浓度分布和变化，需要达到几纳米至几埃的纵向空间分辨率，例如，采用各类探针力谱技术以及基于电子束或离子束的电镜类技术对于表面膜体系已可在 z 方向提高至埃的分辨率。但是，对于更为普遍和重要的界面液相一侧（紧密层和分散层）的结构表征和电势分布探测的难度极大，很有必要在发展自身方法的同时与针尖增强光谱（拉曼、红外和非线性光谱）技术和理论及数据分析方法协同攀登这一学术顶峰。

总之，谱学电化学领域的现状可谓是百花齐放，故本章由于篇幅限制而无法完全涵盖，难免挂一漏万。我们基于令人欣喜的发展态势，有理由乐观地预见谱学电化学将不断发生的新突破，这不仅对电化学而且对表（界）面科学乃至整个物质科学和技术的进步将带来难以估量的影响。

参 考 文 献

[1]   O'M J，B E Bockris. Conway. Modern Aspects of Electrochemistry. London：Butterworths，1954.

[2] Faraday Discuss. Chem. Soc. Intermediates in Electrochemical Reactions. London：Chemical Society，The Faraday Division，1974，56.

[3] Parsons R，Kolb D M，Lynch D W. Electronic and Molecular Structures of Electrode-Electrolyte Interfaces. Amsterdam：Elsevier，1983.

[4] 田昭武. 电化学研究方法. 北京：科学出版社，1984.

[5] 查全性. 电极过程动力学. 北京：科学出版社，1987.

[6] Bockris J O'M，Khan K. Surface Electrochemistry. New York：Plenum，1993.

[7] Bard A J，Faulkner L R. Electrochemical Methods：Fundamentals and Applications. New York：Wiley，2000.

[8] Sun S G，Christensen P A，Wieckowski A. In-situ Spectroscopic Studies of Adsorption at the Electrode and Electrocatalysis. Amsterdam：Elsevier，2007.

[9] Heineman W R，Jensen W B. Spectroelectrochemistry Using Transparent Electrodes. in Electrochemistry，Past and Present. Vol. 390. Washington，DC：American Chemical Society，1989：442-457.

[10] Kuwana T，Darlington R K，Leedy D W. Analytical Chemistry，1964，36：2023-2025.

[11] Mark H B，Pons B S. Analytical Chemistry，1966，38：119-121.

[12] Koch D F A，Scaife D E. Journal of The Electrochemical Society，1966，113：302-305.

[13] Fleischmann M，Hendra P J，McQuillan A J. Chemical Physics Letters，1974，26：163-166.

[14] Bewick A，Kunimatsu K，Pons B S，Russell J W. Journal of Electroanalytical Chemistry and Interfacial Electrochemistry，1984，160：47-61.

[15] Tronstad L. Nature，1929，124：373.

[16] Reddy A K N，Devanathan M A V，Bockris J O'M. Journal of Electroanalytical Chemistry，1963，6：61-67.

[17] Feinleib J. Physical Review Letters，1966，16：1200-1202.

[18] Yildiz A，Kissinger P T，Reilley C N. Analytical Chemistry，1968，40：1018-1024.

[19] Fleischmann M，Hendra P J，McQuillan A J. Journal of the Chemical Society. Chemical Communications，1973：80-81.

[20] Jeanmaire D L，Van Duyne R P. Journal of Electroanalytical Chemistry and Interfacial Electrochemistry，1977，84：1-20.

[21] Grady W E O'，Bockris J O'M. Chemical Physics Letters，1970，5：116.

[22] Fleischmann M，Graves P，Hill I，Oliver A，Robinson J. Journal of Electroanalytical Chemistry and Interfacial Electrochemistry，1983，150：33-42.

[23] Yeager E，Furtak T E，Kliewer K L，Lynch D W. Non-Traditional Approaches to the Study of the Solid-Electrolyte Interface. Amsterdam：North-Holland Pubishing Co，1980.

[24] Maki A H，Geske D H. The Journal of Chemical Physics，1959，30：1356-1357.

[25] Bruckenstein S，Gadde R R. Journal of the American Chemical Society，1971，93：793-794.

[26] Bruckenstein S，Comeau J. Faraday Discussions of the Chemical Society，1973，56：285-292.

[27] Richards J A，Evans D H. Analytical Chemistry，1975，47：964-966.

[28] Bewick A，Kunimatsu K，Stanley Pons B. Electrochimica Acta，1980，25：465-468.

[29] Long G G，Kruger J，Black D R，Kuriyama M. Journal of Electroanalytical Chemistry and Interfacial Electrochemistry，1983，150：603-610.

[30] Sonnenfeld R，Hansma P K. Science，1986，232：211-213.

[31] Wiechers J，Twomey T，Kolb D M，Behm R J. Journal of Electroanalytical Chemistry and Interfacial Electrochemistry，1988，248：451-460.

[32] Itaya K，Tomita E. Surface Science，1988，201：L507-L512.

[33] Lev O，Fan F R，Bard A J. Journal of The Electrochemical Society，1988，135：783-784.

[34] Lustenberger P，Rohrer H，Christoph R，Siegenthaler H. Journal of Electroanalytical Chemistry and Interfacial Electrochemistry，1988，243：225-235.

[35] Kötz R，Gobrecht J，Stucki S，Pixley R. Electrochimica Acta，1986，31：169-172.

[36] Guyot-Sionnest P，Tadjeddine A. Chemical Physics Letters，1990，172：341-345.

[37] Novák P，Panitz J C，Joho F，Lanz M，Imhof R，Coluccia M. Journal of Power Sources，2000，90：52-58.

[38] Leriche J B，Hamelet S，Shu J，Morcrette M，Masquelier C，Ouvrard G，Zerrouki M，Soudan P，Belin S，Elkaïm E，Baudelet F. Journal of The Electrochemical Society，2010，157：A606-A610.

[39] 林仲华，叶思宇，黄明东，沈培康. 电化学中的光学方法. 北京：科学出版社，1990.

[40] White R E, Bockris J O'M, Conway B E, Yeager E. Comprehensive Treatise of Electrochemistry. New York: Kluwer, 1984: Vol. 8.

[41] Gale R J. Spectroelectrochemistry: Theory and Practice. New York: Plenum, 1988.

[42] Gutierrez C, Melendress C. Spectroscopic and Diffraction Techniques in Interfacial Electrochemistry. Drodrecht: Kluwer Academic Publishers, 1990.

[43] Abruña H D. Electrochemical Interfaces—Modern Techniques for in-situ Interface Characterization. Berlin: VCH, 1991.

[44] Lipkowski J, Ross P N. Adsorption at Electrode Surface. New York: VCH, 1992.

[45] 田中群, 孙世刚, 罗瑾, 杨勇. 物理化学学报, 1994, 10: 860-866.

[46] Chevallier F, Letellier M, Morcrette M, Tarascon J-M, Frackowiak E, Rouzaud J-N, Béguin F. Electrochemical and Solid-State Letters, 2003, 6: A225-A228.

[47] Tian Z Q, Ren B. Annual Review of Physical Chemistry, 2004, 55: 197-229.

[48] Masatoshi O. Bulletin of the Chemical Society of Japan, 1997, 70: 2861-2880.

[49] Chen C K, Heinz T F, Ricard D, Shen Y R. Physical Review Letters, 1981, 46: 1010-1012.

[50] Shen Y. Nature, 1989, 337: 519-525.

[51] Anderson M S. Applied Physics Letters, 2000, 76: 3130-3132.

[52] Hayazawa N, Inouye Y, Sekkat Z, Kawata S. Optics Communications, 2000, 183: 333-336.

[53] Pettinger B, Picardi G, Schuster R, Ertl G. Electrochemistry, 2000, 68: 942-949.

[54] Stöckle R M, Suh Y D, Deckert V, Zenobi R. Chemical Physics Letters, 2000, 318: 131-136.

[55] Zhang R, Zhang Y, Dong Z C, Jiang S, Zhang C, Chen L G, Zhang L, Liao Y, Aizpurua J, Luo Y, Yang J L, Hou J G. Nature, 2013, 498: 82-86.

[56] Zeng Z C, Huang S C, Wu D Y, Meng L Y, Li M H, Huang T X, Zhong J H, Wang X, Yang Z L, Ren B. Journal of the American Chemical Society, 2015, 137: 11928-11931.

[57] Akemann W, Friedrich K A, Linke U, Stimming U. Surface Science, 1998: 402-404, 571-575.

[58] Shan X, Patel U, Wang S, Iglesias R, Tao N J. Science, 2010, 327: 1363-1366.

[59] Tian Z Q, Li W H, Mao B W, Zou S Z, Gao J S. Applied spectroscopy, 1996, 50: 1569-1577.

[60] Yao J L, Mao B W, Gu R A, Tian Z Q. Chemical Physics Letters, 1999, 306: 314-318.

[61] Wolter O, Heitbaum J. Berichte der Bunsengesellschaft für physikalische Chemie, 1984, 88: 2-6.

[62] Takáts Z, Wiseman J M, Gologan B, Cooks R G. Science, 2004, 306: 471-473.

[63] Li J, Dewald H D, Chen H. Analytical Chemistry, 2009, 81: 9716-9722.

[64] Brown T A, Chen H, Zare R N. Angewandte Chemie International Edition, 2015, 54: 11183-11185.

[65] Casalongue H S, Kaya S, Viswanathan V, Miller D J, Friebel D, Hansen H A, Nørskov J K, Nilsson A, Ogasawara H. Nature Communications, 2013, 4: 2817.

[66] Williamson M J, Tromp R M, Vereecken P M, Hull R, Ross F M. Nature Materials, 2003, 2: 532-536.

[67] Holtz M E, Yu Y, Gunceler D, Gao J, Sundararaman R, Schwarz K A, Arias T A, Abruña H D, Muller D A. Nano Letters, 2014, 14: 1453-1459.

[68] Zeng Z, Liang W I, Liao H G, Xin H L, Chu Y H, Zheng H M. Nano Letters, 2014, 14: 1745-1750.

[69] Gu M, Li Y, Li X, Hu S, Zhang X, Xu W, Thevuthasan S, Baer D R, Zhang J G, Liu J, Wang C M. ACS Nano, 2012, 6: 8439-8447.

[70] Gu M, Parent L R, Mehdi B L, Unocic R R, McDowell M T, Sacci R L, Xu W, Connell J G, Xu P, Abellan P, Chen X, Zhang Y, Perea D E, Evans J E, Lauhon L J, Zhang J G, Liu J, Browning N D, Cui Y, Arslan I, Wang C M. Nano Letters, 2013, 13: 6106-6112.

[71] Elias L R, Fairbank W M, Madey J M, Schwettman H A, Smith T I. Physical Review Letters, 1976, 36: 717-720.

第**2**章
电化学拉曼光谱技术

电化学界面是一个极其重要的界面，许多和能源、生命相关的过程都强烈依赖于荷电界面的结构和性能[1]。对界面结构和过程的深入研究，不论是对电化学理论还是对应用研究都具有重要的科学意义。

拉曼（Raman）光谱是一种散射光谱，是以单色性很好的激光作为光源，可以对固、液、气状态的样品进行振动光谱的分析，从而获得精细的分子结构的信息[2]。但是，拉曼光谱的检测灵敏度非常低，该缺点在电化学研究中表现得尤为突出，因为典型的电化学体系是由固-液两个凝聚相构成的，界面物种的绝对数量很低，其信号会被淹没在液相中的大量相同物种的信号中。表面增强拉曼散射（surface-enhanced Raman scattering，SERS）的发现，极大地提升了表面拉曼光谱的检测灵敏度，并很快被应用于电化学界面的现场研究，从分子水平上深入表征各种表面（或界面）的结构和过程，如鉴别物种在表面的键合、构型和取向等[3]。而最近十几年来，纳米科技的飞速发展更是为 SERS 提供了丰富和新奇的基底以及检测和表征方法，使与纳米科学密切相关的电化学 SERS 领域也得到了令人瞩目的发展，在包括电化学界面结构、电催化、腐蚀和单晶电极表面的研究中取得了重要的突破性的进展[3~6]。本章将系统地介绍拉曼光谱和 SERS 的基本理论、电化学 SERS 实验技术、电化学 SERS 研究的现状以及电化学 SERS 领域存在的问题和面临的挑战。

2.1 拉曼光谱基础

2.1.1 常规拉曼光谱[2,7]

光与物质相互作用可产生吸收、散射等过程。当样品分子中电子受交变的光电场的作用被极化而做受迫振荡时，将会向空间以电磁波（次波）的形式辐射出能量，这就是光散射过程，它是一种二次电磁辐射。散射光可以在 4π 立体角范围内被检测到。按物质尺度的不同，散射分为微粒散射和分子散射，根据频率是否发生变化分为弹性散射和非弹性散射。非弹性散射由于携带了物质的微观结构信息，如分子转动、振动和晶格振动等，在物质的分析和表征中发挥了重要的应用。

早在 1923 年，Smekal 等人在理论上预言：光通过介质时，将与介质发生作用进而发生能量交换，导致部分的光频率和相位发生变化。1928 年，Raman 和 Krishman 通过反复纯化样品以排除杂质荧光干扰后，在 60 多种有机液体和蒸气中都检测到了强度极弱、与入射光频率不同的谱线，该谱线携带了分子振动信息。同一年，Landsberg 和 Mandelstam 在石英中观察到散射光频率的变化。这一现象后来被称为拉曼（Raman）散射。拉曼散射效应在研究分子结构方面具有独特的优势，拉曼本人也于 1930 年获得了诺贝尔物理学奖。虽然在其后的 10 年，拉曼光谱得到了空前的发展，但是由于用汞灯作为光源得到的拉曼信号非常弱，拉曼光谱的地位被随后迅速发展起来的红外光谱技术所取代。直到 1960 年激光器问世并被用作拉曼光谱的激发光源后，拉曼光谱技术才得到了新生，在基础和应用研究中都得到了长足的发展，进入了激光拉曼光谱学时代。

为便于理解，图 2-1 以 Jablonshi 能级图对比了红外吸收、荧光分子散射（拉曼和瑞利散射）过程。红外吸收是一次光子过程，通常以广谱带的光源照射样品，与分子红外活性的振动能级匹配的能量将被吸收，并将分子激发到某个振动激发态。处于紫外可见区间的光源则可以将电子从分子的基态激发到激发态，处于激发态的电子则可能通过振动弛豫（通常在 10^{-9}s）到电子激发态的振动基态，在跃迁回电子基态的过程中将发射出荧光。拉曼散射是利用一束频率为 $h\nu_0$ 的单色光和分子相互作用，使分子核骨架周围的电子云发生形变形成一个短寿命不稳定状态（"虚态"），电子不经历振动弛豫很快地（通常为 10^{-12}s）重新发射出频率为 $h(\nu_0-\nu)$ 的散射光。虽然图示似乎给出的是两个先后的过程，但是事实上散射过程是一个瞬时的过程，是同时发生的。如果散射过程只是涉及电子云的变形，由于电子质量极小，散射光子能量的变化极其微小，对应着弹性散射过程，即瑞利（Rayleigh）散射。如果在散射过程中，分子内原子的振动（即原子核间相对位置的变化）导致周围的电子云发生变化（极化率的改变），外部光电场就可以和分子的振动发生作用，则散射时将发生能量从入射光转移给分子或者从分子转移给散射光的过程，对应着非弹性散射过程，即拉曼散射，此时散射光的频率与入射光的频率不同。入射光和散射光的频率差值 ν 即对应于分子的特征振动频率，不随激发频率的改变而变化，拉曼光谱图中横轴的拉曼频移正是散射光相对于入射光的频率位移 ν。散射光频率低于入射光频率的拉曼散射称为 Stokes 拉曼散射，对应着从振动基态跃迁回到振动激发态的过程，是拉曼光谱研究中通常仅研究的区间；散射光频率高于入射光频率的拉曼散射称为反 Stokes（anti-Stokes）拉曼散射，对应着从振动激发态跃迁回到振动基态，如图 2-1 所示。这两种拉曼过程频率绝对值相同。根据 Boltzmann 分布，常温下分子处于振动基态的布居数要远高于处于振动激发态的布居数，因此，Stokes 拉曼的强度通常远高于反 Stokes 拉曼的强度。由于温度的变化将直接改变激发态和基态的分子布居数，进而影响 Stokes 拉曼和反 Stokes

拉曼谱峰的相对强度，因此可以通过检测同一振动模式的这一对峰的相对强度获得体系的温度。特别注意，该图中只给出一种振动模式的能级图，对于不同的振动模式，都可以构建出其特征的振动能级图。

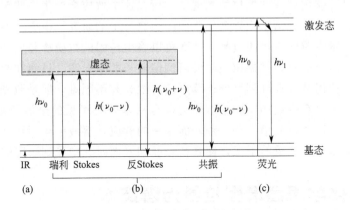

图 2-1　三种光学过程示意图

（a）红外吸收，（b）拉曼散射和（c）荧光。ν_0 为入射光的频率；

ν 为分子某个振动的拉曼位移；ν_1 为荧光发射的频率

拉曼谱图通常是以散射光强度和以 cm^{-1} 为单位的拉曼位移 ν（散射光与入射光的能量差）作图，因此，在拉曼光谱中，Stokes 和反 Stokes 线对称分布在瑞利线（频率为 0）两侧。不论用哪个波长的激光激发，只要激光的能量不导致分子结构的变化和体系温度的显著变化，拉曼谱图上的振动频率都是相同的，不会随着激发光频率的改变而变化。

拉曼信号通常都很弱，一般 $10^6 \sim 10^8$ 个入射光子才会产生一个拉曼光子。即使采取了激光作为光源，常规拉曼光谱技术的检测灵敏度仍然非常低，尤其是在研究只有单分子层甚至亚单分子层分子的表面或界面的物种和过程时，检测灵敏度低的问题格外突出[3]。通常固体表面满单层吸附物种的表面浓度为 $10^{14} cm^{-2}$，假设激光光斑的面积为 $1 \mu m^2$，在该探测区内分子的个数仅为 10^6 个，即相当于 $10^{-18} mol$ 的分子数。而分子的微分拉曼散射截面通常仅有（甚至低于）$10^{-29} cm^{-2} \cdot sr^{-1}$，若使用常规的激光拉曼谱仪检测表面单分子层的物种，其拉曼信号强度一般低于 1 光子计数/s（即常规谱仪的检测限）。为了检测这么低的分子数，需要非常高的检测灵敏度。

2.1.2　共振拉曼光谱[8]

当选取的入射激光频率 ν_0 非常接近或处于分子的电子吸收峰范围内时，与一般只能激发到"虚态"的常规拉曼光谱不同，此时拉曼跃迁的概率大大增加，它可使分子的某些振动模式的拉曼散射截面增强高达 10^6 倍，这种现象被称为共振拉曼（resonance Raman）效应，如图 2-1 所示。激发光的能量越接近体系的电子共振条件，拉曼峰的强度就越强。利用共振拉曼增强效应，可以实现亚单层量分子的检测。共振拉曼谱图也比正常拉曼谱图简单得多，因为只有与电子跃迁相关的那些振动才能被选择性地增强。虽然高阶的跃迁（如和频和倍频）通常不会出现在常规拉曼光谱中，但可能出现在共振拉曼光谱中，所以这个效应会产生一些新峰而带来更多的信息。共振拉曼光谱常用于含生色团的生物分子的研究，由于共振拉曼信号主要由这些有共振吸收的生色团贡献，从而可以将生色团的拉曼峰与周围其它基团的峰分开。需要指出的是，共振拉曼需要可调谐波长的激光源。虽然在激光技术高速发展的今天，获得从近红外到紫外连续可调的激光并不困难，但是激光器的价格仍然非常昂贵，还只有少数的实验室有能力拥有从紫外到可见的全波长范围的激光。更重要的是，共振拉曼光谱不是一种表面专一的效应，溶液中相同物种也会对表面物种的信号检测产生严重的干扰，使其在表面和界面研究中受到一定的限制。

2.2 电化学表面增强拉曼光谱技术

1973 年，Fleischmann 等人首次将拉曼光谱应用于电化学体系的研究。他们在 Pt 电极上沉积汞滴，通过电化学阳极氧化产生 Hg_2Cl_2、Hg_2Br_2 和 HgO 等薄膜[9]。由于这些物种具有非常强的拉曼活性而且是多层的物种，可以产生足够强的拉曼信号，这一开拓性的工作表明了可以利用拉曼光谱研究电极界面的结构。在同一时期，Van Duyne 等则利用共振增强拉曼效应研究电化学体系和过程[10]。

2.2.1 表面增强拉曼光谱

不管是以上的哪种方法，研究的体系都有很大的局限性。如果能获得电极/溶液界面的没有共振增强效应的（亚）单层表面物种的拉曼信号对于电化学研究具有更重要的意义。1974 年，Fleischmann 等人在经电化学粗糙的 Ag 电极表面获得了单层吸附的吡啶分子随电位变化的高质量拉曼光谱信号，他们认为高粗糙的表面可以吸附更多的分子，从而可以给出更强的信号[11]。Van Duyne 等仔细重复了该实验并采用了不同的探针分子和电极处理方法，发现粗糙化处理导致的电极表面积的增大不可能产生如此之强的表面拉曼信号。在排除分子数增加的因素后，他们发现吸附在粗糙 Ag 表面上的吡啶的拉曼信号与溶液相中同数量的吡啶的拉曼信号相比，仍然增强了约 6 个数量级，指出这是一种与粗糙表面有关的巨大的增强效应[12]。该效应后来被称为表面增强拉曼散射效应（surface-enhanced Raman scattering effect），与此相关的技术称为表面增强拉曼光谱技术（surface-enhanced Raman spectroscopy），所获得的光谱称为表面增强拉曼光谱（surface-enhanced Raman spectrum/spectra），三者都简称为 SERS。10^6 倍表面信号的增强相当于将人们所感兴趣的表面单层物种增加到 100 万层。假设单层分子的厚度为 0.8nm，百万倍的信号放大相当于将采样的厚度提高到了 0.8mm。在常规的共聚焦显微拉曼光谱测试中，即使对完全透明的纯样品，其采样深度也仅有 $5\sim50\mu m$。因而，借助 SERS，单层表面物种就能产生比纯样品更强的拉曼信号。此外，SERS 的增强效应随离表面的距离呈指数衰减，从而可以有效避免溶液相中相同物种的信号干扰[6]。这些开拓性的工作成功地奠定了将拉曼光谱应用于表面科学研究的实验基础，至今已发表了超过 26000 篇有关 SERS 理论和实验的研究论文，尤其是在 2007 年后，得益于纳米科技的发展，许多纳米科学家进入该领域，为 SERS 提供了各种性能各异的基底和检测方法，使 SERS 得到了飞速的发展。

拉曼光谱在电化学中应用的历史可以分成以下几个重要的阶段。①在 20 世纪 80 年代，粗糙的 Ag、Au 和 Cu 等自由电子金属所提供的巨大的增强效应，极大地推动了 SERS 实验和理论的发展，并进一步促进了拉曼光谱技术在表面和界面研究中的应用。但是，人们发现在实际应用中（大气或水溶液体系中）也仅有这三种金属才能提供高达百万倍的增强，这在一定程度上限制了 SERS 的应用领域[4]。②而 Pt 族和 Fe 族等过渡金属是电化学、催化和材料科学中极为重要的材料，将 SERS 技术拓宽至这些过渡金属及其合金体系具有重要的意义。Fleischmann 和 Weaver 等研究组分别在高 SERS 活性的 Ag 和 Au 基底上沉积超薄膜过渡金属，利用 SERS 基底的电磁场增强的长程作用，获得过渡金属上表面物种的 SERS 信号[13,14]。③20 世纪 90 年代后期，Weaver 等通过改变沉积条件以及采用欠电位沉积结合化学置换获得无针孔的超薄金属层[15]。④与此同时，田中群等发展了 SERS 活性过渡金属电极的处理新方法，成功地从纯 Pt、Pd、Ru、Rh、Fe、Co 和 Ni 等电极上获得高质量的表面物种的拉曼信号[4]。⑤田中群等通过在 Au 纳米粒子的表面包覆一薄层过渡金属，获得了非常高的检测灵敏度，首次在过渡金属表面上获得了拉曼散射截面极小的水 SERS 信号[16]。⑥另外，SERS 需要借助金属纳米结构来获得增强的表面电磁场，该技术从本质上难以用于研究表面结构确定的平滑的单晶表面，必须采用新的思路才可能在单晶表面获得表面拉曼信号。为此，人们提出了衰减全反射（attenuated total reflection，ATR）拉曼[17]、纳米间隙（gap-mode）SERS[18]、针尖增强拉曼光谱（tip-enhanced Raman spectroscopy，TERS)[19] 和壳层隔绝纳米粒子增强的拉曼光谱（shell-isolated nanoparticle-enhanced Raman spectroscopy，SHINERS)[20] 等技术来提升没有增强或者只具极弱增强效应的单晶电极上表面物种的信号，尤其是 SHINERS 技术可以很方便地在电化学条件下获得单晶电极上弱信号表面物种的拉曼信号。这些进展清晰地表明拉曼光谱已经可以像红外光谱技术一样广泛地应用于表面科学和电催化的研究中，而且能提供红外光谱所不能提供的物种和表面成键的精细信息。

本章将介绍表面增强拉曼光谱的基本原理、基本实验技术（电极处理和仪器）和应用实例。

2.2.2 电化学表面增强拉曼散射光谱的特征和基本原理

SERS 现象首先在电化学体系被发现，之后，电化学表面增强拉曼散射光谱

（EC-SERS）在 SERS 的发展中发挥了不可替代的作用。通过长期研究和对观测到的实验现象总结，人们归纳出 SERS 的一些重要特征。

① 为获得强的 SERS 信号需要借助特殊的纳米结构。决定于所用的金属光学特性和激发光波长，通常需要颗粒尺寸为 10～200nm 的 Au、Ag 或 Cu 纳米结构以获得较强的 SERS 活性。纳米粒子的聚集体或者具有纳米间隙的结构可以产生远强于单粒子的 SERS 效应。一对耦合的纳米粒子可以产生远强于大量单粒子所产生的 SERS 信号。

② 各种可以获得纳米尺度粒子和表面的方法都可以用于制备 SERS 衬底，包括化学或物理方法制备纳米粒子、电化学氧化还原循环 [oxidation-reduction cycle(s)，ORC]、化学刻蚀、物理方法沉积、光刻和模板沉积等。而作为 EC-SERS 的基底表面必须具有很好的导电性。

③ Ag、Cu、Au 的粗糙电极或者纳米粒子体系的平均表面增强因子（SEF）通常可达 10^6，其它过渡金属（如 Pt、Rh、Pd、Ni、Co 和 Fe）的增强因子通常在 10^3 左右。纳米结构的单分子的 SEF 要远高于整个表面的平均 SEF。要获得单分子的 SERS 信号，通常需要 10^9 以上的增强效应。

④ 不同基底需采用不同波长的激光以激发产生 SERS。Ag 基底可以采用从可见区到红外区的激光来激发，而 Au 和 Cu 的基底通常采用红光到红外区的激光，大部分过渡金属可以采用从紫外区到红外区的激光。

⑤ SERS 具有长程效应，具体作用距离依赖于表面的形貌和局域的物理环境。其增强效应随着离开纳米结构的距离呈指数衰减，一般在 5～10nm 的距离仍然可以提供增强效应。

⑥ SERS 是一种表（界）面灵敏的技术，吸附在表面的第一层的分子得到最大的增强。更小尺度的表面结构（如表面络合物、吸附原子、吸附原子簇等）在化学增强机理中起着相当重要的作用，通常被称为 SERS 活性位。

⑦ 许多吸附在金属表面或位于表面附近的分子能产生 SERS，但它们的增强效应相差很大。例如，CO 和 N_2 的拉曼散射截面相当，但在相同的实验条件下，它们的 SERS 强度相差 200 倍。一般通过物理作用吸附于表面的分子（离子）增强较小。

⑧ 在电化学环境下，表面物种的 SERS 谱峰的频率和强度通常会随电极电位发生变化，不同的振动模式对电位的依赖关系可能不同。当施加一个很负的电位时，Ag 或者 Cu 等电极的 SERS 活性将可能不可逆地消失，若对电极重新进行 ORC 处理，又可以产生具有 SERS 活性的表面。

迄今所提出的各种 SERS 机理皆无法全面解释已观察到的所有 SERS 现象，因此，在 SERS 领域，SERS 机理的研究仍然是一重要的研究领域。一般认为 SERS 增强主要由两种机理贡献[21～23]：①电磁场增强（EM）机理。EM 机理是指基底局域化的光电场增强所导致的分子拉曼信号的增强，它不仅与构成表（界）面材料的光学性质、几何形貌和激发光的频率有关，而且还与被测分子所处的局域的几何结构有关。由于金属粒子的偶极场与到粒子中心距离的三次方成反比,因此,从本质上它是一种长程作用。不足在于该机理仅考虑入射光子与金属表面的作用,忽略了分子在其中的作用。EM 机理在 Au、Ag 和 Cu 等金属的 SERS 增强中起着主导地位。②化学增强(CT)机理。该机理主要描述分子、表面和入射光子三者间的相互作用,与金属及吸附物种的电子结构有关,可用类共振拉曼现象来解释。包括化学吸附作用、吸附物和基底间的光驱电荷转移(CT)以及电子空穴对和吸附分子间的耦合作用,其中最重要的贡献是电荷转移(CT)机理。化学增强效应依赖于吸附位、成键的构型、电极和吸附分子的电子结构及激发光的波长,且只在分子尺度的范围内对 SERS 有贡献,因而从本质上它是一种短程效应。

一个吸附物种的 SERS 强度可用下式简单表示:

$$I_{SERS} \propto G_{EM} \sum_{\rho, \sigma} |(\alpha_{\rho\sigma})_{nm}|^2 \tag{2-1}$$

式中,G_{EM} 代表与入射光和散射光相关的电磁场增强效应。对 $\alpha_{\rho\sigma}$ 的求和项表示因分子内及分子与表面的相互作用所引起的光学响应,代表了化学增强效应。从式子中可以看出,在总的 SERS 效应中,EM 和 CT 两种效应是乘积的关系,而不是加和的关系。因此,即使 CT 机理的贡献远小于 EM 机理,它却能够显著改变谱峰的频率和相对强度。在电化学的可调整的电位区间内,基底 EM 的变化非常小,因而光谱在频率和强度上的变化极大程度上取决于分子的表面的作用方式以及 CT 机理。这对于电化学 SERS 数据的分析是至关重要的。

如希望更全面地了解 SERS 理论和实验的最新进展,可以参看文献[3~5],特别是近期出版的几个 SERS 的专辑[24~27]。

2.3 电极表面物种的振动性质

表面物种与体相中的同一物种的振动性质通常显著不同[28~30]。当分子吸附于表面,其构型可能变化,与自由分子相比,其对称性也可能发生改变,导致其振动行为的变化。分子对称性的改变、偶极耦合、非均匀加宽、分子内振动弛豫、相变、电子空穴对的产生以及声子耦合等都将对峰宽、强度与频率产生影响。因此,有必要从偶极耦合相互作用和电化学 Stark 效应等方面简单描述分子与表面的相互作用(吸附)和/或分子与表面同一物种(或其它物种)的相互作用。

在表面吸附层,相邻分子的诱导偶极之间的静电相互作用将使分子的振动发生耦合,在单晶表面上对偶极耦合相互作用已有详细的研究。简单地说,耦合会导致两个重要的结果:①相同分子间的耦合导致其振动频率比孤立单个分子的振动频率要稍高一些。②不同振动频率的两个物种间的耦合将产生两种振动模式,每一种振动模式都与原物种的振动频率相近,因此,峰的位置并未发生明显的移动,但峰强度却从低频模式向高频模式转移。

电极表面吸附物种的振动频率随电位的变化在电化学振动光谱研究中是一种非

常普遍的现象，常被称为电化学 Stark 效应。以在 Pt 族金属上化学吸附的 CO 为例，在较宽的电位区间金属-碳以及 CO 的振动频率几乎与所加的电位形成线性关系。其斜率 $d\nu_{CO}/dE$ 为正值，为 $30\sim60cm^{-1}\cdot V^{-1}$；而 $d\nu_{MC}/dE$ 为负值，为 $-10\sim-20cm^{-1}\cdot V^{-1}$。目前认为电化学 Stark 效应有两种起源：①在电化学体系的界面区，较高电解质浓度条件下（约 $1mol\cdot L^{-1}$），电化学双电层中大部分电位降发生在界面区的几埃范围内，因而场强可达 $10^7V\cdot cm^{-1}$。该电场可与吸附分子偶极相互作用，从而导致某些键的键长发生变化并导致振动频率的变化。②界面荷电状态的改变将导致 CO 分子内 C—O 键和金属与 CO 成键的强弱变化。从分子轨道考虑，通过 σ 重叠，电子可以从有合适对称性的吸附分子的全充满轨道转移到金属的空轨道上。金属则可以将电子从充满的 d 轨道反馈给吸附分子的空 π^* 反键轨道。因为 π^* 键作用占优，吸附的 CO 分子频率（相对于溶液物种）将降低。当电极电位负移时，$d\pi$-$2\pi^*$ 反馈逐渐占优，导致 CO 的键强降低，从而使分子内的伸缩频率降低，同时引起 M—CO 键增强，导致其频率升高，从而解释所观察到的负 $d\nu_{MC}/dE$ 值。两种效应在不同体系的贡献一直还存在争议。最新的理论计算表明前一种的效应在 CO/Pt 体系中的贡献占据主导地位。

表面拉曼光谱与常规拉曼光谱存在显著的区别。由于 Ag 和 Au 等金属特殊的光学性质，在可见到近红外区，入射光电场和反相反射场的叠加而使电极表面上电场的切向分量接近于零，而垂直分量则被增强。垂直于表面的分子振动模式将得到额外的增强[21]。因此，通过对不同振动模式 SERS 峰相对强度的分析，可以获得分子在表面的取向。由于垂直于表面的局域场的分量（z 方向）有着最大的增强，因此有着全对称极化率张量的 α_{xx} 分量的振动模式将产生最大的增强，而有着非全对称极化率张量元（α_{xz}，α_{yz}）的振动模式增强则相对偏弱。对极化率张量沿着 xy 平面的振动模式，其增强效应最弱。

2.4 表面增强拉曼光谱技术与表面红外光谱技术的比较

拉曼散射光谱和红外吸收光谱是测定分子振动的两种主要实验方法，所涉及的都是分子振动能级的变化，故它们之间有极为密切的关系。但是，产生这两种光谱的机理是完全不同的，所遵循的表面选律也不同，所以同一样品的拉曼和红外光谱的相对峰强度会有显著的不同。因此，这两种技术是高度互补的技术，可以较全面而细致地揭示样品的分子结构。以下对两种技术的特点作一简要的归纳，见表 2-1。

表 2-1 红外和拉曼技术特点的比较

项目	拉曼	红外
光学现象	散射	吸收
光子过程	两个光子	单光子

项目	拉曼	红外
灵敏度	低①	高
研究频谱区间/cm^{-1}	通常为 50～4000	通常为 900～4000②
光谱峰形	尖锐	较宽
强度与浓度的关系	线性关系	指数关系
表面增强	是	是
表面增强因子	$10^2 \sim 10^6$③	10～80
表面选律	宽松、复杂	严格、简单
表面分子取向测定	困难而复杂	简单、清楚
典型采样方法	背散射或90°收集	反射
空间分辨率	约 $1\mu m$	约 $30\mu m$
周围环境的干扰	很小	水与 CO_2 干扰强烈
典型测量方式	无特别要求（绝对光谱）	电极电位或偏振调制（差谱）
光谱电解池结构	无特殊要求	薄层电解池（大约 $10\mu m$）
常用的表面	粗糙④	光滑镜面
典型光源	激光	碳化硅或能斯特灯丝
表面破坏性	局部受热或分解	无破坏性

① 分子产生拉曼散射的概率要远小于红外吸收的概率。然而，拉曼仪器及激光技术的发展已大大缩小了它们之间的差距。在一些优化的条件下，普通拉曼光谱的灵敏度已能与红外吸收光谱的灵敏度相当。而且，拉曼散射效率可以通过采用表面增强和共振拉曼效应而得到极大的提高。

② 红外技术通常难以研究低于 $900cm^{-1}$ 的频率区间，若采用同步辐射源作为高强度的红外光源有可能予以克服。

③ 单分子 SERS 的表面增强因子值可高达 10^{14}。

④ 需要一定的表面粗糙度以获得高 SERS 活性的基底。

2.5 电化学表面增强拉曼散射光谱实验

在 EC-SERS 实验中，通常通过改变电位来改变电化学体系的状态，同时通过拉曼光谱仪记录样品的拉曼光谱图。通过分析谱图上特征谱峰的频率和强度随电位变化的情况，获取分子结构、表面覆盖度、吸附取向、界面组成和形貌等信息，甚至可研究增强机理。因此，在拉曼光谱实验前，很有必要仔细标定拉曼仪器的检测灵敏度和频率。

现在一般都采用位于 $520.6cm^{-1}$ 的单晶硅（111）特征的一阶声子振动峰作为频率和强度的标定标准，该峰非常尖锐且强。如果采用硅的其它晶面，要特别注意每次标定时的晶向和激光偏振相对取向保持一致。而在紫外区，由于紫外光在硅单晶上的穿透深度特别浅，信号极其微弱，因此最好利用钻石的 $1333.2cm^{-1}$ 峰作为标定的标准。在一些老旧的拉曼系统上，当频率的线性和精度都不是很理想时，建议采用与待测样品有最接近谱峰的标样，如硫黄的 $219.1cm^{-1}$、环己烷的 $801.3cm^{-1}$ 及苄基氰的 $2229.4cm^{-1}$ 和 $3072.3cm^{-1}$ 等峰。

由于环境温度和湿度的变化，拉曼仪器光路系统或多或少会有一些变化，导致仪器每天的状态有所不同，建议以一个固定的标样作为仪器检测灵敏度归一化的基准，使得不同次拉曼实验得到的光谱强度具有可比性。需要特别指出的是，对比不同厂家的仪器灵敏度时，不能只以信号强度作为比较的标准，而应该更关注在相同条件下所得到的未经任何数据处理的谱图的信噪比。

2.5.1 光谱实验装置

电化学拉曼光谱实验装置如图 2-2 所示。其实验仪器包括激光（激发源）、拉曼谱仪、计算机（控制、数据采集和数据处理）、恒电位仪（控制和检测电化学体系的电位或电流）和光谱电化学池。拉曼谱仪主要由样品台、入射光路、收集光路、单色仪和检测器等组成。激光在进入拉曼谱仪之前通常需要先用带通滤光片获得纯净的单色光。从样品收集的信号中包含激发光、瑞利散射光和拉曼散射光，可采用陷波滤光片（notch filter）、长通边缘滤光片（edge filter）或者体布拉格光栅（volume Bragg grating）消除激发光和瑞利散射光，然后再通过一级单色仪的分光就可以获得很好的拉曼散射信号。

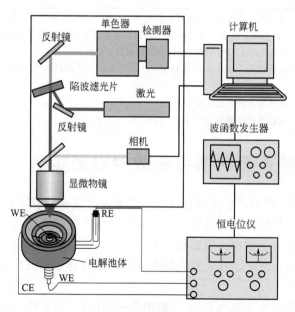

图 2-2　电化学拉曼光谱实验装置示意图[5]

WE—工作电极；CE—对电极；RE—参比电极

常规拉曼谱仪可分成两类：单道拉曼谱仪和多道拉曼谱仪。在单道拉曼谱仪中，当散射光经收集透镜收集聚焦进入入口狭缝后，经凹面镜或透镜准直为平行光并充满平面光栅；通过光栅分光后，再通过第二个凹面镜或透镜聚焦于出口狭缝平面上。不同的仪器可能有 1～3 级单色器，在最后一级单色器中通过改变光栅的位置使某单一波长的光子通过出口狭缝聚焦于检测器上。光电倍增管（photomultiplier tube，PMT）是早期单道扫描仪中最常用的高增益光探测器。由于它具有高量子效率和较低的暗电流，很适合于弱信号的探测。但是对于极微弱光信号的检出，一般需要很长的积分时间，而且，必须特别注意避免因暗电流累积导致检测器饱和而损坏。雪崩二极管（avalanche photodiode，APD）由于高的检测灵敏度和易于维护等特点，有逐渐取代 PMT 检测器之势。PMT 和 APD 在开展高时间分辨的拉曼光谱实验中有着重要的应用。

多道拉曼谱仪主要由单色器和多道检测器组成。实验中预先选定光栅的位置（中心波数），在不扫描光栅的条件下，一次可同时记录频率覆盖范围很宽的拉曼谱（通过选择不同的光栅甚至可记录全谱）。因此，多道拉曼谱仪已逐渐成为拉曼实验室中最重要的一种仪器。目前在多道谱仪中最常用的检测器是电荷耦合器件（CCD）检测器，它具有很高的量子效率，在一次获得广波段拉曼信号的同时提供很高的检测灵敏度，因此可以有效提高拉曼实验的效率，因而成为目前最常用的检测器。CCD 最突出的特点是它的暗噪声非常小，这对于需要长时间积分才能得到满意信噪比的弱信号体系的检测就显得尤为重要。然而，CCD 读出速度很慢，若没有脉冲激光、光开关或其它特殊的技术很难利用它进行时间分辨的拉曼光谱研究。前照射半导体冷却的 CCD 是目前拉曼谱仪标配的检测器，一般效率在 40％ 左右。针对不同工作波长区间，可以选择常规 CCD、紫外增强型 CCD、红外增强型 CCD 等。背照射 CCD 具有高达 90％ 的量子效率，由于具有更高的检测灵敏度，最近得到越来越多的关注。需要特别注意的是，一般背照射 CCD 仅适用于绿光激发的体系，当用红光激发时，会因薄层对红光的干涉效应产生巨大的背景干扰。当需要背照射 CCD 用于红光区检测时，建议选择深耗尽（deep depletion）的 CCD，以获得最佳的检测灵敏度。最新光谱型的电子倍增 CCD（electron multiplied CCD，EMCCD）不但具备常规 CCD 低噪声、广谱带和易使用等特点，而且具有很高的检测灵敏度和读出速度，在电子倍增的条件下，对强信号体系的短时间检测方面（如时间分辨光谱）具有突出的优势，可以明显提高谱图的信噪比。需要开展更高时间分辨光谱的研究时，可以采用带时间快门的 ICCD。

目前拉曼光谱研究中使用的激光有很多种，波长范围覆盖了紫外区到近红外区。一般要求激光是单纵模而且具有很好的 TEM00 横模。激光的线宽要小于仪器的光谱分辨率，一般来说 0.05nm 左右的线宽即可。使用的激光有连续激光和脉冲激光。脉冲激光器价格昂贵，而且峰值功率密度高，容易损坏样品，因而只有从事快速时间分辨或非线性拉曼光谱实验时，脉冲激光才显示出其必要性和优越性。目前最常用的拉曼光源为小型的氦/氖气体激光器（632.8nm）、532nm 固态二极管泵浦激光器和 785nm 的半导体激光器。氩离子激光器由于可以提供多波长的输出，仍是很多有经验的实验室的选择，其中以蓝光（488.0nm）和绿光（514.5nm）的波长最常用。紫外区的激光源最常用的为氦-镉激光器（325nm）。深紫外区可用氩离子激光倍频得到 244nm 和 257nm 的波长以及固态激光器 4 倍频得到 266nm 的波长。紫外激光可利用物种的共振拉曼效应以提高检测灵敏度，而且还可能避开荧光的发射区。当待测样品有强荧光并可能掩盖拉曼信号时，可以考虑用近红外激光激发来降低荧光干扰，通常选用波长范围为 843.2～1064nm 的 Ti：Sapphire 激光器和 1064nm 的 YAG 激光器。虽然它们可以有效避免荧光的干扰，但由于目前检测器的灵敏度在此波长范围内很低，因而通常使用傅里叶变换（FT)-拉曼谱仪，最近有些厂商已经推出了 1064nm 色散型的拉曼谱仪。特别需要指出的是，随着半导体激光技术的快速发展，各种适用于拉曼光谱的小型的不同波长的半导体激光器已经面市，可以陆续替代一些传统的体积大、能耗高且维护困难的激光器。

1990 年左右推出的共聚焦显微拉曼仪器，因其体积小、灵敏度高、操作简便、价格低等优势很快统治了拉曼仪器市场，并在各个领域得到了广泛的应用。它是共聚焦显微技术和拉曼光谱技术的结合，兼有这两种技术的所有优点。通过显微镜可以高效地收集拉曼散射光、显微移动和观察样品，得到表面上不同点能够反映化学成分信息的拉曼光谱，进而对表面进行化学成像。收集光路上引入共焦针孔，使仪器具备光学剖层分析能力。和其它显微光学方法一样，为了获得高的空间分辨率和检测灵敏度，必须提高显微物镜的数值孔径（NA)，NA 值在实验体系允许下越高越好。拉曼光谱中常用的物镜 NA 一般为 0.45～1.4。在一些电化学原位拉曼研究中，为了避免物镜和电解质溶液接触，只能牺牲收集效率而选用数值孔径为 0.45～0.75 的长工作距离（3～15mm）物镜。采取高放大倍数的物镜有助于在屏幕上方便观测样品，但仪器的光通量和空间分辨率是由物镜的 NA 决定的。显微共焦拉曼谱仪和常规大型拉曼谱仪相比，激光高度聚焦在样品表面，使得激发点的激光功率密度非常高。1mW 的功率聚焦到 $1\mu m^2$ 的面积上，其功率密度可高达 $10^5 W \cdot cm^{-2}$，远高于大光路仪器上采用的功率密度，因此实验中必须注意避免样品的光致分解。

在相同的光谱分辨率下，FT-拉曼谱仪的光通量要比常规的拉曼谱仪好。但是，由于拉曼信号的强度与激发光的频率和检测器的检测灵敏度成正比，而且 FT-拉曼谱仪激发源是近红外激光，近红外区检测器一般噪声大且量子效率较低。因此，FT-拉曼谱仪总的检测灵敏度仍比常规拉曼谱仪低，远低于共焦拉曼谱仪。除此之外，水溶液对近红外区入射光和拉曼信号也有强吸收，这就使得在 FT-拉曼谱仪上开展电极/溶液界面的研究变得相当困难。但是由于它可以有效地排除荧光的干扰，在研究具有荧光的薄膜电极（包括聚合物和生物薄膜电极）时具有其独到的优势。

2.5.2　光学工作方式[31]

根据电化学池和拉曼仪器的特点，在拉曼实验装置中可采用不同的光学工作方式。根据激光入射和收集方式的不同，可分为五种方式，见图 2-3。一般可将它们分成三类最基本的工作方式：前照射收集方式、背散射方式和衰减全反射（ATR）方式。方式(a) 在宏光路的拉曼仪中最常用。入射光以与电极表面的法线成 θ 角度的方向入射到电极表面，在与电极表面垂直的方向收集拉曼散射光。选择 60°左右的入射角，可以很好地避免反射光干扰，又能保证具有较好的检测灵敏度。

收集拉曼散射光最高效的方法是背散射方式，一般有两种结构。一种常用于显微拉曼仪器上，它利用分束镜（陷波或者长通滤光片）来反射入射激光，入射光通过物镜垂直聚焦于样品表面上。散射信号通过该物镜收集后再透过分束镜，进入拉曼谱仪，如图 2-3(b) 所示。在这种光路中，反射激光也同时直接进入拉曼谱仪，所以当使用这种光学结构时，拉曼仪器要有很好的滤除激发线的功能。图 2-3(c) 是另一种背散射方式的示意图，激光经一个极小的反射镜反射到样品的表面，拉曼散射光用这一小镜片后的一个大透镜收集。由于有了小镜片，反射激光就不会进入拉曼谱仪，但也将阻挡部分的拉曼信号。在该结构中，入射光和收集光都与电极表面垂直，在做偏振拉曼实验时可以调整的参数比较有限。

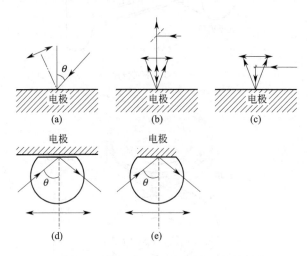

图 2-3　在电化学拉曼光谱研究中常用的物种检测方式[31]

（a）前照射模式；（b），（c）背散射模式；（d）衰减全内反射模式；（e）衰减全外反射模式

2.5.3　拉曼光谱电解池[31]

　　拉曼光谱电解池是电化学拉曼实验的核心部分，它由工作电极、对电极和参比电极组成，以实现拉曼实验过程中电化学条件的精确控制。为了和不同光路结构的拉曼谱仪匹配，人们设计了各式各样的拉曼光谱电解池，其中要特别注意池体的结构（光学窗口、液层厚度、溶液和气体的出入口）和三个电极的相对位置，以下仅举三个例子。图 2-4 是两种最常用的拉曼光谱电解池。图 2-4(a) 的电解池可用于常规拉曼谱仪中背散射模式和不同入射角下的前照射收集模式。图 2-4(b) 的电解池已经被广泛地用于显微拉曼谱仪中，可使用光透明石英或玻璃光学窗片以防止来自大气中的污染以及电解质溶液对显微物镜的腐蚀。当研究吸脱附体系和不涉及大电流反应的电化学体系时，没有必要将三个电极分离。如果对电极上会产生干扰物种或在参比电极上会引入杂质，则需考虑隔离的两室或三室拉曼光谱电解池。

　　此外，必须考虑拉曼光谱电解池与拉曼光谱仪的光学匹配，最大限度地提高仪器的检测灵敏度。电化学拉曼光谱的光路中通常存在溶液层以及石英窗片等比空气折射率高的多层介质，导致聚焦点发散和镜头的收集效率降低。因此，拉曼光谱电

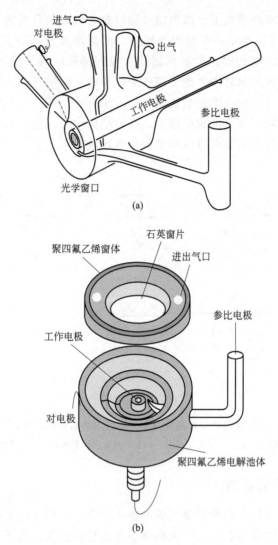

进气

对电极

出气

工作电极

参比电极

光学窗口

(a)

石英窗片

聚四氟乙烯窗体

进出气口

参比电极

工作电极

对电极

聚四氟乙烯电解池体

(b)

图 2-4　研究水溶液体系最常用的两种拉曼光谱电解池

（a）适用于各种入射角下的前向照射模式以及背散射收集模式的大型常规拉曼谱仪；

（b）适用于显微拉曼系统[31]

解池的设计中需要特别考虑窗片厚度以及溶液层厚度的影响。在没有光学窗片的条件下，当液层厚度由 0.2mm 变化到 2mm 时，拉曼光收集效率由最大值（空气中的信号强度）的 89％降低到 35％。如果研究体系对仪器和显微镜镜头有侵蚀作用或者研究的体系对空气中的氧或者其它杂质敏感时，必须在光谱电解池中配置光学窗片。即使采用薄至 0.5mm 的石英窗片时，拉曼信号的损失也可达到 50％。因此，在设计电解池的时候，需要在不影响电化学实验和考虑窗片耐压能力的条件下尽可能减小液层和窗片的厚度。如果体系对环境和纯度的要求比较低，可以简单地将显微镜镜头用 PVC 或 PE 膜包封，一般信号强度只衰减 10％左右。

但是，溶液层厚度的减小将可能导致体系欧姆阻抗的增加，并将影响反应物及产物扩散。比如，当研究剧烈反应的体系时，大电流将导致大欧姆电压降，而电极表面上反应物的快速消耗和产物的积累将可能导致反应机理的改变甚至发生副反应。在一些机理性研究中，为了准确研究表面物种和过程，通常要求在不切断电位控制的条件下原位改变溶液和测试条件。为此，通常要求拉曼光谱电解池具备原位高效更换工作电极附近溶液的能力。图2-5是一个典型的流动体系设计：池体中空放置工作电极，上下开口为溶液出入口，下端入口通过T字形接口连接溶液入口以及参比电极，右端开口接T形接口连接对电极以及溶液出口，反应腔体的形状及高度由聚四氟乙烯（PTFE）垫片决定，左端接窗片进行信号采集。

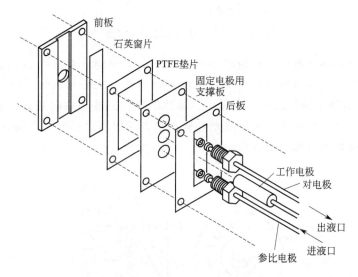

图 2-5　拉曼光谱流动电解池[31]

温度与传质条件将显著影响电化学反应过程和机理，特别是在燃料电池等电催化反应体系，在常温下得到的反应机理可能与在实际工作温度下的反应机理有一定的差别。因此，有必要采用可变温、可控流速的电化学拉曼池（如图2-6所示）[32]。溶液由左边通道进入，在气体泵的作用下，流经池体下方的螺旋管道并预热后流经工作电极表面。工作电极表面的温度由电极下方的热电偶准确控制，螺旋管道与加热片之间使用PTFE垫片隔开。参比电极置于池体侧面，在光学窗片上溅射中空的厚度约200nm的Au层直接作为对电极，并置于工作电极的下游，使得产生的副产物可以被液流带走，避免影响工作电极上的反应。对电极和参比电极出口所处位置与溶液进出口垂直。电解池腔体体积由PTFE垫片厚度决定，可以控制在$30\mu L$。通过改变流动速度可以控制电化学物种的传质速率，产生类似旋转圆盘电极的效果。

在研究催化和腐蚀过程中，特别是用熔盐作电解质时，必须使用耐高温或高压的光谱电化学池。图2-7给出了一个能在$25\sim290℃$温度区间工作的光谱池的示意图，它可以根据不同的需要进行改装。工作电极通过导线穿过密封杆G后从T处

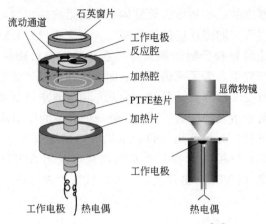

图 2-6　流动变温拉曼光谱电解池[32]

引出；对电极和参比电极则分别放置于 B 和 E 处。电解质溶液由 D 口进入，在泵的抽吸作用下，溶液流经整个池子并进行预热，然后从 C 口流出。通过池体内的加热套 H 可对池子进行加热。实际上，池体的结构只要稍加改变就可适应不同的拉曼系统。在常规拉曼系统上，激光可从水平方向引入而散射光在垂直方向收集。对于显微拉曼可用背散射的方式。

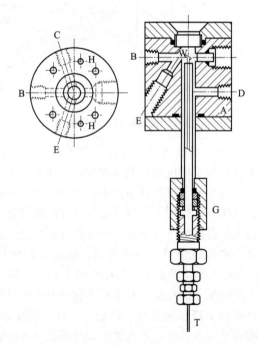

图 2-7　高温高压拉曼光谱电解池[31]

A—杆体；B，E—参比电极和对电极接入口；C，D—溶液进出口；
G—密封杆；T—电极引线；H—加热套；W—工作电极

2.6 SERS 活性电极的制备及评价[4,5,33]

EC-Raman 的一个重要优点是对所研究电极的大小和形状没有特殊的要求，它可以是直径为 $1\mu m$ 到几厘米的平滑、多孔或粉末电极。正因为如此，EC-Raman 可以很方便地研究诸如聚合物、碳、硅和半导体等电极材料本身的结构变化。然而，对于电极表面或者发生着电化学反应的电化学界面，通常仅有单层或亚单层的物种存在，进行拉曼研究时必须特别注意电极的预处理，使其具有表面增强能力，以实现对表面物种拉曼信号的探测。为此，本节将集中讨论如何处理各种电极以获得强 SERS 活性的表面。

2.6.1 SERS 活性电极的制备

要获得高质量的 SERS 光谱，需要对电极表面进行合适的预处理。比如，对于仅有弱 SERS 活性的 Fe 电极表面，不同的粗糙处理方式对吸附在其表面的吡啶的 SERS 信号有显著的影响，如图 2-8 所示。经 Al_2O_3 粉机械抛光后的光亮表面上几乎检测不到吡啶的拉曼信号，最强峰的强度也只有 0.5cps（cycles per second，计数·s^{-1}）[如图 2-8(a) 所示]。当电极用 $1.0mol \cdot L^{-1}$ HNO_3 溶液化学刻蚀后，谱图的信噪比得到了明显的提高。如果进一步将电极在 $0.1mol \cdot L^{-1}$ KCl 溶液中

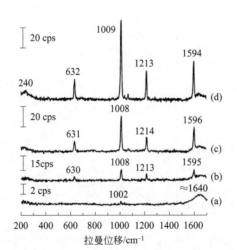

图 2-8　不同粗糙处理方法所得到的 Fe 电极表面吸附吡啶的拉曼谱图[4]

溶液：$0.01mol \cdot L^{-1}$ 吡啶 $+ 0.1mol \cdot L^{-1}$ KCl。(a) 机械抛光；(b) 在 $2mol \cdot L^{-1}$ H_2SO_4 中化学刻蚀；

(c) 在 $0.5mol \cdot L^{-1}$ H_2SO_4 中进行双阶跃电位的非现场氧化还原粗糙处理（从 $-0.70V$ 阶跃到

$-0.35V$ 停留 15s，而后回到 $-0.7V$ 还原）；(d) $0.01mol \cdot L^{-1}$ 吡啶 $+ 0.1mol \cdot L^{-1}$

KCl，在光谱电化学电解池中进行现场氧化还原循环粗糙处理。激发光：632.8nm

进行 ORC 法处理，吡啶的拉曼强度提高了两倍。通过原位 ORC 可以获得更强的拉曼信号。这表明，合适的表面处理方法是获得高质量谱图的关键，同时也说明 SERS 活性电极的获得方法可以是多样的，可以根据体系的特点选择采用。目前，制备 SERS 活性电极表面的最普遍的方法是电化学粗糙法。

2.6.1.1 电化学氧化还原

电化学中电极的制备相对较为简单：将金属（或者碳、硅和半导体）丝、棒或片嵌入（或热封）到惰性的电极套（玻璃、聚三氟乙烯或聚四氟乙烯）中，并引出导线，再将电极面抛光后就可制成。电化学粗糙前，电极常需先用 Al_2O_3 粉机械抛光（由粗到细抛光至 $0.3\mu m$ 或 $0.05\mu m$），然后，用超纯水清洗表面并在超声清洗器中除去附着的氧化铝。有时可对电极进行化学抛光处理或者将其控制在较负电位让表面强烈析氢以除去杂质。表 2-2 归纳了各种金属电极的典型电化学粗糙方法。

表 2-2 各种金属电极的典型电化学粗糙方法

单位：E (V)，t (s)，I (A·cm^{-2})，v (V·s^{-1})，f (kHz)

金属电极	前处理	溶液	控制波形	条件	循环次数	表面外观
Ag	化学刻蚀（可选）	$0.1mol·L^{-1}$ KCl	E_1 t_2 E_2 t_1 t_3 E_3	$E_1=E_3=-0.25,E_2=0.25$ $t_1=15,t_2=8,t_3=60$	1	乳黄色
Au	化学刻蚀（可选）	$0.1mol·L^{-1}$ KCl	E_1 v_1 t_2 E_2 v_2 E_3 t_1 t_3	$E_1=E_3=-0.3,E_2=1.2$ $t_1=t_3=30,t_2=1.2$ $v_1=1,v_2=0.5$	25	深棕色
Cu	电化学清洗（可选）	$0.1mol·L^{-1}$ KCl	E_1 t_2 E_2 t_1 t_3 E_3	$E_1=E_3=-0.4,E_2=0.4$ $t_1=15,t_2=3\sim5$ $t_3=60$	$1\sim5$	深棕色
Pt	电化学清洗	$0.5mol·L^{-1}$ H_2SO_4	E_1 t_2 E_2 t_1 t_3 E_3	$E_1=E_3=-0.2,E_2=2.4$ $f=1.5(t_1+t_2=1/f)$	$30\sim900$	灰色至暗黄
Pt, Rh	电化学清洗	$0.5mol·L^{-1}$ H_2SO_4	I_1 t_2 t_3 I_2 E_1 t_1 t_4 E_2	Pt,$I_1=-I_2=1.6,f=0.5$ Rh,$I_1=-0.1,I_2=0.13$ $f=0.2$ $(1/f=t_2+t_3)E_1=E_2=-0.2$	$10\sim600$	雾灰色 深棕色
Pd	电化学清洗	$0.5mol·L^{-1}$ H_2SO_4	E_1 t_2 E_2 t_1 t_3 E_3	$E_1=E_3=-0.2,E_2=1.7$ $f=0.6(1/f=t_2+t_3)$	$12\sim15$	灰色至暗黄
Fe	化学刻蚀（可选）	$0.5mol·L^{-1}$ H_2SO_4	E_1 t_2 E_2 t_1 t_3 E_3	$E_1=E_3=-0.7,E_2=0.35$ $t_1=t_3=60,t_2=15$	1	灰色
Co	化学刻蚀（可选）	$0.5mol·L^{-1}$ NaClO$_4$	E_1 t_1 v_1 E_4 t_2 t_3 E_3 t_4 E_5 E_2	$E_1=-1.0,E_2=-1.4,$ $E_3=-1.2,E_4=1.0,$ $E_5=-1.25,$ $t_1=t_3=20,t_2=15,$ $t_4=60,v_1=0.2,v_2=0.1$	1	暗灰色

制备 SERS 活性的表面最常用的方法是电化学氧化还原（ORC）。ORC 过程可以在表面上产生大尺度的粗糙度（如直径从 10nm 到 500nm）和原子级的粗糙度（吸附原子或原子簇）。在电化学 ORC 方法中，氧化还原电位、电位变化波形（三角波扫描电位或者双阶跃电位）、氧化电量、循环次数以及电解液组成都是些可调变的重要参数。

对于 Au、Ag、Cu、Fe、Co、Ni、Zn 等金属可以用常规的电化学 ORC 方法处理获得 SERS 活性的基底。而 Pt 族元素（如 Pt、Rh、Pd 等）较为稳定，在氧化电位下易于形成一层致密的氧化层而难以进一步氧化，因此难以通过常规 ORC 溶解和沉积的方法而使表面粗糙化。针对这些电极，可以在电极上施加一个高频变化的电位（高的氧化电位和适中的还原电位）使电极表面发生强烈的氧化，见表 2-2。在高频的交变电场的作用下，表面氧和本体金属原子的位置的交换变得相当容易，从而导致内表面的金属原子可以进一步氧化。通过改变粗糙处理的时间、电位和频率可以控制表面的粗糙度因子（30～500）。图 2-9 是具有较好的 SERS 活性的粗糙 Pt 电极表面典型的形貌图。与 Pt 电极相比，用上述方波电位粗糙法难以使 Rh 电极粗糙，但是可以通过方波电流法获得粗糙的 Rh 电极。这种方法也可用于制备低比表面（粗糙度因子可小至 3～5）但却具有很高的 SERS 活性的 Pt 电极。当然，所施加的电流和频率与 Rh 电极却有很大的区别。

2.6.1.2 化学方法刻蚀的电极

和 ORC 法相比，化学刻蚀法更为简单，它是通过溶液中合适的化学反应使电极表面部分原子溶解以得到粗糙的表面。针对不同的金属，采用不同的条件。例如，可用稀的 HNO_3（约 1mol·L^{-1}）来化学刻蚀 Ni 电极 5～7min，在 2mol·L^{-1} H_2SO_4 中超声刻蚀 Fe 电极 5min，便可得到具有较好 SERS 活性的表面。一般在化学刻蚀后，金属片或电极必须用水彻底冲洗并保持表面湿润以保护新鲜的表面并防止来自大气的污染，电化学 SERS 实验之前需将电极彻底还原。

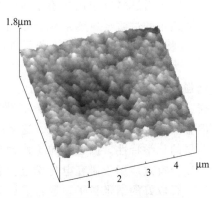

图 2-9　具有 SERS 活性的粗糙 Pt 电极的 STM 图像[4]

有些电极采用化学刻蚀的方法并不能有效地在表面形成适合 SERS 的粗糙度，为获取更强的 SERS 活性，可将化学刻蚀后的电极在刻蚀液中进行非原位或在测试溶液中进行原位的电化学 ORC 处理。一般来说，用原位 ORC 的方法可获得较高的 SERS 活性，但是这种表面一般很不稳定，而且它的拉曼强度会随着时间的推移不可逆地降低。

2.6.1.3 组装的金属纳米粒子作为 SERS 基底

电化学 ORC 或者化学刻蚀的方法所获得的 SERS 基底表面的纳米颗粒的大小、形貌以及实际聚集状态无法控制，产生的 SERS 信号的均匀性及强度皆无法保证。

随着纳米技术的发展，人们发展了化学还原法、化学置换法、电化学还原法、光化学法、热分解法和超声波降解法等方法用于合成各种大小和形状可控的金属纳米粒子。以纳米粒子作为 SERS 基底，与电化学氧化还原法或真空沉积法相比具有以下优点：①容易制备，成本低；②通过适当地控制反应条件可以有效地控制纳米粒子的尺寸和形状，从而调控纳米粒子的光学性质，获得特定激发光下具有最强 SERS 增强的基底；③聚集后的纳米粒子具有极强的增强效应，可以提供高达单分子的检测灵敏度。目前最常用和最简易的是化学还原法，通常是在水溶液或非水溶液体系中，利用还原剂（如柠檬酸钠、硼氢化钠、氢气和醇类等）将金属盐还原成金属纳米粒子，通常需要加入表面活性剂［如十六烷基三甲基溴化铵（CTAB）、聚乙烯吡咯烷酮（PVP）和十二烷基磺酸钠（$C_{12}H_{25}SO_3Na$）等］作为分散剂和/或包裹剂以防止纳米粒子团聚和氧化以及控制不同晶面的生长速率，从而控制纳米粒子的最终形状和大小。还原剂和表面活性剂的种类、金属盐和还原剂及表面活性剂的摩尔比、反应温度、溶液的 pH 值等将可能影响金属纳米粒子的尺寸、形状和分散性等。多数的 Au、Ag、Cu 纳米粒子（不论是球形，还是棒状、立方体及三角形）都有或强或弱的 SERS 活性，而其它过渡金属纳米粒子的 SERS 活性则相对较弱。

相对于 Au 和 Ag 纳米粒子，过渡金属纳米粒子的增强效应则较弱，所以一般仅应用于一些与过渡金属的催化和腐蚀性能相关的研究。Pt、Rh、Pd 等过渡金属纳米粒子通过简单的化学还原即可获得，都已经被用于电化学 SERS 的研究。具有尖锐边角的过渡金属纳米粒子已经被发现具有比球形纳米粒子更高的增强效应，如 Pt 纳米立方体和 Pd 纳米三角形具有较强的 SERS 效应。

为了克服过渡金属纳米粒子作为 SERS 基底增强效应较弱的缺点，在具有最优增强效应的 Au 或 Ag 纳米粒子表面包裹一层超薄（1～10 个原子层）的过渡金属壳（包括 Pt、Pb、Ni、Co 等），借助强 SERS 活性的 Au 核的长程增强效应提高过渡金属壳表面的 SERS 活性。这样的基底利用 Au 的电磁场增强，却具有过渡金属薄层的化学特性。以这类粒子作为电极，通常可以获得高达 $10^4 \sim 10^5$ 的增强效应，可以很有效地用于研究电化学过程和界面结构。

合成好的纳米粒子，通常表面都有还原剂或者包裹剂等杂质物种。将它们用作电化学 SERS 基底时，对于吸附能力强的分子，其干扰将较小甚至可以忽略，但在检测吸附能力较弱的分子时，这些杂质物种的吸附将严重干扰其它分子的研究。为了解决该问题，一般需先经过离心分离获得洁净的纳米溶胶，通过适当的浓缩后，滴加在洁净高亲水性的导电基底表面（如玻碳、ITO 或金属电极表面等），一般需要滴加 3～5 次以获得具有致密均匀的纳米粒子层的电极表面，如图 2-10 所示，各点信号的差异可以控制在 10% 以内。最后，通过下文 2.6.6 所述电极表面的清洁处理方法获得干净的 SERS 基底。

2.6.1.4 壳层隔离纳米粒子增强的拉曼光谱技术[20]

最近田中群等提出了壳层隔离纳米粒子增强的拉曼光谱技术（shell-isolated nanoparticle-enhanced Raman spectroscopy，SHINERS 技术）。该方法以形状和大

图 2-10　合成纳米粒子分散在电极表面作为 SERS 活性基底[5]

(a) 球形 Au 纳米粒子的 SEM 图；(b) Au 核 Pd 壳纳米立方体的 SEM 图

小均一、增强效应高的 Au 或者 Ag 纳米粒子作为增强内核，在其外包裹薄层（1～5nm）SiO_2 等惰性金属氧化物或碳的壳层，内核强电磁场可以作用到壳层之外的待测分子；同时，壳层可以有效隔离内核和待测分子间的直接接触。实验时，只需将 SHINERS 纳米粒子铺展在待测基底的表面，即可获得任何基底（包括单晶电极）上界面物种的表面增强拉曼信号。该方法极大地拓宽了 SERS 的研究领域。比如，为了合成极薄、致密、惰性壳层的 $Au@SiO_2$ 的 SHINERS 粒子，可以通过 Frens 的方法合成以粒径为 55nm 的 Au 纳米粒子作为 Au 核；严格控制溶液的 pH 值，在 90℃ 的条件下加入硅酸钠使其发生水解反应 1h，即可生成壳层比较薄的 SiO_2 层。通过控制不同的反应时间可以调节 SiO_2 壳层的厚度。

2.6.1.5　模板法制备 SERS 基底

以上两种方法得到的基底的均匀性都比较差，为了获得高度有序的 SERS 基底，提高实验的重现性，人们发展了模板法制备 SERS 基底。通过组装大面积的单层密堆积的聚苯乙烯球，将其作为模板，然后利用电沉积或溅射的方法在模板间隙处沉积金属，通过控制沉积的电量或溅射金属的质量（利用石英晶体微天平控制），得到不同厚度的金属，去除聚苯乙烯球模板后，就可以得到大面积有序的金属纳米碗或纳米岛结构，如图 2-11 所示。目前利用此方法可以制备 Au、Ag、Pt、Pd、Co 等纳米结构和 Ag 纳米岛结构，并在可见至红外光区都获得了较好的增强效应。但是由于此方法得到的基底在单位面积上的 SERS 活性位有限，并且粒子之间的耦合不是非常有效，导致它的 SERS 活性总体上低于聚集后的纳米粒子。另外，也可以选择其它模板，如多孔氧化铝或者二氧化钛纳米管模板制备有序纳米线阵列等。

2.6.1.6　SERS 基底的除杂[34]

洁净的 SERS 基底是 SERS 结果可靠性的基本保证，是 SERS 应用于弱吸附体系和生物体系的必要前提，发展不破坏 SERS 基底活性的简便的除杂方法是首要目标。以化学合成的纳米粒子为例，最简单、最常用的除杂方法就是通过多次离心处

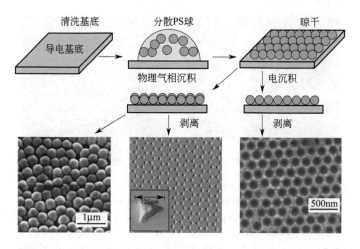

图 2-11 利用纳米球作为模板法制作高度有序的 SERS 基底[33]

理除去溶胶中未反应的还原剂和表面活性剂，但多次离心极易引起纳米粒子的团聚和沉降，使溶胶的 SERS 活性降低。适合于电化学研究中 SERS 基底的除杂方法比较多样，可以通过控制适当的负电位使粗糙电极表面的吸附杂质脱附，并在控制电位的情况下，用新鲜溶液淋洗的条件下将电极移离溶液，避免电位断开除杂液中的杂质重新吸附回基底表面。也可以在真空条件下很方便地采用等离子体清洗或紫外臭氧除杂等方法，但需要严格控制清洗的条件，避免因金属纳米结构的变化导致 SERS 活性的降低。真空处理后将电极转移到大气时，需要尽量缩短在空气中的暴露时间，避免被空气中的杂质再次污染。也可以通过化学吸附法除杂，即利用强吸附的物种取代基底表面的杂质，再除去该强吸附的物种来净化基底。如可以用吸附能力强的 I^- 来取代 Au 基底上吸附的杂质，然后再通过电化学氧化的方法把强吸附的 I^- 转化成弱吸附的 IO_3^-，从而有效地将杂质除去，需要非常小心地选择氧化电位，避免 Au 的溶出导致基底 SERS 活性的降低。图 2-12 给出对照图，实验结果表明，处理后 SERS 谱图的背景得到明显的抑制，可以获得很干净的探针分子吡啶的 SERS 信号。

2.6.2 SERS 基底增强效应的评价——增强因子的计算[23,33]

如前所述，可以通过不同的方法制备出适合特定应用需求的 SERS 基底。SERS 基底的活性通常采用表面增强因子（SEF）表征。文献中常用到两种类型的增强因子：单分子增强因子（SMEF）和分析增强因子（AEF）。前者主要适用于分子处于特殊的位点，如"热点"时的情况，它与基底的几何形貌、探针分子所处的位置和取向以及激光的偏振方向等密切相关，反映的是基底上某些特殊位点的性质，所以更适用于理论计算。后者适用于分析化学实验中检测一定浓度的分析物的 SERS 信号的情况，在这种情况下，人们只关注到底能获得多少的 SERS 信号，并

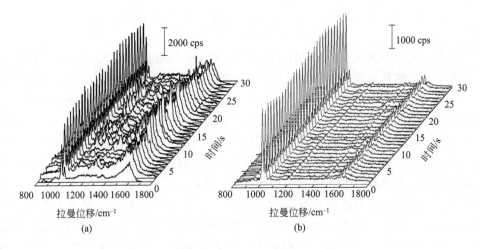

图 2-12 Au 纳米粒子组装的 SERS 基底在处理前（a）和
处理后（b）所获得吸附的吡啶的 SERS 光谱[34]

假设体系中所有分析物对总的 SERS 信号都是有贡献的。该计算方法忽略了 SERS 是一种表面光谱，即只有吸附在基底表面的分子才有贡献且这种贡献随着离开表面距离的增大而呈指数衰减这样的事实，所以它无法真正表征 SERS 基底的增强效应，从而有效区别不同基底的活性。可见上述两种增强因子有其特殊的应用领域，并不具普适性。通常我们更关心的增强因子则是能反映基底的平均增强效应的增强因子，这也是目前大多数表征 SERS 基底活性时所采用的计算方法。因此，我们只着重介绍平均表面增强因子（ASEF）的计算。一个基底的 ASEF 可以定义为吸附在 SERS 基底表面上的每个分子能提供的 SERS 信号与本体（溶液或固体）中的每个分子能提供的常规的拉曼信号之比，可以表达为：

$$\text{ASEF} = \frac{I_{\text{surf}}/N_{\text{surf}}}{I_{\text{bulk}}/N_{\text{bulk}}} \tag{2-2}$$

式中，I_{surf} 为基底表面吸附物种的 SERS 强度；I_{bulk} 为溶液中该物种的常规拉曼光谱强度；N_{surf} 为基底表面聚焦光斑区域内的分子数；N_{bulk} 为溶液中采样区内的分子数。显而易见这是一种平均的增强效应。

在以上计算 ASEF 的公式中，I_{surf} 和 I_{bulk} 的值可直接从相应的拉曼谱峰强度积分得到，因此必须保证相同的实验条件，或者必须通过严格的强度校正。另外，ASEF 的计算结果和实验所选择的探针分子息息相关。具有共振增强的探针分子处于不同的介电环境时，其吸收光谱可能发生变化，尤其是当分子吸附到表面上时，通常会导致吸收峰位置的移入或者移出共振区，从而导致高估或者低估表面自身的增强效应。采用非共振增强分子作为探针分子可以降低因为表面成键作用对 ASEF 计算的影响，通常 10^2 以上的增强效应足以检测到这类分子的 SERS 信号。N_{surf} 可通过计算入射光照范围内的真实表面积以及单个分子吸附的表面积来计算，并假设分子在电极表面的吸附为满单层吸附，因此，N_{surf} 可表示为：

$$N_{\text{surf}} = \frac{RA}{\sigma} \tag{2-3}$$

式中，A 为激光光斑的面积；R 为 SERS 基底的表面粗糙因子，可以通过电化学微分电容或是循环伏安法来计算；σ 为单个吸附分子所占的表面积，可检索相关文献获得，也可以通过分子的构型即在表面的吸附方式来估计，如理论计算和实验得到单个吡啶分子垂直吸附时所占的表面积分别为 0.21nm^2 和 0.254nm^2。如果分子不能形成满单层，通常会高估表面分子数，从而会略微低估 ASEF。

计算增强因子中，最容易出现错误的是 N_{bulk} 的计算。对于不同样品，计算方法各不相同。通常有以下几种方法：纯液体、溶液、纯透明固体、粉末以及其它参照分子。下面介绍针对共聚焦拉曼仪器计算 N_{bulk} 的方法。激光经透镜汇聚后在溶液中形成一个腰束，如图 2-13(a) 所示，腰束内的分子对总的信号有或多或少的贡献。在聚焦面上的分子对信号贡献最大，远离聚焦面，贡献迅速衰减，如图 2-13(b) 所示。因此，为了得到对常规拉曼信号有贡献的实际分子数，这里我们做一个近似，即认为信号都来自聚焦面附近一个很小高度（h）内的分子，其中每个分子对信号都相同且是最大值，该 h 可以通过下式在实验上获得：

$$h = \frac{\int_{-\infty}^{\infty} I(z)\mathrm{d}z}{I_{\max}} \tag{2-4}$$

电化学水溶液体系中，通常测量处于水溶液中的 Si 片强度随距离变化的谱图。由于水溶液的折射率为 1.33，而空气的折射率为 1，会导致溶液中的距离和实际平台移动的距离有偏差。如当移动平台上移距离 d 时，水溶液中 Si 片表面与实际焦点之间的距离为 $d\tan\theta_1\mathrm{ctg}\theta_2$，其中 θ_1 为空气中的入射角，而 θ_2 为水溶液中的入射角。例如，以 NA 为 0.55 的镜头计算，$\sin\theta_1 = 0.55$，$1.33\sin\theta_2 = 0.55$，可以得到 $\tan\theta_1\mathrm{ctg}\theta_2 = 1.450$，即如果平台移动了 $60\mu\text{m}$，对应溶液中的实际工作距离为 $75\mu\text{m}$。h 值与透镜的 NA、共焦系统的针孔大小以及溶液的折射率 n 有关，NA 值越大、针孔越小、n 越小，h 值将越小。因此，溶液中的有效分子数目就可以表达为：

$$N_{\text{bulk}} = AhcN_A \tag{2-5}$$

式中，c 为溶液中探针分子的浓度；N_A 为阿伏伽德罗常数。将式(2-3) 和式(2-5) 代入式(2-2)，ASEF 就可以表达为：

$$\text{ASEF} = \frac{I_{\text{surf}}cN_A\sigma h}{I_{\text{bulk}}R} \tag{2-6}$$

如果知道上述各参数值，代入式(2-6) 就可以得到 ASEF 值。

需要特别指出的是，实验中是否使用石英窗片以及溶液层厚度的不同，都将显著影响 h 值。因此，实验中检测 SERS 的光学结构必须和采集本体谱的光学结构完全相同，即采用完全相同的针孔以及同一个镜头并且采用相同的溶液进行测量。此外，相同的光学结构可以保证测表面谱和溶液谱时激光光斑面积相等，从而在计算中可以相消。

如果溶液层厚度远小于 h 值（如<10μm），我们仍然可以用上面的公式，但无需再通过以上复杂的步骤检测 h，而是直接将薄层厚度代入即可。对于固体样品，可以将探针分子配成高浓度溶液通过旋涂法在光滑基底的表面形成厚度为 h（通常<1μm，可以通过光学方法、SEM 或者 AFM 的方法标定）的薄分子膜，通过式(2-7) 可以算出 N_{bulk}：

$$N_{bulk} = \frac{Ah\rho N_A}{m} \tag{2-7}$$

式中，ρ 为纯样品的密度；m 为探针分子的分子量；其它参数同上。把式(2-3) 和式(2-7) 代入式(2-2)，可以得到：

$$ASEF = \frac{I_{surf}h\rho\sigma N_A}{I_{bulk}Rm} \tag{2-8}$$

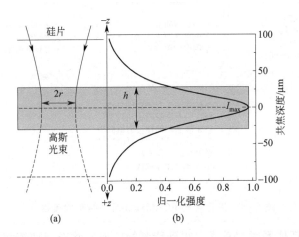

图 2-13 聚焦激光在溶液中的聚焦腰束（a）；共焦深度和拉曼信号强度的
共焦性能曲线（b），通过在溶液中上下移动硅片获得在不同共焦深度的硅的
拉曼信号的强度，模拟溶液谱的采集体积[33]

2.7 电化学拉曼光谱实验

电化学拉曼光谱（EC-Raman）实验装置和 EC-SERS 的实验装置和检测的方法并没有显著的不同，只是 EC-SERS 要求电极表面具有 SERS 活性。以下以 EC-Raman 来做一般性的介绍。

2.7.1 检测步骤

图 2-14 给出了进行现场 EC-Raman 研究的实验流程图。拉曼光谱仪的许多光学部件对环境的温度和湿度非常敏感，所以，实验前必须对拉曼仪器进行校正，保

证拉曼频移的准确性，并使不同次实验的信号强度可对比。特别是对于涉及吸附和反应的电化学体系，其拉曼频移和强度常随电极电位变化，而且它们又常作为表面物种的吸附取向和覆盖度的判据，因此两者的校正对于 EC-Raman 是至关重要的。

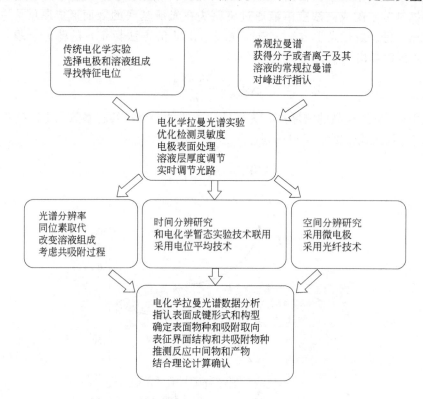

图 2-14 进行现场 EC-Raman 研究的实验流程图

当研究一个新体系时，首先要得到待测物的原始状态（如纯液态或纯固态）以及一些预测的反应产物的标准品的常规拉曼光谱，然后再检测在 EC-Raman 实验中将用到溶剂或者溶液的拉曼光谱。在中等浓度条件下，溶液物种的拉曼信号强度与其浓度成正比，因此，当溶液的拉曼信号太弱时，可以考虑适当提高溶液浓度。对于一些固体样品，如果其中的微量杂质会产生荧光背景时，可以考虑将其配成饱和溶液，将溶液滴在干净的玻片上，待溶剂挥发形成纯净的小晶粒后测量。由于这些小晶粒的纯度非常高，可以有效避免杂质的荧光干扰。这些高质量的谱图可作为参考，与表面拉曼谱图比对。如果谱图太复杂，可通过同位素取代实验来确定峰的归属。

检测灵敏度对 EC-Raman 研究至关重要。实验中可考虑利用共振拉曼效应或 SERS 效应来提高检测灵敏度：通过紫外-可见吸收光谱确定表面物种的吸收峰，通过紫外-可见反射吸收光谱确定 SERS 基底的表面等离激元共振（SPR）峰的位置（溶胶体系的 SPR 位置通常和 SERS 固态衬底的 SPR 有着显著的不同，不能作为参考）。若有吸收，根据已有的仪器条件，选择尽量靠近该吸收峰的激光来激发共振拉曼或 SERS。必须指出的是，当物种吸附到表面上后，其几何构型、对称性甚至电子结构都有可能发生变化，因此，常规拉曼光谱和吸收光谱仅能作为参考。

开展 EC-Raman 研究前要特别关注以下 3 点：①借助电化学循环伏安数据确定实验电位区间，关注某些特殊的电位，比如表面物种的氧化/还原电位和吸附/脱附电位，在特征的反应电位适当增加实验数据点；②仔细处理电极表面以获得具有合适粗糙度的强 SERS 效应的基底；③根据研究体系的特点选择最合适的拉曼光谱电解池。

在 EC-Raman 研究中，最重要的信息就是表面物种拉曼信号的频率和强度随电位的变化关系，从对这些信息的分析可以获得表面覆盖度、取向、结构、组成及形貌的变化，以及判断是否有某些增强机理的参与。为了正确得到这些信息，使对研究体系有更深的理解，应该以尽量高的检测灵敏度作为保障，获得光谱分辨、时间分辨和空间分辨等方面的信息。对于一些比较复杂的体系，可以利用拉曼光谱的高光谱分辨率确定表面物种及其取向和结构。与电化学暂态技术相结合的时间分辨拉曼研究有助于理解表面反应动力学和表面物种的结构的动态变化过程。对于不均一表面，可以通过开展空间分辨的拉曼光谱研究获得更可靠和完整的信息，获得随电位所产生的微区化学变化或形貌变化。对于一些复杂的体系，有必要结合红外光谱或扫描微探针显微技术进行研究，甚至建立联用技术进行实时检测。

2.7.2 检测灵敏度

2.7.2.1 提高检测灵敏度的方法

由于常规拉曼信号的强度仅有入射光强的 $10^{-10} \sim 10^{-6}$ 倍，信号极弱，而且在电化学体系中，参与电化学界面过程或反应的物种往往仅有单分子层甚至亚单层，因而如何提高检测灵敏度是 EC-Raman 的一个关键问题。

表面拉曼光谱的信号强度可以表示为：

$$I_{mn} = \frac{2^7 \pi^5}{3^2 c^4} I_0 (\nu_0 - \nu_{mn})^4 \sum_{\rho\sigma} |(\alpha_{\rho\sigma})_{mn}|^2 L^2(2\pi\nu_0) L^2[2\pi(\nu_0 - \nu_{mn})] NA\Omega QT_0 T_m$$

$$(2-9)$$

式中，c 为光速；I_{mn} 为拉曼强度；I_0 为入射激光的功率；ν_0 和 ν_{mn} 分别为入射光和散射光的频率；α 为物种的极化率；下标 m 和 n 为对应的拉曼过程的始态和终态，ρ 和 σ 分别为入射激光和拉曼散射信号的偏振方向；$L^2(2\pi\nu_0)$ 和 $L^2[2\pi(\nu_0 - \nu_{mn})]$ 分别为入射光和拉曼信号的电磁场强度的增强因子；N 为吸附物种的密度（每平方厘米的分子数）；A 为光斑的面积，cm^2；Ω 为收集透镜的立体角，sr；Q、T_m 和 T_0 分别为检测器的检测效率、光谱仪的光通量和收集镜头的透过率。

从上式可以看出，表面拉曼信号的强度随着入射激光功率和能量的提高而增强，但欲通过增加功率来提高灵敏度，必须将功率控制在样品不被破坏的范围内。

此外，增加样品的浓度也可以提高拉曼信号，但是对于电化学界面，一般只有单分子层物种，即使满单层吸附的物种所产生的拉曼信号仍远低于拉曼仪器的检测限。通过提高表面的粗糙度，单位表观面积内的吸附分子的数目最多只能增加 1～2 个数量级，多数情况下表面上的分子数仍低于在体相中的分子数。因此，若没有 SERS 效应和/或共振拉曼效应，难以用拉曼光谱研究表面物种。

物种的极化率 α 和 L^2 的提高也可增强拉曼信号。可通过共振拉曼效应或表面增强拉曼效应中的 CE 效应来提高 α，而通过对电极进行合适的粗糙化处理并选择合适的激发光波长可以显著增大 L^2。此外，通过优化拉曼谱仪的参数 $\Omega Q T_{\mathrm{m}} T_0$ 还可以进一步提高检测灵敏度：采用高通量的共聚焦显微拉曼光谱仪器，可以显著提高收集效率（Ω）以及增加谱仪的光通量（$T_{\mathrm{m}} T_0$）。采用低暗电流和高量子效率（Q）的 CCD 可以增强系统检测弱信号的能力。最后，还需要针对电化学体系的特点，优化拉曼光谱电解池的设计以发挥拉曼谱仪的潜力。

EC-Raman 本质上是拉曼光谱和电化学的一种联用技术。在 EC-Raman 现场检测中遇到的问题，大部分与这两种技术的实验参数相关。为了满足电化学实验的需要，需在采集镜头和电极表面间保持一薄溶液层，为了避免该溶液受空气的污染，光谱电解池需要尽可能密闭，因此需要光学窗片。在条件允许的情况下，应最大程度避免这些多层不同折射率材料的存在所导致的光路畸变。此外，实验中还可能受到来自溶液物种和电化学反应时电极表面产生的气泡等干扰。在高功率条件下，尤其是在使用显微拉曼仪器时，高度聚焦的激光可能导致严重的热效应和表面损伤，甚至产物将产生荧光而干扰实验。

对于信号非常微弱且存在溶液物种干扰的体系，可以通过电位差减法提高拉曼谱图的质量。具体的做法是将不同电位下获得的拉曼信号扣除一个参考体系的信号，参考电位一般是表面物种脱附或与表面键合较弱的电位。如在水的 SERS 实验中，虽然 SERS 可以极大地增强界面（表面）水分子的拉曼信号，但是体相水（约 55mol·L^{-1}）仍将淹没界面区的 SERS 信号。通过电位差减法可以基本扣除体相水的信号，获得表面水的清晰的 SERS 信号。另外，保证实验过程中电极表面 SERS 活性的稳定，对于正确解释电位对吸附分子的表面覆盖度的影响至关重要。

2.7.2.2　散焦方法避免光致样品分解[33]

在采用共焦显微拉曼光谱仪开展 EC-Raman 实验时，需要采用一些较高 NA（＞0.5）的物镜，以获得高收集效率。即使在很低的激光功率（如 5mW）下，聚焦点的功率密度也比常规拉曼仪器高约 3 个数量级，不可避免地导致一些敏感样品发生分解。通过扫描激光或者移动电解池虽然可以获得新鲜的样品点，但是不能解决样品的光致分解问题。虽然降低激光功率的方法可以避免样品的分解，但是由于拉曼强度与激光功率成正比，激光功率的降低将导致信号强度线性减低，被淹没在噪声中。在共聚焦显微拉曼谱仪中，当采用高 NA 物镜时，只需将工作电极表面相对于激光焦平面上移或下移微小的距离（5～20μm），即可使激光光斑的面积发生明显的变化，显著降低样品表面的激光功率密度。同时，通过扩大收集光谱的针孔，仍然可以收集到大部分的信号。如图 2-15(a) 所示，降低激光功率使功率密度降低到初始值的 1% 时，信号强度线性降低到原来的 1%；而通过散焦的方法（以 NA＝0.55 的镜头为例），只需将激光聚焦点调离表面 $5\mu m$，就可获得 1% 的功率密度，但是信号仍然有初始值的 80%；散焦 $25\mu m$，在获得 0.043% 的功率密度的条件下，可以得到 13% 的信号强度！该方法对那些信号强度很弱的体系尤其适用。需要特别指出的是，采用此方法是以牺牲仪器的共焦性能为代价，因此只能用于溶液物种信号极弱、对表面谱干扰不大的体系。实际实验中一般将共焦针孔调到最大，并采用实验允许的最大 NA 的物镜。从图 2-15(b) 可以看出，适当的散焦可以有效避免样品被破坏，从而获得信噪比更好的信号。

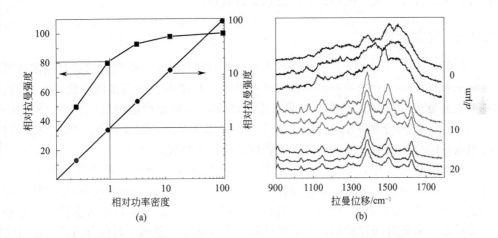

图 2-15　拉曼信号强度和功率密度的关系 (a)（左：通过散焦的方法降低功率密度；右：通过降低激光功率的方法降低功率密度）和寡聚核苷酸的 SERS 信号和散焦程度的关系 (b)（d 为焦点离开表面的距离，每个距离连续测三条线以确定信号的稳定性，实验条件：共焦的针孔大小为 $800\mu m$，NA＝0.55、50 倍长焦物镜，到达样品的激光功率为 5mW)[33]

2.7.3　光谱分辨率

只有具备了较高的检测灵敏度，才能充分发挥拉曼光谱的高能量（光谱）分辨率的优点。狭缝宽度、光栅的分辨率和光学色散系统的光程对拉曼谱仪的光谱分辨率起着决定性的作用。传统拉曼谱仪的单色仪的长度可达甚至超过 1000mm，其分辨率在可见光区高达 $0.2cm^{-1}$。在小型共聚焦显微拉曼谱仪中，单色仪的长度一般为 300mm 左右，可以通过配备多个不同分辨率的光栅（300 线/mm、600 线/mm、1800 线/mm 甚至 3600 线/mm），以满足不同分辨率实验的需要。根据所选用的光栅和激发光波长，其光谱分辨率一般为 $1\sim6cm^{-1}$。由于表面电化学中的研究对象是处于两个凝聚相界面的分子，其拉曼谱带一般较宽，因而对谱仪光谱分辨率的要求较低，通常 $1\sim3cm^{-1}$ 的光谱分辨率已经能够满足研究要求。由于 CCD 尺寸的限制，在高光谱分辨的情况下，一次摄谱的光谱区间在 $1000cm^{-1}$ 左右，甚至更窄。实验中通常需要通过移动光栅分段采谱后拼接成全谱，因此，对光栅的复位精度要求非常高，通常要求其优于 $1cm^{-1}$。只有在拉曼频移正确的条件下，才能保证 EC-Raman 光谱分析的正确性。

通过拉曼光谱获得分子的指纹谱可用于确定或者表征分子结构。当同一个分子和表面的作用不同时，其振动频率或多或少会发生改变，通过拉曼光谱可以区分分子是处于溶液中还是吸附于表面上，甚至可以区分同一分子在同一表面上的不同吸附构型和取向。表面分子的拉曼信号的频率和强度对所施加的电位、周围电解质离子、分子在表面的覆盖度以及表面的晶面结构非常敏感。利用 SERS 极高的表面灵敏度和高的光谱分辨率，可以检测到表面物种的拉曼频移和强度的微小变化，这对研究共吸附等一些复杂的电极表面过程极为有益。

2.7.4　时间分辨率[31]

拉曼光谱是一种光学方法，具有非常高的时间分辨率。时间分辨拉曼光谱技术通常是对外加条件后的某一时间内的拉曼谱峰的频率和相对强度的变化进行分析，获得表面分子结构以及分子和表面的作用改变，并推导可能的反应机理。在 EC-Raman 中，时间分辨率取决于以下几个因素：①体系对外触发信号（如电位或光）的响应；②拉曼检测器的读出速度；③体系的信号强度。

在 EC-Raman 中，时间分辨率是指检测体系在某个电位或者电流触发后的光谱响应时间。通常利用恒电位仪或波形发生器对电极施加一个脉冲或扫描电位，并触发 CCD 以跟踪某个时间延迟后的拉曼光谱响应，以获得体系的动态信息。根据预设延迟、采集时间和检测器的采样时间，可以获得一系列的时间分辨谱。在电位脉冲实验中，通常是在施加电位后，每隔一小段时间，记录一个光谱，以跟踪电极表面的动态变化。在电位扫描实验中，电位在不断扫描的过程中，连续采集拉曼光谱信号，在整个采谱过程中，激光始终照在电极表面上。该方法受限于 CCD 的读出时间，一般时间分辨值仅为几十毫秒。如果采用 EMCCD（electron-multiplying CCD），一方面可以显著提高检测的灵敏度，另一方面可以有效地将读取时间缩短到 5ms 左右，从而可能在极短时间内得到高时间分辨的 EC-Raman 信号。该检测器对于提高强信号体系的时间分辨具有突出的优势。

如果检测器不允许短时间的读谱，还可以采用电位调制 SERS（PASERS）的方法实现毫秒级的时间分辨率。预设阶跃的初始电位和目标电位，对恒电位仪施加方波调控，使得施加在工作电极上的电位在此两个电位间阶跃，同时采集这个阶跃过程的 SERS 信号，得到的谱图是两个调制电位谱图的叠加，扣除标准谱图即可得到目标电位的 SERS，如图 2-16 所示[35]。如果在两个电位分别停留 10ms，在 1s 的采谱时间内可以得到 50 次从初始电位阶跃到目标电位后 10ms 内的 SERS 叠加和 50 次从目标电位阶跃到初始电位 10ms 内的 SERS 谱。通过优化初始电位，使得初始电位 SERS 谱峰是确定的，甚至没有信号，则如果将 SERS 总信号扣除初始电位的信号，便得到时间分辨在 10ms 级别的 SERS 谱图。通过改变每个电位的停留时间，可以获得不同时间分辨的光谱。利用该电位阶跃的方法可以在无时间分辨的拉曼仪器上开展时间分辨光谱的研究。电位阶跃过程中，电极对电位的响应取决于工作电极上的充放电时间（R_sC_d）。如果选择显微镜下较为容易寻找的 $100\mu m$ 的微电极，则可以实现微秒级的时间分辨。

通常电极的 SERS 活性可能随着电位、温度、物种吸脱附不可逆地降低甚至丧失，这就使得 EC-Raman 技术难以研究某些极端电位或条件下的体系。以硫氰酸根在银电极表面的电化学吸附为例，电化学实验结果表明，当电位从 $-0.2V$ 负移至 $-1.0V$ 时，吸附的硫氰酸根仅有部分脱附。而 EC-Raman 结果却发现在 $-1.0V$ 硫氰酸根的 SERS 信号显著减弱［见图 2-16（a）］。这一信号的减弱，常被归结于 $-1.0V$ 电位下电极表面 SERS 活性位点的不可逆消失。为了克服 SERS 的这一弱点，使得 SERS 强度和吸附分子的表面覆盖度可以进行定量关联，可以采用 PAS-ERS 技术。

选择 $-0.2V$（强吸附电位）和 $-1.0V$（弱吸附电位）作为调制电位，图 2-16（b）为所得到的 PASERS 谱图，相比于常规拉曼光谱，在约 $2118cm^{-1}$ 主峰的低频区存在一个来自 $-1.0V$ 贡献的微弱肩峰。将 PASERS 谱图和 $-0.2V$ 下的 SERS 谱图［图 2-16（c）］进行差谱，得到 $-1.0V$ 下的 "真实 SERS" 谱图，如图 2-16（d）所示。相比于常规 EC-SERS 谱图，该谱图中 CN 振动谱峰（约 $2082cm^{-1}$）的拉曼强度提高了 5 倍，而且具有更好的信噪比。这主要归因于 PASERS 的电位在 $-1.0V$ 的停留时间很短（100Hz 调制时，约为 0.005s），仅有微量的 SERS 活性位点因电位调制而失去活性。由此可见，PASERS 技术有效降低了电位调制下银电极表面 SERS 活性的不可逆消失，一定程度上消除了 SERS 强度和硫氰酸根表面覆盖度的不一致性，从而更准确地描述界面物种的电化学吸附行为。

2.7.5 空间分辨率[31,36]

传统拉曼谱仪中激光点的尺寸约为 0.5mm，空间分辨率很差。拉曼显微镜出现后，拉曼光谱的空间分辨率得到了显著的提升，可以获得衍射极限（$0.61\lambda/NA$）的横向分辨率。物镜的 NA 值越大，空间分辨能力越好。因此，在现场电化学研究中，需要优化光谱电解池的设计以采用高 NA 的物镜并维持衍射极限光路条件。在电化学体系一般可以获得 500nm 左右的空间分辨率。针尖增强拉曼光谱（TERS）、扫描近场显微光谱（SNOM）等近场技术可以突破光学衍射极限，使空间分辨率达到纳米级别。目前实验观察到最高的 TERS 空间分辨率已经可以达到亚分子水平[37]。但是这些高空间分辨的方法还未能应用于电化学界面。

电化学研究有两种常见的不均一的表面：①表面的总体化学组成均一，只有少量特殊的小区域与之相异；②整个表面组成不均一，含有多种不同的化学结构。对第一种情形，可用 X-Y 扫描平台将特殊区域移到激光点上采谱，如可以用于研究腐蚀中的点蚀坑。针对整个表面不均一的体系，需要采用拉曼成像技术，即对整个表面进行化学成像。目前有两种拉曼成像技术：逐点扫描成像和一次成像。扫描成

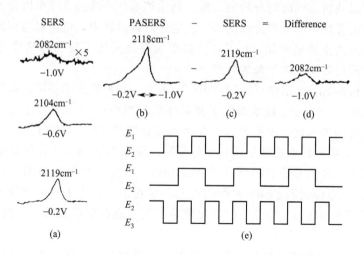

图 2-16　−0.2V、−0.6V 和−1.0V 时，粗糙银电极上吸附的硫氰酸根的 SERS 谱图（a）；调制电位为−0.2V 和−1.0V，调制频率为 10Hz 时，硫氰酸根的 PASERS 谱（b）；−0.2V 时，硫氰酸根的 SERS 谱图（c）；谱图（b）和（c）进行差谱后得到的 SERS 谱图（d）（−1.0V），溶液为 0.1mol・L^{-1} NaSCN+8.0mol・L^{-1} NaClO$_4$；电位平均 SERS 技术中可以采用的不同电位脉冲的频率和幅度（e）[35]

像技术类似于扫描探针显微技术，可以通过扫描样品台或者扫描激光对整个表面以折回线的方式扫描并记录拉曼光谱，最后以特征拉曼谱线的强度对扫描路线作图，便可得到样品表面不同组分的二维分布图。这种逐点扫描成像技术相当耗时，为得到一张完整的表面图像通常需要几个小时，不适合研究不稳定的表面。如果将点聚焦的激光借助柱面镜转换成线聚焦的光斑，在垂直于线的方向扫描平台或者激光，可以以分钟级的时间获得拉曼图像。因此，在实验中必须权衡空间分辨、灵敏度及光谱分辨的需要，以得到最佳的结果。

一次成像技术是目前最有前途的拉曼成像技术之一。它类似于荧光成像，激发样品的激光不是聚焦状态，而是均匀地照亮显微镜视野内的样品，采集光路将样品的像传至二维面阵 CCD。通过在收集光路中添加合适的频率选择的滤光器，实现对特定频率范围的一次成像，可以获得衍射极限空间分辨率。一般这种方法需要采用高功率的激光以同时获得整个表面上强的拉曼信号。一次成像存在的问题是单一时间只能获得某个振动峰图像，而扫描成像则是单个时间段只能获得某个点的全谱信息。两种技术具有很强的互补性。

引入共焦光学结构后，拉曼显微镜具备三维的空间分辨能力。利用共聚焦显微拉曼仪器的纵向分辨能力可以对发生电化学反应的界面进行剖层分析，获得离开电极表面的溶液中物种的浓度的改变。具体做法是：将共焦的针孔调小，将激光点聚焦在电极表面，此时采集到的拉曼信号主要来自表面吸附物种。当聚焦点调至表面的上方时，拉曼信号主要来自溶液物种。这样，在电化学反应过程中，通过调节焦点在电极表面上方的不同位置，根据不同溶液物种的光谱信号的强弱，便可得到这些物种垂直于电极面的浓度梯度。

2.8 拉曼光谱在电化学中的应用

前面介绍了 EC-Raman 的基本原理、仪器方法、实验技术，并简单地介绍了如何排除实验中可能遇到的问题。SERS 的发现推动了对电化学界面深入的研究和理解。在纳米技术的推动下，SERS 得到了重要的发展，检测灵敏度得到了飞跃性的提升，使得 EC-SERS 从以往局限于 Ag、Au 和 Cu 表面拓展到了其它在电化学中更为重要的 Pt 族和 Fe 族等过渡金属表面，使得研究对象拓展到了电催化、腐蚀和能源等体系；可以对一些以前认为极其困难的体系，如界面水、吸附氢以及单晶表面上的吸附，进行研究；获得了传统电化学方法以及电化学红外和和频光谱技术难以获得的表面成键的信息。下面选择一些典型性的例子，阐述拉曼光谱在电化学研究中的应用。

2.8.1 界面水的取向和结构[38]

在电化学体系中，电极/溶液界面是电化学反应发生的主要场所，而水是这一区域重要的组成部分，水分子的取向和结构将直接影响这一界面的电场分布及化学微观环境，影响这一界面的电化学反应。如果能够从微观层次上了解水的性质，可以增进对电极/电解液界面这一电化学及表面科学永恒问题的了解。水自身的拉曼散射截面非常小，这对常规拉曼光谱技术来说是一个劣势，但对 SERS 来说却是一优势，这意味着溶液体相水的拉曼信号对表面水的信号的影响也相应较小，也表明 SERS 技术在研究电极水溶液界面吸附质的行为时比红外光谱技术具有更大的优势。过渡金属体系 SERS 的发展，使得对水的研究从传统的 Au、Ag 和 Cu 等表面拓展到了更多的过渡金属。

如为了得到强的界面水的 SERS 信号，先合成 55nm 左右的 Au 纳米粒子作为提供增强效应的内核，然后通过化学合成的方法在 Au 内核上包覆上希望研究的过渡金属壳层（一般为 1.4nm），如 Pt 和 Pd 等。将这些纳米粒子均匀铺展在导电的电极表面形成均匀的多层，经过负电位去除表面杂质，即可用于水的 EC-SERS 研究，可以获得一系列金属表面上水的 SERS 信号，从而非常有效地对比水在不同化学特性的金属表面上的吸附行为。在水的 EC-SERS 研究中发现强烈析氢电位下 SERS 信号最强，为了防止电极表面在析氢电位下产生的气泡聚集在电极表面和窗片之间影响光谱采集，需要采用工作电极表面垂直于水平面的光谱电解池，并采用薄液层技术避免大气泡的形成。为了避免溶液电阻对电位控制的影响，需要对体系进行溶液电阻补偿。

作为例子，图 2-17(a) 给出在不同电位下，在 Pt、Pd 和 Au 表面上获得的水的 SERS 信号。溶液是中性的 $0.1mol \cdot L^{-1}$ 高氯酸钠溶液，电位区间都在析氢区。其中位于 $1615cm^{-1}$ 和 $3400cm^{-1}$ 左右的峰为水分子的弯曲振动和伸缩振动。在 Pt 表面上还可以检测到 Pt—H 在 $2009cm^{-1}$ 左右的谱峰。在水的常规拉曼光谱中，水的伸缩振动约为其弯曲振动的 20 倍，但是在 SERS 中，水的弯曲振动的强度几乎与伸缩振动的强度相当。通过重水实验，发现水的伸缩振动谱峰从约 $3430cm^{-1}$ 位移到了 $2499cm^{-1}$，而弯曲振动从 $1616cm^{-1}$ 位移到了 $1188cm^{-1}$，Pt—H 的伸缩振动谱峰从 $2009cm^{-1}$ 位移到了 $1433cm^{-1}$，与氢被氘取代后的频移程度一致，表明以上的指认是正确的。

将图 2-17(a) 中拉曼谱峰的频率对电位作图，可以获得图 2-17(b)，发现在三种金属上水的振动频率都明显随电位正移而蓝移，其中伸缩振动尤为显著。水的信号强烈依赖于电极电位，充分说明所获得的信号是来自表面吸附的水分子。在三种金属上，随电位变化其频率位移的程度不同，其电化学 Stark 效应的斜率为：Au $(76cm^{-1} \cdot V^{-1}) > Pd(64cm^{-1} \cdot V^{-1}) > Pt(14cm^{-1} \cdot V^{-1})$。该效应不但和跨过界面的电场强度相关，还和表面物种与电极的化学作用相关。由于在三种体系中溶液的组成和纳米粒子的形貌几乎都是相同的，因而具有相似的界面区的电场分布。导致这么大差异的主要原因可能是来自水分子和界面化学作用的不同。考虑到这些实验电位都处于氢的析出电位区间以及所观测到的实验现象，可以形成以下水分子在不同金属表面上的模型 [图 2-17(c)]。

在极负电位条件下，在 Pt 表面存在一层满单层顶位吸附的原子氢。水分子在原子氢上方形成界面的第二层，并且以氢端朝向电极表面吸附在 Pt 上。由于水分子离 Pt 表面较远，电极表面的电位对水分子振动谱峰的影响相对较小。另外，由于 Pt 和水分子之间间隔着一层原子氢，水分子和表面的化学作用较弱。总的结果使得表面水的振动频率和体相水的频率最为接近。

虽然 Pd 和氢的作用非常强，但是在 Pd 电极上并没有检测到 Pd—H 的振动峰，有可能氢进入 Pd 表面的多重空位或处于潜表面（首层和第二层原子之间）甚至进入 Pd 的本体，有可能这种类型氢的拉曼散射截面非常小，导致无法检测到 Pd—H 的信号。而水分子则可以直接和 Pd 表面接触，在极负电位的情况下，水分子以单氢或双氢的形式指向电极表面，这样吸附的水对电极电位的改变就非常敏感。在 Au 表面，在析氢反应时表面也会有原子氢的产生，但是，原子氢与 Au 的作用非常弱，形成的原子氢难以稳定存在，会迅速两两复合形成氢气逃逸电极。因此，在 Au 表面水分子可以直接和表面作用，电极电位对吸附水的影响在三种金属中也最为显著，表现出最高的电化学 Stark 效应。这一结果为我们理解电化学界面提供了非常重要的信息。

2.8.2　氢的吸脱附[20,39,40]

氢是一个最简单的吸附物，氢在过渡金属表面上的吸附和嵌入是表面科学中一个非常重要的体系，其存在于包括燃料电池、冶金、腐蚀等领域，并显著影响材料

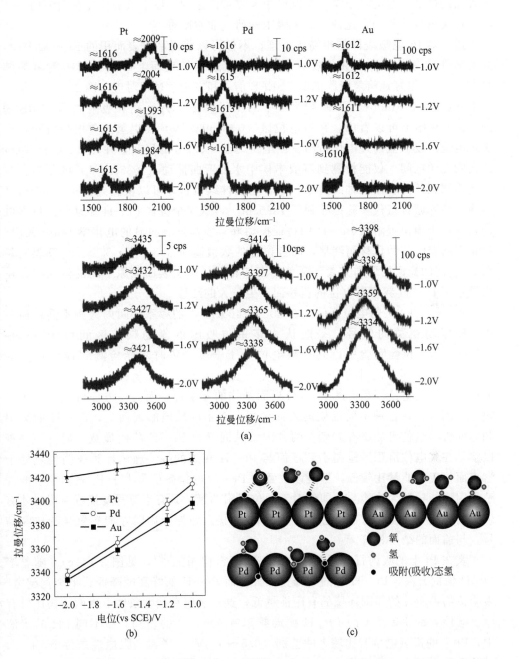

图 2-17 　(a) 在 Pt、Pd 和 Au 纳米粒子表面获得的不同电位下的 EC-SERS 光谱，溶液为
0.1mol·L^{-1} NaClO$_4$，激发光波长 632.8nm，激光功率 8mW，每条谱线曝光时间 30s，
累积 10 次；(b) 三种金属上水的伸缩振动频率随电位变化关系图；
(c) 三种金属上界面水的结构图[38]

和表面的性能。氢的吸附是一个既简单又复杂的过程，由于氢的拉曼散射截面非常小，拉曼信号非常弱，这使得对氢吸附的研究非常困难。

通过对 Pt 电极表面的粗糙化处理，不但可以获得高比表面积的 Pt 电极表面，同时又可以提供具有 SERS 效应的表面，在这样的表面上可以获得吸附氢的信号[39]。为了很好地将氢吸附的 EC-SERS 信号和电化学过程对应，图 2-18(a) 给出了 Pt 电极在 $0.5 mol \cdot L^{-1}$ 硫酸溶液中的循环伏安（CV）图和吸附氢的 SERS 谱图。从 CV 图上可以看出，在负电位区（$0 \sim -0.25V$）发生氢的欠电位沉积，在更负电位区发生氢的过电位析出。在电位低于 $-0.2V$ 的区间，在图 2-18(b) 中所给出的光谱区间，仅能检测到溶液本体中水的弯曲振动（$1636 cm^{-1}$）的信号，并不能检测到任何表面物种的信号。随着电位继续负移，可以检测到位于 $2088 cm^{-1}$ 的峰。该峰通过氘代实验位移到了 $1496 cm^{-1}$，这完全符合 Pt—H 振动的同位素取代效应，为顶位吸附的 Pt—H 的特征振动峰。该峰具有明显的电化学 Stark 效应，其频率随着电位的负移而红移，而且位移的数值高达 $60 cm^{-1} \cdot V^{-1}$。计算表明氢在 Pt 表面的光谱性质与其表面覆盖度密切相关，由于表面氢原子间的侧向相互作用导致了 Pt—H 频率随电位的负移而产生较大的红移。

在 $0 \sim -0.2V$ 的电位区间，在 $300 \sim 2400 cm^{-1}$ 的频率区间内检测不到任何与 Pt—H 振动相关的信号（一般认为多重位吸附的氢的频率区间位于 $500 \sim 1300 cm^{-1}$）。拉曼实验中，只有当电位负于 $-0.20V$ 时才能检测到顶位吸附的 Pt—H 信号，而且此时的 Pt—H 峰的半峰宽要远大于其在氢析出区的数值。这一方面表明在欠电位沉积区的 Pt 电极界面结构的复杂性，而另一方面可能是由于在粗糙表面上存在各种不同性质的表面位置，在不同性质的表面上，Pt—H 的频率和氢的析出电位可能略有差别，两种因素共同导致 Pt—H 峰的展宽。但是，这难以解释在欠电位沉积区检测不到任何与 Pt—H 相关的峰。理论计算表明当氢处于潜表面位置时能量比较低，但是该位置的 Pt—H 的拉曼信号由于 Pt 表面电子的屏蔽作用可能导致无法检测。即使对于顶位吸附的氢，只有当覆盖度接近单层时才有较大的极化率变化，这也就意味着只有在 H 接近单层吸附时才能有较强的拉曼信号，与前面的结果相符。

氢在 Pt 上的吸附行为还与溶液的 pH 值密切相关[40]，见图 2-18(c)。随着溶液 pH 值的升高，Pt—H 峰的半峰宽加大，而 Pt—H 的峰高度降低。半峰宽越宽，表明该物种所处的周围环境的有序性越低，这也表明在酸性条件下界面结构比较有序。酸性和碱性条件下的 Pt—H 振动频率有 $50 cm^{-1}$ 的差别。在不同 pH 的溶液中，Pt 上的析氢电位有比较大的差别（$0.5 \sim 0.6V$），考虑到强酸性条件下 Pt—H 键的电化学 Stark 效应值为 $60 cm^{-1} \cdot V^{-1}$，可以通过析氢电位不同理解不同 pH 条件下的显著的频率差异。在 pH=2 的溶液中，氢的析出过程涉及两种机理，可以观察到水合质子和水的放电形成的吸附氢。随着溶液 H^+ 浓度的降低，使得通过水合质子析氢的速度大大降低，可以有效排除强烈析氢对采集光路的干扰，从而可以允许在非常宽的电位范围研究吸附氢。从图 2-18(d) 可以看出，在较大的电位

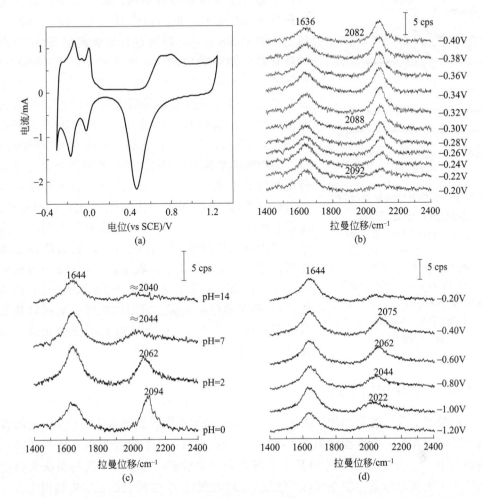

图 2-18 粗糙 Pt 在 0.5mol·L⁻¹ H₂SO₄ 中的 （a）循环扫描伏安曲线 （扫描速度
50mV·s⁻¹） 和 （b）氢吸附的拉曼光谱图；（c）溶液 pH 值对氢吸附的拉曼光谱的影响，
支持电解质 0.5mol·L⁻¹ Na₂SO₄，溶液 pH 值通过 H₂SO₄ 和 NaOH 来调节；
（d）在 pH＝2 的溶液中氢吸附随电位变化的拉曼光谱。拉曼光谱实验条件：激发光波长为
514.5nm，采集时间为 200s[39,40]

区间，Pt—H 的拉曼谱峰位置随电极电位的改变发生明显的变化，其电化学 Stark
效应值高达 80cm⁻¹·V⁻¹，明显高于酸性条件下的 60cm⁻¹·V⁻¹。而且可以看出
当电位往负跨越 −0.8V 时，谱峰的半峰宽明显增加，表明通过水分解的析氢过程
的界面结构明显比水合质子放电的界面结构复杂。虽然氢是最简单的原子，但是电
化学条件下，由于界面电场、周围的溶剂和支持电解质的影响，其在界面的吸附和
反应远比在气固相条件下的复杂。

　　以上研究的对象是高粗糙度的 Pt 表面。氢在粗糙和光亮表面特别是单晶表面

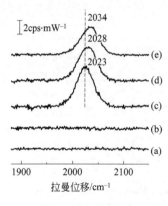

图 2-19　单晶电极表面氢吸附
的 SHINERS 光谱研究

(a) Pt（111）表面，电位为
−1.4V；(b) 修饰了 SHINERS
粒子的光亮的 Au 表面，
电位为−1.4V；(c)~(e) 修饰了
SHINERS 粒子的 Pt（111）表
面，电位分别为−1.4V、−1.2V
和−1.0V[20]

的行为有可能有着显著的不同。但是光亮表面上无法获得 SERS 信号，更不用说开展 EC-SERS 研究。利用 SHINERS 技术，即通过合成极薄层 SiO_2 包裹的具有表面增强效应的 Au 纳米粒子，$Au@SiO_2$，将其铺展在单晶电极表面，则可能利用内核 Au 和金属基底之间的强烈的电磁场耦合获得吸附在单晶表面上物种的拉曼信号[20]。图 2-19 为利用该 SHINERS 方法获得的 Pt（111）表面上吸附氢的 SERS 信号。与粗糙体系相比，SHINERS 的增强效应可以获得更强的吸附氢的拉曼信号。而更为关键的是，所获得的拉曼谱峰的半峰宽也比粗糙 Pt 表面的谱峰窄。这很有可能是因为 Pt（111）单晶表面的表面结构简单，吸附和反应物种相对比较单一，从而使得谱峰变窄。这一结果也表明了开展单晶表面上 SERS 研究的必要性。除此之外，利用 SHINERS 方法也获得了 Pt、Au 等基础单晶表面上吸附的吡啶、硫氰以及水的表面拉曼光谱信号，极大地拓宽了拉曼光谱在电化学中的应用。

2.8.3　一氧化碳的吸附[31,41]

拉曼光谱可以鉴别同种物质在同一个电极表面不同位置的吸附。CO 在金属表面的吸附可作为一个典型的例子。在以往的 IR 研究中人们已经发现，碳氧的伸缩振动频率（ν_{CO}）对表面化学性质和物理性质非常敏感，而且，吸附构型很大程度上取决于表面的性质。图 2-20(a) 给出了 CO 在粗糙 Pt 电极表面上（粗糙因子 $R=200$）吸附的 SERS 谱图。先将电极浸入饱和了 CO 的 $0.5mol \cdot L^{-1}$ 硫酸中，控电位于−0.2V 预吸附 5min，EC-SERS 实验在不含 CO 的硫酸溶液中进行。可以观测到位于 $2071cm^{-1}$ 和 $489cm^{-1}$ 处的强峰，为顶位吸附线型的 C≡O 和 Pt—C 的伸缩振动。位于 $1840cm^{-1}$ 和 $413cm^{-1}$ 处的两个宽峰，分别为桥式吸附的 CO 的 ν_{CO} 和 ν_{M-CO}。这两个峰的强度随着顶位 CO 的减少而增强，尤其是在电位位于 CO 氧化电位之前时，这个现象尤为明显。这表明 CO 的吸附位有顶位吸附和桥式吸附两种方式，其比例取决于电极电位。在较负电位，两种吸附模式的峰都较弱，有可能是因为析氢产生的气泡对光路的影响。当电极电位刚好处于氧化电位之前时，桥式振动峰达到最强[31]。

以上例子说明拉曼光谱可以鉴定同种物质在同种表面不同位置上的吸附行为，如果将金属基体改变，CO 吸附的信号也会发生相当大的变化。图 2-20(b) 为 CO 饱和吸附在不同金属表面的拉曼光谱图[41]。可以看出 CO 和 M—CO 的峰对金属

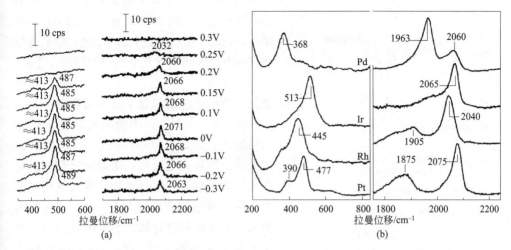

图 2-20 (a) 粗糙 Pt 电极（粗糙度为 200）上吸附的 CO 的 SERS 光谱。溶液为空白的
0.1mol • L^{-1} H$_2$SO$_4$[31]。（b) 不同过渡金属电极上吸附的 CO 的 SERS 谱图[39]。
溶液为 0.1mol • L^{-1} HClO$_4$[41]

基底非常敏感。源于顶位线型 CO 和桥式 CO 的 ν_{CO}（分别位于 2040～2080cm^{-1}
和 1870～1960cm^{-1}）拉曼信号的频率及其相应的强度随着金属基体的改变而改
变。在 Ir 表面，CO 的吸附以线型吸附为主，而在 Pd 表面则以桥式吸附为主。但
对于 Pt 和 Rh 表面，桥式吸附和线型吸附都存在。而且，在不同金属表面上同种
几何构型的 CO 吸附有着不同的振动频率。比如，顶端吸附的 CO 在不同金属表面
的 ν_{CO} 的顺序如下：Pt＞Ir＞Pd＞Rh，而其 ν_{M-CO} 的相应顺序为：Ir＞Pt＞Rh＞
Pd。从桥式吸附和线型吸附的 CO 的峰位和相对峰强，我们可以用 CO 吸附的拉曼
光谱来鉴别不同的金属。值得注意是，M—CO 振动峰往往强于 C—O 振动峰。这
显示了拉曼光谱与 IR 光谱和 SFG 技术相比所提供的低频区吸附物和基体间的相互
作用信息的优势。

2.8.4 甲醇的电催化氧化反应[42]

有机小分子在 Pt 电极上的电化学氧化及解离过程在电化学中已得到了广泛的
研究。但是由于其反应过程复杂，涉及的反应步骤和表（界）面物种（如反应物、
中间产物、毒性剂、支持电解质、溶剂分子等）多，尽管人们已做了大量的努力，
但仍无法从分子水平上完整地揭示这类复杂的反应。例如对反应途径、表面氧化物
和中间产物的性质、表面形貌、表面粗糙度和异体金属对反应过程的影响仍未达成
共识。EC-SERS 可以很好地研究高粗糙度的表面而且能够很容易获得频率低于
600cm^{-1} 的吸附物种和表面成键的信息。以下就以甲醇在粗糙 Pt 电极上的解离吸
附和氧化过程来说明 EC-SERS 技术在这方面的应用。

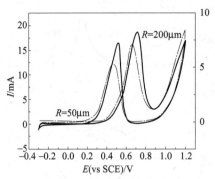

图 2-21　两种粗糙度 $R=50\mu m$ 和

$R=200\mu m$ 的 Pt 电极在 $1.0\text{mol}\cdot L^{-1}$

甲醇$+1.0\text{mol}\cdot L^{-1}$ 硫酸中的

CV 图（扫描速度为 20mV/s）[42]

图 2-21 给出了采用电化学方法粗糙得到的不同粗糙度的纯 Pt 电极在 $1.0\text{mol}\cdot L^{-1}$ 甲醇$+1.0\text{mol}\cdot L^{-1}$ 硫酸中的 CV 图，它们在所研究的电位区间中有几个相似的特征：首先，在氢吸脱附区（$-0.3\sim0.4V$），由于甲醇解离产物的强吸附抑制了氢的吸脱附；而在双层区（$0\sim0.4V$），阳极电流随电位正移缓慢增大，但始终很小；在 $0.6\sim0.85V$ 区间开始出现氧化电流峰，随后由于表面氧化物的生成占据了表面反应位，导致氧化电流的下降；当电位升高到 $1.25V$，在氧化物表面又出现甲醇的氧化峰；当电位负扫时，由于表面氧化物的还原，露出新鲜的电极表面，甲醇又开始发生氧化。尽管在两个电极上的氧化峰较宽，难以区分氧化电流起始电位，但是还是可以很明显地看出在峰值电位上的差别。低粗糙度和高粗糙度电极峰值电流的电位分别为 $0.66V$ 和 $0.71V$。这种区别表明表面粗糙度对甲醇的解离吸附和电氧化行为有一定的影响。利用表面拉曼光谱进行研究可以更好地从分子水平解释表面粗糙度对甲醇氧化行为的影响。

图 2-22 是对应的两种粗糙度的 Pt 电极在 $1.0\text{mol}\cdot L^{-1}$ 甲醇$+1.0\text{mol}\cdot L^{-1}$ 硫酸中得到的现场拉曼谱图。谱峰根据频率随电位变化的情况可划分为两大类：450cm^{-1}、980cm^{-1}、1018cm^{-1} 和 1051cm^{-1} 的峰由于其在整个电位区间的频率都没有变化，是来自电极表面附近的溶液物种 SO_4^{2-}、HSO_4^{-} 和 CH_3OH 的信号。而第二类峰，它们的频率都随电位发生明显的变化，这与甲醇解离吸附和氧化所产生的中间体的分子振动有关。在约 2050cm^{-1} 处的峰归属于线型顶位吸附 CO 伸缩振动，而在约 490cm^{-1} 处的强而尖的谱峰为线型顶位吸附 CO 的 Pt—C 键振动。虽然高粗糙度电极表面较黑，但这种电极表面上 CO 峰的强度要大于低粗糙度电极表面上 CO 峰的强度。在低粗糙度 Pt 电极上线型 CO 的 C—O 振动峰在 $0.525V$ 时便消失，而高粗糙度的 Pt 电极上在 $0.575V$ 时仍可看到。这说明，随着粗糙度的增大，表面吸附的 CO 更难氧化，这主要是由于高粗糙度的 Pt 电极表面具有更多的表面缺陷，与 CO 的作用更强。所以，在高粗糙度电极表面，在更正的电位还能观察到 CO 键振动峰。这再次体现了拉曼光谱技术与许多反射光谱技术相比所具有的适于研究黑色的高粗糙度表面的优点。

从图 2-22 还可以看出，当电极电位从 $-0.2V$ 正移时，两种粗糙度不同的电极表面上 C—O 伸缩振动峰都先蓝移后红移。一般认为，吸附物种频率的变化源于以下三种效应：电化学 Stark 效应、偶极-偶极相互作用以及表面结构效应（形貌）。从图 2-22 可看到，两种粗糙度不同的电极表面上 C—O 伸缩振动频率的蓝移均发生在 CO 被氧化之前，这用电化学 Stark 效应能很好地解释。而当 CO 开始氧化时谱峰频率轻微红移，源自表面 CO 氧化导致的覆盖度降低以及表面结构效应。前文提到粗糙表面比光滑表面有更多的表面缺陷，而吸附在平台位的 CO 更容易被氧化。从图 2-22(a) 和 (b) 还可看到 C—O 伸缩振动峰较宽且不对称，该峰低频端的肩峰很可能来自在缺陷位吸附的 CO。在 0.2V 时，位于 $2057cm^{-1}$ 处相对较尖的峰，随着电位正移至 CO 氧化电位时，迅速下降。说明该峰很可能来自平台处吸附的 CO。因为平台上吸附的 CO 更不稳定，在较低电位时就先被氧化。而由图 2-22 可看出，在高粗糙度（$R \approx 200\mu m$）的电极表面由于有更多的 CO 吸附在缺陷位而使得 CO 氧化电位正移。当电极电位进一步正移时，吸附在缺陷位的 CO 也被氧化。由于电极表面覆盖率降低削弱了偶极-偶极相互作用，导致肩峰处的频率下降。这也正说明了当电极表面粗糙度不同时，电极表面的性质甚至与电极反应行为有明显的不同。这同时也暗示单晶电极和粗糙电极表面将有更大的不同，如果仅采用单晶电极来研究电催化行为，将无法和实际体系进行很可信的比较。

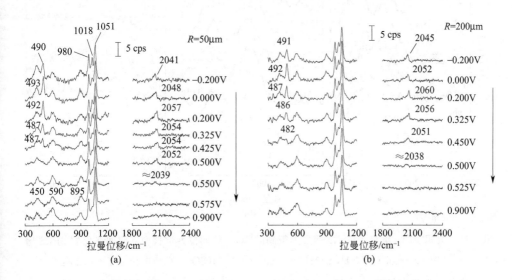

图 2-22　两种粗糙度 (a) $50\mu m$、(b) $200\mu m$ 的 Pt 电极在 $1.0mol \cdot L^{-1}$ 甲醇＋$1.0mol \cdot L^{-1}$ 硫酸中的随电位变化的拉曼谱图，激发线：632.8nm[42]

在电催化研究中利用同位素取代技术来判断反应的机理是一种重要且有效的方法。如 Weaver 等利用在 SERS 活性的 Au 上沉积 Rh，对甲酸电氧化过程进行了研究[43]。他们在整个研究电位区间无法获得除 CO 外的其它中间物的信号。在低于或接近于甲酸电氧化起始电位下，可观察到 Rh 表面吸附着相当数量的 CO。与直接从 CO 饱和溶液中吸附的 CO 相比，C—O 振动频率低了 $50cm^{-1}$，而且桥位吸附的 CO 峰强大于顶位吸附的，CO 的氧化电位负移了 0.3V。这可能是由于 CO 在表面的覆盖度以及 Rh 电极表面所能提供的解离吸附位能力的差别引起的。以往人们对甲酸的氧化过程中 CO 是作为表面的毒性中间体还是处于产生和被氧化的动态反应过程中一直还没有有力的实验证据。由于 ^{12}CO 和 ^{13}CO 在频率上有约 $50cm^{-1}$ 的差别，实验中可以通过同位素实验来研究上述反应的氧化机理。在甲酸氧化起始电位下，当用 $H^{12}COOH$ 更换 $H^{13}COOH$ 或相反，都只发现缓慢的 $^{13}C/^{12}C$ 交换，见图 2-23(a)，但这一交换速度已明显比从饱和 ^{12}CO 或 ^{13}CO 溶液交换 CO 的快，见图 2-23(c)。当电极电位高于甲酸电氧化起始电位时，交换速度明显加快，但是仍难以达到完全交换，见图 2-23(b)。通过比较甲酸电催化氧化电流和 $^{12}CO/^{13}CO$ 的交换速度与电位的关系，他们发现在某些条件下，吸附态 CO 也可作为一种活性的反应中间物。这也正说明了甲酸的氧化也是通过双途径机理进行的。通过合理的利用简单的同位素取代实验，可以揭示复杂的电催化氧化机理。

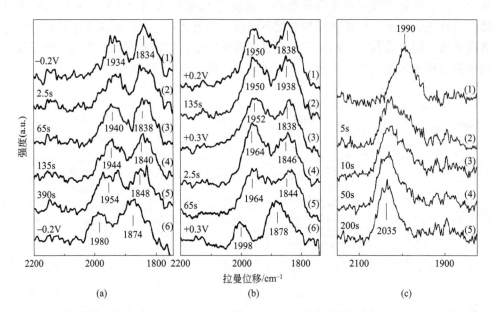

图 2-23　沉积于 Au 电极上的 Rh 薄层上得到的 $^{13}C/^{12}C$ 同位素取代中随时间变化的 SERS 谱，溶液 $10mmol \cdot L^{-1}$ HCOOH$+0.1mol \cdot L^{-1}$ HClO$_4$。(a) 电位处于 $-0.2V$：(1) 谱线，溶液中仅有 ^{13}C；(2)～(5) 谱线，加入 10 倍的 $H^{12}COOH$ 后的 2.5s、65s、135s 和 390s 内所采到的谱图；(6) 谱线，溶液中仅有 ^{12}C。(b) 将电位从 $+0.2V$ 跳至 $+0.3V$：(1) 谱线，溶液中仅有 ^{13}C，电位为 $+0.2V$；(2) 谱线，在 $+0.2V$ 加入 10 倍的 $H^{12}COOH$ 后的 135s 时间内采到的谱图；(3) 谱线，溶液中仅有 ^{13}C，电位为 $+0.3V$；(4) 和 (5) 谱线为加入 10 倍的 $H^{12}COOH$ 后，当电位跳到 $+0.3V$ 后的 2.5s 和 65s 内所采到的谱图；(6) 谱线，溶液中仅有 ^{12}C，电位为 $+0.3V$。(c) 溶液为饱和了 CO 的 $0.1mol \cdot L^{-1}$ HClO$_4$，溶液的交换通过流动电解池实现：(1) 谱线，溶液中仅含饱和 ^{13}CO，电位为 0V；(2)～(5) 谱线，用含 ^{12}CO 的溶液交换 ^{13}CO 溶液后 5s、10s、50s 和 200s 内采的 SERS 谱[43]

2.8.5　析氧反应[44,45]

析氧反应因其缓慢动力学，已成为电解水的应用瓶颈。因此，设计和发展各种高效的析氧反应催化剂，有效降低反应的过电位，是当前能源研究的热点之一。镍基材料在碱性电解质中的高稳定性和高地球丰度，使其成为一种非常有潜力的析氧反应催化剂。镍基催化剂的活性相为 NiOOH 结构，活性成分为 Ni^{3+} 或 Ni^{3+} 和 Ni^{4+} 的混合物。低于析氧电位时，催化剂的形态为 $Ni(OH)_2$，接近析氧电位时，该相氧化为 NiOOH。大量研究表明，提高 NiOOH 活性的首要途径是提高铁的掺杂量，其次可将 γ-NiOOH 老化为 β-NiOOH。可以用电化学拉曼光谱进行现场原位研究区分铁的掺杂和陈化这两种途径对催化剂性能提高的贡献。

由于常规拉曼光谱的灵敏度低，难以获得 $Ni(OH)_2$/NiOOH 薄膜材料的拉曼光谱信息。因此，实验中采用具有高 SERS 活性的粗糙 Au 表面为基底，然后利用电化学镀法，将 $Ni(OH)_2$/NiOOH 薄膜材料镀于其上。为区分铁掺杂和陈化两种途径对催化剂性能的影响，将该薄膜材料于有无 Fe 的 $1mol \cdot L^{-1}$ 氢氧化钾溶液中浸泡不同时长以陈化后，利用 EC-Raman 原位考察 Fe 和陈化两个关键因素对催化性能的影响，所得结果如图 2-24 所示。图 2-24（a）为在不含有 Fe 的 $1mol \cdot L^{-1}$ 氢氧化钾溶液中浸泡 0d 和 6d 后的 EC-Raman 光谱序列。浸泡 0d，在 0～0.4V 电位区间，可以清晰观察到位于 $453cm^{-1}$ 和 $495cm^{-1}$ 的两个拉曼谱峰，皆为 α-$Ni(OH)_2$ 或 β-$Ni(OH)_2$ 相晶格振动。随着电位进一步正移，这两个峰的强度迅速衰减，同时出现位于 $477cm^{-1}$ 和 $560cm^{-1}$ 的两个谱峰，且在电位正移至 0.6V 的过程中，拉曼谱图完全表达为来自 β-NiOOH 或 γ-NiOOH 相晶格振动的这两个谱峰特征。浸泡 6d 后，0V 时，仅观察到位于 $495cm^{-1}$ 的微弱特征峰，且 $476cm^{-1}$ 和 $558cm^{-1}$ 峰首次出现在 0.35V。在含 Fe 的氢氧化钾溶液中进行陈化的膜电极，其拉曼谱图 [如图 2-24（b）所示] 特征和图 2-24（a）基本一致。主要区别在于 $480cm^{-1}$/$560cm^{-1}$ 相对谱峰强度的显著降低和谱峰宽度的展宽，说明在 Fe 的协同作用下，陈化过程形成了更多的 β-NiOOH，从而有效提高了催化剂的活性，降低了过电位。结合 3000～$3800cm^{-1}$ 高波数区光谱图特征，如图 2-24（c）和图 2-24（d）所示，可以推断，在无 Fe 掺杂的氢氧化钾溶液中进行陈化的膜电极的主要成分为 α-$Ni(OH)_2$ 相（特征峰为 $3665cm^{-1}$），随着陈化时间的延长，逐渐转变为结构无序的 β-$Ni(OH)_2$（特征峰为 $3581cm^{-1}$）。在含 Fe 的氢氧化钾中陈化的膜电极，两种成分同时存在，且在陈化过程中拉曼强度同时减弱，说明膜结构的无序性增加。

2.8.6 苯的吸附和反应[46]

苯是最简单的芳香族化合物，其每个振动模式都有明确的指认，因此，研究其在金属表面的吸附和反应具有重要的意义。然而，人们发现苯在不同基底甚至同一表面上吸附的构型截然不同。采用拉曼光谱则可以获得苯在 Pt 族金属上的吸附和反应的详细信息，结果表明这一看似简单的体系其实非常复杂。

在 $0.1mol \cdot L^{-1}$ 氯化钾＋$9mmol \cdot L^{-1}$ 苯溶液中，当电位低于 −0.5V 时，在粗糙的 Pt 电极表面会形成一些液滴，拉曼光谱 [图 2-25（a）] 上可以检测到环己烷

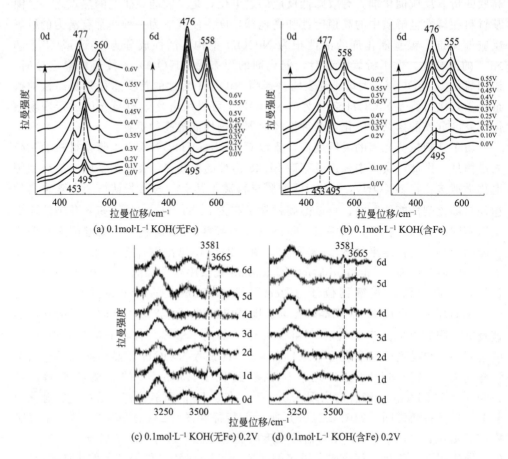

图 2-24　0.1mol·L^{-1} KOH 溶液中，正向扫速为 1mV·s^{-1} 时，Ni(OH)$_2$/NiOOH 膜表面的电化学拉曼光谱序列图。实验前，膜在 1mol·L^{-1} KOH 溶液［无 Fe（a）和含 Fe（b）］中的浸泡时长分别 0d 和 6d。（c）和（d）则分别为两种情况下，高波数区拉曼光谱（0.2V）随浸泡时长变化的时序图。所示电位参比于 Hg/HgO 电极电位，0.1mol·L^{-1} KOH 溶液中，该膜的氧析出平衡电位为 0.365V[45]

的特征峰，表明在此电位下 Pt 上产生的 H 与苯发生了加氢反应。由于环己烷不溶于水，可以在电极表面累积而产生小液滴。这样的小液滴在光滑 Pt 电极表面并未观测到，表明 Pt 纳米粒子能够催化苯的加氢反应。

当电位移至 1.2V 以上时，在 Pt 电极表面产生一些黑点，这些黑点随着时间延长或者电位正移而增加，且在 Pt 电极表面均匀分布。黑点处的拉曼光谱为氯苯的特征，表明在此电位下苯发生了氯代反应产生了不溶于水的氯苯，并在电极表面形成液滴。同样的现象发生 Br$^-$ 溶液中，而在 I$^-$ 和 F$^-$ 没有观测到该现象。这可能是因为在正电位的情况下，Br$^-$ 和 Cl$^-$ 被氧化，氧化形成的 Br$_2$ 和 Cl$_2$ 可以和苯化学反应生成氯苯和溴苯。

在−0.5～1.2V电位区间，该体系呈现明显的随电位变化的SERS信号。如图2-25(b)所示，在9mmol·L^{-1}苯+0.1mol·L^{-1}氯化钾中，−0.5V时，可以检测到991cm^{-1}、1012cm^{-1}、1043cm^{-1}、1271cm^{-1}、1539cm^{-1}和1595cm^{-1}等峰，对应于苯环的指纹区的特征振动模式。同时还可以检测到位于310cm^{-1}、341cm^{-1}和3043cm^{-1}的峰。这些峰的相对强度与溶液苯的差别很大，说明是来自吸附在电极表面上的苯。当电位正移时，峰强度迅速下降，但其频率却无明显改变。当电位正移至−0.2V时，由于表面物种炭化导致谱图难以解析；继续正移至0.6V，其它谱峰全部消失，可能是因为吸附物种在Pt表面的氧化引起的。其中341cm^{-1}峰的消失，可能是由于Pt表面自身氧化导致的SERS活性的消失。

为了对低波数区谱峰进行归属，开展了苯浓度变化的研究。将苯的浓度从0提高到9mmol·L^{-1}（饱和浓度），在−0.5V（强度最强的情况）下采集SERS信号，结果如图2-25(c)所示。在没有苯的时候，所有峰都不出现，而当苯浓度升高至0.1mmol·L^{-1}时，341cm^{-1}出现一宽包，1012cm^{-1}峰开始出现，而310cm^{-1}出现很弱的肩峰。使用差谱法扣除0.1mmol·L^{-1}的谱峰，获得309cm^{-1}清晰的窄峰。309cm^{-1}和1012cm^{-1}的峰随电位变化的趋势基本一致，说明这两个峰应该来自同一物种。实际上当苯环上的氢被其它功能基团取代后，苯的环呼吸振动模式将发生蓝移，如从苯的992cm^{-1}位移到氟苯的1008cm^{-1}甚至二甲基苯的1053cm^{-1}，取代基团给电子能力越差，环呼吸振动峰的蓝移越大。而Pt原子的最外层电子结构是5d^{9}6s^1，通常是作为电子受体，由检测到的309cm^{-1}和1012cm^{-1}峰可以认为苯与Pt作用时脱去一个H形成C$_6$H$_5$Pt，垂直吸附在Pt表面上，这种吸附模式使得环呼吸振动模式信号最强。随着苯浓度的增加，991cm^{-1}峰增强，但频率基本保持不变而且与溶液中苯的环呼吸峰位置相近，没有检测到与之对应的Pt—C峰，说明这种苯应该是物理吸附在金属表面附近的，与金属不发生直接化学作用。

由于在低浓度情况没有检测到与341cm^{-1}宽峰相关联的拉曼信号，对于该谱峰的指认比较困难。该谱峰即使在Pt电极表面通过电化学CV清洗并且得到具有清洁Pt特征的CV后仍然存在，说明该物种和表面的作用非常强。为了获得该峰的起源，采用具有更高SERS增强效应的Au@Pt纳米粒子作为SERS衬底，得到了在粗糙Pt表面观察不到的400～900cm^{-1}之间的谱峰，见图2-25(d)。500cm^{-1}和650cm^{-1}归属于C—C—C环外弯曲振动以及C—H环外弯曲振动，872cm^{-1}归属于平行吸附的苯环呼吸振动的峰。由于872cm^{-1}和341cm^{-1}峰具有相同的电位跟随性，可以认为341cm^{-1}峰为平行吸附的苯的Pt—C振动。平行吸附模式的Pt—C峰频率高于垂直吸附的Pt—C，主要是因为平行方式苯的π电子与Pt的d轨道能更好重叠，从而有更强的相互作用，给出更高的振动频率。

综上所述，苯在−0.5V加氢，在+1.2V发生卤化反应，在−0.5～1.2V间在Pt电极上吸附，有三种吸附模式：物理吸附（谱峰频率不变）、形成C$_6$H$_5$Pt垂直化学吸附以及通过π电子与d轨道重叠的平行化学吸附。

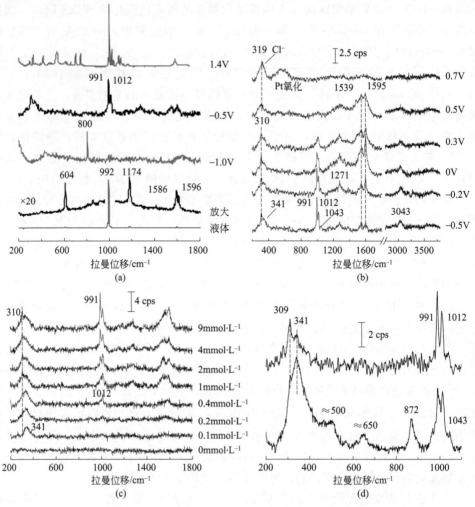

图 2-25 (a) 纯苯液体的常规拉曼谱和在粗糙 Pt 电极表面得到的随电位变化的表面拉曼光谱，溶液为 $0.1mol \cdot L^{-1}$ KCl＋9mmol $\cdot L^{-1}$ 苯；（b）在粗糙 Pt 电极上得到随电位变化的 SERS 光谱，溶液为 $0.1mol \cdot L^{-1}$ KCl＋9mmol $\cdot L^{-1}$ 苯；（c）苯的浓度对 SERS 信号的影响，电位为 $-0.5V$，支持电解质溶液为 $0.1mol \cdot L^{-1}$ NaF；（d）在粗糙 Pt 电极（上）以及 Pt 包 Au 纳米粒子（下）上得到随电位变化的 SERS 光谱，溶液为 $0.1mol \cdot L^{-1}$ KCl＋9mmol $\cdot L^{-1}$ 苯，电位为 $-0.5V$

2.8.7 苄基氯的催化还原机理[47,48]

苄基氯的电化学还原反应是有机卤化物转化研究的模型反应。大量研究表明，Ag、Pd 等金属对该反应具有较好的催化作用，但是其详细的催化机理并不完全清楚。对该催化反应机理的深入认识对于环境科学、合成化学及电化学基础理论都将具有重大的意义。由于 Ag 具有极好的 SERS 活性，利用 EC-SERS 技术有可能捕获到表面上中间物种的指纹信息，从而有可能分析其反应机理。

Ag 电极在 $5mmol \cdot L^{-1}$ 苄基氯 $+0.1mol \cdot L^{-1}$ 四乙基铵高氯酸盐（TEAP）的乙腈溶液中的 CV 图如图 2-26 所示。在 $-1.0V$ 左右，开始出现完全不可逆的阴极电流，并在 $-1.8V$ 左右达到峰值，其峰值电位随扫描速率的增加而负移。通过对该峰模拟并对溶液中的反应产物的分析，文献认为该峰对应于苄基氯得到电子并同时失去氯离子的过程。但是，仅从 CV 图无法获得表面中间物种的化学信息，而通过 EC-SERS 研究有可能提供该信息。在 $-1.0V$ 以正电位，SERS 谱峰较弱，且与苄基氯的常规拉曼光谱一致；当电位负移至 $-1.2V$，在 $350cm^{-1}$、$530cm^{-1}$ 和 $800cm^{-1}$ 处出现明显的谱峰，并随电位负移而增强。负移至 $-1.6V$，上述谱峰开始减弱，并出现了 $1000cm^{-1}$ 的新峰，该峰在 $-1.8V$ 达到最强。在更负电位，拉曼信号减弱直至完全消失。上述 SERS 光谱随电位改变的变化趋势与 CV 图的特征基本一致。虽然通过 SERS 实验可以获得大量的光谱数据，但是如果没有可靠的谱峰指认，也无法对表面物种进行有效的分析。由于人们所推测的苄基氯还原过程的各种中间产物并不是稳定的化合物，无法像在传统的 EC-SERS 实验中通过获取各种标准物质的 SERS 光谱来辅助指认。

理论计算可以通过猜测其各种可能的表面物种，计算其光谱特征，并获得反应过程的能量，与实验对照有可能解析复杂反应过程的机理。如针对反应过程中苄基氯相关物种的结构特征，猜测其各种可能的反应物的吸附结构和反应中间物种，以银团簇模拟 SERS 基底，通过 DFT 方法计算其 SERS 光谱。计算结果表明，苄基氯与银团簇作用属于弱吸附，可以理解光谱上无法检测到 Cl—Ag。苄基自由基及其阴离子衍生物可以在 $500 \sim 1300cm^{-1}$ 区间给出与实验最为接近的光谱特征，如图 2-26(c) 和 (d) 所示。通过调整这两个物种的相对比例，可以拟合出与实验光谱非常吻合的光谱特征如图 2-26(f) 所示，表明吸附的苄基自由基及其阴离子衍生物是苄基氯在银电极上催化还原的重要中间体。类似地，可以推测电极表面吸附的还原产物为苄基乙腈。根据这些结果，苄基氯在 Ag 电极上的反应涉及苄基氯的吸附，苄基氯的还原脱氯形成吸附苄基自由基，苄基自由基还原为吸附的阴离子，苄基自由基或苄基阴离子进一步与溶剂乙腈、痕量水等溶液物种反应形成最终产物，并在负电位下脱附。由于苄基自由基及其阴离子的反应活性很高，苄基氯吸附和还原步骤为苄基氯还原反应的速率控制步骤。因此，对苄基氯还原反应机理的进一步研究主要集中在苄基氯的吸附和还原形成苄基自由基及其阴离子的过程。计算该体系的自由能则有助于从能量上验证反应的动力学过程。

由于 Ag_4 团簇的构型在不同荷电状态下基本保持不变，因此，在考虑溶剂化作用后，对该团簇进行以上的光谱和下面的热力学能量 DFT 计算。计算得到苄基氯、苄基自由基、苄基自由基阴离子及乙腈在 Ag_4 团簇上的吸附吉布斯自由能分别为 $5.4kcal \cdot mol^{-1}$、$-6.3kcal \cdot mol^{-1}$、$-16.9kcal \cdot mol^{-1}$、$-1.5kcal \cdot mol^{-1}$。在确定反应中间物种和速率控制步骤的基础上，结合相关的热力学吸附能，通过枚举可能的反应路径对反应过程的热力学/动力学能量变化对反应过程进行分析。

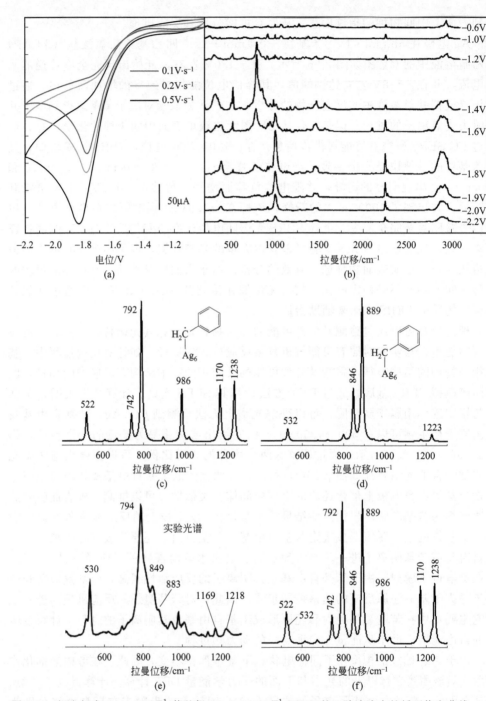

图 2-26　银电极在 5mmol·L^{-1} 苄基氯＋0.1mol·L^{-1} TEAP 的乙腈溶液中的循环伏安曲线（a），
不同电位下的 SERS 光谱（b）和－1.4V 电位下 SERS 谱图的局域放大（e）。各种可能的中间
物种的 DFT 计算的拉曼光谱：苄基自由基-银团簇（c）；苄基阴离子-银团簇（d）；
计算拟合光谱[(c)＋5×(d)](f)[47]

图 2-27(a) 和 (b) 列出所有可能的反应路径。为了突出银电极的催化作用，平行列出苄基氯在玻碳电极上的还原过程作为对照。计算猜测的基元反应的能量，采用 Nernst 方程判断反应发生方向，通过 Marcus 理论求解电子转移活化能，采用 Butller-Volmer 方程考虑电位作用。最终可以得到如图 2-27（c）所示的反应势能图。结果表明，苄基氯在银电极表面得电子形成活化络合物，降低了速率控制步骤的活化能。这也是银的催化性能的本质所在。

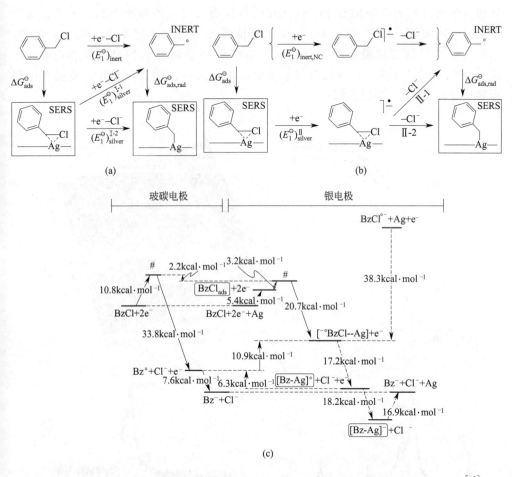

图 2-27 苄基氯在玻碳电极（a）和银电极（b）表面的还原途径及其反应势能图（c）[48]

虽然基于稳态 EC-Raman 光谱可以获得电极反应过渡态产物的信息，然而，在时间尺度上，可能和动态循环伏安法所获得的信息存在不同步的问题。因此，有必要在循环伏安扫描过程中同时采集暂态拉曼光谱，判断在常规时间尺度上是否能获得电极反应过渡态产物的拉曼光谱信息。

图 2-28 为循环伏安扫速控制在 $20\text{mV} \cdot \text{s}^{-1}$ 下获得的伏安图及同步 SERS 光谱序列。随着电位负移至 -1.5V [图 2-28（c）]，位于约 791cm^{-1} 的谱峰表达为最强，该峰的特征与稳态光谱中 -1.4V 下的谱图一致，但电位负移了 100mV。电位

进一步负移至-2.0V 时［图 2-28(d)］，位于约 1005cm⁻¹ 的峰信号达到最强，与稳态光谱中同特征谱图（-1.8V）相比，电位负移了 200mV。稳态和暂态 EC-Raman 光谱的电位差异性表明：动态光谱在电位上存在着一定的滞后现象，而且最终产物的滞后性相比于中间产物更为显著。从实验技术上来说，考虑到动态光谱的积分时间和仪器反应时间分别为 0.5s 和 0.7s，两者电位差在约 26mV 属于合理范围。因此，实验中观察到的 100~200mV 的滞后充分说明了（中间）产物在表面区的扩散速度和表面吸附对 EC-Raman 信号检测实时性的重要影响。另外，由于采谱时间的缩短，动态 EC-Raman 谱图的信噪比明显弱于稳态 EC-Raman 谱图，只有当中间产物的拉曼信号足够强时，方能获得实时性的信息。虽然稳态 EC-Raman 的实时性不足，但其长时间积分获得的高灵敏度和高信噪比，是捕获中间产物拉曼信息不可或缺的手段。

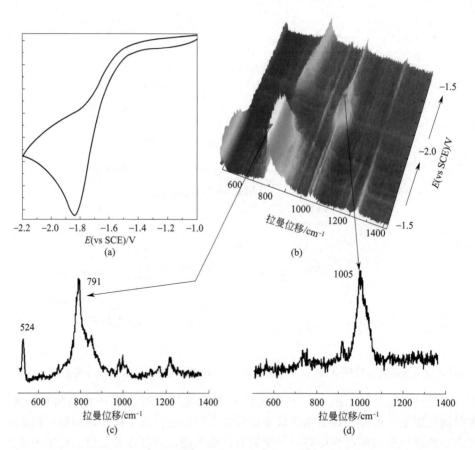

图 2-28　银电极在 5mmol·L⁻¹ 苄基氯+0.1mol·L⁻¹ TEAP 的乙腈溶液中的循环伏安曲线（a）和与电位扫描同步的表面增强拉曼光谱（b），扫描速度为 20mV·s⁻¹；(c) 和（d）分别为-1.5V 和-2.0V 电位下的表面增强拉曼光谱

2.8.8 缓蚀体系[49]

SERS 还可以用于表面成膜和缓蚀体系的研究，为了解缓蚀机理提供有益的分子水平的信息。苯并三氮唑是一种常见的缓蚀剂，而 Fe 作为日常生活中最常用的金属之一，对于其表面缓蚀行为的研究具有十分重要的意义。

图 2-29（a）为苯并三氮唑（BTA）在粗糙 Fe 电极表面随电位变化的 SERS 光谱。由于在开路电位下，苯并三氮唑易与 Fe 表面作用而形成致密的保护层，为了研究在形成致密保护膜之前的缓蚀机理，控制 Fe 电极的浸入电位在 $-1.2V$，随后电位逐渐向正方向移动。由图 2-29（a）可见苯并三氮唑的 SERS 谱峰强度随电位变化而变化，与苯并三氮唑的溶液谱仔细比较可发现，吸附后的表面拉曼光谱发生了很大的变化，首先和 NH 有关的谱峰随电位变化十分明显，随电位正移其强度逐渐减弱直至消失；在起始的较负电位区间苯并三氮唑吸附后的频率变化较小，随电位正移和三唑环相关的振动模式频率发生较大的位移并且半峰宽增加，如 $1022cm^{-1}$ 蓝移至 $1032cm^{-1}$，位于 $1180cm^{-1}$ 处的三唑环的呼吸振动的谱峰随电位正移明显变宽，频率蓝移；所有表面拉曼谱峰强度在 $-0.6V$ 时达到最强，随后随电位的正移强度逐渐变弱，三唑环的相关振动谱峰强度随电位变化较明显。

在较负电位区间，表面谱峰与中性或酸性溶液谱峰十分相似，说明表面可能存在中性 BTAH 分子，特别是和三唑环相关的振动频率以及这些峰与苯环峰的相对强度变化不大，说明苯并三氮唑在该电位区间主要以分子形式和表面作用，而支持电解质中的 Cl^- 也可能参与了表面成膜的过程，因此，表面膜主要由 $[Fe_n(Cl)_p(BTAH)]_m$ 组成。由于 BTAH 和表面的作用并不强，两者之间更可能是一种物理作用，因此，膜的缓蚀效应相对较差。

随着电位正移，电极表面带正电，BTAH 主要以阴离子的形式通过三唑环上的氮原子与表面配位而生成致密的类似于聚合物的网状结构膜，其结构可表示为 $[Fe_n(BTA)_p]_m$，该膜的存在极大地提高了表面的抗蚀性能，并且使其表面拉曼信号增强，由于苯并三氮唑的去质子化过程以及和表面的配位过程均发生在三唑环上，所以和三唑环相关的振动发生了明显的变化，在此电位区间所得到的光谱特征很好地说明了这一点，最典型的变化是当和 Fe 表面配位后 BTAH 溶液中 $1022cm^{-1}$ 的三唑环的振动蓝移至 $1032cm^{-1}$，而且有关 NH 的振动模式的谱峰几乎消失。

随着电位进一步正移，表面拉曼信号反而减弱，这可能和 Fe 表面的氧化而导致表面增强效应的不可逆消失以及表面膜被破坏有关。从图 2-29（a）还可见，当电位正移至 $-0.4V$（此时电流极性改变而进入阳极电流区），苯并三氮唑的表面拉曼信号迅速减弱，在约 $560cm^{-1}$ 出现较宽的谱峰，来自表面 Fe 氧化物 Fe_3O_4 或 FeOOH 的贡献，随着表面不断被氧化，在 $-0.3V$ 同时又检测到位于 $704cm^{-1}$ 的较宽表面拉曼谱峰来自表面 Fe 的氧化物，如 Fe_3O_4 或 $Fe(OH)_3$。

由于苯并三氮唑结构的特殊性，其三唑环上的 N 原子呈碱性，可以在酸溶液

中质子化生成 $BTAH_2^+$；而在碱性溶液中可被去质子化形成阴离子 BTA^-；在中性条件下主要以中性分子 BTAH 而存在，质子化或去质子化过程都是发生在三唑环上的，对其的影响最为明显，因此，通过分析和三唑环相关的振动模式的变化可得到有关苯并三氮唑在金属表面的存在形态，这对从分子水平上解释缓蚀剂的作用机理具有重要的意义。

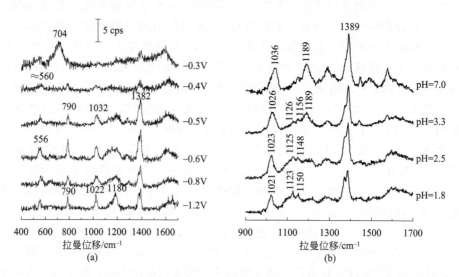

图 2-29 （a）苯并三氮唑在 Fe 电极上随电位变化的拉曼光谱图；
（b）溶液 pH 值对苯并三氮唑在 Fe 电极吸附行为的影响，电位为 $-0.6V^{[49]}$

为了解溶液 pH 值对 BTAH 缓蚀效率的影响，图 2-29(b) 显示了相同电位下不同 pH 值溶液中 BTAH 在 Fe 电极表面的 SERS 谱图中受 pH 值影响的振动主要集中的频率区间。仔细分析该表面拉曼光谱随溶液酸碱性的变化不难发现以下几点特征：①在中性条件下得到的表面拉曼光谱的特征和以上讨论的苯并三氮唑和 Fe 形成的表面络合物十分相似；②随着 pH 值的降低，苯并三氮唑的某些谱峰强度发生了明显的变化，例如位于 $1189cm^{-1}$ 三唑环的呼吸振动谱峰强度随溶液酸度的增加而迅速降低，当溶液 $pH \approx 2$ 时，表面拉曼谱中该谱峰几乎完全消失，而位于 $1126cm^{-1}$ 的 NH 面内变形振动谱峰的强度在酸性溶液中更强，位于 $1388cm^{-1}$ 被指认为三唑环伸缩振动的谱峰强度亦随酸度的增加而降低；③三唑环振动的频率发生明显的位移，如在中性溶液中向酸性介质过渡时，位于 $1036cm^{-1}$ 的谱峰位移至 $1021cm^{-1}$，该谱峰常常被用于判断苯并三氮唑和表面的作用方式；④随着 pH 值的降低，和苯环相关的振动谱峰强度减弱，这可能与苯并三氮唑和表面作用所形成的膜的结构有关。

苯并三氮唑在酸性溶液中带负电而易与 H^+ 作用后生成质子化的 $BTAH_2^+$，而在碱性溶液中易发生去质子化而生成 BTA^-，如下式所示：

$$BTA^- \xleftarrow{\text{碱}} BTAH \xrightarrow{\text{酸}} BTAH_2^+$$

中性条件下的谱峰和 Fe 与 BTA 的络合物的谱峰十分相似，因此，此时苯并三氮唑主要以阴离子 BTA$^-$ 的形式和 Fe 作用而形成类似于 $[Fe_n(BTA)_p]_m$ 的网络状结构。每一个铁原子（离子）和多个 BTA$^-$ 作用，而 BTA$^-$ 主要通过三唑环上的氮原子和 Fe 作用，由于位阻效应，部分 BTA$^-$ 的三唑环靠近表面，而另一部分则以苯环更靠近电极表面，因此，在中性介质中可检测到较强的有关苯环振动的谱峰；而由于失去 H 而使有关 NH 的振动几乎完全消失；随着酸性的增加，1036cm^{-1} 谱峰红移至 1021cm^{-1}，此时已经接近 BTAH 分子的三唑环振动模式，这说明在酸性介质中 Fe 与苯并三氮唑形成的 $[Fe_n(BTA)_p]_m$ 由于 BTA$^-$ 的质子化而被破坏，苯并三氮唑以 BTAH 或 BTAH$_2^+$ 的形式弱吸附在 Fe 表面，且质子化过程主要影响三唑环的结构，所以和三唑环相关的振动发生较大的变化，正由于这样的弱吸附构型导致了其表面缓蚀性能的降低，由此可见，在酸性介质中并不能形成类似于聚合物的保护膜，因此，在酸性介质中单独使用 BTAH 作为缓蚀剂的效果并不理想。而在中性介质中可检测到包括苯环伸缩振动等在内的其它谱峰，这可能是由于苯并三氮唑分子去质子化和表面 Fe 作用后本身的对称性改变所致。

2.8.9 电镀体系[50]

化学镀镍技术工业化应用数十年来，已经在电子工业、磁性记录材料制备、超大规模集成电路技术和微机电系统制造等方面获得了广泛的应用。化学镀镍过程中，次磷酸根的氧化反应对整个化学镀镍过程起到决定性的作用；然而，作为还原剂的次磷酸根的氧化机理仍是一个有争议的科学问题。迄今为止，尚无实验证据直接证明次磷酸根在 Ni 电极上的吸附构型和氧化机理。其机理的争议在于吸附态的次磷酸根是通过氢原子还是氧原子吸附在镍电极表面。由于 EC-Raman 对低波数区金属与氧成键具有高的灵敏度，可通过检测 $H_2PO_2^-$ 和 Ni 电极间相互作用的 Ni—O 键，探讨次磷酸根在 Ni 电极上的氧化过程中吸附构型及变化过程，从而进一步理解化学镀镍中 $H_2PO_2^-$ 的氧化机理[50]。

由于 Ni 电极的 SERS 活性偏弱，为获得较好的拉曼信号且避免增强介质的干扰，采用 Au@SiO$_2$ 结构的 SHINERS 粒子铺展在 Ni 电极上，将该电极置于 0.03mol·L^{-1} 的 NaH$_2$PO$_2$ 溶液中，控制电极电位为 $-1.0\sim0.4V$，进行 EC-Raman 实验。如图 2-30(a) 所示为 $-0.8V$ 下的典型 EC-Raman 谱图，可以清晰地观察到位于 280cm^{-1} 和 412cm^{-1} 的两个谱峰。利用基于极化连续模型（PCM）的密度泛函理论，计算 $H_2PO_2^-$ 在 Ni 电极上氢端和氧端两种不同吸附构型的金属-吸附态物种，得到的拉曼振动的模拟谱图如图 2-30(b) 和（c）所示。当 $H_2PO_2^-$ 通过两个 O 原子在 Ni 电极上吸附时，290cm^{-1} 和 378cm^{-1} 分别对应于金属-吸附态物种（Ni-$H_2PO_{2ad}^-$）之间的 Ni—O；当 $H_2PO_2^-$ 通过两个 H 在 Ni 电极上吸附时，322cm^{-1} 和 1894cm^{-1} 分别对应于金属-吸附态物种（Ni-$H_2PO_{2ad}^-$）之间的 Ni—H。理论计算与实验结果对比可知：氧端吸附的模拟和实验获得的拉曼谱图基本一致，低波数区都观测到了两个谱峰位置相近的拉曼谱峰，因而，氧端吸附的可能性较大；氢端吸附的理论计算表明低波数区应只有一个振动峰且实际实验中并未检测到位于 $1894cm^{-1}$ 的 Ni—H，因而，理论计算和实验结果差别显著，该种吸附构型可被排除。需指出，DFT 模拟与实验谱图中 Ni—O 峰位置和峰强度之间存在一定的差异，其原因可能主要来自两方面。①电位不同造成 Ni—O 振动强度和振动频率发生变化：理论模拟得到的拉曼谱图并未考虑电位影响；②SHINERS 粒子对不同振动模式的 SERS 增强贡献不同。

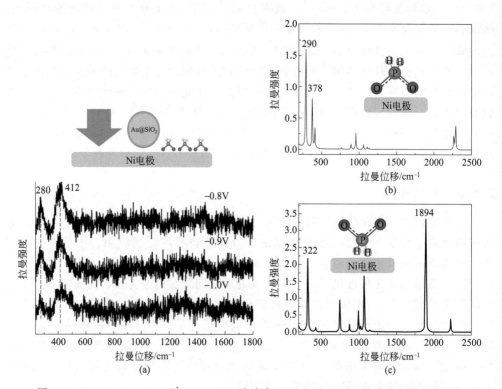

图 2-30　(a) $0.03mol \cdot L^{-1}$ NaH_2PO_2 溶液中 Ni 电极表面随电位变化的拉曼谱图；(b) 和 (c) 理论模拟得到的 $H_2PO_2^-$ 在 Ni 电极上氧端和氢端吸附的拉曼光谱图[50]

由上可见，通过 EC-Raman 和理论模拟相结合获得了 $H_2PO_2^-$ 在 Ni 电极上吸附构型的直接证据（Ni—O 键的伸缩振动峰 ν_{Ni-O}），表明其吸附物种 $H_2PO_{2ad}^-$ 通过两个 O 原子吸附在 Ni 电极上。首次从实验上证实了次磷酸根离子是通过 O 吸附在 Ni 电极上，而非通过 H，为实现精确控制化学镀镍沉积过程奠定了基础。

2.8.10　锂离子电池体系[51~56]

锂离子电池以其高能量密度、高功率密度和低的自放电性能等特点，在日常生活中得到了越来越广泛的应用。但是目前的锂离子电池的性能远远低于其理论容量，因此，设计合适的正极和负极材料、相容性好的电解质和隔膜材料以及产生具有优异性能的固体-电解质中间相（SEI）是目前锂离子电池领域的热点研究领域。现场研究方法可以避免一些非现场研究方法在转移和表征过程中带来的结构改变，可以更准确地反映体系的真实状态。因此，对电极材料以及充放电过程中材料和SEI膜结构的深入现场表征有助于推动该领域的发展。随着拉曼光谱仪器的迅速发展，特别是具有高速成像能力的共聚焦显微拉曼光谱仪器的发展，拉曼光谱不但被用于电极材料以及电解液的组成和结构的表征，还被用于现场表征锂离子电池充放电过程中阴阳极物种及溶液组分，如正负极上的嵌锂和脱锂过程[52,53]。胡勇胜等对拉曼光谱在锂离子电池研究中的应用做了很好的综述[51]。SEI膜的研究则一直是该领域的难点，主要在于该膜厚度薄，拉曼信号微弱且易受本体材料干扰。近期，借助于 SHINERS 技术的高表面灵敏度和无化学干扰的特性，黄炳照等成功研究了锂离子电池中 SEI 膜的结构特征，观测到层状富锂材料脱氧活化过程和 Li_2O 在界面的生成[54,55]。虽然该工作的实验操作性要求很高，但该技术为 SEI 膜的研究提供了新的思路和方法，值得深入探讨。

EC-Raman 技术不仅成功研究了锂的嵌脱过程中电极材料结构的变化，还用于原位跟踪锂硫电池充放电过程中电极材料的价态变化[56]。因具有目前已知固体正极材料中容量最高的理论容量，且在消耗更低成本时提供更大能量密度的优势，锂硫电池被认为是未来高性能锂二次电池的代表和一个重要方向。然而，锂硫电池是一种基于硫材料可逆转换反应机理的高比能电化学储能体系，其电极过程比较复杂，涉及多电子交换、多相态转变等，因此，目前还只是大量处于研究状态以及小范围内的开发应用。拉曼光谱的引入则可进行原位监测锂硫电池电化学反应过程中的产物。

根据图 2-31 可见，S 的首次放电产物和充电产物皆为 Li_2S_6（位于 $397cm^{-1}$ 的特征峰）。因此，锂硫电池的充放电过程是不对称的，充电的最终状态为 Li_2S_6 说明第一圈充放电循环后将有不可逆的容量损失，这很好地解释了迄今为止，尚未有将锂硫电池的理论容量完全释放出来的报道。通过对多硫化物进行 DFT 计算，发现多硫化物的 LUMO 依据如下的趋势变化：$Li_2S_8(-1.60eV) < S_8(-1.36eV) < Li_2S_6(-1.22eV)$。这个结果说明了 Li_2S_8 比 S_8 和 Li_2S_6 更容易获得电子，因此，当 Li_2S_8 生成的时候，Li_2S_8 会很容易被进一步还原，而不会稳定存在。并且 Li_2S_8 具有热力学不稳定性，容易发生歧化反应：$Li_2S_8 \longrightarrow Li_2S_6 + \frac{1}{4}S_8$；$\Delta H = -2.1 kcal \cdot mol^{-1}$。假如 Li_2S_n 高度溶解于电解质中，其在固液界面的动力学性质是影响电池可逆容量的主要因素。通过 DFT 计算发现，Li_2S_n 在碳表面的吸附能低于其溶剂化的 LUMO 轨道值，因此，单 Li_2S_n 在纯的碳材料表面无法实现有效的吸附，可通过提高基底材料的 Lewis 碱性以促进高价态多硫化物的还原，进而提高锂硫电池的性能。实验结果表明：N-掺杂可提供更好的吸附位点使 Li_2S_8 更稳定存在于电化学反应界面，有利于促进 Li_2S_6 发生进一步的电化学氧化至单质 S，提高锂硫电池的可逆容量。从另一方面也证明了正确的理论计算对合理的实验设计具有重要的指导意义。

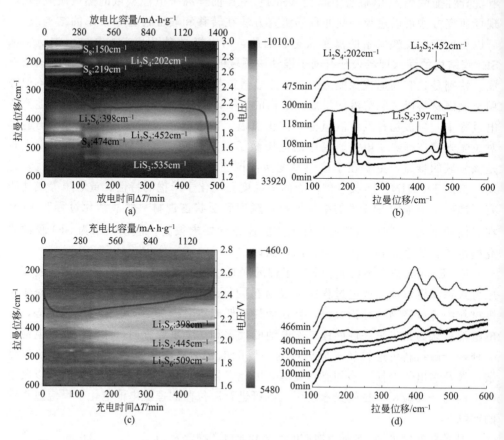

图 2-31 （a）、（c）S/super P 复合物在首圈充放电过程中的原位时间分辨拉曼光谱，图中曲线为充放电过程的电压-电流关系。（b）、（d）为用于（a）、（c）作图的未扣背景的原始拉曼谱图[56]

2.8.11 SHINERS 技术的应用

基于具有明确的原子排列结构的金属单晶面进行表面电化学研究，可在原子水平认识表面结构重建、吸脱附、配位、氧化等表面物理和化学过程的基本规律，获得表面结构与反应活性的内在联系规律，从而指导实际应用。因无法有效激发表面等离激元共振（SPR）效应，金属单晶的表面电化学难以用常规 SERS 技术进行研究。SHINERS 和 TERS 两种技术则从借力角度分别在高灵敏度和高空间分辨两个方面探讨了不同晶面对界面电化学吸附行为的影响。

图 2-32 分别给出 $0.1mol \cdot L^{-1}$ 高氯酸钠（$NaClO_4$）+$1mmol \cdot L^{-1}$ 吡啶溶液中，Au(111)、Au(110) 和 Au(100) 三种单晶电极表面所得到的 EC-SHINERS 谱图序列[57]。其中，约 $1010cm^{-1}$ 和约 $1035cm^{-1}$ 处的强峰分别归属为吡啶的 ν_1 环呼吸振动和 ν_{12} 对称三角环形变振动；位于约 $630cm^{-1}$、约 $1210cm^{-1}$ 和约 $1600cm^{-1}$

处的谱峰则分别来自 ν_{6a}、ν_{9a} 和 ν_{8a} 振动。在这三种晶面上都监测到 ν_1 频率随电位正移而蓝移的 Stark 效应且斜率相近（$5.8 cm^{-1} \cdot V^{-1}$ 左右），表明吡啶在金表面的吸附与晶面结构无关，皆以垂直方式满单层吸附于三种晶面上。然而，Stark 效应产生（出现满单层垂直吸附构型）的起始电位因晶面结构的不同而有显著差异：Au(111)（0.24V）＞Au(100)（−0.04V）＞Au(110)（−0.27V）。该趋势和三种晶面的零电荷电位（E_{pzc}）变化一致，表明电极表面电荷决定了吡啶在不同晶面上的电化学吸附行为。进一步的谱图分析可知，负电位区，吡啶在 Au(111) 和 Au(100) 表面的吸附构型由垂直转变为平躺吸附，而在 Au(110) 表面仅能观察到垂直吸附构型。同时，根据图 2-32 所示的峰强标尺可以观察到，吡啶在这三种晶面上吸附的 SERS 谱峰强度存在显著差异。比如，ν_1 峰强按 Au(111)＜Au(100)≪Au(110) 的顺序依次增强，且该峰的最强峰值出现的电位有明显差异，依次位于 0.6V、0.3V 和 0.2V。选择这三种晶面上得到的 ν_1 最强峰值进行 SHINERS 增强因子计算，其数值分别为 8.6×10^4、2.6×10^5 和 1.2×10^6。这种晶面相关的 SHINERS 强度可能来自单晶表面介电性质的不同，导致了 SHINERS 纳米粒子和不同单晶面之间电磁场耦合性能的差异。

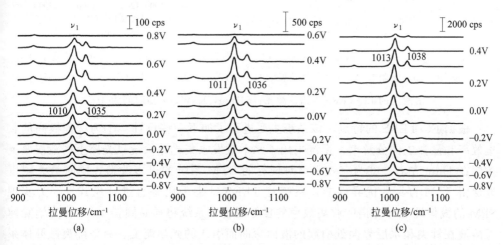

图 2-32　$0.1 mol \cdot L^{-1}$ $NaClO_4$ ＋$1 mmol \cdot L^{-1}$ 吡啶溶液中，Au(111)（a）、Au(110)（b）和 Au(100)（c）单晶电极表面获得的 EC-SHINERS 电位序列谱图[57]

2.8.12　TERS 技术的应用[58~61]

1985 年，Wessel 等在 STM 的基础上，结合 SERS，提出了和现有的针尖增强拉曼光谱（tip-enhanced Raman spectroscopy，TERS）技术相似的概念，并称为 surface-enhanced optical microscopy[58]。2000 年左右，国际上多个研究组分别将不同的扫描探针显微技术（scanning probe microscopy，SPM）与拉曼光谱技术联用，发展出 TERS 技术。2004 年左右，任斌等分别在两篇综述中指出，将 TERS

拓展到电化学体系是一个极具挑战性的方向，关键在于如何克服多种折射率材料引起的光路畸变，消除系统的光学像差，从而提高 EC-TERS 系统的收集效率。他们经过近十年的不懈努力，在国际上首次研制成功 EC-TERS 仪器装置，如图 2-33（a）所示[61]。

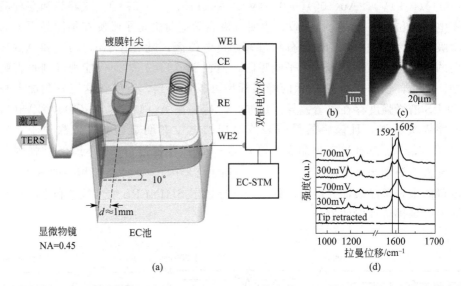

图 2-33 （a）EC-TERS 系统示意图；（b）EC-TERS 针尖的 SEM 图；（c）针尖和基底耦合的光学成像图；（d）吸附在 Au(111) 单晶表面的 4-PBT 分子在 $0.1 mol \cdot L^{-1}$ NaClO$_4$（pH=10）溶液中的 EC-TERS 光谱。激光：633nm，1mW，采谱时间为 3s[61]

　　根据 EC-TERS 的特点，该系统主要进行了如下一些设计：①为保证极高的收集效率和显微成像分辨率，系统采用了水平激发收集光路系统且光路上的液层厚度控制在 1mm 左右。②为有效避免对现有的 STM 系统的过多改造，同时最大限度地保留 STM 自身的优异性能，系统对 TERS 针尖采用垂直进针模式。③为实现 SPM 的成像性能和光谱的收集效率的良好匹配，系统将样品倾斜 10°。④为消除薄层溶液在针尖和水层界面处引起的液面弯曲而引入的光学畸变，有效隔离敞开体系中环境污染的同时更接近真实电化学体系，且避免水溶液挥发引起的液面降低而导致光斑聚焦位置的变化，系统采用厚液层，因而可以长时间开展相关体系的研究。⑤为确保针尖和样品的电位跟随以及偏压的恒定，系统采用双恒电位仪实现对针尖和样品的电位控制。图 2-33（b）为采用热熔胶包封金针尖的 SEM 图，从图中可以看出针尖仅末端暴露且依然尖锐。图 2-33(c) 为针尖和基底耦合的光学成像图，显微成像清晰使得针尖和激光的耦合操作更为便利。图 2-33(d) 为用该 EC-TERS 装置获得的国际上首张 EC-TERS 图，研究体系为 1-亚甲基巯基-4-吡啶联苯（4-PBT）分子在 Au(111) 晶面上的电化学吸附行为。可以看出，在正电位区间，来自于吡啶环 ν_{8a} 振动的 1592cm^{-1} 谱峰出现明显的分裂，该现象随电位可逆变化。

然而，利用 EC-SERS 研究该分子在多晶电极表面上的吸附行为时，该峰分裂现象中并未被察到。结合 DFT 理论模拟，并采用极化连续模型（PCM）模拟溶剂化质子化情况，发现该现象是来自于巯基吡啶类分子存在质子化和去质子化过程。由于单晶表面光滑均匀，同时 TERS 又具有高的空间分辨率，因此，在负电位区间内能够探测到部分质子化的 4-PBT 分子信号，即 $1592cm^{-1}$ 谱峰变成肩峰；在正电位区间内探测到的则是未质子化的 4-PBT 分子信号，$1592cm^{-1}$ 谱峰分裂。

这一案例清晰地体现了 EC-TERS 的高空间分辨率的优势，能够获得 EC-SERS 所无法观测到的信息。目前，还需要设计并开展新模式的 EC-TERS 仪器研制，彻底摆脱商品化 SPM 仪器的空间限制，进一步提高检测灵敏度，推动该领域的发展。

2.9 EC-Raman 的发展前景

以上我们系统地介绍了 EC-Raman 的基本原理、仪器方法、实验技术和一些重要的应用进展。实际上，在开展电化学 SERS 研究中还必须特别注意以下几个问题并有可能在以下领域取得突破性的进展。

① 在利用纳米粒子作为增强基底时，一般根据基底的 LSPR 选择最匹配的激发光波长。但在文献中经常见到这样的错误：先用合成的纳米溶胶测试其吸收光谱，然后根据吸收光谱测试中得到的消光光谱的谱峰位置最终确定采用的激发光波长。实际上，当将纳米粒子铺展到基底上时，为了提高信号强度，通常要求粒子和粒子之间或者粒子和基底之间具有很好的耦合。这一耦合效应的存在将使得体系的 SPR 和单粒子的 SPR 有显著的不同。如果采用单粒子的 SPR 激发实验体系，将得不到最优的 SERS 信号。因此，需要利用反射（或者透射，针对透明样品）吸收光谱获得实际电极的吸收光谱，辅助选择激发光波长。此外，由于以上两种耦合效应和表面的均一性密切相关，而通常的体系中难以做到表面上各位点耦合状态相同，因此，其吸收的谱峰通常非常宽，可以允许的激发光的波长可以比较宽。但是必然会影响其最终的灵敏度。

② 在显微拉曼仪器中，由于激光点的高度聚焦，使得聚焦处的功率密度非常的高。通常激光聚焦斑点的面积约为 $1\mu m^2$，假设激光功率为 $1mW$，激光斑点处的功率密度可高达 $10^8 mW \cdot cm^{-2}$。通过提高的激光功率虽然可以提高信号强度，但是表面吸附的分子，尤其是单晶表面上非化学吸附的物种很容易因为功率密度太高导致热脱附甚至发生光化学反应而分解。因此，实验过程需要特别注意信号是否稳定。如果发现信号不稳定的现象需要注意降低功率密度，如通过离焦或者采用线聚焦的方法进行实验。

③ 显微技术的发展带来了信号收集效率的明显提高，但是同时也导致不能很方便地改变激光的入射角度和收集角度。因此，在表面拉曼光谱中很难实现表面过程的最优激发和表面拉曼信号最高效的收集。所以，表面拉曼光谱还有很大的空间

进一步提高其检测灵敏度。虽然前面提到了各种增强表面拉曼信号的方法，但是如果技术的发展能使得表面拉曼信号的收集能在无任何增强的情况下获得，对于电化学领域将是一个突破性的贡献。

④ 通过合成各种尺寸和形状特异的单晶纳米粒子，既可以提供增强的电磁场，又可以提供具有特殊反应活性的表面位点，真正地将反应活性和机理关联，为寻找高活性的电化学体系提供理论和实验指导。

⑤ 目前 EC-Raman 研究所获得的空间分辨率和时间分辨率还比较低，尤其不能同时获得高的时间分辨率和空间分辨率。如果能从实验技术上解决该问题，无疑将有助于动态研究电化学界面，为理解电化学界面和过程提供有益的信息。相信该方向将成为 EC-Raman 的重要方向。EC-TERS 的初步结果表明，引入 TERS 电化学体系，可望利用 TERS 高的灵敏度和空间分辨率，推动界面电化学研究的发展。

⑥ 如果能在电化学暂态实验的同时进行光谱研究，将能真正实现电化学信号和拉曼光谱信号的直接关联。对于反应电位区间交叠的电化学活性物种，电化学上无法直接区分其贡献，而通过拉曼光谱的指纹信息，这可以在相同的电位区间轻易地区分不同物种的信息。如果考虑拉曼光谱信号反映的是物种浓度的积分，则可以将电化学的反应电量和拉曼光谱信号之间建立直接的关联。将该方法和空间分辨技术结合，将能有效地为原位电化学研究提供重要的高时空分辨的技术，也将代表谱学电化学未来的发展方向。

⑦ 发展电化学原位 X 射线拉曼散射技术。和常规拉曼散射相似，X 射线拉曼散射的最大特色在于使用高能量的硬 X 射线获得低能量的软 X 射线吸收光谱。区别在于，常规拉曼散射提供研究对象的分子振动光谱信息，X 射线拉曼散射则是核-电子激发光谱。后者能够在复杂环境中获得常规 X 射线吸收光谱无法得到的本体材料的电子信息。如将其应用于原位电化学体系，一方面，可以获得电位调制下研究对象的本体电子性质的变化；另一方面，借助于电位差谱技术，可望捕获研究对象的表面电子结构信息与电位的跟随关系。相比于常规 EC-Raman 实验，X 射线的强穿透性使得 X 射线拉曼散射信号的获得可利用正向照射-背向收集模式，有效提高信号收集能力。该技术的一个潜在的应用领域是研究各种电池的充放电过程，通过考察电极材料的本体和表面（如 SEI 膜）电子结构信息的动态变化，为电极材料的优选和性能改进提供参考依据。

总之，经过三十多年的发展，表面增强拉曼光谱已经在电化学领域得到了广泛的应用，并为电化学体系的研究提供了重要有益的数据。纳米科学的发展为表面拉曼光谱技术提供了新的实验方法和特殊的光学技术，也必将为电化学界面的研究和更深入的理解提供更为丰富的信息，促进电化学学科的纵深发展。

致谢：感谢本研究组研究生在撰稿过程中给予的帮助，科技部和国家自然科学基金委资助。

参 考 文 献

[1]   查全性，等．电极过程动力学导论．北京：科学出版社，2002．
[2]   朱自莹，顾仁敖，陆天虹．拉曼光谱在化学中的应用．沈阳：东北大学出版社，1998．
[3]   Pettinger B. In：Adsorption at Electrode Surface. New York：VCH，1992：285-345.
[4]   Tian Z Q，Ren B，Wu D Y. J Phys Chem B，2002，106：9463-9483.
[5]   Wu D Y，Li J F，Ren B，Tian Z Q. Chem Soc Rev，2008，37：1025-1041.
[6]   任斌，李剑锋，黄逸凡，曾智聪，田中群．电化学，2010，16：305-316．
[7]   张树霖．拉曼光谱学与低维纳米半导体．北京：科学出版社，2008．
[8]   Smith W E，Dent G. Modern Raman Spectroscopy —A Practical Approach. Chichester：John Wiley & Sons，2005.
[9]   Fleischmann M，Hendra P J，McQuillan A J. J Chem Soc Chem Commun，1973，80.
[10]   Van Duyne R P. J Phys，1977，38：239-252.
[11]   Fleischmann M，Hendra P J，McQuillan A J. Chem Phys Lett，1974，26：163-166.
[12]   Jeanmaire D L，Van Duyne R P. J Electroanal Chem，1977，84：1-20.
[13]   Fleischmann M，Tian Z Q. J Electroanal Chem，1987，217：397-410.
[14]   Leung L W，Weaver M J. J Am Chem Soc，1987，109：5113-5119.
[15]   Weaver M J，Zou S Z，Chan H Y H. Anal Chem，2000，72：38A-47A.
[16]   Li J F，Yang Z L，Ren B，Liu G K，Fang P P，Jiang Y X，Wu D Y，Tian Z Q. Langmuir，2006，22：10372-10379.
[17]   Bruckbauer A，Otto A. J Raman Spectrosc，1998，29：665-672.
[18]   Ikeda K，Fujimoto N，Uehara H，Uosaki K. Chem Phys Lett，2008，460：205-208.
[19]   Hartschuh A. Angew Chem Int Ed，2008，47：8178-8191.
[20]   Li J F，Huang Y F，Ding Y，Yang Z L，Li S B，Zhou X S，Fan F R，Zhang W，Zhou Z Y，Wu D Y，Ren B，Wang Z L，Tian Z Q. Nature，2010，464：392-395.
[21]   Moskovits M. Rev Mod Phys，1985，57：783-826.
[22]   Otto A. In：Light Scattering in Solid：Vol IV. Berlin：Springer-Verlag，1984：289-418.
[23]   Le Ru E C，Etchegoin P G. Principles of Surface-Enhanced Raman Spectroscopy and Related Plasmonic Effects. Amsterdam：Elsevier，2009.
[24]   Special Issue：Surface-enhanced Raman Spectroscopy. Faraday Discuss，2006，132.
[25]   Tian Z Q. Special issue on Surface enhanced Raman spectroscopy. J Raman Spectrosc，2005，6-7.
[26]   Graham D，Goodacre R. Special issue on Chemical and bioanalytical application of surface enhanced Raman scattering spectroscopy. Chem Soc Rev，2008，5.
[27]   Etchegoin P G. Themed Issue：New frontiers in Surface-Enhanced Raman Scattering. Phys Chem Chem Phys，2009，34.
[28]   Hollins P，Pritchard J. Prog Surf Sci，1985，19：275-350.
[29]   Lambert D K. Electrochim Acta，1996，41：623-630.
[30]   Weaver M J，Zou S. In：Spectroscopy for Surface Science. New York：John Wiley & Sons，1998，26：219-272.
[31]   Tian Z Q，Ren B. in Encyclopedia of Electrochemistry：Vol 3. Weinheim：Wiley-VCH，2003：572.
[32]   Ren B，Lian X B，Li J F，Fang P P，Lai Q P，Tian Z Q. Faraday Discuss，2009，140：155-165.
[33]   Lin X M，Cui Y，Xu Y H，Ren B，Tian Z Q. Anal Bioanal Chem，2009，394：1729-1745.
[34]   Li M D，Cui Y，Gao M X，Luo J，Ren B，Tian Z Q. Anal Chem，2008，80：5118-5125.
[35]   Tian Z Q，Ren B. Annu Rev Phys Chem，2004，55：197-229.
[36]   Schlücker S，Schaeberle M D，Huffman S W，Levin I W，Anal Chem，2003，75：4312-4318.
[37]   Zhang R，Zhang Y，Dong Z C，Jiang S，Zhang C，Chen L G，Zhang L，Liao Y，Aizpurua J，Luo Y，Yang J L，Hou J G. Nature，2013，498：82-86.
[38]   Jiang YX，Li J F，Wu D Y，Yang Z L，Ren B，Hu J W，Chow Y L，Tian Z Q. Chem Commun，2007：4608-4610.
[39]   Ren B，Xu X，Li X Q，Cai W B，Tian Z Q. Surf Sci，1999，427/428：156-161.
[40]   Tian Z Q，Ren B，Chen Y X，Zou S Z，Mao B W. J Chem Soc Farad Trans，1996，20：3829-3838.
[41]   Zou S，Weaver M J. Anal Chem，1998，70：2387-2395.
[42]   Ren B，Li X Q，She C X，Tian Z Q. Electrochim Acta，2000，46：193-205.

[43]   Mrozck M F，Luo H，Weaver M J. Langmuir，2000，16：8463-8469.

[44]   Liang Y Y，Li Y G，Wang H L，Zhou J G，Wang J，Regier T，Dai H J. Nat Mat，2011，10：780-786.

[45]   Klaus S，Cai Y，Louie W M，Trotochaud L，Bell T A. J Phys Chem C，2015，119：7243-7254.

[46]   Liu G K，Ren B，Wu DY，Duan S，Li J F，Yao J L，Gu R A，Tian Z Q. J Phys Chem B，2006，110：17498-17506.

[47]   Wang A，Huang Y F，Sur U K，Wu D Y，Ren B，Rondinini S，Amatore C，Tian Z Q. J Am Chem Soc，2010，132，9534-9536.

[48]   Huang Y F，Wu D Y，Wang A，Ren B，Rondinini S，Tian Z Q，Amatore C. J Am Chem Soc，2010，132，17199-17210.

[49]   Yao J L，Ren B，Huang Z F，Cao P G，Gu R A，Tian Z Q. Electrochim Acta，2003，48：1263-1271.

[50]   Jiang YF，Jiang B，Yang L K，Zhang M，Zhao L B，Yang F Z，Cai W B，Wu D Y，Zhou Z Y，Tian Z Q. Electrochem Commun，2014，48：5-9.

[51]   赵亮，胡勇胜，李泓，王兆翔，徐红星，黄学杰，陈立泉. 电化学，2011，17：12-23.

[52]   Endo M，Kim C，Karaki T，Fujino T，Matthews M J，Brown S D M，Dresselhaus M S，Synth Met，1998，98：17-24.

[53]   Kanoh H，Tang W P，Ooi K. Electrochem Solid State Lett，1998，1：17-19.

[54]   Hy S，Felix F，Rick J，Su W N，Hwang B J. J Am Chem Soc，2014，136：999-1007.

[55]   Hy S，Felix F，Chen Y H，Liu J Y，Rich J，Hwang B J. J Power Sources，2014，136：324-328.

[56]   Chen J J，Yuan R M，Feng J M，Zhang Q，Jing-Xin Huang J X，Fu G，Zheng M S，Ren B，Dong Q F. Chem Mater，2015，27：2048-2055.

[57]   Li J F，Zhang Y J，Rudnev V A，Anema R J，Li S B，Hong W J，Rajapandiyan P，Lipkowski J，Wandlowski T，Tian Z Q. J Am Chem Soc，2015，137：2400-2408.

[58]   Wessel J. J Opt Soc Am B，1985，2：1538-1541.

[59]   任斌，田中群. 现代仪器，2004，5：1-13.

[60]   任斌，王喜. 光散射学报，2006，8：288-296.

[61]   Zeng Z C，et al. Submitted.

第3章

电化学衰减全反射表面增强红外光谱技术

　　传统电化学研究是通过测量电流和电位的关系及其随时间的演变来确定电极反应动力学参数和反应机理。作为电极反应速率的直接量度——电流反映的是电极上所有反应过程的总速率，无法提供反应产物和中间体的直接信息。近几十年逐步发展起来的各种高灵敏度和特异性的原位光谱、扫描微探针和石英微天平等技术推动了电化学学科的进步，这些分子（原子）水平上的分析手段使人们对电化学核心（电极/溶液界面结构与反应）的认识上升到新的高度。光谱电化学是当今电化学研究中最活跃的领域之一，它主要指应用紫外-可见、红外光谱、拉曼光谱、和频发生等光谱技术研究电化学表（界）面，从中获得反应中间体和产物的化学结构，如吸附取向、排列次序和覆盖度等信息。其中，电化学表面增强红外光谱（SEIRAS）[1] 和电化学表面增强拉曼光谱（SERS）[2] 因表面灵敏度高、操作简单且能提供详尽的电极表界面分子结构信息而受到广泛的重视。相比电化学 SERS，电化学 SEIRAS 尽管存在低波数测量困难等不足，但其优点是 SEIRA 效应受金属种类影响小、表面选律简单和对极性小分子灵敏、光谱信号随电位变化可逆性好等。

　　目前基于傅里叶变换红外光谱仪的电化学表面红外光谱方法可分为两种工作模式，即外反射模式（IRAS）和衰减全反射（或称内反射）模式（ATR-SEIRAS）。其中前者通常用于光亮金属本体电极表面研究，其灵敏度虽足以用于检测单层吸附的物种[3,4]，然而需采集成百上千的干涉图形进行叠加平均以提高信噪比。相比而言，ATR-SEIRAS 通常用于纳米薄膜电极表面研究，其表面灵敏度高于 IRAS 数十倍[5]，要得到与 IRAS 同样信噪比的谱图只需对极少量干涉图进行叠加平均，同时，ATR-SEIRAS 还具有溶液背景信号干扰小、传质不受阻碍等优点，因而电化学 ATR-SEIRAS 更有利于获得电极/溶液界面吸附结构和反应动态信息。经过多年的实践，电化学 ATR-SEIRAS 已被成功地应用于研究有机小分子电催化[6~15]、电极分子构型[16~18] 以及电极界面配位反应[19~23]，并取得了令人瞩目的成果。

本章中，我们将从增强机理、光路系统以及实际应用三方面对电化学 ATR-SEIRAS 技术进行介绍。

3.1 表面增强红外吸收效应

ATR-SEIRAS 是基于表面增强红外效应（SEIRA）建立起来的。所谓 SEIRA 效应是指吸附在金属纳米结构（岛状）表面的物种的红外吸收强度，相较于在光滑金属膜或红外窗口上有 1~3 个数量级的提高。1980 年，Hartstein 等[24] 在研究 Ag、Au 岛状薄膜上吸附的硝基苯甲酸（PNBA）时首次发现了该效应。后续研究表明，具有岛状结构的币族金属会显示很强的 SEIRA 效应，电磁场增强（EM）机理和化学增强（CM）机理[25~27] 被广泛用于解释这种增强，这与表面 SERS 的增强机理相似[28~31]。除此之外，最近一些在非电化学条件下的研究也将表面红外散射（SEIRS）作为红外增强的重要来源[32~34]。

一般而言，红外吸收强度 A 可由下式表达：

$$A \propto |\partial \mu / \partial Q \cdot E|^2 = |\partial \mu / \partial Q|^2 |E|^2 \cos^2 \alpha \tag{3-1}$$

式中，$\partial \mu / \partial Q$ 为分子偶极矩对正交坐标 Q 的微分值；E 为激发分子振动的电场；α 为 $\partial \mu / \partial Q$ 和 E 之间的夹角；$|E|^2$ 为电场 E 的强度且一般是指金属膜内部的均方电场强度（MSEFI）；$|\partial \mu / \partial Q|^2$ 为吸收系数。从理论上讲，电磁场增强机理认为是 $|E|^2$ 的增强从而导致红外吸收强度的增强，而化学增强机理则主要是从吸收系数 $|\partial \mu / \partial Q|^2$ 的增强来解释红外吸收增强的。

3.1.1 电磁场增强机理

电磁场增强机理是入射激光的电场与金属的多种等离子模式发生耦合，形成的局域等离子场使入射光的电场得到增强，该增强电场作用于吸附分子，从而产生增强的红外吸收。换句话说，金属纳米结构起到了"天线"的作用。

科学家在研究 SERS 效应时，发现可见光区金属岛状结构的周围会产生一个短程强电场，该电场是由岛状膜周围的局域等离子共振（或者集体电子共振）引发的，它对蒸镀的金属膜上的 SERS 效应有决定性的贡献[28,30,31,35]。与 SERS 相似的，这种局域的增强电场也被认为对 SEIRA 起作用[36]。这种局域的增强场就是电磁场增强机理的关键所在[5,37,38]。而研究表明，入射光及其所带电场与金属的多种等离子模式发生耦合是一种近场相互作用，它只存在于从金属表面到离金属表面几个单分子层之间的距离（5~8nm）之内[39]。当金属纳米结构（一般指岛状膜）表面吸附分子后，表面分子的振动偶极 p 会诱导金属岛产生一个诱导偶极 δp，因而反馈式地改变金属的介电常数[29~31]。这种介电常数的改变实际上就是扰乱了岛状膜的光学性质。而分子内化学键本征振动频率处的扰动由于共振的作用比其它频率要大，就可以通过反射或透射的方式测量金属的光学性质变化来获得分子振动信息。由于金属膜对红外光的吸收要远远大于表面吸附分子对红外光的吸收，吸附分子的偶极和振动干扰了金属膜的光学性质，而这种干扰在分子振动的频率处最大，所以金属膜对红外光谱的影响就体现在吸附分子的振动吸收增强上[38]，即在表面增强红外光谱中纳米金属薄膜扮演了吸附分子的红外光谱吸收的放大功能（如图 3-1 所示）。

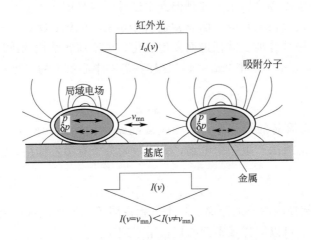

图 3-1　岛状金属膜表面增强效应的电磁场增强机理示意图[38]

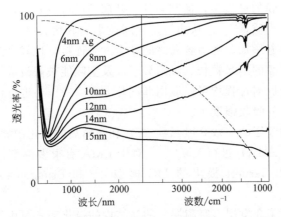

图 3-2　蒸镀在 CaF$_2$ 表面的 Ag 岛状膜上的 PNBA 分子的透射光谱[38]

Ag 膜的厚度如图所注，金属膜表面都涂覆了 1.7nm 厚的 PNBA 膜。图中虚线是以 Fresnel
公式和本体 Ag 介电常数来计算的平行边连续 Ag 膜（厚度为 10nm）的透射光谱

　　金属纳米膜表面吸附分子在可见光和近红外区的强吸收被明显观察到（见图 3-2），而这种强吸收也用上述局域等离子体模型来解释[30,31,35,40]。随着膜厚度 d_{Ag} 的增加，谱峰出现的宽化和红移的现象可由岛之间偶极的相互作用来解释。Laor 和 Schatz[41] 通过将粗糙银电极作为一系列金属颗粒进行模拟计算得到了其表面上的电场增强。Chew 和 Kerker[42] 则是通过模拟金属膜内的空穴（颗粒的镜像）进行了计算。计算结果表明，在可见光区和近红外光区，粗糙金属表面和空穴内部电场强度可以得到 $10^2 \sim 10^6$ 倍的增强。在近红外区（以 Nd:YAG 的 $1.064\mu m$ 作为激发源）的 SERS 测试的结果确证了这些计算的有效性[43,44]。虽然这些计算只局限在可见区和近红外区，但是在中红外区的电场增强仍然是可预期的，因为这些岛状结构上的吸收都可以很好地延伸到中红外区（见图 3-2）。

局域等离子模拟在某几个方面非常适合于解释 SEIRA 效应，金属岛由于入射光的辐射而产生局域等离子共振进而发生极化。由于岛状结构的维度尺寸远远小于波长 λ，在 Rayleight 极限中 $2\pi d \ll \lambda$，这样在岛的中心引入的偶极动量 p 就可以写成如下关系[35,45]：

$$p = \alpha VE \tag{3-2}$$

式中，α 为金属岛的极化率；V 为金属岛结构的体积；E 为入射光的电场强度。该偶极在岛的周围产生一个电场，并对吸附分子有激发作用，局域电场的强度可以写成[35,45]：

$$|E_{\text{local}}|^2 = 4p^2/l^6 \tag{3-3}$$

式中，l 为到岛的中心的距离。这个方程说明了局域电场在距表面的短距离内会发生衰减，由此可以解释观察到的短程增强现象。

当薄膜的纳米颗粒呈现岛状分布，且纳米岛的半径小于入射光的波长时会得到较好的增强效应[39]。如果假设这些纳米岛为椭球体，则它们的长短轴比值应为 $3 \sim 5$。在制备纳米膜的过程中，镀制条件、基底性质以及膜的厚度都会影响金属岛的密度、形貌和大小质量[39]，从而一定程度地影响其增强效应。例如当膜的厚度增加时，粒径也随着增加，随后各岛之间就会发生连接，这样会造成增强效应的下降。如果纳米金属膜的纳米颗粒、吸附分子以及空隙能被假设成一个连续的复合物膜层，那么透射和反射过程均可以应用菲涅耳方程[37,46,47] 进行模拟计算，也就是可以方便地获得红外吸收强度了。

连续的复合物膜层的有效介电函数 (ε) 和金属岛的极化敏感系数 (α) 可以通过有效介质理论（EMA）进行关联[48]。对于 EMA 有很多模型，但是使用比较广泛的是由 Maxwell-Garnett 提出的 MG 模型[49] 和 Bruggemann[50] 提出的 BR 模型。

一个表面吸附了介电层（吸附层）的岛结构的极化率 α 可由下式给出[37,51]：

$$\alpha_{\parallel,\perp} = \left\{ \frac{(\varepsilon_d - \varepsilon_h)[\varepsilon_m L_1 + \varepsilon_d(1-L_1)] + Q(\varepsilon_m - \varepsilon_d)[\varepsilon_d(1-L_2) + \varepsilon_h L_2]}{\varepsilon_d L_2 + \varepsilon_h(1-L_2)[\varepsilon_m L_1 + \varepsilon_d(1-L_1)] + Q(\varepsilon_m - \varepsilon_d)(\varepsilon_d - \varepsilon_h)L_2(1-L_2)} \right\}_{\parallel,\perp} \tag{3-4}$$

式中，ε_m、ε_h、ε_d 分别为金属、吸附分子和主体介质的介电函数；Q 为空白的核心颗粒与被吸附层包裹后的颗粒的体积比值，借由这种方式岛结构的大小以及吸附层的厚度便被引入到式子当中；L_1 和 L_2 分别为空白椭球和包覆后椭球的去极化率，其与椭球的纵横比的函数关系见参考文献 [52]（$\eta = a/b$；a 和 b 分别为椭球内沿着主轴方向和半主轴方向的半径，见图 3-3）；α 下标 $\parallel$、$\perp$ 为对基底表面施加平行方向的电场（$\parallel$）或者垂直方向的电场（$\perp$）。

BR 模型 [式(3-5)] 在计算金属膜的介电函数 ε_{BR} 时，假设膜是平行伸展且连续的，同时也将金属纳米膜的岛状特性考虑在内[36]。

$$\varepsilon_{BR} = \varepsilon_h \frac{3(1-F) + F\alpha'}{3(1-F) - 2F\alpha'} \qquad (3-5)$$

式中，ε_h 为包围在金属岛周围的主体介质的介电函数（这里是空气）；F 为金属在假定层中的体积分数，可以根据膜的质量厚度与光学厚度的比值（d_{mass}/d_{opt}）计算得到。使用 ε_{BR} 代替式(3-4) 中的 ε_h 就可以得到极化率 α'。

而 MG 模型假设岛状膜是一层由金属颗粒、吸附分子和主体介质构成的平行、连续的组合层。组合层有效的介电函数 ε_{MG} 与颗粒的极化率有如下关系：

$$\varepsilon_{MG} = \varepsilon_h \frac{3 + 2F\alpha}{3 - F\alpha} \qquad (3-6)$$

式中，F 为填充比例，定义式为 d_{mass}/d_{opt}。这种 MG 模型所包含的物质颗粒是通过 Lorentz 场相互作用，当蒸镀的岛状膜质量厚度很小且岛状结构彼此分离的时候，该模型能够对这层膜的物理特性给出很好的说明。而当这些岛状结构是紧密排列在一起的时候，岛结构间的偶极相互作用就会很大（见图 3-2），Bruggeman（BR）模型的近似则更加合适。

如图 3-3 所示，EMA 模型模拟的透射光谱图证明，金属椭球的长短轴之比 η 对膜的增强效应有着非常重要的影响。在 CaF_2 基底上质量厚度为 8nm 的 Ag 膜电极表面吸附的模型分子通过 BR 模型计算得出透射谱。假设分子层的厚度以及金属

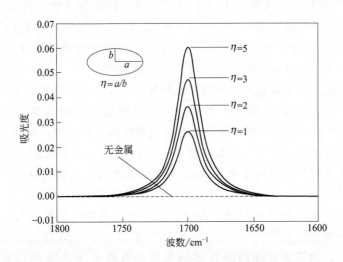

图 3-3　在 8nm 厚 Ag 膜表面的模型分子通过 BR 有效介质模型
模拟的透射光谱图（详细模拟过程参见文献）[37]

颗粒的大小分别为 1nm（假设为 1 个单层）和 25nm，以没有吸附的条件下的基底的光谱为背景，对每个样品谱进行差谱质量厚度为 8nm（$F=0.7$）的 Ag 上使用同样的模型进行的结果。为了便于比较，进行了空白 CaF_2 基底上面直接吸附分子层的模拟实验，即如图 3-3 所示的虚线。BR 模型的计算得到，当 $\eta=3$ 时，增强因子的值为 140。有一点需要强调的是，化学吸附分子的取向是一致的，都是沿着垂直于表面的分子轴的；而被当作增强因子计算参考的条件是分子直接吸附在空白基底上，此时分子吸附层内部的分子取向是杂乱无章的。择优取向会提供一种沿着表面法线方向有偶极矩变化的振动模式（例如 Ag 表面桥式吸附的 PNBA 的 O—C—O 对称伸缩振动），从而可以比随机取向的情况下多提供 3 倍的增强因子。把择优取向的因素也考虑在内，增强因子的值大约为 400，这与实验值的结果在数值上吻合得很好。同时，模拟数据还证实了上述的金属岛之间的交联作用也是增强效应的决定因素之一的结论[37,38]。

3.1.2 化学增强机理

化学增强机理产生的原因在于化学吸附在金属表面的分子的极化率有所增加。一种是由吸附分子和金属间的光致电荷转移造成的；另一种是由化学吸附引起的吸附分子的择优取向和吸附系数的变化提供额外的增强效果。

事实上，在金属表面化学吸附的分子的红外吸收比物理吸附的分子的红外吸收要大得多，这就意味着 SEIRA 效应的贡献有一部分来自吸附分子与金属之间的相互作用。这一方面可能是与化学吸附分子的定向吸附取向有关。吸附分子在金属表面一般会以一定的取向吸附在表面，由于在自由空间中分子的平均取向的 $\cos^2\alpha$ 为 1/3，那么在表面的定向吸附的分子相对于自由空间的分子就会给出额外的增强，当吸附分子的振动偶极方向转变到平行于电场的方向时，该系数便增强到最大值，即增强 3 倍。另一方面，化学吸附也会改变吸附分子的极化率即吸收系数 $|\partial\mu/\partial Q|^2$，如研究表明 CO 在金属表面吸附后，其极化率就获得了 2～6 倍的增强，并且吸附分子内强极化的基团通常表现出更高的红外增强效应，一些理论认为，假设吸附分子与基底金属原子的给体-受体相互作用（或者理解为电荷振荡）增强了吸收系数[53～56]。这种电荷振荡一定程度存在着"强度转借"的效应，从而使分子相应键的振动吸收强度提升。例如，在蒸镀的 Fe/MgO（001）表面吸附的 CO，其 C—O 伸缩振动谱峰呈现非常不对称的类 Fano 峰型，而电荷振荡模型能非常好地用于解释这种峰型[57～59]。

然而，对于这种非对称现象的解释，除了上述电荷振荡模型外，电磁增强机理也可以比较好地适用[60]。因此，金属膜表面与分子之间的相互交联仍然争议不断。事实上，为了更好地理解金属纳米膜与吸附分子之间的相互作用，Griffiths 等人[61,62] 研究了金膜和银膜表面有机吸附物种的 SEIRA 光谱，他们在金属膜和吸附分子层之间引入一个自组装隔离层，希望能分离直接化学相互作用和

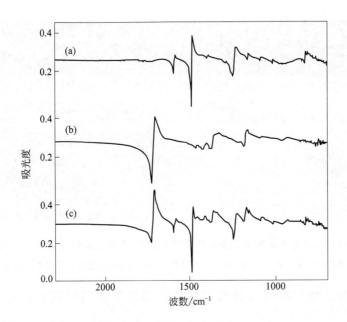

图 3-4 （a）纳米银膜表面组装的单层对氟苯硫酚的 ATR-SEIRA 光谱；
（b）同样银膜上的甲基乙基酮的 ATR-SEIRA 光谱；（c）在组装了单层对氟苯硫酚
的阴膜上吸附的甲基乙基酮的 ATR-SEIRA 光谱[40]

静电相互作用。如图 3-4 所示，相对于纳米银膜而言，单层自组装了对氟苯硫酚
的 Ag 纳米膜表面吸附的甲基乙基酮分子的 C＝O 键伸缩振动（1700cm^{-1}）表
现出更对称的峰型，但是不对称性并没有完全消失。这样的结果一定程度上说明
了金属纳米结构与吸附分子之间的相互作用并不是直接化学相互作用，而很可能
是金属纳米颗粒与分子之间的电荷振荡而得的。另外一个难以用化学相互作用完
美解释的现象是在非极性溶剂如正庚烷在净 Ag 膜表面的 SEIRA 光谱峰型仍然存
在不对称性[40]，而我们知道正庚烷与金属之间的化学相互作用几乎可以忽略不
计，而用电荷振荡模型进行解释似乎也十分牵强。因此，除去上述的强度和对称
性方面的研究，化学作用机理并没有被清楚地阐明，而在这方面进行深入的研究
也是很有必要的。

3.1.3 表面红外散射模型

A. Pucci 小组报道在电化学沉积[32] 或者光刻的金纳米天线[63]（实际上是长
度 $L=1\sim2\mu m$、直径 $D=50\sim100nm$ 的金纳米线）上观察到 $10^5\sim10^6$ 倍的表面红
外增强，该小组通过这种高倍率的增强在单根金纳米线上检测到了 1amol 的十八
烷基硫醇（ODT）分子，见图 3-5。而这种增强与上文中的岛状金纳米膜不同，它
主要存在于金纳米线的尖端，当红外激光入射到金纳米线尖端之间，会产生近场等

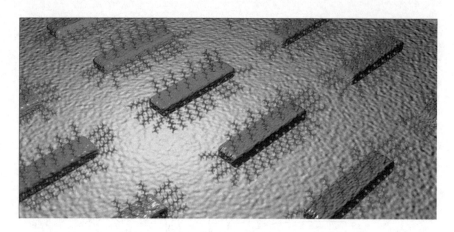

图 3-5　通过电子束光刻了金纳米天线的 CaF_2 表面增强红外基底示意图[63]

其中长方体代表光刻的金纳米天线阵列，待检测的分子直接吸附纳米线表面

离子共振，当这种共振与待检测的红外振动频率相同时就会产生强烈的激发效果[32]。

最近一些研究表明，这种金纳米天线上的强红外增强主要来源于金属纳米线尖端之间的表面红外散射（SEIRS）效应。Alonso-González 等[33] 利用散射模式扫描近场光学显微镜（s-SNOM），从实验上追踪了光散射的近场共振（见图 3-6）。其研究结果表明，随着金纳米天线的长度（L）逐渐变大，近场共振的强度先增加再减小（有极值），而相应的相图则是连续变化的。实验数据通过有限差异时域法

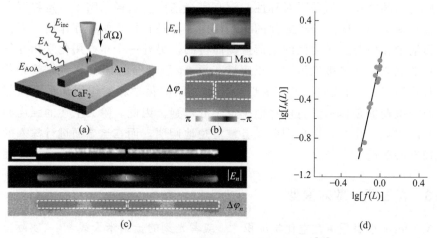

图 3-6　Au 纳米天线间隙的红外弹性散射[33]

（a）研究装置示意图；（b）特定频率 $n\Omega$ 下采集得到的探针振动幅度 $|E_n|$ 和相变 $\Delta\varphi_n$ 放大图；

（c）从上到下依次是两根金纳米天线的形貌俯视图，振动幅度 $|E_n|$ 和相变 $\Delta\varphi_n$ 图；（d）线性拟

合得到的散射光强度 I_n 和近场增强因子 f 的自然对数线性关系，斜率约为 4.56

（FDTD）计算得到散射强度与局域场增强因子的 4 次幂呈线性关系。这就给前文 5～6 个数量级的红外增强提供了解释。

3.1.4　SEIRAS 的表面选律

　　一般而言，在 PNBA 的钾盐的光谱中可以观察到 COO^- 和—NO_2 分别位于 $1590cm^{-1}$ 和 $1540cm^{-1}$ 处的反对称伸缩振动，强度与对称伸缩振动相近。然而，在图 3-7 中，这些反对称伸缩振动吸收峰并不能被观察到。同时，应用 IRAS 研究本体 Ag 上面化学吸附的 PNBA 分子时也不能检测到这些反对伸缩振动峰。IRAS 中，在电极表面上，由入射光及反射光相互作用引发的电场方向是沿着表面法线的，因此，只有那些垂直于表面方向有偶极变化的分子振动会形成吸收。对比而言，图 3-7 所示的 SEIRAS 与 IRAS 应该有着相同的选律。另外，Wan[65] 等人对苯硫酚吸附在 Au（111）表面的吸附进行研究的结果与高分辨 STM 的研究结果相互印证，也得出 ATR-SEIRAS 与普通外反射的红外光谱（IRAS）的表面选律是相似的[66]，即吸附分子的振动模式只有当其偶极变化在垂直于金属表面的分量不为零时才会有红外吸收。也就是说，只有那些垂直于表面方向的分子振动才能被有效检测到，这就是 SEIRAS 的表面选律[38,67]。然而，在 SEIRAS 中所表现的表面选律有特殊性，因为即便在岛状结构的局部，分子吸附具有特定的吸附取向，但在宏观尺度上，整个金属薄膜上吸附分子的取向还是随机的。如果把引发红外吸收振动的电场方向都设想成是垂直于金属岛状结构的局部表面的，那么这个疑问就迎刃而解了。

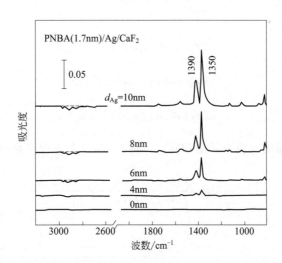

图 3-7　吸附在沉积了不同厚度 Ag 膜 CaF₂ 窗口上的 PNBA 的 SEIRAS 光谱，有机分子层的厚度以及 Ag 膜的厚度见图中标注（此图是以文献 ［64］ 中 Figure 1 为基础重制的）

值得注意的是，在针对表面单层或亚单层的表面吸附分子时该选律一般都适用，当多层吸附时就会出现一定的偏差，因为 SEIRAS 有表面增强效应，所以 SEIRAS 能对从第一层吸附分子到离金属表面 5nm 左右的空间范围内的吸附物种的红外吸收增强，而 IRAS 中获得的光谱主要是对第一层吸附分子的响应，所以对多层吸附分子测量时，取向与第一层不一致的分子也能获得增强光谱，那么简单的应用该选律就会对吸附取向造成误判，这时候有必要进行 IRAS 的测量给以作辅证说明。

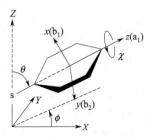

图 3-8　为了确定苯硫酚分子的分子取向定义的实验坐标系 XYZ 和分子自身坐标系 xyz[65]
θ—分子轴 z 与金属表面垂直方向 Z 轴之间的夹角；χ—分子平面对分子轴 z 的扭转角；ϕ—分子自身绕 Z 轴的旋转角

基于 SEIRAS 表面选律，我们可人为地施加 p、s 偏振光来验证被检测到的物种是否在电极表面吸附。通常，如果在 p 偏振光能检测到某物种特征红外谱峰，而在 s 偏振光下却基本无红外信号，这表明该物种是吸附在电极表面的。另外，也可以利用表面选律对分子表面吸附取向进行计算。我们以用苯硫酚作为模型分子吸附在金电极表面的吸附取向来进行说明[65]。图 3-8 定义了实验坐标系 XYZ 和分子自身坐标系 xyz，θ 为分子轴 z 与金属表面垂直方向 Z 轴之间的夹角；χ 为分子平面对分子轴 z 的扭转角；ϕ 为分子自身绕 Z 轴的旋转角。a_1 和 b_2 分别是分子在 z 和 y 方向上的分子面内偶极矩分量；分子面外偶极矩分量 b_1 被定义为垂直于分子平面，即分子坐标的 x 方向。分子坐标系 xyz 可以通过欧拉角 θ、χ、ϕ 和实验坐标系 XYZ 关联起来。分子的偶极分量 a_1、b_1 和 b_2 的振动吸收可以表示为以下三式：

$$I(a_1) \propto \cos^2\theta \, I^0(a_1) \tag{3-7}$$

$$I(b_1) \propto \sin^2\theta \, \cos^2\chi \, I^0(b_1) \tag{3-8}$$

$$I(b_2) \propto \sin^2\theta \sin^2\chi I^0(b_2) \tag{3-9}$$

I^0 代表固有强度对应于 $|\partial\mu/\partial Q|^2$。通过上面三个方程可导出以下两个方程：

$$\tan^2\theta = \frac{I(b_1)}{I(a_1)} \times \frac{I^0(a_1)}{I^0(b_1)} \times \frac{1}{\cos^2\chi} \tag{3-10}$$

$$\tan^2\chi = \frac{I(b_2)}{I(b_1)} \times \frac{I^0(b_1)}{I^0(b_2)} \tag{3-11}$$

将表面增强红外光谱所测得的各振动模式的强度 I 值和相应分子或配合物分子的自由取向时的强度 I^0 值代入式（3-10）和式（3-11），即可算出分子在金属表面的吸附取向。自由取向时的强度 I^0 值可以通过测试相应分子的 KBr 的压片透射红外光谱获得。

3.2 电化学 ATR-SEIRAS 的光路系统

ATR-SEIRAS 借用合理的电解池设计,并适配相应的光路系统,可方便地应用于电极表面(特别是固/液界面)吸附及反应的分析或原位研究,其中经典的 ATR-SEIRAS 电解池如图 3-9(a) 所示,与之相应的光路图如图 3-9(b) 所示[68]。该光路系统中,常用的 ATR 晶体是 Si、Ge、ZnSe 等,其中 Si 由于性质稳定,表面膜制备技术成熟而广为所用,但是也存在碱性条件适用性较差以及 $1200cm^{-1}$ 波数以下指纹区信息无法有效获得等缺点。相对而言,Ge、ZnSe 虽然有较宽的红外窗口,但是在电解液中不稳定而使得其应用范围有限。

从图 3-9 可以清楚地获得电化学 ATR-SEIRAS 的工作方式:红外激光首先从红外窗口的弧面入射到镀制了纳米膜电极的反射平面,在此平面红外激光发生全反射,所产生的衰逝波穿透纳米膜进入电极/溶液界面,被吸附在电极表面的物种吸收,未被吸收的红外激光通过光路系统多次反射进入 MCT 检测器,并通过计算机傅里叶转换生成红外光谱。

结合 ATR-SEIRAS 的增强机理,以及上述光路系统的特点,我们可以总结出实现电化学 ATR-SEIRAS 方法需要考虑两个方面:第一,从 SEIRA 效应的原理来看,在合适的红外窗口上构建适宜的纳米薄膜电极是成功实现电化学 ATR-SEIRAS 的必要前提。该薄膜电极不仅要有正常的电化学响应以作为研究的工作电极,更重要的是需要有合适的薄膜厚度和形貌以具备较强的红外增强效应。第二,设计合适的光谱池和光路系统也是实现电化学 ATR-SEIRAS 的必要条件,而针对特定研究的需求,也需要设计发展新型光谱组件。下文我们将从 SEIRA 活性薄膜电极制备、新型光学组件以及光谱池设计来展开。

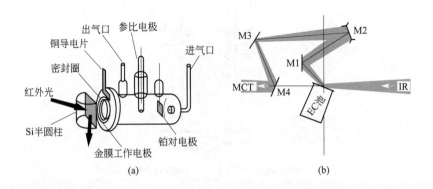

图 3-9　电化学 ATR-SEIRAS 电解池结构图 (a) 以及与该光谱池相适应的光路图 (b)[68]

在该光路图中,M1、M3 和 M4 为镀金平面反射镜,M2 为镀金凹面镜

3.2.1　表面增强活性薄膜电极的制备

在 ATR 红外窗口表面上构建合适的纳米薄膜电极是成功实现电化学 ATR-SEIRAS 方法的前提[1]。在常规的红外窗口材料 Ge、ZnSe、Si 之中，由于 Ge 相对活泼，Ge 柱上 Cu[69] 和 Ag[70,71] 薄膜电极通常只能在开路电位以负方向获得比较合理的电化学响应，而正向电位扫描时 Ge 基底的高阳极电流会掩盖金属电极的电化学响应，并导致金属膜的脱落；类似地，ZnSe 也由于在酸、碱性溶液中不稳定，并不适合作电化学 ATR-SEIRAS 窗口。Si 由于耐强酸，性质稳定，目前是酸性到中性溶液中最常用的电化学 ATR-SEIRAS 的窗口材料，过去，Si 上金属膜电极的制备主要采用包括真空蒸镀或溅射技术在内的所谓干法（图 3-10），这种方法的普适性强但一般附着力差（特别是对 Au 膜）。通常真空度越高，沉积速率越小，其所得膜的红外增强效果越好。Osawa 小组在 10^{-6} Torr（1Torr = 133.322Pa）真空度下，以约 0.1Å·s^{-1} 的速率在未加热的 Si 窗口反射面上蒸镀 20nm 厚的 Au 或 Ag 膜电极，用于研究 Au 电极双电层水结构[68]、杂环分子吸附构型解析[13,72] 以及 Ag 电极上 1,1-二庚基-4,4-联吡啶鎓氧化还原反应的实时跟踪等[73]。为了更好地控制 Si 表面蒸镀 Au 纳米膜的晶面取向，Sun 等人[74] 采用氢氧焰退火得到类 Au(111) 膜电极，并呈现了较未退火的 Au 膜更强的 SEIRA 效应。Wandlowski 小组采用超高真空下的电子束蒸镀法，也获得了类 Au(111) 膜电极，但增强效果一般[75]。Watanabe 小组采用溅射方法在 Si 柱上沉积 Pt 和 Pt-Ru[76,77] 纳米膜作为 ATR-SEIRAS 研究 CO 和甲醇电氧化的电极。为了提高 Au

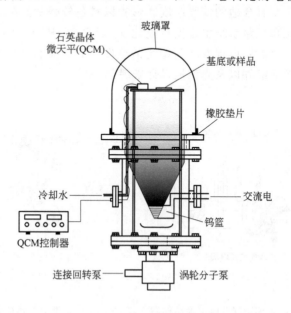

图 3-10　典型的真空蒸镀系统示意图[64]

膜的附着力，Ohta 等在 Si 上先溅射沉积一层 Ti 作为黏附层，但得到的 Au 膜过于平滑而失去 SEIRA 效应，只有通过电化学退火才可以恢复 SEIRA 活性[78]。

一般而言，干法技术存在着仪器设施费用高、贵金属浪费、制样耗时、易被污染、重复性差、易出现谱峰扭曲[1] 等缺点，在很大程度上限制了其应用和发展；相反，由化学沉积和电化学沉积等构成的所谓"湿法"镀膜技术具有操作方便、控制容易、价格便宜等优点。Cai 等人最早尝试了干法和湿法结合的制膜方法，即在蒸镀 Au 膜上电沉积 Pt 族金属膜电极并初步获得了吸附 CO 的红外增强吸收谱，但存在 Au 基底的暴露、信号偏弱和气相 CO 的干扰等问题[79]。其后，Wandlowski 小组[80] 在电子束蒸镀制备的准 Au（111）膜电极上恒电位沉积了不同原子层厚度的 Pd 膜，但是镀层不致密和信号弱的问题依旧。Nowak 等通过以蒸镀的 Au 层催化化学沉积第二层 Au，以这种"双层"结构得到了比单层 Au 膜增加了 4 倍的 SEIRA 信号[81]。

Osawa 课题组最早尝试了 Si 上化学镀 Au 膜电极，获得了可观的 SEIRA 效应[82]，其主要原理是利用 Si 基底在含 F⁻ 的 $NaAuCl_4$ 镀液中溶解形成 SiF_6^{2-} 以置换还原镀液中的 Au(Ⅲ) 络离子，本课题组也提出了更为实用的改进型 Si 上化学镀 Au 膜的方法[83,84]。后来也陆续报道了利用碱性专利镀 Pt 液或含复杂有机添加剂镀 Pd 液在 Si 表面上化学沉积 Pd[85] 和 Pt[86] 膜电极，并应用于甲醇与甲酸电催化研究[87,88]。但是由于化学镀适用的膜电极种类太少，制约了 SEIRAS 方法在表界面电化学研究中的应用。对此，我们小组分别提出了"两步湿法"和"种子生长法"来构建各类金属薄膜电极，丰富了 ATR-SEIRAS 的应用体系。

（1）"两步湿法"构建 Pt 族和 Fe 族金属及其合金纳米薄膜电极

"两步湿法"镀膜即先在 Si 窗口反射面上化学沉积一层具有宽稳定电位窗口的 Au 膜底层，再电沉积数纳米至数十纳米厚结构致密的第二层指定金属覆层（见图 3-11）。其中如何在 Si 上化学沉积附着力好、电化学正常且具有良好的红外增强效应的 Au 膜十分重要。有别于可见入射光诱导的 SERS 效应，对于中红外区的光激发，理论上非币族金属（如 Pt 族和 Fe 族金属等）的 SEIRA 效应与币族的差别不大，无需依赖 Au 的长程电磁场增强诱导，因此可以在 Au 上电沉积更厚的镀层以确保其无针孔，如此可避免了基底对外层金属电化学行为的干扰。

"两步湿法"构建的外层薄膜电极方法具有广泛的适用性，可应用于制备面向 ATR-SEIRAS 研究 Pt、Pd、Ru、Rh[83,89]、Fe[90]、Co[91]、Ni[84]、Cd[92] 及其合金如 Pt-Ru 等各种金属膜电极。由于采用高电导率的 Au 膜作衬底，整体膜电极具有更好的导电性，减少了大电流时电化学响应的失真，同时，外层膜电极相比直接化学镀或蒸镀膜电极上的红外信号有明显的提高。用该法所得 Pt 膜电极上线型位吸附 CO 分子的红外吸收强度是专利法所制 Pt 膜电极上的 2 倍[86]，是溅射镀 Pt 膜电极上的 4 倍[76]，是外反射条件下电沉积 Pt 膜电极上的 8 倍[93]，即在同等的 S/N 比条件下，测量时间分别能缩短至 1/4、1/16、1/64，因此特别适宜现场研

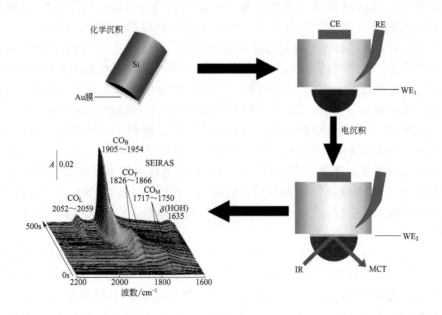

图 3-11 "两步湿法"构建金属及合金纳米薄膜示意图

究电极表面电催化过程。类似得到的 Fe、Co、Ni 覆层膜电极也适合于中性到弱碱性电解质体系的 ATR-SEIRAS 研究，发现比外反射模式下光亮 Fe、Co、Ni 电极上 CO 红外吸收增强了 30～50 倍，可用于研究缓蚀剂分子在电极表界面的构型解析[90]。

需要指出的是，由于很多实际应用的金属及合金薄膜电极尚无法直接在 Si 柱上通过化学沉积法获得，却容易通过电沉积方法在 Au 基底上制得，因此，上述"两步湿法"为 ATR-SEIRAS 方法因为其通用性在电催化及缓蚀方面的吸附与反应的研究奠定了重要的基础。

(2) "晶种生长法"构建纳米金属薄膜电极

我们提出的另一种在红外窗口表面构建金属膜电极的方法为"晶种生长法"，如图 3-12 所示。第一类 [图 3-12(a)] 是采用单层氨基硅烷作为 Si 面上的"黏结剂"，利用静电作用吸附各种不同尺寸和形状的 Au、Ag 纳米溶胶作为二维晶种，进一步通过化学沉积可以得到 Au 和 Ag 纳米薄膜电极。此法制备的金属薄膜具有较高的 SEIRA 效应和导电性，并可通过沉积时间来调制金属纳米粒子的尺寸与集聚状态[95,96]。

第二类 [图 3-12(b)] 方法是在 Si—H 基底上生长金属种子催化层，进一步化学沉积生长目标金属。利用此种方法，我们可以在 Si 表面上制备 Au、Ag[94]、Cu[97]、Ni-P[98] 以及 Pt、Pd、Pt-Pd 合金[99] 等纳米膜电极。值得注意的是，Ni-P 电极上吸附物种红外信号的获得是 ATR-SEIRAS 方法首次在金

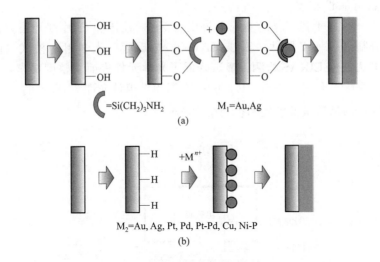

$=Si(CH_2)_3NH_2$ $M_1=Au,Ag$

(a)

$M_2=Au, Ag, Pt, Pd, Pt\text{-}Pd, Cu, Ni\text{-}P$

(b)

图 3-12　Si 上种子生长法沉积 SEIRAS 用金属膜示意图[94]

属-非金属合金功能薄膜电极上的成功尝试；Pt、Pd、Pt-Pd 纳米膜电极是在不含有机添加剂的酸性环境中化学沉积而得的，不仅克服了对 Si 窗口的腐蚀，更重要的是，通过简单调整镀液中 Pt、Pd 前驱体的浓度比，即可连续控制膜电极中 Pt 和 Pd 原子级别上的混合比和膜结构，从而达到调制 SEIRA 效应和电催化活性的目的。

3.2.2　新型电化学 ATR-SEIRAS 光学组件设计

目前常用的红外窗口 Ge、ZnSe 和 Si 中，Si 柱窗口由于其在强酸性溶液中的稳定性和表面镀膜技术相对成熟而被广泛使用，但是其在 $1000cm^{-1}$ 以下有较强的红外吸收，无法给出相应波数范围内的清晰的红外谱峰，使一些物种的指认变得困难。尽管 Ge 和 ZnSe 柱窗口能够获得在 $1000cm^{-1}$ 以下的红外光谱信息，但是正如前述，这两种基底材料不适于现场光谱电化学研究。

H. B. Martin 等[100] 将硒化锌等腰三角棱柱底面和单面化学沉积了导电金刚石薄膜的硅片组合，发展了一种新的 ZnSe/Si/C 组合红外窗口用于无增强的电化学红外光谱。但是，这种组合要求 ZnSe 与 Si 边界几乎无缝连接，在实验中很难实现；此外，其入射角限于 $45°$，所得到的信号强度低、信噪比差，很难得到 $1100cm^{-1}$ 以下的光谱信息；而且在硅片表面蒸镀金刚石层的工艺烦琐，价格昂贵，不具有普适性。Adzic 小组[101] 提出了组合 ZnSe 半球柱体和 Si 片红外窗口的概念，这种组合对界面平整度的加工要求同样很高，难免在界面夹层中存在空气层，在实际应用中入射角局限在 $36°$以下，以免在 Si/空气层界面的全反射。事实上，这种设计获得的红外光谱在 $900cm^{-1}$ 以下频率区间的光谱信息可靠性较差。

Xue 等[102] 在上述工作的基础上提出在 ZnSe 柱体和 Si 片红外窗口间引入超薄水层，研制出一种实用性"ZnSe/H$_2$O/Si/金属膜"光学组合模式（图 3-13），用于电化学 ATR-SEIRAS 检测，显著降低了光学元件表面平整度要求，更允许大角度入射（实际上利用"ZnSe/ H$_2$O/Si/金属膜"组件允许 70°以上的入射角），并且使表面物种的高质量低频检测扩展至 700cm^{-1}。

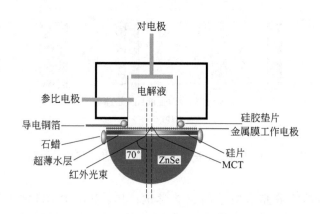

图 3-13　改进型宽频高质量红外光谱装置
（"ZnSe/H$_2$O/Si/金属膜"光学组合模式）示意图[102]

根据"衰逝波穿透深度原理"[103] 和"平面波棱柱-膜耦合理论"[104]，当红外光在硒化锌（折射率 2.43）和水（折射率 1.33）或空气（折射率 1.0）界面发生全发射时，光波会以衰逝波的形式透入光疏介质（水或空气），其透入深度 d_p 约为光波波长。通过计算 d_p 并加以比较，衰逝波在 ZnSe/H$_2$O 界面的穿透深度明显大于 ZnSe/Air 界面的穿透深度，说明前者更利于红外光穿透不同折射率的光学元件并检测"ZnSe/GaP/Si/金属膜"组件中膜电极上的分子吸附及表面反应。同时，由平面波棱柱-膜耦合理论推断，上述 ZnSe/GaP 界面产生衰逝波在 GaP /Si 片界面上又将转换成 Si 片中的均匀波，最终到达电极/溶液界面。水层的引入有利于红外光耦合进入 Si 层，尤其是在较大入射角和 GaP 层偏厚时这种耦合效果更明显，说明水充当了 ZnSe 和 Si 片两固体界面的"光滑剂"，降低了界面间的漫反射。

如图 3-14 所示，Xue 等[105] 利用此组件首次检测到甲醇在 Pt 电极上氧化的中间体甲酸根位于 780cm^{-1} 左右的剪式振动 δ（OCO）吸收峰，与 1320cm^{-1} ν_s（OCO）峰相映证。该结论支持了 Osawa 小组提出的甲酸根可能为甲醇燃料电池氧化中间体的结论[87]。这种改进型高质量宽频表面增强红外光谱窗口的应用为燃料小分子的氧化反应机理以及电极表面分子吸附构型的研究提供了更可靠的技术保证。

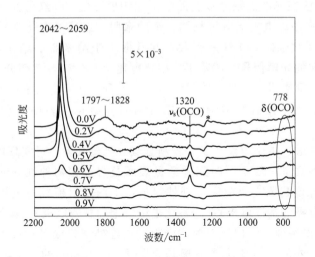

图 3-14　Pt 电极在 $0.1mol \cdot L^{-1}$ $HClO_4$ + $0.5mol \cdot L^{-1}$ CH_3OH 溶液中的 SEIRAS，参比光谱采于 1.0V[105]

3.2.3　新型电化学 ATR-SEIRAS 光谱池设计

电化学 SEIRAS 可采用衰减全反射光谱（ATR-SEIRAS）和外反射光谱（IRAS）两种模式，如图 3-15 所示。前者的工作电极是沉积在红外窗口反射面上的 10～100nm 的金属或其合金薄膜[38]，而后者的工作电极可通过在本体电极上电沉积金属薄膜或通过本体电极的电粗糙得到[106,107]。

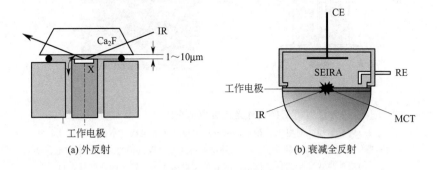

图 3-15　两种工作模式 SEIRAS 示意图[38,105]

ATR 模式虽然对膜电极表面吸附物种有很高的灵敏度，但由于传质较快和红外波穿透深度的影响，对溶液相中可溶性的反应中间体和产物的检测困难，特别是界面浓度较低时几乎无法检测。外反射模式虽然对表面物种的灵敏度较差，但由于传质受限、光程较大，因此对检测溶液相物种较有利。关于外反射模式，Griffiths 小组[108] 曾在光滑的铂电极表面电沉积铂黑而使 CO 红外光谱信号增强；孙世刚小组[106] 在玻碳电极上电沉积铂、钯纳米膜，或通过电化学粗糙本体铂电极表面[107] 得到了增强的 CO 红外吸收，并且取决于纳米膜的结构，可得到正常、反转和双极峰向的光谱信号。实际工作中，电化学 SEIRAS 大部分采用 ATR 模式进行研究，但目前来讲，两种模式的结合将更有利于研究电极表面的反应机理。若能将内、外反射红外光谱技术结合，则可为研究电化学表面过程提供更全面的信息。

基于上述考虑，本小组设计了一种新型红外光谱装置，可实现内反射模式和外反射模式选择性测量，便于同时兼顾电极表面及溶液相物种红外光谱信息。如图3-16 所示，该光谱装置主要由以下部件组成：①内反射模式对电极（铂片）或外反射模式工作电极（本体电极）；②参比电极（饱和甘汞电极）；③外反射模式对电极（铂片）；④电解池；⑤内反射模式硅半圆柱红外窗口或者外反射模式氟化钙半圆柱红外窗口。外反射本体工作电极是直径为 8～12mm 的 Au 或者玻碳（GC），其上也可电沉积其它金属钠米膜，硅和氟化钙半圆柱的直径为 20mm、高为 25mm。

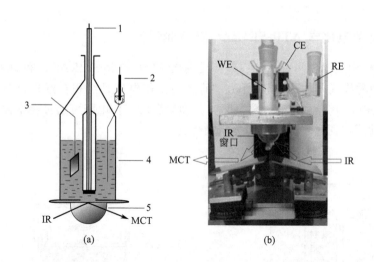

图 3-16 内外反射可切换红外光谱装置示意图 (a) 及实物装配图 (b)

1—内反射模式对电极（铂片）或外反射模式工作电极（本体电极）；
2—参比电极（饱和甘汞电极）；3—外反射模式对电极（铂片）；4—电解池；
5—内反射模式硅半圆柱红外窗口或者外反射模式氟化钙半圆柱红外窗口

内反射模式工作时，首先在 Si 红外窗口反射面上沉积金属纳米膜电极，接着在薄膜电极表面覆盖硅橡胶圈并装入电解池中，然后将参比电极和对电极插入电解池中组成了电化学光谱测试的三电极体系。外反射模式工作时，首先在本体 Au 电极表面电沉积上致密金属薄膜层作为工作电极，然后在红外窗口氟化钙半圆柱表面覆盖硅橡胶圈并装入电解池中；然后使工作电极紧贴住氟化钙平面，形成所谓的薄层结构；最后将参比电极和对电极插入到电解池中组成电化学光谱测试的三电极体系。

值得一提的是，另一种具有重要应用价值的 ATR-FTIR 光谱池的设计是采用薄层流动模式，陈艳霞和 Behm 等[9] 利用薄层流动池易更新溶液和连续监测的优点，研究了甲酸在 Pt 电极表面电氧化的过程，提出了一种新的直接氧化反应途径。这种设计便于和在线电化学差分质谱技术联用，但需注意流动池设计中的死体积问题。此外，薄层结构可能不适合大电流和高浓度反应体系的检测。最近，本小组也结合薄层流动池设计，应用 ATR-SEIRAS 方法研究了开路电位下 Pd 表面甲酸解离过程，澄清了 CO 物种的来源问题[7]。

3.3 电化学 ATR-SEIRAS 的应用

电化学 ATR-SEIRAS 的灵敏度高，性噪比好，时间同步性高，背景溶液信号微弱，而且传质传荷基本不受干扰，非常适合于动态即时地研究表面反应（吸附）。目前，该技术主要用于电极表面反应机理、表面分子吸附构型以及表面配位等方面[38,105,109~111]。在反应机理的研究方面，该技术被大量应用于探析有机小分子的电催化过程，通过分子水平上的原位检测，确认反应活性中间体和毒性中间体，明确中间体的来源和去向，建立各参与反应的物种随电位变化的规律，为厘清重要电催化反应的机理起到举足轻重的作用，而反应机理的厘清很大程度上对新型催化剂的开发具有积极的指导意义。在表面分子吸附构型及配位方面，该技术可有效地通过表面选律（见上文）判断重要分子在电极表面的吸附构型，同时摸清电极电位（或电极局域环境）对吸附构型和吸附结构的影响，从微观分子层面采集到电极表面的真实吸附情况，对判断表面化学特性、解析电极双电层结构变化规律以及探究表面电催化反应机理显得尤为重要。

在下文中，我们就电化学 ATR-SEIRAS 的这两个重要应用方向（即有机小分子电催化机理研究和电极表面分子吸附结构）进行举例，以说明该原位技术在表面电催化和电吸附研究中的重要作用。

3.3.1 有机小分子电催化机理

电化学 ATR-SEIRAS 在有机小分子电催化氧化机理的研究上发挥了举足轻重的作用，帮助厘清了与燃料电池相关的阳极过程的反应机理，包括但不限于甲酸[7,10,87,88,112,113]、甲醇[8,87,114,115]、乙醇[14,116,117]、丙醇[118,119] 燃料分子的阳极氧化过程。这些研究不仅阐释了燃料小分子的反应机理问题，更为重要的是，它对以燃料电池为代表的新能源催化剂的设计和开发有着重要的指导意义。在本节中，我们以目前热门研究的甲酸和乙醇燃料分子为例（分别是 C_1 和 C_2 燃料分子的代表），向读者展示电化学 ATR-SEIRAS 方法如何可靠便捷地应用于反应机理的研究。

(1) 甲酸电催化氧化反应机理的研究

甲酸分子在铂族金属，尤其是 Pt 和 Pd 表面的电催化氧化行为，一直以来都是电化学研究人员密切关注的焦点。一方面，甲酸作为简单的 C_1 小分子，结构简单，同时也是甲醇、甲醛等氧化过程中的重要中间体，是研究这类有机小分子电氧化机理的重要模型；另一方面，甲酸作为生物质液体燃料和 CO_2 还原产物，安全无毒，对 Nafion 膜的渗透性很低，因而在实际直接甲酸燃料电池填充中允许使用较高的浓度，可以获得高能量密度和功率密度[15]。

目前公认的是，甲酸氧化遵循"双路径机理"，即：直接路径（脱氢途径，$HCOOH \longrightarrow CO_2 + 2H^+ + 2e^-$）和间接路径（脱水途径，$HCOOH \longrightarrow CO_{ad} + H_2O$）。对于直接路径活性中间体的归属，尤其是甲酸根（$HCOO^-$）的角色目前尚有争议。Osawa 小组应用 ATR-SEIRAS 研究了甲酸在 Pt 电极上氧化的动力学行为，早期的研究发现甲酸根红外积分强度的变化趋势与循环伏安电流的变化趋势一致，由此，把甲酸根归属于直接途径的活性中间体[12,120~122]。然而，Behm 小组通过提高电解液中甲酸的浓度，发现了甲酸根的红外积分强度与氧化电流的非线性关系，据此，提出了甲酸根担任"旁观者"的角色，对甲酸氧化电流的贡献相当微弱[9,123,124]。我们小组与刘智攀小组合作，结合 ATR-SEIRAS 技术和 DFT 计算，提出甲酸根可作为"诱导剂"，认为后续甲酸的吸附构型，由 O 端向下变为 H（—C）端向下，更有利于 C—H 键的断裂[125]。如图 3-17 所示，近期最新的研究结果表明，甲酸及其电离产物甲酸根离子的协同效应对甲酸电氧化的直接路径也有着重要的作用[10,13,126]。

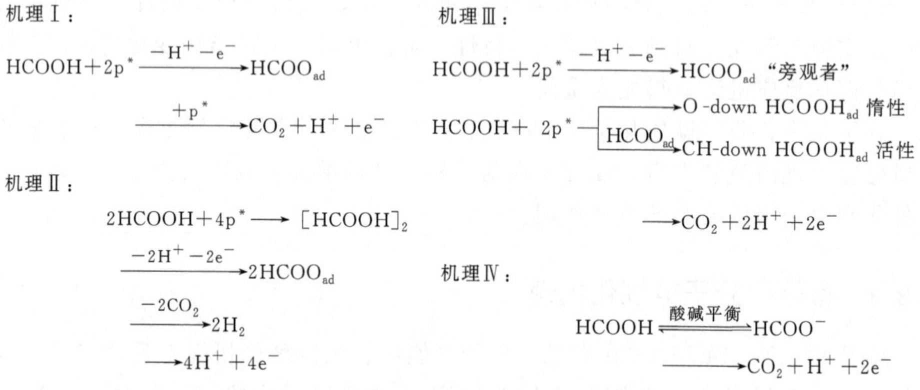

机理 I ：

$$HCOOH + 2p^* \xrightarrow{-H^+ -e^-} HCOO_{ad}$$
$$\xrightarrow{+p^*} CO_2 + H^+ + e^-$$

机理 II ：

$$2HCOOH + 4p^* \longrightarrow [HCOOH]_2$$
$$\xrightarrow{-2H^+ -2e^-} 2HCOO_{ad}$$
$$\xrightarrow{-2CO_2} 2H_2$$
$$\longrightarrow 4H^+ + 4e^-$$

机理 III ：

$$HCOOH + 2p^* \xrightarrow{-H^+ -e^-} HCOO_{ad} \text{"旁观者"}$$
$$HCOOH + 2p^* \left| HCOO_{ad} \right\{ \begin{array}{l} \text{O -down } HCOOH_{ad} \text{ 惰性} \\ \text{CH-down } HCOOH_{ad} \text{ 活性} \end{array}$$
$$\longrightarrow CO_2 + 2H^+ + 2e^-$$

机理 IV ：

$$HCOOH \underset{\text{酸碱平衡}}{\rightleftharpoons} HCOO^-$$
$$\longrightarrow CO_2 + H^+ + 2e^-$$

图 3-17　甲酸电氧化的脱氢路径概述[15]

对于 Pt 上的脱水路径的研究，Cuesta 等人[127] 利用 CN^- 在 Pt(111) 单晶电极表面形成 $(2\sqrt{3} \times 2\sqrt{3}) R30°$ 吸附结构的特点，结合电化学以及 FT-IR 光谱研究，发现当表面 Pt 原子被 CN^- 所隔离之后，在低电位下 CO 物种的吸附峰消失，同时对应着明显的甲酸氧化电流，进而确定了"聚集体效应"中间接路径形成 CO

所需要的最少的相邻 Pt 原子数为 3 个，从原子尺度和分子层面上对这一效应进行了很好的阐释，见图 3-18。

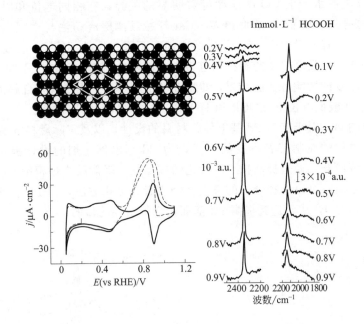

图 3-18　Pt(111) 电极表面 CN⁻ 吸附结构示意图，及该电极表面在不同浓度甲酸中的循环伏安图和现场电化学红外光谱图[127]

　　近来的光谱研究发现，与 Pt 上非常严重的 CO 中毒情况不同，Pd 单层在甲酸氧化过程中几乎没有明显的 CO 吸附的迹象[128]，这说明甲酸在 Pd 表面的氧化很有可能只通过直接氧化生成 CO_2 这一路径，而没有毒性中间体 CO 产生并累计的间接路径。相关的 DFT 理论计算也表明从热力学的角度来说，Pd 表面甲酸的脱氢分解要比在 Pt 表面上更有利[129]。虽然相关研究较少，目前仍然认为甲酸根可能是 Pd 表面甲酸电氧化直接路径的主要活性中间体[122]。除去 CO_2 气体产物阻塞 Pd 活性位、催化剂表面结构重构等物理效应之外，通过现场质谱研究[130]、交流阻抗分析[131] 以及电化学测试[132]，人们指出 Pd 表面甲酸电氧化过程中有类 CO 的毒性物种存在，但是此种毒性物种究竟为何，是由什么原因产生的都需要分子水平谱学的研究来证实。

　　电化学现场 ATR-SEIRAS 检测在开路条件下就能清晰地观察到 $1840 cm^{-1}$ 附近 "类 CO 毒性物种" 在 Pd 表面吸附（如图 3-19 所示），Wang 等[7] 非常缓慢地将 CO 和 Ar 的稀释气体引入 Pd 电极表面，通过 ATR-SEIRAS 非常明确地观察到 CO 物种的吸附构型随表面覆盖度升高而逐渐从多重位向桥式位转换的过程。这证明甲酸（FA）在 Pd 表面解离过程中出现的 "类 CO 毒性物种" 就是 CO 物种，并非是之前研究提出的 CHO 物种。而且，后续的研究证明了无论是在 Pd 膜电极表面还是在 Pd 基催化剂表面，所谓的"类 CO 毒性物种"都是 CO[7,133]。进一步对这种 CO 的来源问题进行了深入的分析后发现，在甲酸溶液中 Pd 上 CO 的累积速度与通常 Pt 上脱水产生 CO 的速度有着明显的差异，在相同电位和时间条件下，Pd 上 CO 的覆盖度较 Pt 上的低得多。Cai 等通过薄层流动池与常规电解池对比，发现 CO 强度随着电极表面 CO_2 传质的增加而下降；比较不同 Pd 电极电位下 CO 信号强度的变化，发现 CO 的累积随电极电位的降低而增大；辅以不同 pH 环境的影响，甲酸浓度的影响等实验结果，推断出 Pd 上 CO 主要由甲酸自解离以及电氧化产物 CO_2 在较低电位下（OCP 和 H-UPD 电位区间）还原得到。

该结果的确认对于新型 Pd 基电催化材料的设计，以及实际燃料电池中 CO_2 的管理、工作电位的控制有着重要的意义，为 Pd 基电催化剂的设计提供了两种选择：一方面可以开发通过提高抗 CO 毒化的催化剂，降低反应过程中 CO 的表面覆盖度；另一方面，可以选择合适的表面修饰或者合金化方法，使 Pd 表面上的 CO_2 无法还原得到 CO，从而达到提高 Pd 基催化剂稳定性的目的。

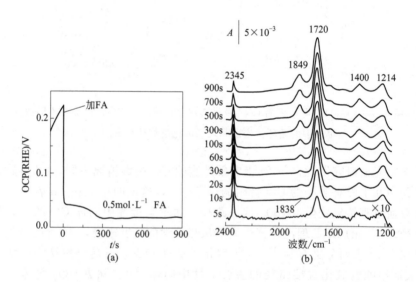

图 3-19 （a）注入甲酸后，开路电位（OCP）随时间的变化趋势；（b）在 $0.1 mol \cdot L^{-1}$ $HClO_4$ 中（0s）注入高浓度甲酸后 Pd 电极表面即时红外光谱，注入后的最终甲酸浓度为 $0.5 mol \cdot L^{-1}$[7]

在上述工作的基础上，为了从分子水平上理解直接甲酸燃料电池阳极 Pd 黑催化剂初始活性高但稳定性差的问题，Zhang 等[133] 利用现场 ATR-IR 技术研究了直接甲酸燃料电池工作中常用的高浓度 $5 mol \cdot L^{-1}$ 甲酸（HCOOH）溶液中 Pd 黑表面毒性物种的累积与去除及活性衰减与恢复。分别在开路电位、0.1V（SCE）以及 $-0.2 \sim 0.2V$（SCE）动电位扫描条件下进行测量，以模拟实际电池工作停止、启动以及停止-启动切换这三种阳极运行状态，均观察到了不同程度表面 CO 物种的吸附与累积现象。结果表明，在开路电位下，CO 主要以桥式位和多重位以及少量的线性位的方式吸附在 Pd 黑表面，并且相比低浓度甲酸中 Pd 电极表面的 CO_{ad} 覆盖度有明显的提高 [图 3-20(a)]；而在 0.1V 的条件下，前两种吸附方式 CO 消失，同时多重位 CO 峰强度明显降低，表明 CO 覆盖度随着电极表面电位的下降而增大。以上结果进一步验证了我们提出的 CO 形成机理的正确性。另外，在开路条件下，高浓度甲酸中较短时间内 Pd 黑表面迅速累积的 CO 造成催化剂表面毒化从而降低其初始活性，该 CO 可以通过高电位氧化去除，而使 Pd 黑催化活性恢复 [图 3-20(b)]。这些谱学研究结果对于指导高效和稳定的 Pd 基催化剂的设计以及开路条件的控制具有重要的参考价值，同时也为利用 ATR-IR 方法现场研究纳米催化剂表面的电催化过程奠定了重要的基础。

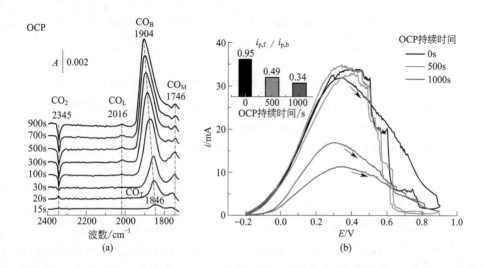

图 3-20 (a) 开路电位下注入 $5mol \cdot L^{-1}$ HCOOH + $0.1mol \cdot L^{-1}$ $HClO_4$ 后 Pd 黑电极表面的时间分辨 ATR-IR 光谱，以 $t=5s$ 的单光束谱为背景谱；(b) 开路电位 (OCP) 放置不同时间后 Pd 黑电极在 $5mol \cdot L^{-1}$ HCOOH + $0.5mol \cdot L^{-1}$ $HClO_4$ 溶液中的循环伏安图及正反扫峰电流比值对照 (插图)[138]

(2) 碱性条件 Pd 电极表面乙醇分子自解离及电氧化

直接醇类燃料电池由于其绿色环保可持续等优点，将是新能源器件研究的焦点。近来，适用于碱性条件的阴离子交换膜的发展又重新激发了科学家对碱性燃料电池的研究兴趣。在碱性条件下 Pd 基阳极催化剂对醇类分子的电催化氧化有着非常优异的性能[134~137]，使我们有机会在燃料电池中采用低 Pt 或者无 Pt 的阳极催化剂，从而大大减少贵金属 Pt 的用量，使其成本大幅下调成为可能。而必须提出的是，从基础研究的角度理解界面反应本质，关联材料性质与催化活性之间的关系，从而进一步为新材料的研发提供理论指导是推动燃料电池发展的有效研究思路。

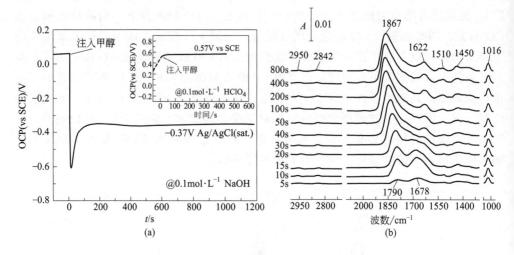

图 3-21　(a) 0.1mol·L^{-1} NaOH 溶液中注入甲醇后的开路电位-时间 (OCP-t)

曲线，插图显示了 0.1mol·L^{-1} HClO$_4$ 中甲醇注入后的 OCP-t 曲线；

(b) 0.1mol·L^{-1} NaOH＋ca. 0.5mol·L^{-1} CH$_3$OH 溶液中 Pd 膜电极

上的即时 ATR-SEIRA 红外光谱，以 0.1mol·L^{-1} NaOH 中的单光束谱为参比谱[10]

为了理解甲醇在 Pd 电极表面的反应机理，Yang 等[8] 结合了内外反射模式红外光谱对碱性条件 Pd 电极表面 CH$_3$OH 的解离吸附和电氧化过程进行了探讨。即时 ATR-SEIRAS 测试表明，开路条件下，CH$_3$OH 在 Pd 电极表面自解离生成 CO$_{ad}$ 物种 (见图 3-21，1678～1867cm^{-1})。随着时间的推移，CO 谱峰的强度逐渐增强并伴随相应的频率蓝移直到 200s 为止，此实验现象与 OCP 随时间变化的趋势相互印证。可推断碱性条件下甲醇在 Pd 表面自解离生成 Pd-H 和 CO$_{ad}$ 物种，这与之前报道的 Pt 表面甲醇连续脱氢[138,139] 和真空条件 Pd 表面连续脱氢相似，都是首先快速地脱氢生成 CH$_3$O$_{ad}$ 物种，然后相对较慢地断裂 C—H 键形成 H$_x$CO$_{ad}$ 物种，最终快速分解生成 CO$_{ad}$ 物种[140～142]。同时，氘代甲醇 (CD$_3$OD) 自解离实验也证明 C—H 键断裂才是 CH$_3$OH 在 Pd 表面自解离的决速步骤。

同时，电化学原位 ATR-SEIRAS 和电位调制的 IRAS 对碱性条件下 Pd 表面 CH$_3$OH 电催化氧化过程进行了研究，见图 3-22。在 ATR-SEIRAS 谱图中，表面吸附的 CO$_{ad}$ 物种 (1670～1860cm^{-1}) 归属于 ν(CO)，共吸附的表面自由水 H$_2$O$_{free}$ [1620cm^{-1} 归属于 δ(OH)，3604cm^{-1} 归属于 ν(OH)] 可被清楚地观察到。随着电位正向扫描，CO$_{ad}$ 物种在 -0.15V (Ag/AgCl) 开始氧化，然后在电位 0.1V 后被完全消耗，这个电位与 CO 吸附层在 Pd 电极表面的阳极脱附电位非常接近。当电位从顶点电位 0.2V 向负扫描时，CO$_{ad}$ 物种在约 -0.05V(vs Ag/AgCl) 时

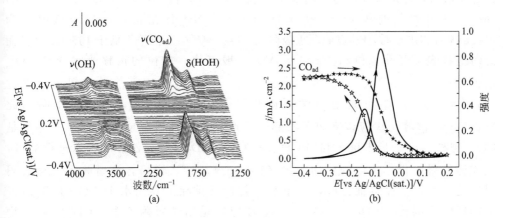

图 3-22 (a) 当 Pd 膜电极在 0.5mol·L⁻¹ CH₃OH+0.1mol·L⁻¹ NaOH 溶液中于−0.4~0.2V 扫描的原位 ATR-SEIRAS 谱图，以 0.2V 时的单光束谱作为参比谱； (b) CO_{ad} 谱峰强度随电位变化关系图 (-★- 正向扫描，-☆- 负向扫描)，时间分辨率为 5s[10]

重新生成，此电位与 Pd 电极表面含氧（或氢氧）物种的还原电位基本一致。被还原的 Pd 表面有利于甲醇在低电位下的电催化氧化以及 CO_{ad} 物种的累积，但 CO_{ad} 的累积并不为电流密度做贡献。由于采用薄层结构，电位调制的 IRAS 对于产物分析非常有效。IRAS 测试发现在低于−0.15V（vs Ag/AgCl）的条件下，甲酸根是 CH_3OH 电催化氧化的最主要的反应产物；而在−0.15~0.10V 的条件下，CH_3OH 氧化更趋向于生成碳酸（氢）根（或者 CO_2），这表明当电位高于−0.15V 时，由 CH_3OH 解离生成的 CO_{ad} 中间体物种才开始大量氧化。依据 IRAS 谱图提供的数据以及之前的文献报道[143~145]，推测甲酸根在很大程度上会被部分氧化成碳酸（氢）根，但是在所研究的电位范围内并没有检测到桥式吸附的甲酸根物种。结合自解离和电氧化两方面的数据，可非常容易地获得一个较为清晰的反应路径图，即 CO_{ad} 通过表面甲醇连续脱氢生成，然后在足够高的电位被氧化成 CO_2；同时，表面甲醇被电氧化成中间体式的产物甲酸根，一部分甲酸根可被进一步氧化成 CO_2 或者碳酸（氢）根（与局域 pH 有关），另一部分甲酸根直接扩散至本体溶液中作为甲醇部分氧化的产物。

在甲醇研究的工作基础上，Cai 小组[146] 又结合 H−D 同位素效应，利用原位 ATR-SEIRAS 研究了碱性环境中 Pd 电极表面乙醇的自解离过程，主要集中于厘清乙醇氧化反应双路径（C_1 和 C_2 路径）机理的中间体的化学本质。

如图 3-23 所示，即时电化学红外光谱对乙醇自解离过程测试中，一个向上的 1610~1640cm⁻¹ 的谱峰在电解液更换后逐渐出现。但此谱峰与界面水的 H—O—H 弯曲振动 δ(HOH) 频率相近（约 1640cm⁻¹），因此，二者的叠加必然导致该谱峰频率一定程度的红移。通过合理的光谱差减并充分考虑光谱分辨率，可以相信无论是普通乙醇还是氘代乙醇的情况下，该谱峰的真实振动频率应该在（1625±4）cm^{-1}。根据之前的测试[8]，在 0.1mol·L^{-1} NaOH 溶液中控制电极电位为 -0.65V（SCE）时，Pd 表面多重吸附的 CO_{ad}（CO_M）应该不低于 1660cm^{-1}。而此时电极表面开路电位约为 -0.55V，一般来讲，电位的正移通常导致 CO_{ad} 的谱峰蓝移[6]，因而，此（1625±4）cm^{-1} 谱峰应该不可能被归属于多重位 CO 振动，即 νCO_M。通过谱学证据并结合文献报道[147]，应该可以明确此 1625cm^{-1} 谱峰至少应该来源于乙醇分解产生的表面乙酰或者乙醛，而并不是 CO_{ad} 物种。进一步来讲，利用 CH_3CD_2OH 和 D_2O 替换乙醇和纯水进行测试，在光谱结果中仍然可以观察到上述（1625±4）cm^{-1} 谱峰，该谱峰无红移表明对应物种不可能是界面乙醛，而重水的替换又排除了界面水 H—O—H 弯曲振动的影响，因此，（1625±4）cm^{-1} 谱峰应该是由于吸附乙酰（CH_3CO_{ad}）物种。而后续的电位动态扫描的原位光谱结果又表明此 CH_3CO_{ad} 是 Pd 表面乙醇电氧化的枢纽式中间体：电位正向扫描过程中，刚生成的 CH_3CO_{ad} 物种在约 -0.4V（SCE）就被氧化成乙酸根，而这属于乙醇氧化的 C_2 反应路径；在 C_1 路径中，在低于 -0.1V（SCE）的条件下，CH_3CO_{ad} 物种在 Pd 电极表面解离生成 α-CO_{ad} 和 β-CH_x 物种，其中 α-CO_{ad} 物种将在电极电位高于 -0.3V（SCE）时被氧化生成 CO_2，而 β-CH_x 物种可能在 -0.1V 时被转换成 CO_{ad} 物种，然后在更高电位被进一步氧化而生成 CO_2。

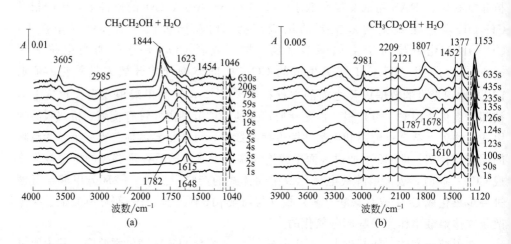

图 3-23　Pd 电极表面的原位即时 ATR-SEIRAS，电解液分别为 （a）0.5mol·L^{-1} CH_3CH_2OH+0.1mol·L^{-1} NaOH-H_2O 溶液；（b）0.5mol·L^{-1} CH_3CD_2OH + 0.1mol·L^{-1} NaOH-H_2O 溶液[14]

　　可见，通过原位光谱结合同位素取代技术及其它相关研究手段，甲醇、乙醇在 Pd 电极表面的吸附解离和电催化氧化机理得到了比较清楚的解析，这些理论结果对相应的燃料电池催化剂的设计制备有着切实的指导意义。

3.3.2 电极表面分子吸附构型

芳香分子与金属表面的相互作用一直是表面电化学关注的课题之一，最近对分子器件产生的兴趣又需要深刻理解芳香分子在电极表面的吸附构型，特别是近年来电子分子器件的研究成为热点，含苯环或吡啶环并且含有巯基、氰基、羧基等能与金属表面强相互作用的分子成为电子分子器件的主要分子[18,148~150]。SEIRAS 具有高的灵敏度和简单的表面选律，一直都被研究者们认为是研究分子在金属表面吸附的有效手段。本节我们展示以对硝基苯甲酸和吡啶分子为模型分子，通过电化学及 ATR-SEIRAS 技术来研究其在金属电极上的吸附构型。

（1）对硝基苯甲酸在电极表面的吸附

芳香分子对硝基苯甲酸（PNBA），由于其含有红外吸收极强的硝基和羧基，以及脱质子后又具有简单的 C_{2v} 对称性，因此，PNBA 是研究电极表面吸附构型的模型分子。具有简单 C_{2v} 对称性的分子吸附在电极表面时可用图 3-24 的角度示意图来表示吸附构型。图 3-24 中 α 表示分子平面与电极表面之间的两面夹角，β 表示在同一分子平面内分子旋转前后 C_2 轴之间的夹角。这两个夹角可由式(3-12) 和式(3-13) 估算得到，式中 I^0 和 I 分别代表本体分子和表面分子的峰强度；γ 表示电极表面法线与分子 C_2 轴之间的夹角，可通过式(3-14) 算出。面内振动模式 a_1 和 b_2 偶极矩变化分别沿着 z 轴和 y 轴，面外振动模式 b_1 偶极矩变化垂直分子平面（沿着 x 轴）。计算公式表明，检测面外振动模式如 b_1 对获得二面角 α 及其它相关的吸附参数是十分重要的。

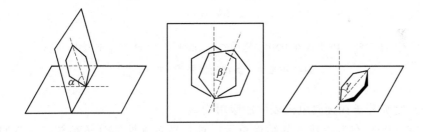

图 3-24　电极表面 C_{2v} 对称分子吸附构型示意图

由式(3-11) 可以推出计算三个夹角的公式如下：

$$\tan^2\alpha = \frac{I^0(a_1)}{I^0(b_1)} \times \frac{I(b_1)}{I(a_1)} \tag{3-12}$$

$$\tan^2\beta = \frac{I^0(a_1)}{I^0(b_2)} \times \frac{I(b_2)}{I(a_1)} \tag{3-13}$$

$$\cos\gamma = \cos\beta \cdot \sin\alpha \tag{3-14}$$

PNBA 分子在 Pt 电极表面的 ATR-SEIRAS 谱图如图 3-25 所示，所得谱峰以 a_1 模式为主，最强的峰 $1357\mathrm{cm}^{-1}$ 和 $1398\mathrm{cm}^{-1}$ 分别对应硝基和羧基的对称振动模式，即 $\nu_s(\mathrm{ONO})$ 和 $\nu_s(\mathrm{OCO})$。特别地，利用上述新型 ATR-SEIRAS 组件（详见 3.2.2 节）可以很容易地检测到 $835\mathrm{cm}^{-1}$ $[\delta(\mathrm{ONO})]$ 和 $866\mathrm{cm}^{-1}$ $[\delta(\mathrm{ONO})]$ 谱峰。另外，未检测到位于 $802\mathrm{cm}^{-1}$ 和 $881\mathrm{cm}^{-1}$（b_1 模式）的谱峰，表明 PNBA 脱质子后以羧基的两个氧原子垂直吸附在电极表面。由于未检测到 b_1 模式的谱峰，即 $I(b_1) \approx 0$，所以 $\alpha = 90°$。而且，$\nu_s(\mathrm{ONO})$（a_1 模式）和 $\nu_{as}(\mathrm{ONO})$（b_2 模式）峰强度可通过本体对硝基苯甲酸盐和 Pt 电极表面吸附的 PNBA 获得，本体对硝基苯甲酸盐的 $\nu_s(\mathrm{ONO})$ 和 $\nu_{as}(\mathrm{ONO})$ 强度几乎相等，Pt 电极表面吸附 PNBA 的 ν_s (ONO) 和 $\nu_{as}(\mathrm{ONO})$ 强度比约等于 15，因此代入上述公式可得 $\beta \approx \gamma \approx 14°$。

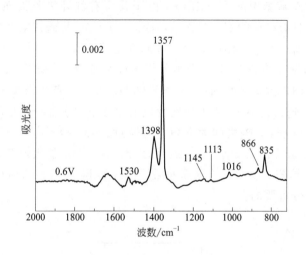

图 3-25　Pt 电极在 PNBA 饱和的 $0.1\mathrm{mol \cdot L}^{-1}$ $\mathrm{HClO_4}$ 溶液中 $0.6\mathrm{V}$
的红外光谱，参比光谱采于 $-0.1\mathrm{V}$[102]

（2）吡啶分子在金属电极表面的吸附构型

吡啶（Py）作为最基本的结构单元，具有高对称性的分子结构，成键归属明确，是研究芳香分子在电极表面吸附的典型模型分子。在分子对称性上，气相吡啶分子属于 C_{2v} 点群，有 27 个振动模式，包括 $10A_1$、$3A_2$、$9B_1$ 和 $5B_2$，其中 A_2 仅有拉曼活性，A_1 和 B_1 属于面内（in-plane）振动模式，A_2 和 B_2 属于面外（out-of-plane）振动模式。在电子结构上，吡啶分子除了有一个大 Π 键之外，还有一对位于 N 原子之上的未成键孤对电子。所以当吡啶吸附在金属表面时，存在大 Π 键和 N 原子上的孤对电子与金属表面原子成键的相互竞争。根据吡啶在金属表面吸附的覆盖度、温度、金属表面结构（金属或晶面不同）及界面电位等不同因素，文献中有关吡啶在各类金属表面的吸附构型主要有（如图 3-26 所示）[11,151~154]：（a）平躺吸附（flat-on）；（b）通过氮原子的孤对电子及环的 π 电子同时与金属表

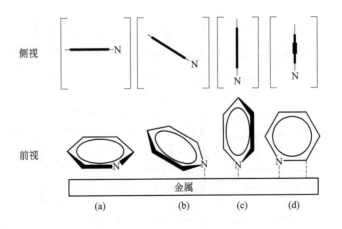

側视

前视

金属

(a)   (b)   (c)   (d)

图 3-26   吡啶在电极表面的吸附模型[151]

面相互成键，即倾斜吸附（tilted）；（c）Py 通过氮原子的孤对电子与金属表面相互成键而近乎垂直吸附（end-on）；（d）Py 通过氮原子的孤对电子及邻位 α 碳原子脱去 H 原子后（即 α-pyridyl）同时与金属表面成键，近乎垂直吸附（edge-on）。相应的研究方法主要有低能电子衍射（LEED）[155]，X 射线电子能谱（XPS）[156,157]，电子能量损失谱（EELS）[157,158]，近 X 射线吸收精细结构光谱（NEXAFS）[153,159]，传统的电化学方法[160,161]，表面增强拉曼光谱法（SERS）[162,163]，外反射红外光谱法（IRAS）[164~166]，内反射红外光谱法（ATR-SEIRAS）[11,84,92,167] 等。其中 ATR-SEIRAS 可方便地从分子水平解析 Py 分子的各种振动模式，非常适合研究其表面吸附构型。

    Cai 等[11] 利用 ATR-SEIRAS 和 STM 研究了高度有序的 Au（111）电极表面 Py 分子的吸附构型。如图 3-27 中的光谱研究发现，Py 分子在电极电位高于 $-0.6V$ 时开始在电极表面吸附。当电极电位高于 $-0.3V$（SCE）时，Py 环的面内振动（A_1 模式）可被明显地观察到，但反对称面内振动（B_1 模式）却基本无法被检出。根据 SEIRAS 选律，A_1 模式振动比 B_1 模式更容易检出，表明 Py 分子的 C_2 对称轴要么垂直于电极表面要么与之平行，而 N 和 C 原子同时作为吸附位点的模式，即 α-pyridyl 物种 [图 3-26(d)] 存在的可能性非常小，因为这种模式下 A_1 模式和 B_1 模式相应的振动峰强度基本一致[168]。另外，SEIRAS 中吸附 Py 分子的对称环呼吸振动（ν_1 模式）位于 $1012cm^{-1}$，相对于液态本体 Py 的 $992cm^{-1}$ 发生了明显的蓝移，这也表明 Py 分子通过 N 原子吸附在电极表面[28]。同时，研究发现 Py 分子在电极表面的吸附构型与电极电位有着密切的关系。在较负电位下，Py 分子以一种平躺吸附构型吸附于电极表面 [图 3-26(a)]，而随着电极电位的正移和表面覆盖度的增加，Py 分子逐渐变为倾斜吸附 [图 3-26(b)]，最后甚至变为直立吸附 [图 3-26(c)]。而相应的高清 STM 图像也清晰地观察到了平躺、倾斜和直立

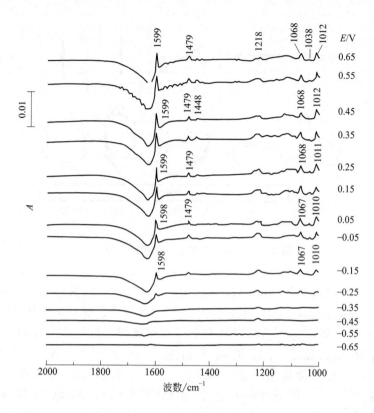

图 3-27　高度有序的 Au（111）电极表面吸附 Py 分子的电位调
制红外光谱，以 -0.7V 下采集的光谱为背景谱[13]

吸附的 Py 分子层，为光谱研究的结果提供了强有力的支持（见图 3-28）。

　　另外，其它过渡金属电极表面的 Py 分子吸附构型也得到较多的研究。图 3-29 比较了 Py 分子在 Au[11]、Ag[95]、Cu[97] 和 Cd[92] 金属电极上的光谱特征。首先，这些光谱上均没有出现 α-pyridyl 物种的标志峰，表明 Py 在这些金属表面以完整的分子形态吸附。其次，几乎所有观察到的很强的谱峰即 $1603cm^{-1}$、$1485cm^{-1}$、$1068cm^{-1}$、$1042cm^{-1}$ 和 $1013cm^{-1}$，其振动模式都属于面内振动的 A_1 模式。而在液体 Py 中测得的最强峰（ν_{19b}，B_1 模式）在这些电极上则变得非常弱，且其位置从 $1437cm^{-1}$ 蓝移到 $1447cm^{-1}$，这些都反映了 Py 在其上的吸附形式是 end-on 构型，虽然不能确定整个分子平面是否倾斜，但是肯定没有 edge 形态的倾斜。另外，相对于液体 Py，吸附的 Py 分子的环呼吸振动（ν_1）的蓝移也意味着 Py 以 N 端单键吸附在电极表面。

　　从 Py 在 Ni 电极上吸附的光谱图上看，最强的吸收峰是位于 $1448cm^{-1}$ 波数的 B_1（ν_{19b}）振动模式吸收峰，而相对的 A_1 模式的峰强度较弱，如 $1072cm^{-1}$、$1045cm^{-1}$、$1016cm^{-1}$。另外，在 Ni 电极上出现了 α-pyridyl 物种的标志峰，大约

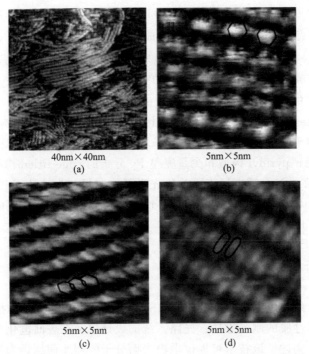

40nm×40nm
(a)

5nm×5nm
(b)

5nm×5nm
(c)

5nm×5nm
(d)

图 3-28　Au(111) 电极表面吸附的 Py 分子层的 STM 图，其中
电极电位分别为 (a) 和 (b) −0.3V，(c) 0.1V，(d) 0.3V[11]

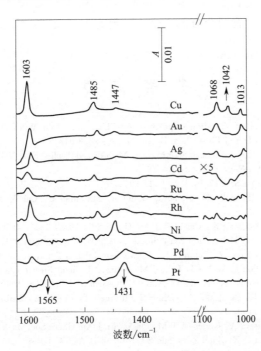

图 3-29　Py 分子在不同金属电极上吸附的典型的红外光谱图[17]

在 1550cm^{-1} 附近的弱吸收峰。A$_1$ 模式和 B$_1$ 模式的振动峰的同时出现，表明 Py 分子在 Ni 电极表面沿着 C$_2$ 轴倾斜，形成 edge 构型[98]。结合 Py 在 Rh、Ru 电极[17] 上的吸附行为，其光谱图上也观察到相似的峰：1600cm^{-1}、1482cm^{-1}、1448cm^{-1}、1070cm^{-1}、1037cm^{-1} 和 1003cm^{-1} 等。不同的是，Py 在 Rh 和 Ru 电极上的 ν_{19b} 模式的振动峰要远远弱于相应的 Ni 电极，表明在 Rh 和 Ru 电极上只有少量的 edge-titled 构型吸附，而 Ni 电极上 Py 主要以 edge-titled 构型吸附。同时，光谱研究还发现 Py 在 Pt 电极上大部分采取 α-pyridyl-edge-on 构型吸附，而 Pd 电极上则同时出现 α-pyridyl 构型和少量完整 Py 分子的 edge-titled 构型[17,167]。

综上，Py 在过渡金属电极表面的优先吸附取向规律为：从 Cd(Cu) 电极、Ag (Au) 电极、Ru(Rh) 电极、Ni 电极、Pd 电极到 Pt 电极，依次倾向于形成 end-on Py、edge-titled Py 和 α-pyridyl 物种。

3.4 小结

本章我们介绍了电化学 ATR-SEIRAS 这一高灵敏的表面光谱技术，分别从红外增强机理、活性膜的制备方法、光路系统的设计以及在表面电化学研究中的应用几个方面进行了阐述。该技术可提供电极表面分子的翔实信息，为深入认识电极表面吸附结构，澄清反应机理提供可能，日益受到电化学科学工作者的重视。如果将该技术与外反射红外光谱、高灵敏的在线 DEMS、HPLC 检测相结合，从表面吸附物种和气液相反应产物两个方面更全面地研究表面反应，将为电化学研究提供更有力的方法学支撑。

参 考 文 献

[1] Osawa M. In Handbook of Vibrational Spectroscopy. Chichester：John Wiley & Sons，2002：785-799.
[2] Tian Z Q, Ren B, Wu D Y. J Phys Chem B, 2002, 106：9463-9483.
[3] Suetaka W. Surface Infrared and Raman Spectroscopy：Methods and Applications：Vol 3. Springer, 1995.
[4] Hoffmann F M. Surf Sci Rep, 1983, 3：107-192.
[5] Osawa M, Ataka K. Surf Sci, 1992, 262：L118-L122.
[6] Yan Y G, Yang Y Y, Peng B, Malkhandi S, Bund A, Stimming U, Cai W B. J Phys Chem C, 2011, 115：16378-16388.
[7] Wang J Y, Zhang H X, Jiang K, Cai W B. J Am Chem Soc, 2011, 133：14876-14879.
[8] Yang Y Y, Ren J, Zhang H X, Zhou Z Y, Sun S G, Cai W B. Langmuir, 2013, 29：1709-1716.
[9] Chen Y X, Heinen M, Jusys Z, Behm R J. Angew Chem Int Ed, 2006, 45：981-985.
[10] Brimaud S, Solla-Gullón J, Weber I, Feliu J M, Behm R J. Chem Electro Chem, 2014, 1：1075-1083.
[11] Cai W B, Wan L J, Noda H, Hibino Y, Ataka K, Osawa M. Langmuir, 1998, 14：6992-6998.
[12] Osawa M, Komatsu K, Samjeske G, Uchida T, Ikeshoji T, Cuesta A, Gutierrez C. Angew Chem Int Ed, 2011, 50：1159-1163.
[13] Joo J, Uchida T, Cuesta A, Koper M T M, Osawa M. J Am Chem Soc, 2013, 135：9991-9994.
[14] Yang Y Y, Ren J, Li Q X, Zhou Z Y, Sun S G, Cai W B. ACS Catalysis, 2014, 4：798-803.
[15] Jiang K, Zhang H X, Zou S Z, Cai W B. Phys Chem Chem Phys, 2014, 16：20360-20376.
[16] Xue X K, Huo S J, Yan Y G, Wang J Y, Yao J L, Cai W B. Acta Chim Sinica, 2007, 65：1437-1442.

[17] Li Q X, Xue X K, Xu Q J, Cai W B. Appl Spectrosc. , 2007, 61: 1328-1333.

[18] Diao Y X, Han M J, Wan L J, Itaya K, Uchida T, Miyake H, Yamakata A, Osawa M. Langmuir, 2006, 22: 3640-3646.

[19] Zhou W, Zhang Y, Abe M, Uosaki K, Osawa M, Sasaki Y, Ye S. Langmuir, 2008, 24: 8027-8035.

[20] Gnanaprakash G, Philip J, Jayakumar T, Raj B. J Phys Chem B, 2007, 111: 7978-7986.

[21] Ma M, Yan Y G, Huo S J, Xu Q J, Cai W B. J Phys Chem B, 2006, 110: 14911-14915.

[22] Jiang X U, Ataka K, Heberle J. J Phys Chem C, 2008, 112: 813-819.

[23] Jiang X, Zuber A, Heberle J, Ataka K. Phys Chem Chem Phys, 2008, 10: 6381-6387.

[24] Hartstein A, Kirtley J R, Tsang J C. Phys Rev Lett, 1980, 45: 201-204.

[25] Osawa M, Ikeda M. J Phys Chem, 1991, 95: 9914-9919.

[26] Krauth O, Fahsold G, Pucci A. J Chem Phys, 1999, 110: 3113-3117.

[27] Merklin G T, Griffiths P R. Langmuir, 1997, 13: 6159-6163.

[28] Otto A, Mrozek I, Grabhorn H, Akemann W. Journal Of Physics-condensed Matter, 1992, 4: 1143-1212.

[29] Chang R K, Furtak D E. Surface Enhanced Raman Scattering. New York: Plenum Press, 1982.

[30] Moskovits M. Reviews Of Modern Physics, 1985, 57: 783-826.

[31] Metiu H. Prog Surf Sci, 1984, 17: 153-320.

[32] Neubrech F, Pucci A, Cornelius T W, Karim S, Garcia-Etxarri A, Aizpurua J. Phys Rev Lett, 2008, 101.

[33] Alonso-González P, Albella P, Schnell M, Chen J, Huth F, Garcia-Etxarri A, Casanova F, Golmar F, Arzubiaga L, Hueso L E, Aizpurua J, Hillenbrand R. Nature Communications, 2012, 3.

[34] Huck C, Neubrech F, Vogt J, Toma A, Gerbert D, Katzmann J, Hartling T, Pucci A. ACS Nano, 2014, 8: 4908-4914.

[35] Wokaun A. Solid State Physics-advances In Research And Applications, 1984, 38: 223-294.

[36] Osawa M, Suetaka W. Surf Sci, 1987, 186: 583-600.

[37] Osawa M, Ataka K, Yoshii K, Nishikawa Y. Appl Spectrosc, 1993, 47: 1497-1502.

[38] Osawa M. Bull Chem Soc Jpn, 1997, 70: 2861-2880.

[39] Nishikawa Y, Nagasawa T, Fujiwara K, Osawa M. Vib Spectrosc, 1993, 6: 43-53.

[40] Yoshida S, Yamaguch T, Kinbara A. Journal of the Optical Society of America, 1972, 62: 1415.

[41] Laor U, Schatz G C. J Chem Phys, 1982, 76: 2888-2899.

[42] Chew H, Kerker M. Journal of The Optical Society of America B-optical Physics, 1985, 2: 1025-1027.

[43] Chase D B, Parkinson B A. Appl Spectrosc, 1988, 42: 1186-1187.

[44] Crookell A, Fleischmann M, Hanniet M, Hendra P. J. Chem Phys Lett, 1988, 149: 123-127.

[45] Kittel C, McEuen P. Introduction to solid state physics: Vol 8. New York: Wiley, 1976.

[46] Hansen W N. J Opt Soc Am, 1968, 58: 380-390.

[47] Nishikawa Y, Fujiwara K, Ataka K, Osawa M. Anal Chem, 1993, 65: 556-562.

[48] Niklasson G A, Granqvist C G. J Appl Phys, 1984, 55: 3382-3410.

[49] Garnett J C M. Philosophical Transactions of the Royal Society of London Series a-Containing Papers of a Mathematical or Physical Character, 1904, 203: 385-420.

[50] Bruggemann D A G. Ann Phys (Leipzig), 1935, 24: 636-664.

[51] Eagen C F. Appl Opt, 1981, 20: 3035-3042.

[52] Stoner E C. Philosophical Magazine, 1945, 36: 803-821.

[53] Persson B N J, Ryberg R. Physical Review B, 1981, 24: 6954-6970.

[54] Persson B N J, Liebsch A. Surf Sci, 1981, 110: 356-368.

[55] Dumas P, Tobin R G, Richards P L. Surf Sci, 1986, 171: 579-599.

[56] Dumas P, Tobin R G, Richards P L. Surf Sci, 1986, 171: 555-578.

[57] Fano U. Physical Review, 1961, 124: 1866.

[58] Langreth D C. Phys Rev Lett, 1985, 54: 126-129.

[59] Crljen Z, Langreth D C. Physical Review B, 1987, 35: 4224-4231.

[60] Wadayama T, Sakurai T, Ichikawa S, Suetaka W. Surf Sci, 1988, 198: L359-L364.

[61] Heaps D A, Griffiths P R. Vib Spectrosc, 2006, 42: 45-50.

[62] Heaps D A, Griffiths P R. Vib Spectrosc, 2006, 41: 221-224.

[63] Neubrech F, Pucci A. Spectrosc Eur, 2012, 24: 6.

[64] Osawa M, Chalmers J, Griffiths P. Wiley Chichester, 2002, 1: 785.

[65] Wan L J, Terashima M, Noda H, Osawa M. J Phys Chem B, 2000, 104: 3563-3569.
[66] Greenler R G. J Chem Phys, 1966, 44: 310.
[67] Nishikawa Y, Fujiwara K, Shima T. Appl Spectrosc, 1991, 45: 747-751.
[68] Ataka K, Yotsuyanagi T, Osawa M. J Phys Chem, 1996, 100: 10664-10672.
[69] Miyake H, Osawa M. Chem Lett, 2004, 33: 278-279.
[70] Rodes A, Orts J M, Perez J M, Feliu J M, Aldaz A. Electrochem Commun, 2003, 5: 56-60.
[71] Delgado J M, Orts J M, Rodes A. Langmuir, 2005, 21: 8809-8816.
[72] Ataka K, Osawa M. J Electroanal Chem, 1999, 460: 188-196.
[73] Osawa M, Yoshii K. Appl Spectrosc, 1997, 51: 512-518.
[74] Sun S G, Cai W B, Wan L J, Osawa M. J Phys Chem B, 1999, 103: 2460-2466.
[75] Wandlowski T, Ataka K, Pronkin S, Diesing D. Electrochim Acta, 2004, 49: 1233-1247.
[76] Watanabe M, Zhu Y M, Uchida H. Langmuir, 1999, 15: 8757-8764.
[77] Yajima T, Uchida H, Watanabe M. J Phys Chem B, 2004, 108: 2654-2659.
[78] Ohta N, Nomura K, Yagi I. Langmuir, 2010, 26: 18097-18104.
[79] Cai W B, Sun S G, Noda H, Terashima M, Osawa M. Surface-Enhanced Infrared Study of Melocular Adsorption on Transition Metal Electrodes. in 197th Meeting 2000. Toronto: the Electrochemical Society.
[80] Pronkin S, Wandlowski T. Surf Sci, 2004, 573: 109-127.
[81] Nowak C, Luening C, Knoll W, Naumann R L C. Appl Spectrosc, 2009, 63: 1068-1074.
[82] Miyake H, Ye S, Osawa M. Electrochem Commun, 2002, 4: 973-977.
[83] Yan Y G, Li Q X, Huo S J, Ma M, Cai W B, Osawa M. J Phys Chem B, 2005, 109: 7900-7906.
[84] Huo S J, Xue X K, Yan Y G, Li Q X, Ma M, Cai W B, Xu Q J, Osawa M. J Phys Chem B, 2006, 110: 4162-4169.
[85] Miyake H, Hosono E, Osawa M, Okada T. Chem Phys Lett, 2006, 428: 451-456.
[86] Miki A, Ye S, Osawa M. Chem Commun, 2002: 1500-1501.
[87] Chen Y X, Miki A, Ye S, Sakai H, Osawa M. J Am Chem Soc, 2003, 125: 3680-3681.
[88] Cuesta A, Cabello G, Gutierrez C, Osawa M. Phys Chem Chem Phys, 2011, 13: 20091-20095.
[89] Yan Y G, Li Q X, Huo S J, Sun Y N, Cai W B. Acta Chim Sinica, 2005, 63: 545-549.
[90] Huo S J, Wang J Y, Yao J L, Cai W B. Anal Chem, 2010, 82: 5117-5124.
[91] Huo S J, Wang J Y, Sun D L, Cai W B. Appl Spectrosc, 2009, 63: 1162-1167.
[92] Li Q X, Yan Y G, Xu Q J, Cai W B. Chem J Chinese U, 2006, 27: 2414-2416.
[93] Lu G Q, Sun S G, Cai L R, Chen S P, Tian Z W, Shiu K K. Langmuir, 2000, 16: 778-786.
[94] Huang B B, Wang J Y, Huo S J, Cai W B. Surf Interface Anal, 2008, 40: 81-84.
[95] Huo S J, Xue X K, Li Q X, Xu S F, Cai W B. J Phys Chem B, 2006, 110: 25721-25728.
[96] Huo S J, Li Q X, Yan Y G, Chen Y, Xu Q J, Cai W B, Osawa M. J Phys Chem B, 2005, 109: 15985-15991.
[97] Wang H F, Yan Y G, Hu S J, Cai W B, Xu Q H, Osawa M. Electrochim Acta, 2007, 52: 5950-5957.
[98] Wang J Y, Peng B, Xie H N, Cai W B. Electrochim Acta, 2009, 54: 1834-1841.
[99] Wang C, Peng B, Xie H N, Zhang H X, Shi F F, Cai W B. J Phys Chem C, 2009, 113: 13841-13846.
[100] Martin H B, Morrison P W. Electrochem Solid St, 2001, 4: E17-E20.
[101] Adzic R R, Shao M H, Liu P. J Am Chem Soc, 2006, 128: 7408-7409.
[102] Xue X K, Wang J Y, Li Q X, Yan Y G, Liu J H, Cai W B. Anal Chem, 2008, 80: 166-171.
[103] Ohman M, Persson D, Leygraf C. Prog Org Coat, 2006, 57: 78-88.
[104] Ulrich R. Journal of the Optical Society of America, 1970, 60: 1337-1350.
[105] Yang Y Y, Zhang H X, Cai W B. J Electrochem, 2013, 19: 6-16.
[106] Lu G Q, Sun S G, Chen S P, Cai L R. J Electroanal Chem, 1997, 421: 19-23.
[107] Chen Y J, Sun S G, Chen S P, Li J T, Gong H. Langmuir, 2004, 20: 9920-9925.
[108] Bjerke A E, Griffiths P R, Theiss W. Anal Chem, 1999, 71: 1967-1974.
[109] Iwasita T, Rodes A, Pastor E. J Electroanal Chem, 1995, 383: 181-189.
[110] Wang L X, Jiang X E. Fenxi Huaxue/Chinese Journal of Analytical Chemistry, 2012, 40: 975-982.
[111] Glassford S E, Byrne B, Kazarian S G. Biochimica et Biophysica Acta - Proteins and Proteomics, 2013, 1834: 2849-2858.
[112] Chen Y X, Ye S, Heinen M, Jusys Z, Osawa M, Behm R J. J Phys Chem B, 2006, 110: 9534-9544.
[113] Wang R Y, Wang C, Cai W B, Ding Y. Adv Mater, 2010, 22: 1845-1848.

[114] Shiroishi H, Ayato Y, Kunimatsu K, Okada T. J Electroanal Chem, 2005, 581: 132-138.
[115] Boscheto E, Batista B C, Lima R B, Varela H. J Electroanal Chem, 2010, 642: 17-21.
[116] Shao M H, Adzic R R. Electrochim Acta, 2005, 50: 2415-2422.
[117] Heinen M, Jusys Z, Behm R J. J Phys Chem C, 2010, 114: 9850-9864.
[118] Schnaidt J, Jusys Z, Behm R J. J Phys Chem C, 2012, 116: 25852-25867.
[119] Schnaidt J, Heinen M, Jusys Z, Behm R J. Electrochim Acta, 2013, 104: 505-517.
[120] Samjeske G, Miki A, Ye S, Yamakata A, Mukouyama Y, Okamoto H, Osawa M. J Phys Chem B, 2005, 109: 23509-23516.
[121] Samjeske G, Miki A, Ye S, Osawa M. J Phys Chem B, 2006, 110: 16559-16566.
[122] Miyake H, Okada T, Samjeske G, Osawa M. Phys Chem Chem Phys, 2008, 10: 3662-3669.
[123] Chen Y X, Heinen M, Jusys Z, Behm R J. Langmuir, 2006, 22: 10399-10408.
[124] Xu J, Yuan D F, Yang F, Mei D, Zhang Z B, Chen Y X. Phys Chem Chem Phys, 2013, 15: 4367-4376.
[125] Peng B, Wang H F, Liu Z P, Cai W B. J Phys Chem C, 2010, 114: 3102-3107.
[126] Joo J, Uchida T, Cuesta A, Koper M T M, Osawa M. Electrochim Acta, 2014, 129: 127-136.
[127] Cuesta A, Escudero M, Lanova B, Baltruschat H. Langmuir, 2009, 25: 6500-6507.
[128] Arenz M, Stamenkovic V, Ross P N, Markovic N M. Surf Sci, 2004, 573: 57-66.
[129] Yue C, Lim K H. Catal Lett, 2009, 128: 221-226.
[130] Solis V, Iwasita T, Pavese A, Vielstich W. J Electroanal Chem, 1988, 255: 155-162.
[131] Jung W S, Han J, Yoon S P, Nam S W, Lim T H, Hong S A. J Power Sources, 2011, 196: 4573-4578.
[132] Yu X, Pickup P G. Electrochem Commun, 2009, 11: 2012-2014.
[133] Zhang H X, Wang S H, Jiang K, Andre T, Cai W B. J Power Sources, 2012, 199: 165-169.
[134] Antolini E. Energ Environ Sci, 2009, 2: 915-931.
[135] Antolini E, Gonzalez E R. J Power Sources, 2010, 195: 3431-3450.
[136] Bianchini C, Shen P K. Chem Rev, 2009, 109: 4183-4206.
[137] Yin Z, Zhou W, Gao Y J, Ma D, Kiely C J, Bao X H. Chemistry-a European Journal, 2012, 18: 4887-4893.
[138] Bagotzky V S, Vassiliev Y B, Khazova O A. J Electroanal Chem, 1977, 81: 229-238.
[139] Iwasita T. Electrochim Acta, 2002, 47: 3663-3674.
[140] Borasio M, de la Fuente O R, Rupprechter G, Freund H J. J Phys Chem B, 2005, 109: 17791-17794.
[141] Cabilla G C, Bonivardi A L, Baltanas M A. J Catal, 2001, 201: 213-220.
[142] Mellinger Z J, Kelly T G, Chen J G. Acs Catalysis, 2012, 2: 751-758.
[143] Takamura T, Mochimar F. Electrochim Acta, 1969, 14: 111-&.
[144] Nishimura K, Machida K I, Enyo M. J Electroanal Chem, 1988, 251: 103-116.
[145] Bartrom A M, Haan J L. J Power Sources, 2012, 214: 68-74.
[146] Yang Y Y, Ren J, Li Q X, Zhou Z Y, Sun S G, Cai W B. ACS catalysis, 2014, 4: 798-803.
[147] Heinen M, Jusys Z, Behm R J. ECS Transactions, 2009, 25: 259-269.
[148] Wan L J, Noda H, Wang C, Bai C L, Osawa M. Chemphyschem : a European journal of chemical physics and physical chemistry, 2001, 2: 617-619.
[149] Wandlowski T, Ataka K, Mayer D. Langmuir, 2002, 18: 4331-4341.
[150] Kim H S, Lee S J, Kim N H, Yoon J K, Park H K, Kim K. Langmuir, 2003, 19: 6701-6710.
[151] Bandy B, Lloyd D R, Richardson N V. Surf Sci, 1979, 89: 344-353.
[152] DiNardo N, Avouris P, Demuth J. The Journal of chemical physics, 1984, 81: 2169-2180.
[153] Johnson A L, Muetterties E, Stohr J, Sette F. The Journal of Physical Chemistry, 1985, 89: 4071-4075.
[154] Ikezawa Y, Sawatari T, Kitazume T, Goto H, Toriba K. Electrochim Acta, 1998, 43: 3297-3301.
[155] Lee J-G, Ahner J, Yates Jr J. The Journal of chemical physics, 2001, 114: 1414-1419.
[156] Davies P, Shukla N. Surf Sci, 1995, 322: 8-20.
[157] Cohen M R, Merrill R. Langmuir, 1990, 6: 1282-1288.
[158] Grassian V, Muetterties E. The Journal of Physical Chemistry, 1986, 90: 5900-5907.
[159] Bader M, Haase J, Frank K-H, Puschmann A, Otto A. Phys Rev Lett, 1986, 56: 1921.
[160] Stolberg L, Lipkowski J, Irish D E. J Electroanal Chem, 1987, 238: 333-353.
[161] Stolberg L, Lipkowski J, Irish D E. J Electroanal Chem, 1990, 296: 171-189.

[162] Gao J S, Tian Z Q. Spectrochimica Acta Part A: Molecular and Biomolecular Spectroscopy, 1997, 53: 1595-1600.

[163] Zuo C, Jagodzinski P W. The Journal of Physical Chemistry B, 2005, 109: 1788-1793.

[164] Ikezawa Y, Sawatari T, Terashima H. Electrochim. Acta, 2001, 46: 1333-1337.

[165] Li N, Zamlynny V, Lipkowski J, Henglein F, Pettinger B. J Electroanal Chem, 2002, 524: 43-53.

[166] Hoon-Khosla M, Fawcett W R, Chen A, Lipkowski J, Pettinger B. Electrochim Acta, 1999, 45: 611-621.

[167] Yan Y G, Xu Q J, Cai W B. Acta Chim Sinica, 2006, 64: 458-462.

[168] Bridge M E, Connolly M, Lloyd D R, Somers J, Jakob P, Menzel D. Spectrochimica Acta Part A-molecular And Biomolecular Spectroscopy, 1987, 43: 1473-1478.

第4章

电化学中的非线性光学技术

　　从原子分子水平研究电极界面和电极过程动力学问题是近 30 多年来电化学研究的最大成就之一。它深刻地影响着当代电化学的发展进程，对电化学的理论、方法和应用起着不可估量的作用。这些进展的取得，与表面分析技术尤其是表面谱学方法的发展紧密相关。现在，几乎所有的比较成熟的表面谱学分析方法，比如红外（IR）和傅里叶变换红外光谱、拉曼和表面增强拉曼光谱（SERS）、可见和紫外光谱等都不同程度地在电化学中得到应用。除此之外，扫描隧道显微镜（STM）、原子力显微镜（AFM）、X 射线反射和衍射等技术也在电化学研究中得到了越来越多的应用。近代表面分析方法的应用，使得人们从原子分子水平研究电化学界面吸附分子的性质、吸附分子之间及吸附分子与电极之间的相互作用成为可能，电化学的发展已经进入到微观电化学阶段[1]。

　　电化学反应是在电势驱动下的表面氧化还原反应，表面的结构和性质对电化学反应速率及反应机理有重要的影响。然而，电化学体系的复杂性和电化学技术中分子非特异性等因素，迫切需要一种界面灵敏的检测技术对电化学界面的结构和成分进行原位观测。虽然线性光学技术能够应用到光可到达的任何表面和界面，但因其没有足够的表面特异性和表面选择性，尚不能消除体相信号的影响（界面对于总信号的贡献要比电极体相的贡献小几个数量级），必须用特定电压下纯电极的信号作为参比，利用调制和求差值的方法来得到表面的信号。这些不足，使得用线性光学方法研究电化学界面受到一定的限制。

　　二阶非线性光学是近年来蓬勃发展的表面测量新技术，其最大的特点是具有表面的选择性和灵敏性（在电偶极近似下）。从原理上说，它可以研究包括电化学界面在内的一切光学平整的界面。该方法对界面及界面处理没有特殊的限制，只要求界面光学平整，使其在电化学界面的研究中发挥着独特的作用，展示其广阔的应用前景。

　　非线性光学理论及其方法是现代物理学蓬勃发展的分支。本章仅从电化学应用的角度，讲述和频光谱和二次谐波测量电极表面结构和动力学所涉及的非线性光学原理，以期给读者从事电化学研究和阅读各种更专门的科学专著与文献提供一个最基本的非线性光学知识系统。

4.1 非线性光学的基本原理

4.1.1 非线性光学效应与和频光谱产生[2]

非线性光学效应的起源来自介质与强激光场的相互作用。这里我们从经典力学的角度对其进行描述，以便读者对此过程先有一个初步的物理图像。光与介质作用的经典的物理图像是：介质和强激光作用发生极化，形成电偶极子极化层。极化层中的偶极子向外辐射电磁波，形成各种线性和非线性的光学效应。

从介质中传播的光波电场对组成介质的分子中共价电子施加一个力，产生诱导电偶极矩。在空气中，对于低强度和非相干光，这种力是比较小的。所以在各向同性的介质中，诱导的电偶极矩 μ 可以写为：

$$\mu = \mu_0 + \alpha E \tag{4-1}$$

式中，μ_0 为材料的永久偶极矩；α 为分子的电子极化率。单位体积的电偶极矩之和称为极化强度 P。假定只考虑一个由振荡的电场所诱导的极化

$$P = \varepsilon_0 \chi^{(1)} E \tag{4-2}$$

式中，ε_0 为真空电容率。诱导的偶极振荡作为一个辐射场，发射出和偶极振荡相同频率的电磁波，产生反射和折射等线性光学效应。

当增强电场时（比如强激光场），通常情况下并不显著的非线性效应将极大地增加。这些非线性项以附加项的形式合并在诱导偶极矩中：

$$\mu = \mu_0 + \alpha E + \beta E^2 + \gamma E^3 + \cdots \tag{4-3}$$

式中，β 和 γ 分别为一级和二级超极化率。对于块体材料（假定零阶静态极化），极化强度变为：

$$
\begin{aligned}
P &= \varepsilon_0 \left[\chi^{(1)} E + \chi^{(2)} E^2 + \chi^{(3)} E^3 + \cdots \right] \\
&= P^{(1)} + P^{(2)} + P^{(3)} + \cdots
\end{aligned} \tag{4-4}
$$

式中，$\chi^{(2)}$ 和 $\chi^{(3)}$ 分别为二阶和三阶非线性极化率，它明显低于一阶非线性极化率 $\chi^{(1)}$。可以对非线性效应进行下列估计。式（4-4）中相邻两项之比为 $\left| \dfrac{p^{(n+1)}}{p^{(n)}} \right| \approx \dfrac{E}{E_{\text{Atom}}}$，式中，$E_{\text{Atom}}$ 为介质中的原子内电场强度，其数值为 $2 \times 10^{10} \text{V} \cdot \text{m}^{-1}$，在激光出现之前，通常的光源都太弱，所以我们看到的几乎都是线性光学现象。当光电场强度和分子内电场强度相当时，分子对电场的响应不再保持简谐性，非线性极化就产生了。也就是说，当所用的电磁场和电子在分子中所受到的电磁场可以相比拟时，非线性效应才变得显著起来。通常，这样强大的电场也只有脉冲激光才能达到。

设入射的电场为

$$E = E_1 \cos\omega t \tag{4-5}$$

式中，ω 为入射光的频率。式(4-4) 诱导的极化强度为

$$P = \varepsilon_0 [\chi^{(1)}(E_1\cos\omega t) + \chi^{(2)}(E_1\cos\omega t)^2 + \chi^{(3)}(E_1\cos\omega t)^3 + \cdots] \tag{4-6}$$

整理得

$$P = \varepsilon_0 \left[\chi^{(1)}(E_1\cos\omega t) + \frac{1}{2}\chi^{(2)}E_1^2(1+\cos2\omega t) + \frac{1}{4}\chi^{(3)}E_1^3(3\cos\omega t + \cos3\omega t) + \cdots \right]$$
$$\tag{4-7}$$

式(4-7) 表明：诱导极化发射的光，含有许多入射电场 E 频率在两次（二次谐波产生）、三次（三阶谐波产生）等的振荡项。

和频产生（SFG）也可以通过相似的方法来证明。此时，表面电场可以表示为 ω_1 和 ω_2 两个频率的激光束，

$$E = E_1\cos\omega_1 t + E_2\cos\omega_2 t \tag{4-8}$$

若仅考虑到极化的二阶项 $P^{(2)}$，整理后得

$$\begin{aligned}
P^{(2)} &= \varepsilon_0\chi^{(2)}(E_1\cos\omega_1 t + E_2\cos\omega_2 t)^2 \\
&= \varepsilon_0\chi^{(2)}[E_1^2 + E_2^2 + E_1^2\cos2\omega_1 t + E_2^2\cos2\omega_2 t \\
&\quad + \frac{1}{2}E_1E_2\cos(\omega_1-\omega_2)t + \frac{1}{2}E_1E_2\cos(\omega_1+\omega_2)t]
\end{aligned} \tag{4-9}$$

式(4-9)说明，当两个入射光场作用到介质时，可以产生频率为各入射光场频率两倍的二次谐波产生(SHG)；可以产生频率为入射光场频率之差($\omega_1-\omega_2$)的差频产生(DFG)；可以产生频率为入射光场频率之和($\omega_1+\omega_2$)的和频光谱产生(SFG)。最简单的二阶非线性极化的 SFG 分量为：

$$P^{(2)} = \varepsilon_0\chi^{(2)}E_1E_2 \tag{4-10}$$

$\chi^{(2)}$（二阶非线性极化率）是一个三阶张量，它描述两个进行作用的电场矢量 E_1、E_2 与合矢量 $P^{(2)}$ 之间的关系。

4.1.2 二次谐波与和频光谱的特点[3,4]

前面已经证明了二阶非线性光学包括光学二次谐波产生（SHG）、和频振动光谱产生（SFG）和差频产生（DFG）。下面我们简述其特点。

二次谐波技术是一个非常灵敏的界面探测技术，它可以探测吸附在界面上亚单分子层的分子。因为是激光激发的相干光学过程，二次谐波具有高度的方向性，适合无伤害、原位远程且可用于真实环境中检测表面。因为激光激发具有高的空间分辨率和时间分辨率，二次谐波也可以原位绘制一个表面单分子层的分子排列和分子组成。这些优势再加上其对所有界面的广泛应用能力，使得 SHG 成为研究界面的一个独特又多功能的工具。

另外，SHG 研究仅限于可见光区的电子跃迁，因为高增益的光探测器（比如光电倍增管）在可见光区才能达到单层灵敏度。但是，为了选择性的研究吸附分

子，红外振动光谱更为有用。既可以满足界面灵敏性又可以测量界面分子的振动光谱，这就是和频光谱产生（SFG）。任何有效的用于探测表面振动光谱的非线性光学方法应当满足三个标准：应当是一个二阶过程（也就是说，响应是各向异性的），这样的光谱是表面专一的；入射必须有一个可调谐的红外组分去激发振动跃迁；输出应当在近红外或可见光范围（在该范围，它可以被光电倍增管所检测）。红外-可见光和频光谱是一个优异的选择方法。SFG 既具有 SHG 的表面专一性，又具有选择探测表面分子的能力（通过它的特征振动跃迁）。

4.1.3 和频光谱和二次谐波的强度公式

对于非线性光学光谱，从实验的角度，我们关注的是可测物理量光强。下面我们列出在表面科学以及电化学应用中经常用到的主要的公式，这些公式具体的推导过程，请看本章的相应部分或有关的参考文献。

4.1.3.1 和频光谱的强度公式[5,6]

$$I_i(\omega) = \frac{8\pi^3 \omega^2 \sec^2\theta_i}{c^3 \left[\varepsilon_i(\omega)\varepsilon_{i_1}(\omega_1)\varepsilon_{i_2}(\omega_2)\right]^{1/2}} \left| \left[\vec{e}(\omega) \cdot \overleftrightarrow{\chi}_s^{(2)} : \vec{e}(\omega_1)\vec{e}(\omega_2)\right] \right|^2 I_{i_1}(\omega_1) I_{i_2}(\omega_2)$$

$$(4\text{-}11a)$$

式中，$I_{i_1}(\omega_1)$ 和 $I_{i_2}(\omega_2)$ 分别为频率为 ω_1 和 ω_2、分别来自介质 i_1 和 i_2 的入射光强度；$I_i(\omega)$ 为一个在频率为 ω、来自介质 i 的具有极化 $\hat{e}_i(\omega)$ $[\vec{e}(\omega)]$ 的和频光的强度；ω 为和频光的频率。

在文献中经常把式(4-11a)写成下列等价的形式：

$$I(\omega) = \frac{8\pi^3 \omega^2 \sec^2\beta}{c^3 n_1(\omega) n_1(\omega_1) n_1(\omega_2)} \left| \chi_{\text{eff}}^{(2)} \right|^2 I_1(\omega_1) I_2(\omega_2) \qquad (4\text{-}11b)$$

式中，n 为折射率；β 为和频光与界面法线之间的夹角；$\chi_{\text{eff}}^{(2)}$ 为二阶有效极化率，其表达式为

$$\chi_{\text{eff}}^{(2)} = \left[\overleftrightarrow{L}(\omega) : \vec{e}(\omega)\right] \cdot \overleftrightarrow{\chi}^{(2)} : \left[\overleftrightarrow{L}(\omega_1) : \vec{e}(\omega_1)\right] \left[\overleftrightarrow{L}(\omega_2) : \vec{e}(\omega_2)\right] \quad (4\text{-}11c)$$

上式中 $\overleftrightarrow{L}$ 表示 Fresnel 因子张量，其对角元为

$$L_{xx}(\omega_i) = \frac{2n_1(\omega_i)\cos\gamma_i}{n_1(\omega_i)\cos\gamma_i + n_2(\omega_i)\cos\beta_i}$$

$$L_{yy}(\omega_i) = \frac{2n_1(\omega_i)\cos\beta_i}{n_1(\omega_i)\cos\beta_i + n_2(\omega_i)\cos\gamma_i} \qquad (4\text{-}12)$$

$$L_{zz}(\omega_i) = \frac{2n_2(\omega_i)\cos\beta_i}{n_1(\omega_i)\cos\gamma_i + n_2(\omega_i)\cos\beta_i} \times \left[\frac{n_1(\omega_i)}{n'(\omega_i)}\right]^2$$

式中，n_1、n_2、n' 分别为第一项、第二项和界面的折射率，式(4-11c)也包含了张量之间的双点乘。

4.1.3.2　二次谐波的强度公式

二次谐波是和频光谱的特例（两束光的频率相等），其光强可表示为

$$I(2\omega)=\frac{32\pi^3\omega^2\sec^2\beta}{c^3[\varepsilon_1(\omega)\varepsilon_1(\omega)\varepsilon_2(\omega)]^{1/2}}|\chi_{\mathrm{eff}}^{(2)}|^2I^2(\omega) \tag{4-13a}$$

其中

$$\chi_{\mathrm{eff}}^{(2)}=[\hat{e}(2\omega)\cdot\vec{L}(2\omega)]\cdot\overset{\leftrightarrow}{\chi}_{\mathrm{s}}^{(2)}(2\omega):[\hat{e}(\omega)\cdot\vec{L}(\omega)][\hat{e}(\omega)\cdot\vec{L}(\omega)]$$

$$\tag{4-13b}$$

这是文献中经常出现的二次谐波产生的公式，式中各个参数的意义与和频光谱公式相同。

4.1.3.3　偏振和频光谱与偏振二次谐波有效极化率的表达式

非线性光学的另一大特点是可以充分利用偏振光学的特性来激发或者检测特定的振动模式。这里我们给出这两种二阶非线性光学在常见的偏振组合下有效极化率的表达式。

（1）和频光谱四种常用的独立的偏振组合的有效极化率表示公式

$$\chi_{\mathrm{eff,ssp}}^{(2)}=L_{yy}(\omega)L_{yy}(\omega_1)L_{zz}(\omega_2)\sin\beta_2\chi_{yyz}^{(2)}$$

$$\chi_{\mathrm{eff,sps}}^{(2)}=L_{yy}(\omega)L_{zz}(\omega_1)L_{yy}(\omega_2)\sin\beta_1\chi_{yzy}^{(2)}$$

$$\chi_{\mathrm{eff,pss}}^{(2)}=L_{zz}(\omega)L_{yy}(\omega_1)L_{yy}(\omega_2)\sin\beta\chi_{zyy}^{(2)}$$

$$\chi_{\mathrm{eff,ppp}}^{(2)}=-L_{xx}(\omega)L_{xx}(\omega_1)L_{zz}(\omega_2)\cos\beta\cos\beta_1\sin\beta_2\chi_{xxz}^{(2)} \tag{4-14a}$$

$$-L_{xx}(\omega)L_{zz}(\omega_1)L_{xx}(\omega_2)\cos\beta\sin\beta_1\cos\beta_2\chi_{xzx}^{(2)}$$

$$+L_{zz}(\omega)L_{xx}(\omega_1)L_{xx}(\omega_2)\sin\beta\cos\beta_1\cos\beta_2\chi_{zxx}^{(2)}$$

$$+L_{zz}(\omega)L_{zz}(\omega_1)L_{zz}(\omega_2)\sin\beta\sin\beta_1\sin\beta_2\chi_{zzz}^{(2)}$$

（2）二次谐波三种偏振组合下有效极化率的表示公式

$$\chi_{\mathrm{eff,sp}}^{(2)}=L_{zz}(2\omega)L_{yy}^2(\omega)\sin\Omega\chi_{zyy}^{(2)}$$

$$\chi_{\mathrm{eff,45°s}}^{(2)}=L_{yy}(2\omega)L_{zz}(\omega)L_{yy}(\omega)\sin\Omega\chi_{yzy}^{(2)}$$

$$\chi_{\mathrm{eff,pp}}^{(2)}=L_{zz}(2\omega)L_{xx}^2(\omega)\sin\Omega\cos^2\Omega\chi_{zxx}^{(2)} \tag{4-14b}$$

$$-2L_{xx}(2\omega)L_{zz}(\omega)L_{xx}(\omega)\sin\Omega\cos^2\Omega\chi_{xzx}^{(2)}$$

$$+L_{xx}(2\omega)L_{zz}^2(\omega)\sin^3\Omega\chi_{zzz}^{(2)}$$

式中，Ω 为基频入射光的入射角。

4.1.4　二阶非线性光学测量能提供的电化学界面的微观信息

在电偶极近似下，二阶非线性光学具有界面选择性和界面灵敏性。它可以给出界面（包括电化学界面）的许多信息，包括：

①　单晶金属表面和半导体表面的几何结构和电子结构。

②　界面分子振动光谱。

③ 界面（包括固体表面、液体表面及生物体系界面）吸附分子的热力学和动力学。

④ 界面分子取向。

⑤ 界面表面电荷。

⑥ 金属电极界面零电荷点（PZC）。

⑦ 半导体电极界面平带电势（V_{fb}）。

⑧ 界面其它性质的测定：

a. 液体界面极性；

b. 液体界面 pH；

c. 半导体界面电子的电子结构。

⑨ 电极过程动力学的研究：

a. 金属及半导体电沉积；

b. 金属腐蚀与防护；

c. 电极界面电催化；

d. 纳米电极电荷转移。

4.1.5 非线性光学的发展历史

非线性光学从发现实验现象到现在的蓬勃发展，经历了半个多世纪的历程。这里，我们对界面非线性光学方法的发展历史做一个简要的回顾。

1961 年，Franken 等成功进行了光学二次谐波产生（SHG）的首次实验。他们利用一束波长为 694.2nm 的红宝石激光穿过石英晶体，观察到由该晶体发出的波长为 347.1nm 的倍频相干光，标志着非线性光学的真正诞生。

同年，Bass 等在 TGS（三甘氨酸硫酸盐）晶体中观察到光学和频过程。他们用两台波长间隔为 1nm 的红宝石激光器提供两束波长不同的入射光。在晶体中相互作用后，由晶体输出的光束经光谱分析后在波长为 347nm 附近有三条谱线，其中两条谱线分别是波长不同的两束红宝石激光的倍频光，而中间一条是它们的和频。

1962 年，Amstrong 等发表了至今仍有参考作用的光场与物质非线性相互作用的经典长篇论文。同年，Bloembergen 和 Pershan 发表文章，建立了非线性光学的理论框架。这些结果使 Bloembergen 获得了 1981 年的诺贝尔物理学奖。

从 20 世纪 80 年代开始，沈元壤等发展了界面二次谐波产生与和频振动光谱的实验和理论分析方法，开创了将非线性光学用于界面研究的新局面。迄今为止，非线性光学几乎应用在包括电化学界面在内的所有界面研究，对于从分子水平上理解界面的几何结构和电子结构，研究界面基元反应机理，都起着无法替代的作用。最近几年，非线性光学在理论和实验方法上又有新的发展，可以预料，该方法在电化学领域中必将有更加广阔的应用。

几乎与非线性光学在界面研究同时起步，界面非线性光学方法很快用到电化学领域，从最初的多晶电极到单晶电极再到化学修饰的复杂电极表面性质和电化学动力学的研究。研究的范围几乎涉及电化学的各个领域：单晶电极表面的几何结构和电子结构；金属及氧化物在电极表面上的沉积（包括过电位沉积和欠电位沉积）；分子在电极上的吸附，包括吸附分子取向及取向随电位的调控的精确测量和电催化过程等。

4.2 介质对光场的非线性响应

4.2.1 电介质极化的定义[4,7,8]

介质由分子组成。分子内部由带正电的原子核和绕核运动的带负电的电子所组成。从电磁学的观点来看，介质是一个带电粒子体系，其内部存在着不规则而又迅速变化的微观电磁场。无外场存在时，介质内部不出现宏观的电荷电流分布，其内部的宏观电磁场为零；有外场存在时，介质中的带电粒子受场的作用，正负电荷中心发生位移，形成宏观的电偶极矩的分布，因而形成宏观的束缚电荷分布，产生极化电荷。这种在外电场作用下，电介质出现极化电荷的现象，称为电介质的极化。

宏观的电偶极矩分布用极化强度矢量 $\vec{P}$ 定量描述，它等于物理小的体积 ΔV 内的总电偶极矩与 ΔV 之比：

$$\vec{P} = \frac{\sum \vec{p}_i}{\Delta V} \tag{4-15}$$

式中，$\vec{p}_i$ 为第 i 分子的电偶极矩，即 $\vec{p}_i = q_i \vec{l}_i$，求和是对 ΔV 体积中所有分子进行的。电极化强度矢量是量度电介质极化状态（包括极化程度和极化方向）的物理量。

4.2.2 介质的非线性极化

介质的电磁性质可用介质中的 Maxwell 方程组定量的描述。为了解出具体解，尚需要知道场量之间的函数关系，这些函数称为介质的电磁性质的本构关系或电磁性质方程。在非线性光学中，这些本构关系表现为极化率和外场之间的关系。

当外场不是很强时，大多数物质对场的反应是线性的，这种极化称为线性极化。对于各向同性的介质，极化强度与场强成正比。其本构关系可表示为

$$\vec{P} = \chi_{\varepsilon_0} \vec{E} \tag{4-16}$$

式中，χ 为极化率，反映了介质极化的难易程度。对于各向异性的介质，某一方向上的电场不仅使介质在这一方向上极化，也使介质在其它方向上极化，此时，极化率和电场强度是一个张量，其本构关系为

$$\vec{P}_i = \varepsilon_0 \sum_{j=1}^{3} \chi_{ij} E_j \qquad (4\text{-}17)$$

当光场的电场强度很强（比如，达到约 $10^{14}\,\mathrm{W \cdot cm^{-2}}$）时，极化强度（包括其它场量）对电场的响应是非线性的，这种极化称为非线性极化。

对于各向同性介质，其本构关系为

$$P = \varepsilon_0 [\chi^{(1)} E + \chi^{(2)} E^2 + \chi^{(3)} E^3 \cdots] \qquad (4\text{-}18)$$

对于各向异性的介质，本构关系写成矢量形式

$$\vec{P} = \varepsilon_0 [\overset{\leftrightarrow}{\chi}{}^{(1)} \cdot \vec{E} + \overset{\leftrightarrow}{\chi}{}^{(2)} : \vec{E}\vec{E} + \overset{\leftrightarrow}{\chi}{}^{(3)} \vdots \vec{E}\vec{E}\vec{E} + \cdots]$$

$$= \vec{P}^{(1)} + \vec{P}^{(2)} + \vec{P}^{(3)} + \cdots \qquad (4\text{-}19)$$

式中，ε_0 为真空中的介电常数；$\overset{\leftrightarrow}{\chi}{}^{(1)}$、$\overset{\leftrightarrow}{\chi}{}^{(2)}$、$\overset{\leftrightarrow}{\chi}{}^{(3)}$ …依次称为线性（一阶）及二阶、三阶…阶非线性极化率（nonlinear susceptibility）张量。上式的第二项和第三项分别表示二阶、三阶张量与电场强度并矢（也是张量）的二次和三次点乘（有关张量的代数运算，读者可以参阅有关张量分析和电动力学方面的专著[8,9]）。本章仅仅涉及 $\vec{P}^{(2)}$，为二阶非线性项，描述了光学倍频、和频、差频等二阶非线性光学现象。二阶非线性极化率 $\overset{\leftrightarrow}{\chi}{}^{(2)}$ 是一个三阶张量，共有 27 个分量，写成矩阵形式

$$\overset{\leftrightarrow}{\chi}{}^{(2)} = \begin{bmatrix} \chi_{xxx} & \chi_{xyy} & \chi_{xzz} & \chi_{xyz} & \chi_{xzy} & \chi_{xzx} & \chi_{xxz} & \chi_{xxy} & \chi_{xyx} \\ \chi_{yxx} & \chi_{yyy} & \chi_{yzz} & \chi_{yyz} & \chi_{yzy} & \chi_{yzx} & \chi_{yxz} & \chi_{yxy} & \chi_{yyx} \\ \chi_{zxx} & \chi_{zyy} & \chi_{zzz} & \chi_{zyz} & \chi_{zzy} & \chi_{zzx} & \chi_{zxz} & \chi_{zxy} & \chi_{zyx} \end{bmatrix} \qquad (4\text{-}20)$$

其分量的物理意义可以这样理解，比如 χ_{xyz}，表示 y 方向和 z 方向的电场在 x 方向上引起的介质的极化。

4.2.3 分子的极化

微观上看，电极化过程是由于组成介质中的分子或原子（离子）的电偶极矩在电场的作用下发生了变化，从而形成了宏观上的电极化强度矢量 $\vec{P}$。这种微观过程称为分子的极化。分子的极化分为位移极化、离子极化和取向极化。

对于线性极化，分子的偶极矩可表示为

$$\vec{\mu} = \overset{\leftrightarrow}{\alpha} \cdot \vec{E} \qquad (4\text{-}21)$$

式中，$\vec{\mu}$ 为分子的偶极矩矢量；$\overset{\leftrightarrow}{\alpha}$ 为分子的线性极化率张量。

同理，当场强进一步增大时，会引起分子的非线性极化。分子的极化率矢量可进一步写为：

$$\vec{\mu} = \overset{\leftrightarrow}{\alpha} \cdot \vec{E} + \overset{\leftrightarrow}{\beta} : \vec{E}\vec{E} + \overset{\leftrightarrow}{\gamma} \vdots \vec{E}\vec{E}\vec{E} + \cdots$$

$$= \vec{\mu}^{(1)} + \vec{\mu}^{(2)} + \vec{\mu}^{(3)} + \cdots \qquad (4\text{-}22)$$

式中的 $\overset{\leftrightarrow}{\alpha}$ 称为分子的极化率张量（polarizability tensor），是一个二阶张量；$\overset{\leftrightarrow}{\beta}$

称为分子的超极化率张量（hyperpolarizability tensor），是一个三阶张量；$\overset{\leftrightarrow}{\gamma}$ 定义为分子的二阶超极化率张量（second hyperpolarizability tensor）。

4.2.4 产生非线性极化的微观机理[7,10]

非线性极化率是一个宏观可测的物理量，研究其产生的微观机理，就能用非线性光学方法将物质微观过程与结构进行关联。虽然对于不同的过程，非线性极化率的宏观描述是相同的，但产生这些极化的微观机理却可能很不相同。非线性极化的微观机理有下列几种。

（1）电子的贡献

光场的作用可以引起原子、分子及固体等介质中电子云分布的畸变。当激发的电磁波频率与介质中的能级系统发生共振时，还会引起能级和布居的重新分布。这些过程都会产生频率与入射光不同的非线性极化，从而产生二阶、三阶乃至高阶的非线性光学效应。本过程的响应时间极快，小于 $10^{-16} \sim 10^{-15}\,\mathrm{s}$ 的数量级。

（2）分子振动和转动

光场可以引起电介质的分子振动和转动，也包括晶格振动。极化最主要的方式是通过拉曼过程，亦即使拉曼振动模或弹性波受到激发而产生非线性极化。分子振动和转动的响应时间为 $10^{-14} \sim 10^{-13}\,\mathrm{s}$。

（3）分子的重新取向与重新分布

当光作用于液体、液晶或某些高分子材料时，如果分子是各向异性的，则分子倾向于按光场的偏振方向重新取向。与此同时，在光场的作用区，由于分子在光场的作用下感生的电偶极矩的相互作用也会引起分子在空间的重新分布。该过程的响应时间为 $10^{-13} \sim 10^{-12}\,\mathrm{s}$ 数量级。

（4）电致伸缩

光电场作用于介质，改变了作用区的自由能。为了使自由能最小，作用区介质的密度要发生改变，这种现象称为电致伸缩。电致伸缩所造成的折射率的改变也相当于介质发生了非线性极化，响应时间为 $10^{-10} \sim 10^{-8}\,\mathrm{s}$ 数量级。

（5）温度效应

当介质对光场存在吸收时，吸收的能量可通过无辐射跃迁而转变成热，导致介质温度的变化。温度的变化又会引起浓度和密度的变化。所有这些因素都会导致非线性极化率的改变。

4.3 非线性极化率的微观表示[7,10,11]

通过量子力学的密度矩阵理论，经过较为复杂的运算，可以得到二阶非线性极化率的微观表达式。

$$\chi_{ijk}^{(2)}(\omega=\omega_a+\omega_b)=P_i^{(2)}(\omega)/E_j(\omega)$$

$$=-N\frac{e_3}{\varepsilon_0\hbar^2}\sum_{n,n'n''}\left[\frac{(\vec{r}_i)_{n''n}(\vec{r}_j)_{nn'}(\vec{r}_k)_{n'n''}}{(\omega-\omega_{nn''}+i\Gamma_{nn''})(\omega_b-\omega_{n'n''}+i\Gamma_{n'n''})}\right.$$

$$+\frac{(\vec{r}_i)_{n''n}(\vec{r}_k)_{nn'}(\vec{r}_j)_{nn'}}{(\omega-\omega_{nn''}+i\Gamma_{nn''})(\omega_a-\omega_{n'n''}+i\Gamma_{n'n''})}$$

$$+\frac{(\vec{r}_k)_{n''n}(\vec{r}_j)_{n'n}(\vec{r}_i)_{nn''}}{(\omega-\omega_{nn''}+i\Gamma_{nn''})(\omega_a-\omega_{n'n''}+i\Gamma_{n'n''})} \tag{4-23}$$

$$+\frac{(\vec{r}_j)_{n''n'}(\vec{r}_k)_{n'n}(\vec{r}_i)_{nn''}}{(\omega+\omega_{nn''}+i\Gamma_{nn''})(\omega_b+\omega_{n'n''}+i\Gamma_{n'n''})}$$

$$+\frac{(\vec{r}_j)_{nn''}(\vec{r}_k)_{n'n''}(\vec{r}_i)_{n'n}}{\omega-\omega_{nn''}+i\Gamma_{nn'}}\left(\frac{1}{\omega_b+\omega_{n'n''}+i\Gamma_{n'n''}}+\frac{1}{\omega_a-\omega_{n'n''}+i\Gamma_{n'n''}}\right)$$

$$+\left.\frac{(\vec{r}_k)_{nn''}(\vec{r}_j)_{n'n''}(\vec{r}_i)_{n'n}}{\omega-\omega_{nn''}+i\Gamma_{nn'}}\left(\frac{1}{\omega_b-\omega_{nn''}+i\Gamma_{nn''}}+\frac{1}{\omega_a+\omega_{n'n''}+i\Gamma_{n'n''}}\right)\right]\rho_{n''n''}^{(0)}$$

二阶非线性极化率 $\chi_{ijk}^{(2)}(\omega=\omega_a+\omega_b)$ 的微观表达式共有 8 项。当 $\omega_a=\omega_b=\omega$ 时，且 $\vec{E}(\omega_a)$ 和 $\vec{E}(\omega_b)$ 是同一光波时，二阶极化率张量就是倍频极化率张量，令上式中 $\omega_a=\omega_b=\omega$，则

$$\chi_{ijk}^{(2)}(2\omega)=2N\frac{e_3}{\varepsilon_0\hbar^2}\sum_{n,n',n''}\left[\frac{(\vec{r}_i)_{n''n}(\vec{r}_j)_{nn'}(\vec{r}_k)_{n'n''}}{(2\omega-\omega_{nn''}+i\Gamma_{nn''})(\omega-\omega_{n'n''}+i\Gamma_{n'n''})}\right.$$

$$+\frac{(\vec{r}_k)_{n''n}(\vec{r}_j)_{n'n}(\vec{r}_i)_{nn''}}{(2\omega-w_{nn''}+i\Gamma_{nn''})(\omega-\omega_{n'n''}+i\Gamma_{n'n''})} \tag{4-24}$$

$$+\frac{(\vec{r}_k)_{nn''}(\vec{r}_j)_{n''n'}(\vec{r}_i)_{n'n}}{2\omega-\omega_{nn''}+i\Gamma_{nn'}}$$

$$\left.\times\left(\frac{1}{\omega-\omega_{nn''}+i\Gamma_{nn''}}+\frac{1}{\omega+\omega_{n'n''}+i\Gamma_{n'n''}}\right)\right]\rho_{n''n''}^{(0)}$$

式（4-24）的推导过程及公式中各项的物理意义，请参考有关专著[10,11]。

4.4 非线性极化过程的物理图像[10]

实验中能够测量的是非线性极化率。要研究非线性极化率与物质结构的关系，就必须对非线性极化的物理图像有一个清晰的了解。目前，非线性极化过程的物理图像有三种解释。第一种是经典解释，将电介质的非线性极化看作是在强激光电场作用下的组成电介质的偶极子的非线性振动，这种振动辐射出电磁波。第二种是半经典理论，利用密度矩阵的知识结合原子能级图来说明非线性极化率产生的物理图像，其基本观点是极化的过程就是密度矩阵非对角元产生的过程，有几种这样的非对角元的产生过程，就有几种极化过程。这种方法还进一步发展到用双费曼图来写

出非线性极化率的每一项。这方面的内容，读者可以参考非线性光学方面的专著[4]。第三种是全量子理论，即用量子电动力学的方法描述激光和物质的相互作用。用这种方法解释的好处是，它既能反映强激光场的波动特性，又能反映光场能量和动量的量子特点，可以对大部分效应的物理实质给出完备而又形象的图像式描述[10]。这里，我们用第三种方法进行解释。

4.4.1 光学二次谐波（倍频）的物理图像描述[10]

光学倍频或二次谐波，是指一定频率 ω 的单色光场入射到 $\chi^{(2)} \neq 0$ 的非线性介质后，产生新频率 $\omega_2 = 2\omega_1$ 相干辐射的现象（如图 4-1 所示），这是人们在激光器问世不久首次在实验中观察到的第一个非线性光学效应。

光学二次谐波过程的实质，是在非线性介质内两个基频入射光子的湮灭和一个倍频光子的产生。如图 4-1 所示，整个基元过程可看成由两个阶段组成。第一阶段，在两个基频入射光子湮灭的同时，组成介质的一个分子离开初始所处的能级（通常为基态能级）而与光场处于某种中间态（用虚能级表示）；在第二阶段，介质的分子重新跃迁到其初始态并同时发射出一个倍频光子。由于分子在中间能级上的停留时间为无穷小（小到近似等于电子云畸变的响应时间），因此，上述两个阶段实际上几乎是瞬时发生和同时完成的。

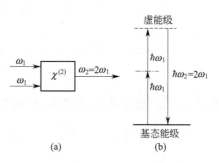

图 4-1　倍频光谱示意图（a）和量子能级图（b）（虚线表示虚能级）

这一基元过程发生的始态和末态，介质分子的量子力学状态并未发生任何变化（分子本身的能量和动量不变），因此，能量守恒和动量守恒定律只要求在湮灭掉和新产生的光子之间得到满足，而与介质分子无关。设基频入射光子的能量为 $\hbar\omega_1$，动量为 $\hbar k_1$（这里的 k_1 为基频波矢，$\hbar$ 为布朗克常数除以 2π），二次谐波光子的能量为 $\hbar\omega_2$，动量为 $\hbar k_2$（这里的 k_2 为谐波的波矢），则能量和动量守恒将表现为

$$\omega_2 = \omega_1 + \omega_1 = 2\omega_1$$
$$\vec{k_2} = \vec{k_1} + \vec{k_1} = 2\vec{k_1} \tag{4-25}$$

4.4.2 光学和频与差频效应

光学和频过程的物理图像是，在基元过程的第一阶段，涉及能量为 $\hbar\omega_1$ 和 $\hbar\omega_2$ 的两个入射光子的湮灭，与此同时，介质分子离开其基态进入到中间状态（虚态）。在过程的第二阶段，处于中间状态的介质分子几乎是毫无迟延地立即返回到原来的初始能级，并同时发射出一个能量为 $\hbar\omega_3 = \hbar(\omega_1 + \omega_2)$ 的和频光子 [图 4-2 (a)、(b)]。在 $\omega_1 = \omega_2$ 的情况下，和频过程就过渡到二次谐波过程。同理，和频

过程满足能量和动量守恒定律:

$$\omega_3 = \omega_1 + \omega_2$$
$$\vec{k}_3 = \vec{k}_1 + \vec{k}_2 \tag{4-26}$$

光学差频过程是光学和频过程的逆过程。和频过程涉及两个低频光子 $\hbar\omega_1$ 和 $\hbar\omega_2$ 的湮灭和一个和频光子的同时产生,相当于光场的能量由 ω_1 和 ω_2 频率转向 $\omega_3 = \omega_1 + \omega_2$ 频率;而差频过程涉及一个高频光子 $\hbar\omega_1$ 的湮灭及两个低频光子 $\hbar\omega_2$ 和 $\hbar\omega_3' = \hbar(\omega_1 - \omega_2)$ 的同时产生。和频过程与差频过程的示意图见图 4-2。

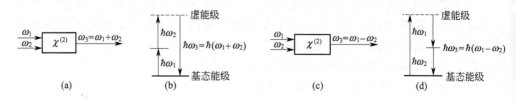

图 4-2 和频与差频光谱示意图 [(a),(c)] 和能级图 [(b),(d)]

4.4.3 非线性极化率的共振增强[7,10,11]

从非线性极化率的微观表达式(4-23)可以看出,式中每一项的分母都是由一些形如 $(\sum\limits_{i=1}^{j} \pm\omega_i - \omega_{lk} + i\Gamma_{lk})^{-1}$ 的因子组成的。当其中光频的某种和差组合 $\sum\limits_{i=1}^{j} \pm \omega_i$ 与某两个能级之差 ω_{lk} 相等时,相应的一项将变得很大,称为非线性极化率的共振增强(图 4-3)。利用这种原理,通过调谐入射光的频率,可以获得极大增强的非线性光学效应,共振增强出现在非线性极化率表达式中的一项或几项。所以,当有共振效应发生时,非线性极化率主要由共振项来决定,其余项一般贡献很小,甚至可以忽略不计。此外,对光波频率改变敏感的也仅仅是这些共振项,其余许多项的数值几乎不随光频而改变。这时,可将

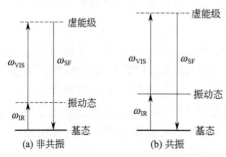

图 4-3 非共振与共振和频光谱能级图

$\vec{\chi}^{(n)}$ 表示为对光敏感的共振部分 $\vec{\chi}_R^{(n)}$ 和对光频不敏感的非共振部分 $\vec{\chi}_{NR}^{(n)}$ 之和。

$$\chi^{(2)} = \chi_{NR}^{(2)} + \chi_R^{(2)} \tag{4-27}$$

一般来说,单介质的 $\vec{\chi}_{NR}^{(n)}$ 非常小,除非 ω 与分子跃迁匹配,这是很少见的。相反,对于金属表面,由于表面等离子共振,$\vec{\chi}_{NR}^{(n)}$ 具有非常大的值,会产生非常大的 SFG 信号,该信号常常不随频率而发生变化。因为表面上的 SFG 信号是共振

和非共振信号的组合，所以对于 $\overleftrightarrow{\chi}_{NR}^{(n)}$ 和 $\overleftrightarrow{\chi}_{R}^{(n)}$ 复杂性质的理解是必要的。非共振与共振和频光谱能级图见图 4-3。

一般来说，非线性极化率是一个复数，可以表示为实部与虚部相加的形式。也可以写为指数的形式，其中的幅角表示该极化率的相位，这些极化率张量元之间存在着复杂的相干现象。这就是通常所说的二阶非线性光学是相干光学的原因。在固体界面和电化学界面的研究中，为了反映这种相干过程的相位关系，有时将上式写为

$$\chi^{(2)} = |\chi_{NR}^{(2)}|e^{i\delta} + |\chi_{R}^{(2)}|e^{i\varepsilon} \tag{4-28}$$

式中，δ 和 ε 分别为共振部分电极化率和非共振部分电极化率的相位。

4.5 非线性极化率的约化[4,7,12]

二阶非线性极化率张量在数学上是三阶张量，共有 27 个张量元，写成矩阵形式：

$$\overleftrightarrow{\chi}^{(2)} = \begin{bmatrix} \chi_{xxx} & \chi_{xyy} & \chi_{xzz} & \chi_{xyz} & \chi_{xzy} & \chi_{xzx} & \chi_{xxz} & \chi_{xxy} & \chi_{xyx} \\ \chi_{yxx} & \chi_{yyy} & \chi_{yzz} & \chi_{yyz} & \chi_{yzy} & \chi_{yzx} & \chi_{yxz} & \chi_{yxy} & \chi_{yyx} \\ \chi_{zxx} & \chi_{zyy} & \chi_{zzz} & \chi_{zyz} & \chi_{zzy} & \chi_{zzx} & \chi_{zxz} & \chi_{zxy} & \chi_{zyx} \end{bmatrix} \tag{4-29}$$

在非线性光学的实验中经常要进行有关张量元的计算，确定独立的张量元是一件首要的工作。利用非线性极化率张量元的有关性质就可以对张量元进行约化。

本节主要讨论非线性极化率张量元（主要是二阶非线性极化率）之间的对称关系。利用这些对称关系可以确定零张量元，从而对非线性极化率张量进行化简。

4.5.1 本征置换对称性

从 4.3 节中二阶非线性极化率的微观表达式(4-23) 可以看到：

$$\overleftrightarrow{\chi}^{(2)}(\omega_1, \omega_2) = \overleftrightarrow{\chi}^{(2)}(\omega_2, \omega_1) \tag{4-30}$$

该式表明，交换两个频率为 ω_1 和 ω_2 的相互作用的光电场的顺序二阶极化率保持不变，相应的两个极化强度 $\overrightarrow{P}_{\omega_1+\omega_2}^{(2)}(t)$ 和 $\overrightarrow{P}_{\omega_2+\omega_1}^{(2)}(t)$ 也相等。对于三维的极化率张量，除要考虑光电场的振动频率外，还需考虑光电场的偏振方向。为清楚起见，可以将极化强度写成分量形式：

$$P_{\mu}^{(2)}(\omega_m+\omega_n, t) = \varepsilon_0 \sum_{\substack{m,n \\ \alpha,\beta}} \chi_{\mu\alpha\beta}^{(2)}(\omega_m, \omega_n) E_{\alpha}(\omega_m) E_{\beta}(\omega_n) e^{-i(\omega_m+\omega_n)t} \tag{4-31}$$

式中，$\chi_{\mu\alpha\beta}^{(2)}(\omega_m, \omega_n)$ 为二阶极化率张量，μ，α，$\beta = x$，y，z。该式中的任一项 $\varepsilon_0 \chi_{\mu\alpha\beta}^{(2)}(\omega_m, \omega_n) E_{\alpha}(\omega_m) E_{\beta}(\omega_n) e^{-i(\omega_m+\omega_n)t}$ 表示由频率为 ω_m、偏振方向为 α 的光电场分量 $E_{\alpha}(\omega_m, t)$ 和频率为 ω_n、偏振方向为 β 的光电场分量 $E_{\beta}(\omega_n, t)$ 通过二阶非线性作用产生的在 μ 方向上偏振、频率为 $\omega_m+\omega_n$ 的二阶极化强度分

量 $P_\mu^{(2)}(\omega_m + \omega_n)$。比如，任取一项

$$P_x^{(2)}(\omega_1 + \omega_2, t) = \varepsilon_0 \chi_{xyx}^{(2)}(\omega_1, \omega_2) E_y(\omega_1) E_x(\omega_2) e^{-i(\omega_1 + \omega_2)t} \tag{4-32}$$

表征这样的过程：频率为 ω_1、偏振方向为 y 的光电场分量 $E_y(\omega_1, t)$ 和频率为 ω_1、偏振方向为 x 的光电场分量 $E_x(\omega_2, t)$ 通过二阶非线性作用产生的在 x 方向上偏振、频率为 $\omega_1 + \omega_2$ 的二阶极化强度分量 $P_x^{(2)}(\omega_1 + \omega_2)$。

同理，也存在下列关系：

$$P_x^{(2)}(\omega_2 + \omega_1, t) = \varepsilon_0 \chi_{xxy}^{(2)}(\omega_2, \omega_1) E_x(\omega_2) E_y(\omega_1) e^{-i(\omega_2 + \omega_1)t} \tag{4-33}$$

它表示了频率为 ω_2、偏振方向为 x 的光电场分量 $E_x(\omega_2, t)$ 和频率为 ω_1、偏振方向为 y 的光电场分量 $E_y(\omega_1, t)$ 通过二阶非线性作用产生的在 x 方向上偏振、频率为 $\omega_1 + \omega_2$ 的二阶极化强度分量 $P_x^{(2)}(\omega_1 + \omega_2)$。根据实际的物理过程，应有

$$P_x^{(2)}(\omega_1 + \omega_2, t) = P_x^{(2)}(\omega_2 + \omega_1, t) \tag{4-34}$$

所以

$$\chi_{xyx}^{(2)}(\omega_1, \omega_2) = \chi_{xxy}^{(2)}(\omega_2, \omega_1) \tag{4-35}$$

更一般的情况，应有

$$\chi_{\mu\alpha\beta}^{(2)}(\omega_1, \omega_2) = \chi_{\mu\beta\alpha}^{(2)}(\omega_2, \omega_1) \tag{4-36}$$

上式表明，非线性极化率张量元中的配对 (ω_1, α) 和 (ω_2, β) 交换次序，值不变。

对于高阶极化率张量，也存在类似的关系，称为 Kleinman 猜想。

4.5.2 非线性极化率的空间对称性

物质的对称性对其物理性质的影响的原理称为 Numann 原理：晶体的任何物理性质所具有的对称要素，必然包括晶体所属点群的全部对称要素。非线性极化率张量作为介质光学性质，它应具有反映介质结构对称性的某种形式的对称。因此，某些张量元为零，而另一些相互之间有关系，从而极大减少独立张量元的总数。但这样的运算是复杂的。简单的方法是根据坐标三重积的方法进行化简。为了介绍这种方法，我们首先介绍张量中的变换关系。

4.5.2.1 二阶极化率张量的变换关系[12,13]

设非线性物质所属的空间群中的任一对称操作为 $\hat{A}$，采用操作 $\hat{A}$ 的矩阵表示就可以得到晶体中原子在空间坐标系中的变换关系：

$$x_i' = A_{ij} x_j \qquad i, j = 1, 2, 3 \tag{4-37}$$

式中，x_j 为变换前的坐标；x_i' 为经操作 $\hat{A}$ 变换后的坐标。在本节的公式推导中，我们遵照在近代物理中经常用到的爱因斯坦约定：重复下标表示对所重复的下标进行求和运算。同理，对于光电场强度和极化强度矢量的分量也有类似关系：

$$\begin{aligned} E_i' &= A_{ij} E_j \\ P_i' &= A_{ij} P_j \end{aligned} \qquad i, j = 1, 2, 3 \tag{4-38}$$

对于二阶非线性光学效应：

$$P_i^{(2)} = D\varepsilon_0 \chi_{ijk}^{(2)'} E_j' E_k' \tag{4-39}$$

因为非线性极化率是张量不变量（物理量的值不因坐标变换而改变），即有

$$\chi^{(2)'} = \chi^{(2)} \tag{4-40}$$

对 $P_i^{(2)}$ 实施变换，有

$$P_i^{(2)'} = D\varepsilon_0 \chi_{ijk}^{(2)'} E_j' E_k' \tag{4-41}$$

将式（4-38）代入式（4-41），上式可变为

$$A_{ia} P_a^{(2)} = D\varepsilon_0 \chi_{ijk}^{(2)'} A_{jb} E_b A_{kc} E_c \tag{4-42}$$

式中，A_{ia} 为对称操作 $\hat{A}$ 矩阵表示的 i 行 α 列的矩阵元。

利用对称操作变换的正交性，可得到二阶极化率张量的变换关系：

$$\chi_{ijk}^{(2)'} = A_{ia} A_{jb} A_{kc} \chi_{ijk}^{(2)} \tag{4-43}$$

同理，对于 n 阶非线性极化率张量，其变换关系为

$$\chi_{ijk\cdots l}^{(n)'} = A_{ia} A_{jb} A_{kc} \cdots A_{lf} \chi_{ijk\cdots l}^{(n)} \tag{4-44}$$

原则上，按照研究体系所属的对称群，将有关操作的表示矩阵代入上述的二阶极化率张量的变化关系，考虑到二阶极化率的张量不变性，便可得到极化率张量之间的约束关系，从而对极化率张量进行约化。但这样做常常很烦琐，下面我们介绍用等价的坐标三重积的方法进行约化。

4.5.2.2 坐标三重积变换计算三阶张量的变换关系[12,13]

首先以三阶张量为例，证明在对称操作下，三阶张量分量的变换等价于坐标三重积在此操作下的变换。

设 $x_a x_b x_c$ 表示操作前的坐标三重积，$x_i' x_j' x_k'$ 表示操作后的坐标三重积，则按照上面对称操作对坐标的变换矩阵表示，可得：

$$\begin{aligned}(x_i' x_j' x_k') &= (A_{ia} x_a)(A_{jb} x_b)(A_{kc} x_c) \\ &= A_{ia} A_{jb} A_{kc} (x_a x_b x_c)\end{aligned} \tag{4-45}$$

上式和三阶张量的变换规律相同，即 $\chi_{ijk}^{(2)}$ 的变换规律与三重积 $x_a x_b x_c$ 的变换规律相同。所以，可以根据三重积的变换规律来讨论张量元的变换规律。

4.5.2.3 几个例子

我们举几个文献中经常用到的例子，说明如何根据对称性对二阶非线性极化率张量元进行约化。

（1）我们证明：对于具有反演中心的介质，偶数阶的非线性极化率为零

证明：设对称中心位于原点（0，0，0）处，反演中心 $\hat{i}$ 的表示矩阵为

$$\hat{i} = \begin{bmatrix} -1 & 0 & 0 \\ 0 & -1 & 0 \\ 0 & 0 & -1 \end{bmatrix}$$

进行下列坐标变换：

$$\begin{bmatrix} x' \\ y' \\ z' \end{bmatrix} = \begin{bmatrix} -1 & 0 & 0 \\ 0 & -1 & 0 \\ 0 & 0 & -1 \end{bmatrix} \begin{bmatrix} x \\ y \\ z \end{bmatrix}, \text{由此得到}: (x'y'z') = (-1)^3 (xyz),$$

即等价于:$\chi_{ijk}^{(2)'} = (-1)^3 \chi_{ijk}^{(2)}$,而 $\chi_{ijk}^{(2)'} = \chi_{ijk}^{(2)}$,

于是 $$\chi_{ijk}^{(2)} = 0 \tag{4-46}$$

这是一条重要的结论:对于具有反演中心的介质,偶数阶的非线性极化率为零。在界面研究中,体相被认为是含对称中心的介质,而界面是不含对称中心的。这样,在电偶极近似下,可以忽略体相二阶非线性光学信号对总信号的贡献,测得的信号被认为是界面的信号。这就是二阶非线性光学方法对界面具有选择性的根本原因。

同理可得:

$$\chi_{ijk\cdots l}^{(n)} = (-1)^{n+1} \chi_{ijk\cdots l}^{(n)} \tag{4-47}$$

即 $$\chi_{ijk\cdots l}^{(n)} = 0 \tag{4-48}$$

即我们也证明了含有对称中心的介质,偶数阶的非线性极化率为零。

(2) C_{2v} 点群

已知 $$C_{2v} = \{\hat{E}, \hat{C}_2^1, \hat{\sigma}_{yz}, \hat{\sigma}_{xz}\}$$

其对称操作的表示矩阵分别为

$$\hat{E} = \begin{bmatrix} 1 & 0 & 0 \\ 0 & 1 & 0 \\ 0 & 0 & 1 \end{bmatrix}; \hat{C}_2^1 = \begin{bmatrix} -1 & 0 & 0 \\ 0 & -1 & 0 \\ 0 & 0 & 1 \end{bmatrix}; \hat{\sigma}_{yz} = \begin{bmatrix} -1 & 0 & 0 \\ 0 & 1 & 0 \\ 0 & 0 & 1 \end{bmatrix}; \hat{\sigma}_{xz} = \begin{bmatrix} 1 & 0 & 0 \\ 0 & -1 & 0 \\ 0 & 0 & 1 \end{bmatrix}$$

我们先用 $\hat{C}_2^1$ 对称操作作用于坐标

$$\hat{C}_2^1 \begin{bmatrix} x \\ y \\ z \end{bmatrix} = \begin{bmatrix} x' \\ y' \\ z' \end{bmatrix} = \begin{bmatrix} -1 & 0 & 0 \\ 0 & -1 & 0 \\ 0 & 0 & 1 \end{bmatrix} \begin{bmatrix} x \\ y \\ z \end{bmatrix}, \text{得到} \begin{cases} x' = -x \\ y' = -y \\ z' = z \end{cases}$$

上面坐标三重积的变换等价于 $\overleftrightarrow{\chi}^{(2)}$ 在该对称操作下的变换。我们可以用上面的关系式对矩阵进行化简,找出其中的零矩阵元。

即我们有 $\chi_{xyy}' = (-1)(-1)(-1)\chi_{xyy} = -\chi_{xyy}$,根据张量不变性:$\chi_{xyy}' = \chi_{xyy}$ 立即得出:$\chi_{xyy} = -\chi_{xyy}$,只有当 $\chi_{xyy} = 0$ 才能满足上式。

上式可以证明了,即凡是角标的三重积变换后为负值,该张量元为 0 张量元。

用上述的结果,依次考察所有的矩阵元,可得到这 27 个张量分量有 14 个零元素,即

$$\chi^{(2)} = \begin{cases} \chi_{xxx} & \chi_{xyy} & \chi_{xzz} & \chi_{xyz} & \chi_{xzy} & \chi_{xzx} & \chi_{xxz} & \chi_{xxy} & \chi_{xyx} \\ \chi_{yxx} & \chi_{yyy} & \chi_{yzz} & \chi_{yyz} & \chi_{yzy} & \chi_{yzx} & \chi_{yxz} & \chi_{yxy} & \chi_{yyx} \\ \chi_{zxx} & \chi_{zyy} & \chi_{zzz} & \chi_{zyz} & \chi_{zzy} & \chi_{zzx} & \chi_{zxz} & \chi_{zxy} & \chi_{zyx} \end{cases}$$

经过 $\hat{C}_2$ 操作,变为

$$\chi^{(2)} = \begin{bmatrix} 0 & 0 & 0 & \chi_{xyz} & \chi_{xzy} & \chi_{xzx} & \chi_{xxz} & 0 & 0 \\ 0 & 0 & 0 & \chi_{yyz} & \chi_{yzy} & \chi_{yzx} & \chi_{yxz} & 0 & 0 \\ \chi_{zxx} & \chi_{zyy} & \chi_{zzz} & 0 & 0 & 0 & 0 & \chi_{zxy} & \chi_{zyx} \end{bmatrix}$$

用 $\hat{\sigma}_{yz}$ 进行操作

$$\hat{\sigma}_{yz} \begin{bmatrix} x \\ y \\ z \end{bmatrix} = \begin{bmatrix} x' \\ y' \\ z' \end{bmatrix} = \begin{bmatrix} -1 & 0 & 0 \\ 0 & 1 & 0 \\ 0 & 0 & 1 \end{bmatrix} \begin{bmatrix} x \\ y \\ z \end{bmatrix}, 得到 \begin{cases} x' = -x \\ y' = y \\ z' = z \end{cases}$$

用三重积考察其它非零元，同样得到 6 个零元素，即

$$\chi^{(2)} = \begin{bmatrix} 0 & 0 & 0 & 0 & 0 & \chi_{xzx} & \chi_{xxz} & 0 & 0 \\ 0 & 0 & 0 & \chi_{yyz} & \chi_{yzy} & 0 & 0 & 0 & 0 \\ \chi_{zxx} & \chi_{zyy} & \chi_{zzz} & 0 & 0 & 0 & 0 & 0 & 0 \end{bmatrix}$$

最后，再用 $\hat{\sigma}_{xz}$ 进行操作

$$\hat{\sigma}_{xz} \begin{bmatrix} x \\ y \\ z \end{bmatrix} = \begin{bmatrix} x' \\ y' \\ z' \end{bmatrix} = \begin{bmatrix} 1 & 0 & 0 \\ 0 & -1 & 0 \\ 0 & 0 & 1 \end{bmatrix} \begin{bmatrix} x \\ y \\ z \end{bmatrix}, 得到 \begin{cases} x' = x \\ y' = -y \\ z' = z \end{cases}$$

同理，计算三重积，并代入二阶极化率张量的分量关系。但上面几个操作已经使矩阵约化，本操作对约化矩阵不再起作用。最后得到满足 C_{2v} 点群对称性的二阶非线性极化率张量为

$$\chi^{(2)} = \begin{bmatrix} 0 & 0 & 0 & 0 & 0 & \chi_{xzx} & \chi_{xxz} & 0 & 0 \\ 0 & 0 & 0 & \chi_{yyz} & \chi_{yzy} & 0 & 0 & 0 & 0 \\ \chi_{zxx} & \chi_{zyy} & \chi_{zzz} & 0 & 0 & 0 & 0 & 0 & 0 \end{bmatrix}$$

所以，具有 C_{2v} 对称介质的二阶非线性极化率含有 7 个独立的张量元。假如这些非线性极化率张量元还满足 Kleinman 对称性，则上述独立元还可进一步简化：$\chi_{xxz} = \chi_{xzx}$，$\chi_{yyz} = \chi_{yzy}$，χ_{zxx}，χ_{zyy}，χ_{zzz} 共 5 个独立分量。

（3）$C_{\infty v}$ 点群

该点群在界面研究中相当重要。我们已经知道，界面由于对称性破坏，可以产生二阶非线性极化。对于非手性的液体界面，通常具有 $C_{\infty v}$ 对称性。

已知 $C_{\infty v} = \{E, C_{\infty}, \infty \sigma_v\}$

下面我们证明，可以通过相似的运算表明，该体系具有四个独立非零的二阶极化率分量 χ_{zzz}，χ_{zxx}，χ_{xzx} 和 χ_{xxz}。

通过分析我们发现，$C_{\infty v}$ 的对称操作等价于两个互相垂直的包含在 C_{∞} 轴（z 轴）的对称面 $\sigma(xz)$、$\sigma(yz)$ 的对称操作。经过这两个对称面的对称操作，分别有下列变换关系：

$$\begin{cases} x' = x \\ y' = -y \\ z' = z \end{cases}, \begin{cases} x' = -x \\ y' = y \\ z' = z \end{cases}$$

按此关系，找二阶张量的零元素，并考虑到 Kleinman 对称性，最后得到各向同性的界面（$C_{\infty v}$），其二阶极化率张量矩阵为

$$\overset{\leftrightarrow}{\chi}{}^{(2)}=\begin{pmatrix} 0 & 0 & 0 & 0 & 0 & \chi_{xzx} & \chi_{xxz} & 0 & 0 \\ 0 & 0 & 0 & \chi_{yyz} & \chi_{yzy} & 0 & 0 & 0 & 0 \\ \chi_{zxx} & \chi_{zyy} & \chi_{zzz} & 0 & 0 & 0 & 0 & 0 & 0 \end{pmatrix}$$

因为对于各向同性的表面，x 轴和 y 轴是等价的，总的结果是：具有 $C_{\infty v}$ 对称的界面，仅仅有四个独立非零的有可能产生 SFG 或者 SHG 信号的 $\chi_{ijk}^{(2)}$ 分量：

$$\chi_{zxx}^{(2)}(\equiv\chi_{zyy}^{(2)});\chi_{xzx}^{(2)}(\equiv\chi_{yzy}^{(2)});\chi_{xxz}^{(2)}(\equiv\chi_{yyz}^{(2)});\chi_{zzz}^{(2)}$$

将上面的方法可以推广到所有的对称介质。

文献中列出了各种对称性介质所具有的独立非零二阶极化率张量元[4,11]，该结果对于研究界面上的分子非常重要，有需要的读者可以进行参考。根据分子的对称性确定独立的张量元是进行非线性光学实验和分析实验数据的前提。

4.6 界面和频光谱公式的一些讨论

4.6.1 可见红外和频振动光谱

大部分实验室都装备有扫描式皮秒和频光谱。下面我们以此为例加以说明。实验是用两束脉冲激光进行的，其中一束固定在可见频率 ω_{VIS}（通常是 532nm），另一束是可调谐的红外频率 ω_{IR}。这两束激光在界面上完成一个空间和时间上的重叠，发射出入射光频率之和的和频光（$\omega_{SF}=\omega_{VIS}+\omega_{IR}$）。当可调谐的红外光的频率与界面上分子的振动模式相同时，信号共振增强。通过检测各个红外频率的和频光，就得到一个和频振动光谱，它的频率位于电磁波谱的可见光区。可以证明，和频光的强度为

$$I(\omega_{SF})=\frac{8\pi^3\omega_{SF}^2\sec^2\theta_{SF}}{c^3[\varepsilon_1(\omega_{SF})\varepsilon_1(\omega_1)\varepsilon_2(\omega_2)]^{1/2}}|[\vec{e}(\omega_{SF})\cdot\overset{\leftrightarrow}{\chi}{}_s^{(2)}(\omega_{SF}):$$
$$\vec{e}(\omega_\nu)\vec{e}(\omega_{IR})]|^2I(\omega_\nu)I(\omega_{IR}) \tag{4-49}$$

用每一个脉冲的光子数来表示

$$S(\omega_{SF})=\frac{8\pi^3\omega_{SF}^2\sec^2\theta_{SF}}{c^3[\varepsilon_1(\omega_{SF})\varepsilon_1(\omega_1)\varepsilon_2(\omega_2)]^{1/2}}|[\vec{e}(\omega_{SF})\cdot\overset{\leftrightarrow}{\chi}{}_s^{(2)}(\omega_{SF}):$$
$$\vec{e}(\omega_\nu)\vec{e}(\omega_{IR})]|^2I(\omega_\nu)I(\omega_{IR})AT \tag{4-50}$$

式中，A 为光在界面上的散射截面；T 为激光的脉冲宽度。引入有效极化率：

$$\overset{\leftrightarrow}{\chi}{}_{eff}^{(2)}=[\vec{e}(\omega_{SF})\cdot\overset{\leftrightarrow}{\chi}{}_s^{(2)}(\omega_{SF}):\vec{e}(\omega_\nu)\vec{e}(\omega_{IR})]$$

$$=[\hat{e}(\omega_{SF})\cdot\vec{L}(\omega_{SF})\cdot\overset{\leftrightarrow}{\chi}{}_s^{(2)}(\omega_{SF}):[\hat{e}(\omega_\nu)\cdot\vec{L}(\omega_\nu)][\hat{e}(\omega_{IR})\cdot\vec{L}(\omega_{IR})]$$

$$\tag{4-51}$$

则式(4-49)可变为

$$I(\omega_{SF}) = \frac{8\pi^3 \omega_{SF}^2 \sec^2\theta_{SF}}{c^3 [\varepsilon_1(\omega_{SF})\varepsilon_1(\omega_1)\varepsilon_2(\omega_2)]^{1/2}} |\chi_{eff}^{(2)}|^2 I(\omega_\nu)I(\omega_{IR}) \qquad (4\text{-}52)$$

$$L_{xx}(\omega_i) = \frac{2n_1(\omega_i)\cos\gamma_i}{n_1(\omega_i)\cos\gamma_i + n_2(\omega_i)\cos\beta_i}$$

$$L_{yy}(\omega_i) = \frac{2n_1(\omega_i)\cos\beta_i}{n_1(\omega_i)\cos\beta_i + n_2(\omega_i)\cos\gamma_i} \qquad (4\text{-}53)$$

$$L_{zz}(\omega_i) = \frac{2n_2(\omega_i)\cos\beta_i}{n_1(\omega_i)\cos\gamma_i + n_2(\omega_i)\cos\beta_i} \times \left[\frac{n_1(\omega_i)}{n'(\omega_i)}\right]^2$$

式中，$n'(\omega_i)$ 为界面层的折射率，对于液体界面，$n' = \sqrt{\dfrac{n^2(n^2+5)}{4n^2+2}}$；$\beta_i$ 为第 i 束入射激光的入射角；γ_i 为相应的折射角。满足 Snell 关系：$n_1(\omega_i)\sin\beta = n_2(\omega_i)\sin\gamma$。

这就是在文献中广为使用的界面和频光谱强度的公式。

前面已经讲过，界面的二阶极化率可以分成两部分：

$$\chi_s^{(2)} = \chi_{NR}^{(2)} + \chi_R^{(2)} \qquad (4\text{-}54)$$

非共振的二阶极化率为一复数，为了强调这一点，在文献中有时将上式写为

$$\chi_s^{(2)} = \chi_{NR}^{(2)} e^{i\phi} + \chi_R^{(2)} \qquad (4\text{-}55)$$

从上式可以看到，和频光谱强度大小及和频光谱的形状，主要取决于有效二阶非线性极化率。在其它条件不变的情况下，可将和频光谱的强度简单地表示为：

$$I(\omega_{SF}) \propto |\chi_{eff}^{(2)}|^2 \qquad (4\text{-}56)$$

即，和频光谱的强度与有效极化率模的平方成正比（这也是文献中广为使用的公式）。

在电化学中，还常常将和频光谱的强度公式写为（这里将相位角用 ξ 表示，但在文献里也常用 ϕ、θ 等符号表示的）：

$$I_{SF} \propto \left| \chi_{NR}^{i\xi} + \sum_n \frac{A_n}{\omega_{IR} - \omega_n + i\Gamma} \right|^2 \qquad (4\text{-}57)$$

并用其对实验得到的和频光谱曲线进行拟合。

4.6.2 和频光谱的相位匹配条件

和频过程必须满足能量守恒和动量守恒定律。对于可见红外和频振动光谱，由能量守恒定律可知，发射的 SFG 信号的频率是可调谐红外和固定的可见光频率之和：$\omega_{SF} = \omega_{IR} + \omega_{VIS}$

动量守恒定律如下：$\qquad\qquad \vec{k}_{SF} = \vec{k}_{IR} \pm \vec{k}_{VIS}$

写成标量形式：$\qquad\qquad k_{SF,x} = k_{IR,x} \pm k_{VIS,x}$

又因为 $k = \dfrac{2\pi n}{\lambda}$，设和频光、红外光和可见光与表面法线的夹角为 β、β_1、β_2，

上式变为

$$\frac{n_{SF}}{\lambda(\omega)}\sin\beta=\frac{n_{IR}}{\lambda(\omega_1)}\sin\beta_1\pm\frac{n_{VIS}}{\lambda(\omega_2)}\sin\beta_2 \tag{4-58}$$

该式的重要性是可以确定和频信号的出射方向，用于计算检测 SFG 光的最佳角度，也是和频光谱匹配的相位条件，正号对应于同向入射的光束，负号对应于对向入射的光束。

4.6.3 二次谐波的强度公式

二次谐波产生是和频产生的一种特殊情况：入射光 $\omega_1=\omega_2=\omega$，产生频率为 2ω 的倍频光。式(4-52) 直接用在二次谐波，得：

$$I(2\omega)=\frac{32\pi^3\omega^2\sec^2\beta}{c^3[\varepsilon_1(\omega)\varepsilon_1(\omega)\varepsilon_2(\omega)]^{1/2}}|\chi_{eff}^{(2)}|^2I^2(\omega) \tag{4-59}$$

其中

$$\chi_{eff}^{(2)}=[\hat{e}(2\omega)\cdot\overset{\leftrightarrow}{L}(2\omega)]\cdot\overset{\leftrightarrow}{\chi}_s^{(2)}(2\omega):[\hat{e}(\omega)\cdot\overset{\leftrightarrow}{L}(\omega)][\hat{e}(\omega)\cdot\overset{\leftrightarrow}{L}(\omega)] \tag{4-60}$$

这是文献中经常出现的二次谐波产生的公式。其中各个参数的意义与和频光谱公式的含义相同。

4.6.4 和频振动光谱的线形

对于 IR 和 Raman 光谱而言，振动吸收带的线形和分子运动的动力学参数有密切的联系，对于和频振动光谱也同样如此。和频光谱数据的线形轮廓提供频率、强度、所观察的振子共振的宽度及任何非共振信号的强度和相位。对和频振动光谱线形的认识有助于对不同振动模式的正确识别，下面对和频振动光谱可能出现的线形进行讨论。

前已指出，宏观的二阶非线性极化率可以表示为红外光频率相关的共振项和非共振项的加和：

$$\chi^{(2)}(\omega_{IR})=\chi_{NR}(\omega_{IR})+\chi_R(\omega_{IR})=\chi_{NR}(\omega_{IR})+\sum_q\frac{A_q}{\omega_{IR}-\omega_q+i\Gamma_R} \tag{4-61}$$

显然和频振动的强度 I_{SF} 正比于 $\chi^{(2)}(\omega_{IR})$。对 I_{SF} 和红外光的频率作图（图 4-4），可以看出，当 χ_{NR} 和 A_q/Γ_q 相比可以被忽略的时候，和频振动光谱的线形就是典型的高斯线形。如果 χ_{NR} 为实数且和 A_q 同号，光谱线形左低右高；反之，如果 χ_{NR} 为实数且和 A_q 反号，光谱线形左高右低。如果 χ_{NR} 为虚数，且和 A_q/Γ_q 相近，那么就会出现振动峰向下的线形。通常在气/液界面和固/液界面线形图 4-4(a) 和 (c) 最为常见，当分子在金属基底上时，非共振项为虚数，且贡献较大，图 4-4(d) 为最熟悉的线形。

应当指出，实际由光谱仪记录的峰的形状不但取决于 $|\chi_R^{(2)}|$，也取决于所用激光的宽度等实验因素。

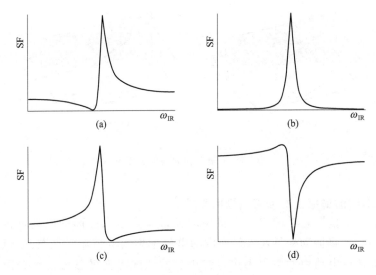

图 4-4 和频振动光谱的线形

(a) χ_{NR} 为实数，和 A_q 同号；(b) χ_{NR} 和 A_q/Γ_q 相比可被忽略；

(c) χ_{NR} 为实数，和 A_q 反号；(d) χ_{NR} 为虚数，和 A_q 反号，和 A_q/Γ_q 接近

4.6.5 和频振动光谱的相位

作为相干的非线性过程，和频振动光谱不但可以给出非线性极化率的振幅，同时还可以给出非线性极化率的相位，这些信息对所研究的体系来说是非常有用的。非线性极化率的相位包含了分子、基团的取向信息。分子、基团的取向不同，非线性极化率和有效非线性极化率的相位也就不同。当不同振动模式的频率相近时，会发生振动耦合，这时候，和频振动光谱的线形就可能因不同振动模式下非线性极化率的相位不同而改变，从而影响到振动峰的识别。近来发展的相敏和频光谱的测量，是和频光谱的最新进展之一，详情请参看本章的展望部分及最新的参考文献。

4.6.6 偏振和频光谱的强度公式

4.6.6.1 为什么要用偏振光学进行界面非线性光学研究

① 从宏观的角度来看，非线性过程的产生来自表面的极化。极化程度的大小与表面局域电场的平方成正比。凡是影响表面局域电场的因素，都将影响极化强度。不同偏振的光电场，对表面电场的强度和方向有不同的贡献，进而影响和频光谱的强度。

② 不同的偏振光，检测界面非线性极化率张量的不同张量元，这些张量元之间的干涉，影响了和频光谱不同模式振动峰的相对大小，这一点，对于峰的指认尤其重要。

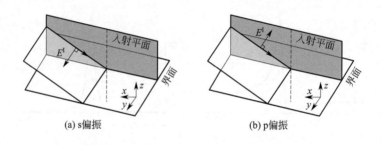

图 4-5　s 偏振和 p 偏振的定义

4.6.6.2　不同的偏振光对表面电场的贡献[2]

先介绍几个偏振光学的术语：将振动矢量垂直于入射面的电矢量称为 s 偏振〔见图 4-5(a)〕，将振动矢量在入射面内的电矢量称为 p 偏振〔见图 4-5(b)〕。在文献中，尤其是在电动力学教科书中，常用表面法线方向做参考，将表面法线方向（z）的偏振（即上面的 p 偏振）用符号"$\perp$"表示；将表面方向（x 平面、y 平面）的偏振（即上面的 s 偏振）用符号"$/\!/$"来表示。

可以看到，由 s 偏振光在界面产生的电场仅仅通过以界面为界的沿着 y 轴的电场所描述，而通过入射 p 偏振光所建立的电场能够被分解成既有 x 坐标又有 z 坐标的表面电场〔图 4-5(b)〕。

入射光场以 x，y，z 为基的分量由式(4-62)、式(4-63)给出。

$$\vec{E}_x^{\mathrm{I}} = E_x^{\mathrm{I}} \cdot \hat{x}$$
$$\vec{E}_y^{\mathrm{I}} = E_y^{\mathrm{I}} \cdot \hat{y} \tag{4-62}$$
$$\vec{E}_z^{\mathrm{I}} = E_z^{\mathrm{I}} \cdot \hat{z}$$

这里，E_i^{I} 是分量沿着 i 轴的数值大小（$i = x$，y，z），并且 i 是沿着该轴的单位向量。分量的相对值可由几何关系计算出（图 4-6）。

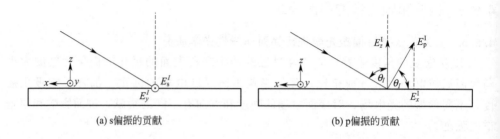

图 4-6　不同偏振光对表面电场的贡献

$$E_x^{\text{I}} = \pm \hat{x} E_{\text{p}}^{\text{I}} \cos\theta_{\text{I}}$$

$$E_y^{\text{I}} = E_{\text{s}}^{\text{I}} \qquad\qquad (4\text{-}63)$$

$$E_z^{\text{I}} = E_{\text{p}}^{\text{I}} \sin\theta_{\text{I}}$$

式(4-63)的正号被应用于入射光沿 x 轴正方向传播，而负号应用于入射光沿 x 轴的负方向传播。显然，对于三束光有多种不同形式偏振组合（后面将证明，只有四种独立的偏振组合），不同的偏振组合可以提供界面几何结构和电子结构的不同信息。

对于各向同性的界面，前面已经证明了二阶极化率仅有四个独立的张量元，$\chi_{xxz} = \chi_{yyz}$，$\chi_{xzx} = \chi_{yzy}$，$\chi_{zxx} = \chi_{zyy}$ 和 χ_{zzz}。这四个张量分量可以通过测量四个不同的输入和输出偏振组合来求出，即 ssp（本节和大多数文献一样，偏振组合遵照下列的顺序约定：和频、可见、红外。比如 ssp 就表示 s 偏振的和频光场、s 偏振的可见光场和 p 偏振的红外光场）、sps、pss 和 ppp。下面我们列出这些不同的偏振组合与界面独立的二阶极化率张量元之间的关系。

4.6.6.3 偏振组合与宏观张量元的关系[5]

（1）有效极化率与任意偏振组合的关系

设 ω_1 和 ω_2 表示两个入射场的频率，ω 表示输出的和频的频率。不失一般性，设入射激光场是线偏振，其偏振方向与 p 偏振之间的夹角为 Ω_1（偏振角），输出的和频场与 p 偏振之间成 Ω 的夹角。可以证明，有效二阶极化率可表示为：

$$\begin{aligned}
\overleftrightarrow{\chi}_{\text{eff}}^{(2)} &= [\hat{e}(\omega) \cdot \overleftrightarrow{L}(\omega)] \cdot \overleftrightarrow{\chi}_{\text{s}}^{(2)}(\omega) : [\hat{e}(\omega_1) \cdot \overleftrightarrow{L}(\omega_1)][\hat{e}(\omega_2)\overleftrightarrow{L}(\omega_2)] \\
&= -L_{xx}(\omega)L_{xx}(\omega_1)L_{zz}(\omega_2)\cos\beta\cos\beta_1\sin\beta_2\cos\Omega\cos\Omega_1\cos\Omega_2\chi_{xxz}^{(2)} \\
&\quad -L_{xx}(\omega)L_{zz}(\omega_1)L_{xx}(\omega_2)\cos\beta\sin\beta_1\cos\beta_2\cos\Omega\cos\Omega_1\cos\Omega_2\chi_{xzx}^{(2)} \\
&\quad +L_{zz}(\omega)L_{xx}(\omega_1)L_{xx}(\omega_2)\sin\beta\cos\beta_1\cos\beta_2\cos\Omega\cos\Omega_1\cos\Omega_2\chi_{zxx}^{(2)} \\
&\quad +L_{zz}(\omega)L_{zz}(\omega_1)L_{zz}(\omega_2)\sin\beta\cos\beta_1\sin\beta_2\cos\Omega\cos\Omega_1\cos\Omega_2\chi_{zzz}^{(2)} \\
&\quad +L_{yy}(\omega)L_{yy}(\omega_1)L_{zz}(\omega_2)\sin\beta_2\sin\Omega\sin\Omega_1\cos\Omega_2\chi_{yyz}^{(2)} \\
&\quad +L_{yy}(\omega)L_{zz}(\omega_1)L_{yy}(\omega_2)\sin\beta_1\sin\Omega\cos\Omega_1\sin\Omega_2\chi_{yzy}^{(2)} \\
&\quad +L_{zz}(\omega)L_{yy}(\omega_1)L_{yy}(\omega_2)\sin\beta\cos\Omega\sin\Omega_1\sin\Omega_2\chi_{zyy}^{(2)}
\end{aligned} \qquad (4\text{-}64)$$

（2）四种常用的独立偏振组合的有效极化率表示公式

由式(4-64)，我们立即可以得到四个独立的偏振组合下的有效非线性极化率为：

$$\chi_{\text{eff,ssp}}^{(2)} = L_{yy}(\omega) L_{yy}(\omega_1) L_{zz}(\omega_2) \sin\beta_2 \chi_{yyz}^{(2)}$$

$$\chi_{\text{eff,sps}}^{(2)} = L_{yy}(\omega) L_{zz}(\omega_1) L_{yy}(\omega_2) \sin\beta_1 \chi_{yzy}^{(2)}$$

$$\chi_{\text{eff,pss}}^{(2)} = L_{zz}(\omega) L_{yy}(\omega_1) L_{yy}(\omega_2) \sin\beta \chi_{zyy}^{(2)}$$

$$\chi_{\text{eff,ppp}}^{(2)} = -L_{xx}(\omega) L_{xx}(\omega_1) L_{zz}(\omega_2) \cos\beta \cos\beta_1 \sin\beta_2 \chi_{xxz}^{(2)} \qquad (4\text{-}65)$$

$$-L_{xx}(\omega) L_{zz}(\omega_1) L_{xx}(\omega_2) \cos\beta \sin\beta_1 \cos\beta_2 \chi_{xzx}^{(2)}$$

$$+L_{zz}(\omega) L_{xx}(\omega_1) L_{xx}(\omega_2) \sin\beta \cos\beta_1 \cos\beta_2 \chi_{zxx}^{(2)}$$

$$+L_{zz}(\omega) L_{zz}(\omega_1) L_{zz}(\omega_2) \sin\beta \sin\beta_1 \sin\beta_2 \chi_{zzz}^{(2)}$$

下面我们对式(4-65)进行讨论。

① 将式(4-65)代入式(4-64),我们得到另外一个很重要的公式:

$$\vec{\chi}_{\text{eff}}^{(2)} = [\hat{e}(\omega) \cdot \vec{L}(\omega)] \cdot \vec{\chi}_s^{(2)}(\omega) : [\hat{e}(\omega_1) \cdot \vec{L}(\omega_1)][\hat{e}(\omega_2) \vec{L}(\omega_2)]$$

$$= \sin\Omega \sin\Omega_1 \cos\Omega_2 \chi_{\text{eff,ssp}}^{(2)} + \sin\Omega \cos\Omega_1 \sin\Omega_2 \chi_{\text{eff,sps}}^{(2)} \qquad (4\text{-}66)$$

$$+ \cos\Omega \sin\Omega_1 \sin\Omega_2 \chi_{\text{eff,pss}}^{(2)} + \cos\Omega \cos\Omega_1 \cos\Omega_2 \chi_{\text{eff,ppp}}^{(2)}$$

该式说明,对于各向同性的界面,和频振动光谱有且仅有四个独立的偏振组合:ssp、sps、pss、ppp,这些不同的偏振组合可以测量不同的极化率张量元。所以在实验中,对于非手性界面,常常用这四个偏振组合就足以探测到界面的各种信息。该结果充分显示了偏振光学的优势:选定特定的偏振组合,测量特定的张量元,得到不同的和频光谱的形状。偏振和频光谱最大的应用是指认界面分子的振动光谱,测定界面分子的取向,有关方法原理将在本章微观模型部分详细给出。

② 对于 SHG,入射光只有一束频率为 ω 的基频光,反射光是频率为 2ω 的倍频光,有三个独立的偏振组合来测量各向同性界面的二阶非线性极化率的张量元:sp、45°s 和 pp,下标第一个字母表示基频光的偏振,第二个字母表示倍频光的偏振。

$$\chi_{\text{eff,sp}}^{(2)} = L_{zz}(2\omega) L_{yy}^2(\omega) \sin\Omega \chi_{zyy}^{(2)}$$

$$\chi_{\text{eff,45°s}}^{(2)} = L_{yy}(2\omega) L_{zz}(2\omega) L_{yy}(\omega) \sin\Omega \chi_{yzy}^{(2)}$$

$$\chi_{\text{eff,pp}}^{(2)} = L_{zz}(2\omega) L_{xx}^2(\omega) \sin\Omega \cos^2\Omega \chi_{zxx}^{(2)} \qquad (4\text{-}67)$$

$$-L_{xx}(2\omega) L_{zz}(\omega) L_{xx}(\omega) \sin\Omega \cos^2\Omega \chi_{xzx}^{(2)}$$

$$+L_{xx}(2\omega) L_{zz}^2(\omega) \sin^3\Omega \chi_{zzz}^{(2)}$$

4.6.7 界面非线性光学理论——微观模型[5,14]

在前面介绍了非线性光学的宏观理论,导出了和频和倍频光强的公式。下面重点介绍,根据这些光强的数值,如何得到界面上的分子信息。

4.6.7.1 表面的电偶极响应

界面上的分子层的行为是包括电化学科学在内的许多相关学科关注的问题。电偶极近似已经被广泛地用于界面分子层的非线性光学响应的研究。如果不做特别说明，本章的所有公式都是在电偶极近似下成立的。在此假设下，我们要建立界面的非线性极化率（又称为宏观极化率）与分子的超极化率（又称为微观极化率）之间的关系。这种关系是从分子水平研究界面的基础。

设界面分子的非线性极化率是界面上单个分子的非线性极化率的加和，忽略局域场效应，界面分子的非线性极化率可以写为：

$$\vec{\chi}_s^{(2)} = \sum_{\text{单位面积}} \vec{\beta}^{(2)} \tag{4-68}$$

式中的 $\vec{\beta}^{(2)}$ 为单个分子的二阶极化率，称为微观电极化率或者分子的超极化率。在文献中还常用 $\vec{\alpha}^{(2)}$ 表示分子的超极化率（注意：文献中分子的一阶极化率常用 $\vec{\alpha}$ 表示，没有上标）。在本章中，为了和原始文献统一，这两种表示方法我们都采用。设体相物质是中心对称的，只有界面单分子层数量级的局域区域对界面的非线性极化率有贡献，体相物质对界面的非线性极化率没有贡献。我们考虑一个最简单的情形：界面对非线性极化率有贡献的所有的分子在化学上都是等同的。定义表面或界面单位面积有序排列的分子数为表面数密度 N_s，则式（4-68）可用下式来代替：

$$\vec{\chi}_s^{(2)} = N_s \langle \vec{\beta}^{(2)} \rangle \tag{4-69}$$

式中的尖括号表示对界面上分子取向概率密度分布函数的平均。这就是联系宏观极化率和微观极化率的桥梁公式。在此简单模型下，表面非线性极化率张量由吸附分子密度、吸附分子的非线性极化率 $\vec{\beta}^{(2)}$、分子的取向分布来决定。

4.6.7.2 宏观-微观联系公式成立的假设条件

从上面的介绍中我们可以看出，联系宏观极化率与微观极化率公式（4-69）成立的假设条件是：

① 界面分子的非线性极化率是界面上单个分子的非线性极化率的加和。

② 体相物质是中心对称的，对界面的非线性极化率没有贡献。

③ 界面对非线性极化率有贡献的所有的分子在化学上都是等同的。

4.6.7.3 宏观-微观联系公式能提供的微观信息

（1）估计界面密度

界面密度仅仅作为总的标度因子参加到平均，它在决定偏振和角度依赖中并不重要。但是，在此模型中，我们仍然假设，SH 或 SF 电场正比于吸附分子的界面密度。从应用的角度来讲，这意味着 SH（SF）将用于估计相对界面密度。从公式中可以看出，要准确的估计界面密度，必须满足：

① 吸附分子的取向分布不发生变化。

② 能准确计算吸附分子的取向分布。

（2）吸附分子物种的非线性极化率如何表达

研究界面吸附物质的重要性不言而喻。用二阶非线性光学对此问题的研究关键是有关吸附分子物种的非线性极化率如何表达。这是一个复杂的问题，理论上并没有完全解决。

① 从实用的角度来看，一个好的近似是将界面上的每一个吸附分子看成是一个孤立分子，完全忽略分子之间的相互作用力。

② 更精确的表达涉及微扰对界面分子的电子结构和振动结构的影响。用线性表面振动光谱的语言来说，这些校正可能来源于"化学"或"物理"。化学来源指的是吸附分子本身的性质；物理来源指的是分子之间的长程电磁相互作用，这也可以用局域场校正（local-field correction）来描述。

③ 当分子本身是非对称中心的，可以预计在气相，应该有一个非零的非线性极化率 $\vec{\beta}^{(2)}$；对于具有对称中心的分子，在气相 $\vec{\beta}^{(2)}$ 将消失。所以具有对称中心的分子在界面上的非线性响应仅仅是由于界面诱导的 $\vec{\beta}^{(2)}$ 的微扰所引起的。

④ 在大多数情况下，如果对称性的考虑或者非线性起源的特定知识允许我们去推断仅仅是少量的张量元占主导，则 $\vec{\beta}^{(2)}$ 张量元精确的数值结果并不重要。这种方法现在已经广泛用在根据偏振 SHG 或者偏振的 SFG 过程进行的分子取向的分析（这就是我们后面将要讲到的比值法）。

4.6.8　用 SFG 和 SHG 测量界面分子的取向

4.6.8.1　非线性光学测量界面分子取向的可能性

界面分子的取向测量是包括电化学在内的界面科学研究中的一个基本问题。非线性光学测量取向有自己独特的优势。从式（4-69）来看，分子非线性极化率的取向平均过程是预测 $\vec{\beta}^{(2)}$ 的关键步骤。反过来，我们可以利用微观的 $\vec{\beta}^{(2)}$ 和宏观的 $\overset{\leftrightarrow}{\chi}_{s}^{(2)}$ 响应去推断界面分子的取向。

现在我们重点讲述，如何描述吸附分子的位置（坐标）。这涉及坐标系的选择问题。可以用两种方法建立坐标系。用界面法线方向的单位矢量和与该法线方向正交的另外两个单位矢量组成一个坐标系，称为**实验室坐标系**；用分子对称轴方向的单位矢量和另外两个单位矢量组成坐标系，称为**分子坐标系**。在我们的问题中，吸附在界面上的分子的对称轴经常处在与表面法线方向夹角的地方。所以，分子坐标系和实验室坐标系很少一致。表示分子中基团的位置用分子坐标系方便。但是，从实验上来说，用于表面的 E 电场总是用相对于表面的坐标系（实验室坐标系）而不是分子坐标系来计算的。所以，必须在两个坐标系之间进行换算。为此，我们首先引入分子坐标系和实验室坐标系，并引出两者之间的变化矩阵。

4.6.8.2　分子坐标系、实验室坐标系及其两者之间的变换张量

这两种坐标系之间的变换是通过 Euler 变换完成的。Euler 变换最初是经典力学为研究刚体运动而引入的，在量子力学的角动量理论研究中也经常用到。下面我们介绍这种变换。

在经典力学中，为了描述物体的运动，必须先确定坐标系（通常是直角坐标系。在我们的问题中，实验室坐标系常常选择为平面直角坐标系），又因为该坐标系是静止不动的，又称为静坐标系。与静坐标系对应，我们可以选择另外一个坐标系，它固定在运动的物体（在我们现在所研究的问题中，是吸附在界面上的分子）上，随着物体（刚体、分子等）的旋转而旋转，称为动坐标系（在我们所研究的问题中，称为分子坐标系）。实验室坐标系表示为 $(x，y，z)$，三个单位矢量是 $(\hat{i}，\hat{j}，\hat{k})$，其中有一个矢量，比如，$\hat{k}$ 选择在表面法线方向的单位矢量。分子坐标系用固定在分子上的直角坐标系 $(a，b，c)$ 来表示，单位矢量为 $(\hat{\xi}，\hat{\eta}，\hat{\zeta})$，其中有一个单位矢量，比如，$\hat{\zeta}$ 常常取分子对称轴的方向。需要指出的是，分子坐标系的表示符号在文献中是很混乱的。有的文献用 $(X，Y，Z)$ 表示分子坐标系，单位矢量是 $(\hat{I}，\hat{J}，\hat{K})$；有的文献还用 $(x'，y'，z')$ 表示分子坐标系，$(\hat{i'}，\hat{j'}，\hat{k'})$ 用来表示单位矢量。在本章中，为了和原始文献统一，我们交替使用这三种符号。

为了描绘这两个坐标系基矢之间的关系，需要三个 Euler 角 $(\theta，\phi，\psi)$。下面我们给出这两套坐标系基矢量之间的关系。过程分三步进行。

第一步，将 $(x，y，z)$ 坐标系按 z 轴顺时针旋转 ϕ 角，用算符 $\hat{R}(\phi)$ 表示，得到新坐标系 $(a'，b'，c')$，其单位矢量是 $(\hat{\xi}'，\hat{\eta}'，\hat{\zeta}')$，如图 4-7(a) 所示。新旧坐标基矢之间的变换关系是

$$\begin{pmatrix} \hat{\xi}' \\ \hat{\eta}' \\ \hat{\zeta}' \end{pmatrix} = \hat{R}(\phi) \begin{pmatrix} \hat{i} \\ \hat{j} \\ \hat{k} \end{pmatrix} \tag{4-70}$$

由图 4-7(a)，我们可以得到如下关系

$$\begin{aligned} \hat{\xi}' &= \cos\phi \hat{i} + \sin\phi \hat{j} + 0\hat{k} \\ \hat{\eta}' &= -\sin\phi \hat{i} + \cos\phi \hat{j} + 0\hat{k} \\ \hat{\zeta}' &= 0\hat{i} + 0\hat{j} + 1\hat{k} \end{aligned} \tag{4-71}$$

由此可以得到算符 $\hat{R}(\phi)$ 以 $(\hat{i}，\hat{j}，\hat{k})$ 为基的操作矩阵：

$$R(\phi) = \begin{pmatrix} \cos\phi & \sin\phi & 0 \\ -\sin\phi & \cos\phi & 0 \\ 0 & 0 & 1 \end{pmatrix} \tag{4-72}$$

第二步，将坐标系 $(a'，b'，c')$ 按 a' 顺时针旋转 θ，用算符 $\hat{R}(\theta)$ 表示，得到新坐标系 $(a''，b''，c'')$，坐标系的单位矢量为 $(\hat{\xi}''，\hat{\eta}''，\hat{\zeta}'')$，如图 4-7(b) 所

示。在此操作下，新旧基矢之间的变换关系为：

$$\begin{pmatrix} \hat{\xi}'' \\ \hat{\eta}'' \\ \hat{\zeta}'' \end{pmatrix} = \hat{R}(\theta) \begin{pmatrix} \hat{\xi}' \\ \hat{\eta}' \\ \hat{\zeta}' \end{pmatrix} \tag{4-73}$$

同理，可以得到此操作的矩阵表示为

$$R(\theta) = \begin{pmatrix} 1 & 0 & 0 \\ 0 & \cos\theta & \sin\theta \\ 0 & -\sin\theta & \cos\theta \end{pmatrix} \tag{4-74}$$

第三步，将坐标系 (a'', b'', c'') 按照 c'' 轴顺时针旋转一个 ψ 角，用 $\hat{R}(\psi)$ 算符表示，得到新坐标系 (a, b, c)，单位矢量为 (ξ, η, ζ)，如图 4-7(c) 所示。新旧坐标的变换关系是

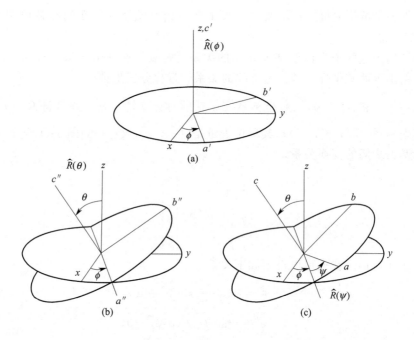

图 4-7　从分子坐标系到实验室坐标系的欧拉变换示意图

$$\begin{pmatrix} \hat{\xi}'' \\ \hat{\eta}'' \\ \hat{\zeta}'' \end{pmatrix} = \hat{R}(\psi) \begin{pmatrix} \hat{\xi} \\ \hat{\eta} \\ \hat{\zeta} \end{pmatrix} \tag{4-75}$$

由图 4-7(c)，我们可以得到此操作的矩阵表示为

$$R(\psi) = \begin{pmatrix} \cos\psi & \sin\psi & 0 \\ -\sin\psi & \cos\psi & 0 \\ 0 & 0 & 1 \end{pmatrix} \tag{4-76}$$

所以，当坐标系经过连续三个旋转操作后，由坐标系（x，y，z）变换到坐标系（a，b，c），新旧坐标之间基矢的变换为：

$$\begin{pmatrix} \hat{\xi} \\ \hat{\eta} \\ \hat{\zeta} \end{pmatrix} = \hat{R}(\phi)\hat{R}(\theta)\hat{R}(\psi) \begin{pmatrix} \hat{i} \\ \hat{j} \\ \hat{k} \end{pmatrix} = \hat{R}(\phi,\theta,\psi) \begin{pmatrix} \hat{i} \\ \hat{j} \\ \hat{k} \end{pmatrix} \tag{4-77}$$

这三个角（ϕ，θ，ψ）称为 Euler 角，依次称为方位角（azimuth angle）、倾斜角（tilt angle）和扭转角（twist angle）。它们的取值范围分别是：$\theta \in (0, \pi)$，$\psi \in (0, 2\pi)$，$\phi \in (0, 2\pi)$。

Euler 角可以确定和描述分子的空间取向，分子的任何转动也一定可以分解为三个连续的转动，这种变换称为 Euler 变换。三个变换矩阵的乘积，称为 Euler 变换矩阵，本节用 R 表示。这样我们就得到了从固定坐标系（xyz）到动坐标系（abc）经过 Euler 变换后，动坐标系基矢对静坐标系基矢之间的变换矩阵（在我们的问题中，相当于从实验室坐标到分子坐标的变换），有的文献中写为变换张量 $\overleftrightarrow{R}$：

$$R = \begin{pmatrix} \cos\psi\cos\phi - \cos\theta\sin\phi\sin\psi & \cos\psi\sin\phi + \cos\theta\cos\phi\sin\psi & \sin\psi\sin\theta \\ -\sin\psi\cos\phi - \cos\theta\sin\phi\cos\psi & -\sin\psi\sin\phi + \cos\theta\cos\phi\cos\psi & \cos\psi\sin\theta \\ \sin\theta\sin\phi & \sin\theta\cos\psi & \cos\theta \end{pmatrix}$$
$$\tag{4-78a}$$

然而，在我们所研究的问题中，需要由分子坐标系中的微观性质变换到实验室坐标系中的宏观性质，这时就需要静坐标对动坐标的转换矩阵，我们用矩阵 T（或者用张量 $\overleftrightarrow{T}$）来表示，显然，T 是 R 的逆矩阵：

$$T = \begin{pmatrix} T_{xa} & T_{xb} & T_{xc} \\ T_{ya} & T_{yb} & T_{yc} \\ T_{za} & T_{zb} & T_{zc} \end{pmatrix} = \begin{pmatrix} (\hat{i},\hat{\xi}) & (\hat{i},\hat{\eta}) & (\hat{i},\hat{\zeta}) \\ (\hat{j},\hat{\xi}) & (\hat{j},\hat{\eta}) & (\hat{j},\hat{\zeta}) \\ (\hat{k},\hat{\xi}) & (\hat{k},\hat{\eta}) & (\hat{k},\hat{\zeta}) \end{pmatrix}$$
$$= R^{-1} = \tilde{R} = \begin{pmatrix} \cos\psi\cos\phi - \cos\theta\sin\phi\sin\psi & -\sin\psi\cos\phi - \cos\theta\sin\phi\cos\psi & \sin\theta\sin\phi \\ \cos\psi\sin\phi + \cos\theta\cos\phi\sin\psi & -\sin\psi\sin\phi + \cos\theta\cos\phi\cos\psi & \sin\theta\cos\psi \\ \sin\psi\sin\theta & \cos\psi\sin\theta & \cos\theta \end{pmatrix}$$
$$\tag{4-78b}$$

必须指出的是，Euler 变换有许多种大同小异的形式。Goldstein 在他的名著"Classical Mechanism"中总结出欧拉变换的方式可以有 $2 \times 3! = 12$（种），我们用到的是其中一种，变换顺序为 $\phi \rightarrow \theta \rightarrow \psi$，每一种欧拉变换都有特定的表示矩阵。

不同欧拉变换的区别在于围绕坐标轴旋转时 ϕ 角和 ψ 角的定义不同。在和频振动光谱相关的文献中，欧拉变换矩阵的形式也常常因人而异[15]。我们这里给出的欧拉变换矩阵是在分子光谱研究中最为常用的矩阵形式。本章从分子坐标系到实验室坐标系的所有坐标变换均是基于图 4-7 中所示的坐标变换过程，因而取向角（常用倾斜角 θ 来表示）的定义也遵照此图中所示的角度。

4.6.8.3 表面宏观二阶极化率是分子微观二阶极化率的统计平均

由上面的 Euler 变换张量矩阵，我们可以将式（4-69）写为下列形式：

$$\chi^{(2)}_{\text{s},ijk} = N_{\text{s}} \sum_{i'j'k'} \langle T_{ii'} T_{jj'} T_{kk'} \rangle \beta^{(2)}_{i'j'k'} \tag{4-79a}$$

式中，$\beta^{(2)}_{i'j'k'}$ 为分子坐标系中测量的分子的二阶非线性极化率（$i' = a$，b，c，$j' = a$，b，c，$k' = a$，b，b；$i = x$，y，z，$j = x$，y，z，$k = x$，y，z）。$\langle \rangle$ 内是 Euler 变换张量矩阵的矩阵元。$\langle \rangle$ 表示对某种概率取向分布函数的统计平均。文献中也常常写成下列等效的形式（只是符号有所不同）：

$$\chi^{(2)}_{\text{s},ijk} = N_{\text{s}} \sum_{\xi,\eta,\zeta} \langle (\hat{i},\hat{\xi})(\hat{j},\hat{\eta})(\hat{k},\hat{\zeta}) \rangle \beta^{(2)}_{\xi\eta\zeta} \tag{4-79b}$$

在文献上还经常写为

$$\chi^{(2)}_{\text{s},ijk} = N_{\text{s}} \sum_{\alpha\beta\gamma} \langle R(\phi)R(\theta)R(\psi) \rangle \beta^{(2)}_{\alpha\beta\gamma} \tag{4-79c}$$

这些公式的物理意义，我们前面已经讲过。另外，为简单起见，在式（4-79）中，我们忽略了对 $\chi^{(2)}_{ijk}$ 的微观局域场校正。下面我们对此公式进行讨论。

① 原则上，如果知道了 $\chi^{(2)}_{\text{s},ijk}$、$N_{\text{s}}$、$\vec{\beta}^{(2)}$，就可以根据取向平均算出分子的取向参数。但如果不经过简化，上式将给出一组复杂的方程组，不能由此推演出取向参数。所以，必须根据实验条件进行化简。

② 如果根据体系的对称性和共振增强的条件，确定 $\vec{\beta}^{(2)}$ 可以由几个少数的非零独立张量元来近似，则可以直接测量平均取向参数。比如，对于 $C_{\infty v}$ 对称的界面，只有三个独立非零的宏观二阶极化率分量：χ_{zzz}，χ_{zxx}，χ_{xzx}。假定分子坐标变换的方位角 ϕ 和扭转角 ψ 在 $0 \sim 2\pi$ 之间均匀分布，则欧拉变换矩阵元就只是分子轴向与界面法线夹角 θ 的函数。这样便可以根据二阶非线性光学测量计算取向参数和取向角。详细介绍请参见本章后面二次谐波在液/液界面电化学研究中的应用部分。

4.6.8.4 从分子超极化率到宏观二阶非线性极化率

现在，我们根据式（4-79），推导出几个典型对称性分子微观超极化率张量元与宏观极化率张量元之间的关系。从这些关系我们可以看到，对不同对称类型的分子基团，以及同种基团的对称伸缩振动和反对称伸缩振动，和频振动光谱信号强度的偏振依赖关系有很大的差别，而这种差别又跟分子取向、结构等微观性质密切相关。这些关系是分析和频光谱，计算分子取向的基础。

（1）C_{2v} 对称类型

具有 C_{2v} 构型的分子或基团有亚甲基（CH_2）、水（H_2O）、氟代亚甲基（CF_2）等，以亚甲基为例来说明 C_{2v} 构型的分子或基团界面取向角的确定。亚甲基的分子坐标系定义如图 4-8 所示，C_2 轴与 c 轴重合，CH_2 在 ac 面上，b 轴垂直于 CH_2 平面。

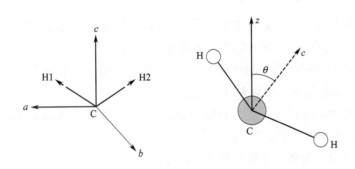

图 4-8　亚甲基坐标系及取向角定义，c 轴为 CH_2 基团的 C_2 对称轴，

z 轴为界面法线，c 轴和 z 轴之间的夹角即 θ 角

① 亚甲基（C_{2v} 对称群）超极化率不为零的张量元有

$$\beta^{(2)}_{aac},\beta^{(2)}_{bbc},\beta^{(2)}_{ccc},\beta^{(2)}_{aca}=\beta^{(2)}_{caa},\beta^{(2)}_{bcb}=\beta^{(2)}_{cbb}$$

上面的结论可以用坐标三重积的方法进行证明，这里不再赘述。

② 独立的张量进行对称性分类。

a. 对这些独立的张量进行分类，是根据群的特征标表进行的，C_{2v} 群的特征标表为（E. B Wilson，JR，Molecular Vibrations，P_{325}）

C_{2v}	E	C_2	$\sigma_v(zx)$	$\sigma_v(yz)$		
A_1	1	1	1	1	T_z	$\alpha_{xx},\alpha_{yy},\alpha_{zz}$
A_2	1	1	-1	-1	R_z	α_{xy}
B_1	1	-1	1	-1	$T_x;R_y$	α_{zx}
B_2	1	-1	-1	1	$T_y;R_x$	α_{yz}

在特征标表中，A 表示绕主轴 C_n 旋转 $2\pi/n$，为对称的一维不可约表示。B 表示绕主轴 C_n 旋转 $2\pi/n$，为反对称的一维不可约表示。角标下的数字 1 和 2 是这样规定的：对垂直于 C_2 轴的旋转是对称的（特征表为 1），用 1 表示；对垂直于 C_2 轴的旋转是反对称的（特征表为-1），用 2 表示。如果没有垂直于主轴的 C_2 轴，则对于垂直于主轴的对称面是对称的（特征表为 1），用 1 表示；反对称的（特征表为 1），用 2 表示。由此可见，A_1 是对称性伸缩振动，B_1 和 B_2 是反对称伸缩振动。后面两栏是这些表示的基〔分别是绕某一坐标轴的平移（有的特征标表也用坐标表示）旋转操作和一阶极化率为基〕。

b. 根据这些对称类型，对超极化率张量进行分类。

进行分类根据的公式是（该公式后面还要介绍）：

$$\beta_{\alpha\beta\gamma}=\frac{1}{2\hbar}\frac{M_{\alpha\beta}A_\gamma}{\omega_\nu-\omega_{IR}-i\Gamma}$$

在上面的公式中，$M_{\alpha\beta}$ 和 A_γ 分别是拉曼和红外跃迁偶极矩。从光谱学理论可知（参看 G. 赫兹堡，《分子光谱与分子结构》第二卷），红外跃迁偶极矩 A_γ 与平移矢量 T_x，T_y，T_z（或者坐标 x，y，z）对于对称操作具有相同的行为；拉曼跃迁偶极矩与一阶极化率（或者直角坐标的乘积）有相同的对称性。这样我们就可以对这些不为零的张量进行分类：

A_1，对称伸缩振动，红外非零分量是 A_c，拉曼非零张量是 M_{aa}，M_{bb}，M_{cc}，由上面公式得，此时的二阶极化率非零张量是 $\beta_{aac}^{(2)}$，$\beta_{bbc}^{(2)}$，$\beta_{ccc}^{(2)}$。

B_1，反对称伸缩振动，红外非零分量是 A_a，拉曼非零张量是 M_{ac}，M_{ca}，由上面公式得二阶极化率非零张量 $\beta_{aca}^{(2)} = \beta_{caa}^{(2)}$。

B_2，反对称伸缩振动，红外非零分量是 A_b，拉曼非零张量是 M_{bc}，M_{cb}，同理，二阶极化率非零张量 $\beta_{bcb}^{(2)} = \beta_{cbb}^{(2)}$。

c. 宏观张量元与微观张量元的关系推导。

对于 C_{2v} 对称类型，宏观独立的张量元是：χ_{zxx}，χ_{zyy}，χ_{zzz}，$\chi_{xxz} = \chi_{xzx}$，$\chi_{yyz} = \chi_{yzy}$，只有 5 个张量元是独立的。下面我们对这些宏观张量元和微观张量元的关系进行详细的推导。

式(4-79c) 可以详细写为：

$$
\begin{aligned}
\chi_{ijk}^{(2)} &= N_s \sum_{i'j'k'} \beta_{i'j'k'}^{(2)} \frac{\int R_{ii'}, R_{jj'}, R_{kk'} f(\phi,\theta,\psi)\,\mathrm{d}\Omega}{\int f(\phi,\theta,\psi)\,\mathrm{d}\Omega} \\
&= N_s \sum_{i'j'k'} \beta_{i'j'k'}^{(2)} \frac{\int R_{ii'} R_{jj'} R_{kk'} f(\phi,\theta,\psi)\sin\theta\,\mathrm{d}\theta\,\mathrm{d}\phi\,\mathrm{d}\psi}{\int f(\phi,\theta,\psi)\sin\theta\,\mathrm{d}\theta\,\mathrm{d}\phi\,\mathrm{d}\psi} \\
&= N_s \sum_{i'j'k'} \beta_{i'j'k'}^{(2)} \frac{\int_0^\pi\int_0^{2\pi}\int_0^{2\pi} R_{ii'} R_{jj'} R_{kk'} f(\phi,\theta,\psi)\sin\theta\,\mathrm{d}\theta\,\mathrm{d}\phi\,\mathrm{d}\psi}{\int_0^\pi\int_0^{2\pi}\int_0^{2\pi} f(\phi,\theta,\psi)\sin\theta\,\mathrm{d}\theta\,\mathrm{d}\phi\,\mathrm{d}\psi}
\end{aligned} \tag{4-79d}
$$

式中，$f(\phi,\theta,\psi)$ 为对 $R_{ii'}R_{jj'}R_{kk'}$ 进行平均时所选的某种概率密度分布函数；分母为概率密度分布函数的归一化因子；$\mathrm{d}\Omega$ 为积分元。积分区间是 $\theta \in (0,\pi)$，$\phi \in (0,2\pi)$，$\psi \in (0,2\pi)$。积分函数包括 Euler 矩阵的矩阵元

$$
\begin{aligned}
R &= \begin{bmatrix} \cos\psi\cos\phi - \cos\theta\sin\phi\sin\psi & -\sin\psi\cos\phi - \cos\theta\sin\phi\cos\psi & \sin\theta\sin\phi \\ \cos\psi\sin\phi + \cos\theta\cos\phi\sin\psi & -\sin\psi\sin\phi + \cos\theta\cos\phi\cos\psi & \sin\theta\cos\phi \\ \sin\psi\sin\theta & \cos\psi\sin\theta & \cos\theta \end{bmatrix} \\
&= \begin{bmatrix} R_{xa} & R_{xb} & R_{xc} \\ R_{ya} & R_{yb} & R_{yc} \\ R_{za} & R_{zb} & R_{zc} \end{bmatrix}
\end{aligned}
$$

[注意，这里的 R 就是式(4-78b) 中的 T，文献中经常混用。再次强调，阅读

文献时一定要看清作者所用 Euler 矩阵的具体形式！〕现在，我们进行具体计算。

A_1 对称伸缩振动：

由式(4-79) 得：

$$\chi_{xxz}^{(2),A_1} = N_s [\langle R_{xa}R_{xa}R_{zc}\rangle\beta_{aac}^{(2)} + \langle R_{xb}R_{xb}R_{zb}\rangle\beta_{bbc}^{(2)} + \langle R_{xc}R_{xc}R_{zc}\rangle\beta_{ccc}^{(2)}] \quad (4\text{-}80)$$

代入 Euler 矩阵的矩阵元，得

$$
\begin{aligned}
\chi_{xxz}^{(2),A_1} = N_s \big[&\langle (\cos\psi\cos\phi - \cos\theta\sin\phi\sin\psi)^2\cos\theta\rangle\beta_{aac}^{(2)} \\
&+ \langle (-\sin\psi\cos\phi - \cos\theta\sin\phi\cos\psi)^2\cos\theta\rangle\beta_{bbc}^{(2)} \\
&+ \langle \sin^2\phi\sin^2\theta\cos\theta\rangle\beta_{ccc}^{(2)} \big]
\end{aligned}
$$

$$
\begin{aligned}
= N_s &\frac{\displaystyle\int_0^\pi\int_0^{2\pi}\int_0^{2\pi}(\cos\psi\cos\phi - \cos\theta\sin\phi\sin\psi)^2\cos\theta f(\phi,\theta,\psi)\sin\theta\,\mathrm{d}\theta\,\mathrm{d}\phi\,\mathrm{d}\psi}{\displaystyle\int_0^\pi\int_0^{2\pi}\int_0^{2\pi}f(\phi,\theta,\psi)\sin\theta\,\mathrm{d}\theta\,\mathrm{d}\phi\,\mathrm{d}\psi}\beta_{aac}^{(2)} \\
+ N_s &\frac{\displaystyle\int_0^\pi\int_0^{2\pi}\int_0^{2\pi}(-\sin\psi\cos\phi - \cos\theta\sin\phi\cos\psi)^2\cos\theta f(\phi,\theta,\psi)\sin\theta\,\mathrm{d}\theta\,\mathrm{d}\phi\,\mathrm{d}\psi}{\displaystyle\int_0^\pi\int_0^{2\pi}\int_0^{2\pi}f(\phi,\theta,\psi)\sin\theta\,\mathrm{d}\theta\,\mathrm{d}\phi\,\mathrm{d}\psi}\beta_{bbc}^{(2)} \\
+ N_s &\frac{\displaystyle\int_0^\pi\int_0^{2\pi}\int_0^{2\pi}\sin^2\phi\sin^2\theta\cos\theta f(\phi,\theta,\psi)\sin\theta\,\mathrm{d}\theta\,\mathrm{d}\phi\,\mathrm{d}\psi}{\displaystyle\int_0^\pi\int_0^{2\pi}\int_0^{2\pi}f(\phi,\theta,\psi)\sin\theta\,\mathrm{d}\theta\,\mathrm{d}\phi\,\mathrm{d}\psi}\beta_{ccc}^{(2)}
\end{aligned}
$$

$$(4\text{-}81)$$

式中的最后一步是代入式(4-79c) 得到的。

现在，我们分两种情况对上式进行详细运算，最后的结果为：

ⅰ. 设界面具有 $C_{\infty\nu}$ 结构，并且对 ϕ 是各向同性的，对式(4-81) 进行化简：

$$
\begin{aligned}
\chi_{xxz}^{(2),A_1} = &\frac{1}{2}N_s(\langle\cos\theta\cos^2\psi\rangle + \langle\cos^3\theta\sin^2\psi\rangle)\beta_{aac}^{(2)} \\
&+ \frac{1}{2}N_s(\langle\sin^2\psi\cos\theta\rangle + \langle\cos^3\theta\cos^2\psi\rangle)\beta_{bbc}^{(2)} \\
&+ \frac{1}{2}N_s\langle\sin^2\theta\cos\theta\rangle\beta_{ccc}^{(2)} \\
= &\frac{1}{2}N_s(\langle\cos\theta\rangle\langle\cos^2\psi\rangle + \langle\cos^3\theta\rangle\langle\sin^2\psi\rangle)\beta_{aac}^{(2)} \\
&+ \frac{1}{2}N_s(\langle\sin^2\psi\rangle\langle\cos\theta\rangle + \langle\cos^3\theta\rangle\langle\cos^2\psi\rangle)\beta_{bbc}^{(2)} \\
&+ \frac{1}{2}N_s(\langle\cos^3\theta\rangle - \langle\cos\theta\rangle)\beta_{ccc}^{(2)} \\
= &\frac{1}{2}N_s[\langle\cos^2\psi\rangle\beta_{aac}^{(2)} + \langle\sin^2\psi\rangle\beta_{bbc}^{(2)} - \beta_{ccc}^{(2)}]\langle\cos\theta\rangle \\
&+ \frac{1}{2}N_s[\langle\sin^2\psi\rangle\beta_{aac}^{(2)} + \langle\cos^2\psi\rangle\beta_{bbc}^{(2)} - \beta_{ccc}^{(2)}]\langle\cos^3\theta\rangle \\
= &\chi_{yyz}^{(2),A_1}
\end{aligned}
$$

$$(4\text{-}82)$$

同理，我们可以得到：

$$\chi_{zzz}^{(2),A_1} = N_s[\langle R_{za}R_{za}R_{zc}\rangle\beta_{aac}^{(2)} + \langle R_{zb}R_{zb}R_{zc}\rangle\beta_{bbc}^{(2)} + \langle R_{zc}R_{zc}R_{zc}\rangle\beta_{ccc}^{(2)}]$$

$$= N_s[\langle \sin^2\theta\sin^2\psi\cos\theta\rangle\beta_{aac}^{(2)} + \langle \sin^2\theta\cos^2\psi\cos\theta\rangle\beta_{bbc}^{(2)} + \langle \cos^3\theta\rangle\beta_{ccc}^{(2)}]$$

$$= N_s[\langle \sin^2\psi\rangle\beta_{aac}^{(2)} + \langle\cos^2\psi\rangle\beta_{bbc}^{(2)}]\langle\cos\theta\rangle - N_s[\langle\sin^2\psi\rangle\beta_{aac}^{(2)} + \langle\cos^2\psi\rangle$$

$$\beta_{bbc}^{(2)} - \beta_{ccc}^{(2)}]\langle\cos^3\theta\rangle \tag{4-83}$$

A_2 反对称伸缩振动：

$$\chi_{xxz}^{(2),A_2} = N_s[\langle R_{xa}R_{xc}R_{za}\rangle\beta_{aca}^{(2)} + \langle R_{xc}R_{xa}R_{za}\rangle\beta_{caa}^{(2)}]$$

$$= 2N_s[\langle(\cos\psi\cos\phi - \cos\theta\sin\psi\sin\phi)\sin\theta\sin\psi\sin\theta\sin\phi\rangle]\beta_{aca}^{(2)}$$

$$= N_s\langle\sin^2\psi\rangle(\langle\cos\theta\rangle - \langle\cos^3\theta\rangle)\beta_{aca}^{(2)}$$

$$= \chi_{yyz}^{(2),A_2} \tag{4-84}$$

$$\chi_{xzx}^{(2),A_2} = N_s[\langle R_{xa}R_{zc}R_{xa}\rangle\beta_{aca}^{(2)} + \langle R_{xc}R_{za}R_{xa}\rangle\beta_{caa}^{(2)}]$$

$$= N_s[\langle(\cos\psi\cos\phi - \cos\theta\sin\psi\sin\phi)^2\cos\theta\rangle$$

$$+ \langle(\cos\psi\cos\phi - \cos\theta\sin\psi\sin\phi)\sin\theta\sin\psi\sin\theta\sin\phi\rangle]\beta_{aca}^{(2)} \tag{4-85}$$

$$= \frac{1}{2}N_s\beta_{aca}^{(2)}[(\langle\cos^2\psi\rangle - \langle\sin^2\psi\rangle)\langle\cos\theta\rangle + N_s\langle\sin^2\psi\rangle\langle\cos^3\theta\rangle]$$

$$= \chi_{zxx}^{(2),A_2} = \chi_{yzy}^{(2),A_2} = \chi_{zyy}^{(2),A_2}$$

$$\chi_{zzz}^{(2),A_2} = N_s(\langle R_{za}R_{zc}R_{za}\rangle\beta_{aca}^{(2)} + \langle R_{zc}R_{za}R_{za}\rangle\beta_{caa}^{(2)})$$

$$= 2N_s\langle\sin^2\theta\sin^2\psi\cos\theta\rangle\beta_{aca}^{(2)} \tag{4-86}$$

$$= 2N_s\langle\sin^2\psi\rangle(\langle\cos\theta\rangle - \langle\cos^3\theta\rangle)\beta_{aca}^{(2)}$$

B_2 对称类的反对称伸缩振动：

$$\chi_{xxz}^{(2),B_2} = N_s([\langle R_{xb}R_{xc}R_{zb}\rangle\beta_{bcb}^{(2)} + \langle R_{xc}R_{xb}R_{zb}\rangle\beta_{cbb}^{(2)}]$$

$$= 2N_s[\langle(-\sin\psi\cos\phi - \cos\theta\cos\psi\sin\phi)\sin\theta\cos\psi\sin\theta\sin\phi\rangle]\beta_{bcb}^{(2)}$$

$$= -N_s\langle\cos^2\psi\rangle(\langle\cos\theta\rangle - \langle\cos^3\theta\rangle)\beta_{bcb}^{(2)} \tag{4-87}$$

$$= \chi_{yyz}^{(2),B_2}$$

$$\chi_{xzx}^{(2),B_2} = N_s[\langle R_{xb}R_{zc}R_{xb}\rangle\beta_{bcb}^{(2)} + \langle R_{xc}R_{zb}R_{xb}\rangle\beta_{cbb}^{(2)}]$$

$$= N_s[\langle(-\sin\psi\cos\phi - \cos\theta\cos\psi\sin\phi)^2\cos\theta\rangle$$

$$+ \langle(-\sin\psi\cos\phi - \cos\theta\cos\psi\sin\phi)\sin\theta\sin\psi\sin\theta\sin\phi\rangle]\beta_{aca}^{(2)} \tag{4-88}$$

$$= \frac{1}{2}N_s\beta_{bcb}^{(2)}(\langle\sin^2\psi\rangle - \langle\cos^2\psi\rangle)\langle\cos\theta\rangle + N_s\beta_{bcb}^{(2)}\langle\cos^2\psi\rangle\langle\cos^3\theta\rangle$$

$$= \chi_{zxx}^{(2),B_2} = \chi_{yzy}^{(2),B_2} = \chi_{zyy}^{(2),B_2}$$

$$\chi_{zzz}^{(2),B_2} = N_s[\langle R_{zb}R_{zc}R_{zb}\rangle\beta_{bcb}^{(2)} + \langle R_{zc}R_{zb}R_{zb}\rangle\beta_{cbb}^{(2)}]$$

$$= 2N_s\langle\sin^2\theta\cos^2\psi\cos\theta\rangle\beta_{bcb}^{(2)} \tag{4-89}$$

$$= 2N_s\langle\cos^2\psi\rangle(\langle\cos\theta\rangle - \langle\cos^3\theta\rangle)\beta_{bcb}^{(2)}$$

ⅱ. 设界面具有 $C_{\infty v}$ 结构，对 ϕ 和 ψ 都是各向同性的（分子可以绕 c 轴自由旋转）这时我们可以对 ψ 继续进行积分，C_{2v} 对称基团其 A_1 伸缩振动的张量元为

$$\chi_{xxz}^{(2),A_1} = \frac{1}{4}N_s[\beta_{aac}^{(2)} + \beta_{bbc}^{(2)} - 2\beta_{ccc}^{(2)}]\langle\cos\theta\rangle$$

$$+ \frac{1}{4}N_s[\beta_{aac}^{(2)} + \beta_{bbc}^{(2)} - 2\beta_{ccc}^{(2)}]\langle\cos^3\theta\rangle \tag{4-90}$$

同理，我们可以证明其它张量元为

$$\chi_{xzx}^{(2),A_1} = N_s[\langle R_{xa}R_{za}R_{xc}\rangle\beta_{aac}^{(2)} + \langle R_{xb}R_{zb}R_{xc}\rangle\beta_{bbc}^{(2)} + \langle R_{xc}R_{zc}R_{xc}\rangle\beta_{ccc}^{(2)}]$$

$$= -\frac{1}{4}N_s[\beta_{aac}^{(2)} + \beta_{bbc}^{(2)} - 2\beta_{ccc}^{(2)}](\langle\cos\theta\rangle - \langle\cos^3\theta\rangle) \tag{4-91}$$

$$\chi_{zzz}^{(2),A_1} = N_s[\langle R_{za}R_{za}R_{zc}\rangle\beta_{aac}^{(2)} + \langle R_{zb}R_{zb}R_{zc}\rangle\beta_{bbc}^{(2)} + \langle R_{zc}R_{zc}R_{zc}\rangle\beta_{ccc}^{(2)}]$$

$$= \frac{1}{2}N_s[\beta_{aac}^{(2)} + \beta_{bbc}^{(2)}]\langle\cos\theta\rangle - \frac{1}{2}N_s[\beta_{aac}^{(2)} + \beta_{bbc}^{(2)} - 2\beta_{ccc}^{(2)}]\langle\cos^3\theta\rangle \tag{4-92}$$

$$\chi_{xxz}^{(2),A_2} = N_s[\langle R_{xa}R_{xc}R_{za}\rangle\beta_{aca}^{(2)} + \langle R_{xc}R_{xa}R_{za}\rangle\beta_{caa}^{(2)}]$$

$$= \frac{1}{2}N_s(\langle\cos\theta\rangle - \langle\cos^3\theta\rangle)\beta_{aca}^{(2)} \tag{4-93}$$

$$\chi_{xzx}^{(2),A_2} = N_s[\langle R_{xa}R_{zc}R_{xa}\rangle\beta_{aca}^{(2)} + \langle R_{xc}R_{za}R_{xa}\rangle\beta_{caa}^{(2)}]$$

$$= \frac{1}{2}N_s\beta_{aca}^{(2)}\langle\cos^3\theta\rangle \tag{4-94}$$

$$\chi_{zzz}^{(2),A_2} = N_s[\langle R_{za}R_{zc}R_{za}\rangle\beta_{aca}^{(2)} + \langle R_{zc}R_{za}R_{za}\rangle\beta_{caa}^{(2)}]$$

$$= N_s(\langle\cos\theta\rangle - \langle\cos^3\theta\rangle)\beta_{aca}^{(2)} \tag{4-95}$$

$$\chi_{xxz}^{(2),B_2} = N_s[\langle R_{xb}R_{xc}R_{zb}\rangle\beta_{bcb}^{(2)} + \langle R_{xc}R_{xb}R_{zb}\rangle\beta_{cbb}^{(2)}]$$

$$= -\frac{1}{2}N_s(\langle\cos\theta\rangle - \langle\cos^3\theta\rangle)\beta_{bcb}^{(2)} \tag{4-96}$$

$$\chi_{xzx}^{(2),B_2} = N_s[\langle R_{xb}R_{zc}R_{xb}\rangle\beta_{bcb}^{(2)} + \langle R_{xc}R_{zb}R_{xb}\rangle\beta_{cbb}^{(2)}]$$

$$= \frac{1}{2}N_s\beta_{bcb}^{(2)}\langle\cos^3\theta\rangle \tag{4-97}$$

$$\chi_{zzz}^{(2),B_2} = N_s[\langle R_{zb}R_{zc}R_{zb}\rangle\beta_{bcb}^{(2)} + \langle R_{zc}R_{zb}R_{zb}\rangle\beta_{cbb}^{(2)}]$$

$$= N_s(\langle\cos\theta\rangle - \langle\cos^3\theta\rangle)\beta_{bcb}^{(2)} \tag{4-98}$$

（2）$C_{3\nu}$ 对称类型

具有 C_3 构型的分子或基团有甲基（CH_3）、氨基（NH_2）等。下面以甲基为例来说明 $C_{3\nu}$ 构型的分子或基团界面取向角的确定。定义甲基的 C_3 轴为分子坐标系下的 c 轴（如图 4-9 所示），由于 $C_{3\nu}$ 构型的旋转对称性以及界面轴旋转的各向同性，在从分子坐标系到实验室坐标系进行坐标变换时，ϕ 和 ψ 的取向积分为常数，甲基取向角就简化为 C_3 对称轴与界面法线 z 轴的夹角，即角 θ。

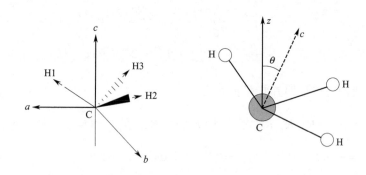

图 4-9　甲基坐标系及取向角定义，c 轴为 CH_3 基团的 C_3 对称轴，
z 轴为界面法线，c 轴和 z 轴之间的夹角即 θ 角

采用如图 4-9 所示的分子坐标系，共有 11 个非零的超极化率张量元 $C_{3\nu}$：

$$\beta_{aac} = \beta_{bbc} \qquad \beta_{ccc}$$

$$\beta_{aca} = \beta_{bcb} \qquad \beta_{caa} = \beta_{cbb} \tag{4-99}$$

$$\beta_{aaa} = -\beta_{bba} = -\beta_{abb} = -\beta_{bab}$$

根据 $C_{3\nu}$ 的特征标表（E. B Wilson，JR，Molecular Vibrations，P_{325}）：

$C_{3\nu}$	E	$2C_3$	$3\sigma_\nu$		
A_1	1	1	1	T_z	$\alpha_{xx}+\alpha_{yy}$，α_{zz}
A_2	1	1	-1	R_z	
E	2	-1	0	(T_x, T_y)；(R_x, R_y)	$(\alpha_{xx}-\alpha_{yy}, \alpha_{xy})$；$(\alpha_{yz}, \alpha_{zx})$

前三个属于对称伸缩振动，后八个属于反对称伸缩振动。和 $C_{2\nu}$ 的计算过程相仿，我们可以将这几个张量元计算如下：

对称伸缩振动：

$$\begin{aligned}
\chi_{xxz}^{(2),ss} &= N_s\big[\langle R_{xa}R_{xa}R_{zc}\rangle\beta_{aac}^{(2)} + \langle R_{xb}R_{xb}R_{zc}\rangle\beta_{bbc}^{(2)} + \langle R_{xc}R_{xc}R_{zc}\rangle\beta_{ccc}^{(2)}\big] \\
&= N_s\big[\langle(\cos\psi\cos\phi - \cos\theta\sin\phi\sin\psi)^2\cos\theta\rangle\beta_{aac}^{(2)} \\
&\quad + \langle(-\sin\psi\cos\phi - \cos\theta\sin\phi\cos\psi)^2\cos\theta\rangle\beta_{aac}^{(2)} \\
&\quad + \langle\sin^2\phi\sin^2\theta\cos\theta\rangle\beta_{ccc}^{(2)}\big]
\end{aligned}$$

$$= \frac{1}{2} N_s [\langle \cos^2 \psi \rangle \beta_{aac}^{(2)} + \langle \sin^2 \psi \rangle \beta_{bbc}^{(2)} + \beta_{ccc}^{(2)}] \langle \cos\theta \rangle$$

$$+ \frac{1}{2} N_s [\langle \sin^2 \psi \rangle \beta_{aac}^{(2)} + \langle \cos^2 \psi \rangle \beta_{bbc}^{(2)} - \beta_{ccc}^{(2)}] \langle \cos^3 \theta \rangle \qquad (4\text{-}100)$$

$$= \frac{1}{4} N_s [\beta_{aac}^{(2)} + \beta_{bbc}^{(2)} + 2\beta_{ccc}^{(2)}] \langle \cos\theta \rangle$$

$$+ \frac{1}{4} N_s [\beta_{aac}^{(2)} + \beta_{bbc}^{(2)} - 2\beta_{ccc}^{(2)}] \langle \cos^3 \theta \rangle$$

$$= \frac{1}{2} N_s \beta_{ccc}^{(2)} [(1+R) \langle \cos\theta \rangle - (1-R) \langle \cos^3 \theta \rangle]$$

$$= \chi_{yyz}^{(2),ss}$$

上式倒数第二步是因为 $\beta_{aac} = \beta_{bbc}$，令 $R = \beta_{aac}/\beta_{ccc} = \beta_{bbc}/\beta_{ccc}$

$$\chi_{xzx}^{(2),ss} = N_s [\langle R_{xa} R_{za} R_{xc} \rangle \beta_{aac}^{(2)} + \langle R_{xb} R_{zb} R_{xc} \rangle \beta_{bbc}^{(2)} + \langle R_{xc} R_{zc} R_{xc} \rangle \beta_{ccc}^{(2)}]$$

$$= N_s [\langle (\cos\psi \cos\phi - \cos\theta \sin\psi \sin\phi) \sin\theta \sin\psi \sin\theta \sin\phi \rangle \beta_{aac}^{(2)}$$

$$+ \langle (-\sin\psi \cos\phi - \cos\theta \sin\phi \cos\psi) \sin\theta \cos\psi \sin\theta \sin\phi \rangle \beta_{bbc}^{(2)}$$

$$+ \langle \sin^2 \theta \sin^2 \phi \cos\theta \rangle \beta_{ccc}^{(2)}]$$

$$= -\frac{1}{2} N_s [\langle \sin^2 \psi \rangle \beta_{aac}^{(2)} + \langle \cos^2 \psi \rangle \beta_{bbc}^{(2)} - \beta_{ccc}^{(2)}] (\langle \cos\theta \rangle - \langle \cos^3 \theta \rangle) \quad (4\text{-}101)$$

$$= -\frac{1}{4} N_s [\beta_{aac}^{(2)} + \beta_{bbc}^{(2)} - 2\beta_{ccc}^{(2)}] (\langle \cos\theta \rangle - \langle \cos^3 \theta \rangle)$$

$$= \frac{1}{2} N_s \beta_{ccc}^{(2)} (1-R) (\langle \cos\theta \rangle - \langle \cos^3 \theta \rangle)$$

$$= \chi_{zxx}^{(2),ss} = \chi_{yzy}^{(2),ss} = \chi_{zyy}^{(2),ss}$$

$$\chi_{zzz}^{(2),ss} = N_s [\langle R_{za} R_{za} R_{zc} \rangle \beta_{aac}^{(2)} + \langle R_{zb} R_{zb} R_{zc} \rangle \beta_{bbc}^{(2)} + \langle R_{zc} R_{zc} R_{zc} \rangle \beta_{ccc}^{(2)}]$$

$$= N_s [\langle \sin^2 \theta \sin^2 \psi \cos\theta \rangle \beta_{aac}^{(2)} + \langle \sin^2 \theta \cos^2 \psi \cos\theta \rangle \beta_{bbc}^{(2)} + \langle \cos^3 \theta \rangle \beta_{ccc}^{(2)}]$$

$$\qquad (4\text{-}102)$$

$$= \frac{1}{2} N_s [\beta_{aac}^{(2)} + \beta_{bbc}^{(2)}] \langle \cos\theta \rangle - \frac{1}{2} N_s [\beta_{aac}^{(2)} + \beta_{bbc}^{(2)} - 2\beta_{ccc}^{(2)}] \langle \cos^3 \theta \rangle$$

$$= N_s \beta_{ccc}^{(2)} [R \langle \cos\theta \rangle + (1-R) \langle \cos^3 \theta \rangle]$$

反对称伸缩振动：

$$\chi_{xxz}^{(2),as} = N_s[\langle R_{xa}R_{xc}R_{za}\rangle\beta_{aca}^{(2)} + \langle R_{xb}R_{xc}R_{zb}\rangle\beta_{bcb}^{(2)} +$$
$$\langle R_{xc}R_{xa}R_{za}\rangle\beta_{caa}^{(2)} + \langle R_{xc}R_{xb}R_{zb}\rangle\beta_{cbb}^{(2)}]$$
$$= N_s\langle(\cos\psi\cos\phi - \cos\theta\sin\phi\sin\psi)\sin\theta\sin\phi\sin\theta\sin\psi\rangle\beta_{aca}^{(2)}$$
$$+ N_s\langle(-\sin\psi\cos\phi - \cos\theta\sin\phi\cos\psi)\sin\theta\sin\phi\sin\theta\cos\psi\rangle\beta_{bcb}^{(2)}$$
$$+ N_s\langle(\cos\psi\cos\phi - \cos\theta\sin\phi\sin\psi)\sin\theta\sin\phi\sin\theta\cos\psi\rangle\beta_{caa}^{(2)}$$
$$+ N_s\langle(-\sin\psi\cos\phi - \cos\theta\sin\phi\cos\psi)\sin\theta\sin\phi\sin\theta\cos\psi\rangle\beta_{cbb}^{(2)} \qquad (4\text{-}103)$$
$$= 4N_s(-\langle\sin^2\phi\rangle\langle\sin^2\psi\rangle\langle\sin^2\theta\cos\theta\rangle)\beta_{aca}^{(2)}$$
$$= -\frac{1}{2}N_s\langle\sin^2\psi\rangle(\langle\cos\theta\rangle - \langle\cos^3\theta\rangle)\beta_{aca}^{(2)}$$
$$= -N_s(\langle\cos\theta\rangle - \langle\cos^3\theta\rangle)\beta_{aca}^{(2)}$$
$$= \chi_{yyz}^{(2),as}$$

$$\chi_{xzx}^{(2),as} = N_s[\langle R_{xa}R_{zc}R_{xa}\rangle\beta_{aca}^{(2)} + \langle R_{xb}R_{zc}R_{xb}\rangle\beta_{bcb}^{(2)} + \langle R_{xc}R_{za}R_{xa}\rangle\beta_{caa}^{(2)} + \langle R_{xc}R_{zb}R_{xb}\rangle\beta_{cbb}^{(2)}]$$
$$= N_s[\langle(\cos\psi\cos\phi - \cos\theta\sin\psi\sin\phi)^2\cos\theta\rangle$$
$$+ \langle(\cos\psi\cos\phi - \cos\theta\sin\psi\sin\phi)\sin\theta\sin\psi\sin\theta\sin\phi\rangle]\beta_{aca}^{(2)}$$
$$+ N_s[\langle(-\sin\psi\cos\phi - \cos\theta\sin\phi\cos\psi)^2\cos\theta\rangle$$
$$+ \langle(-\sin\psi\cos\phi - \cos\theta\sin\phi\cos\psi)\sin\theta\cos\psi\sin\theta\sin\phi\rangle]\beta_{bcb}^{(2)} \qquad (4\text{-}104)$$
$$= \frac{1}{2}N_s\beta_{aca}^{(2)}(\langle\cos^2\psi\rangle - \langle\sin^2\psi\rangle)\langle\cos\theta\rangle + \frac{1}{2}N_s\beta_{aca}^{(2)}\langle\sin^2\psi\rangle\langle\cos^3\theta\rangle$$
$$+ \frac{1}{2}N_s\beta_{bcb}^{(2)}(\langle\sin^2\psi\rangle - \langle\cos^2\psi\rangle)\langle\cos\theta\rangle + \frac{1}{2}N_s\beta_{bcb}^{(2)}\langle\cos^2\psi\rangle\langle\cos^3\theta\rangle$$
$$= N_s\beta_{aca}^{(2)}\langle\cos^3\theta\rangle$$
$$= \chi_{zxx}^{(2),as} = \chi_{yzy}^{(2),as} = \chi_{zyy}^{(2),as}$$

$$\chi_{zzz}^{(2),as} = N_s[\langle R_{za}R_{zc}R_{za}\rangle\beta_{aca}^{(2)} + \langle R_{zb}R_{zc}R_{zb}\rangle\beta_{bcb}^{(2)} + \langle R_{zc}R_{za}R_{za}\rangle\beta_{caa}^{(2)}$$
$$+ \langle R_{zc}R_{zb}R_{zb}\rangle\beta_{cbb}^{(2)}] \qquad (4\text{-}105)$$
$$= 2N_s\langle\sin^2\theta\sin^2\psi\cos\theta + \sin^2\theta\cos^2\psi\cos\theta\rangle\beta_{aca}^{(2)}$$
$$= 2N_s(\langle\cos\theta\rangle - \langle\cos^3\theta\rangle)\beta_{aca}^{(2)}$$

（3）$C_{\infty v}$ 对称类型

具有 $C_{\infty v}$ 对称构型的基团有羰基（—C＝O）、氰基（—C＝N）、自由的羟基（free OH）、碳氢单键（CH）等。具有 $C_{\infty v}$ 对称性的分子有七个非零张量：β_{aac}、β_{bbc}、β_{ccc}、$\beta_{aca} = \beta_{bcb}$、$\beta_{caa} = \beta_{cbb}$，只有全对称伸缩振动模式。

$$\chi_{xxz}^{(2),ss} = N_s[\langle R_{xa}R_{xa}R_{zc}\rangle\beta_{aac}^{(2)} + \langle R_{xb}R_{xa}R_{zc}\rangle\beta_{bbc}^{(2)} + \langle R_{xc}R_{xc}R_{zc}\rangle\beta_{ccc}^{(2)}]$$
$$= N_s[\langle(\cos\psi\cos\phi - \cos\theta\sin\phi\sin\psi)^2\cos\theta\rangle\beta_{aac}^{(2)}$$
$$+ \langle(-\sin\psi\cos\phi - \cos\theta\sin\phi\cos\psi)^2\cos\theta\rangle\beta_{aac}^{(2)}$$
$$+ \langle\sin^2\phi\sin^2\theta\cos\theta\rangle\beta_{ccc}^{(2)}]$$

$$= \frac{1}{2}N_s[\langle\cos^2\psi\rangle\beta_{aac}^{(2)} + \langle\sin^2\psi\rangle\beta_{bbc}^{(2)} + \beta_{ccc}^{(2)}]\langle\cos\theta\rangle$$

$$+ \frac{1}{2}N_s[\langle\sin^2\psi\rangle\beta_{aac}^{(2)} + \langle\cos^2\psi\rangle\beta_{bbc}^{(2)} - \beta_{ccc}^{(2)}]\langle\cos^3\theta\rangle$$

$$= \frac{1}{4}N_s[\beta_{aac}^{(2)} + \beta_{bbc}^{(2)} + 2\beta_{ccc}^{(2)}]\langle\cos\theta\rangle + \frac{1}{4}N_s[\beta_{aac}^{(2)} + \beta_{bbc}^{(2)} - 2\beta_{ccc}^{(2)}]\langle\cos^3\theta\rangle$$

$$= \frac{1}{2}N_s\beta_{ccc}^{(2)}[(1+R)\langle\cos\theta\rangle - (1-R)\langle\cos^3\theta\rangle]$$

$$= \chi_{yyz}^{(2),ss} \tag{4-106}$$

$$\chi_{xzx}^{(2),ss} = N_s[\langle R_{xa}R_{za}R_{xc}\rangle\beta_{aac}^{(2)} + \langle R_{xb}R_{zb}R_{xc}\rangle\beta_{bbc}^{(2)} + \langle R_{xc}R_{zc}R_{xc}\rangle\beta_{ccc}^{(2)}]$$

$$= N_s[\langle(\cos\psi\cos\phi - \cos\theta\sin\psi\sin\phi)\sin\theta\sin\psi\sin\theta\sin\phi\rangle\beta_{aac}^{(2)}$$

$$+ \langle(-\sin\psi\cos\phi - \cos\theta\sin\phi\cos\psi)\sin\theta\cos\psi\sin\theta\sin\phi\rangle\beta_{bbc}^{(2)}$$

$$+ \langle\sin^2\theta\sin^2\phi\cos\theta\rangle\beta_{ccc}^{(2)}]$$

$$= -\frac{1}{2}N_s[\langle\sin^2\psi\rangle\beta_{aac}^{(2)} + \langle\cos^2\psi\rangle\beta_{bbc}^{(2)} - \beta_{ccc}^{(2)}](\langle\cos\theta\rangle - \langle\cos^3\theta\rangle) \tag{4-107}$$

$$= -\frac{1}{4}N_s[\beta_{aac}^{(2)} + \beta_{bbc}^{(2)} - 2\beta_{ccc}^{(2)}](\langle\cos\theta\rangle - \langle\cos^3\theta\rangle)$$

$$= \frac{1}{2}N_s\beta_{ccc}^{(2)}(1-R)(\langle\cos\theta\rangle - \langle\cos^3\theta\rangle)$$

$$= \chi_{zxx}^{(2),ss} = \chi_{yzy}^{(2),ss} = \chi_{zyy}^{(2),ss}$$

$$\chi_{zzz}^{(2),ss} = N_s[\langle R_{za}R_{za}R_{zc}\rangle\beta_{aac}^{(2)} + \langle R_{zb}R_{zb}R_{zc}\rangle\beta_{bbc}^{(2)} + \langle R_{zc}R_{zc}R_{zc}\rangle\beta_{ccc}^{(2)}]$$

$$= N_s[\langle\sin^2\theta\sin^2\psi\cos\theta\rangle\beta_{aac}^{(2)} + \langle\sin^2\theta\cos^2\psi\cos\theta\rangle\beta_{bbc}^{(2)} + \langle\cos^3\theta\rangle\beta_{ccc}^{(2)}]$$

$$= \frac{1}{2}N_s[\beta_{aac}^{(2)} + \beta_{bbc}^{(2)}]\langle\cos\theta\rangle - \frac{1}{2}N_s[\beta_{aac}^{(2)} + \beta_{bbc}^{(2)} - 2\beta_{ccc}^{(2)}]\langle\cos^3\theta\rangle \tag{4-108}$$

$$= N_s\beta_{ccc}^{(2)}[R\langle\cos\theta\rangle + (1-R)\langle\cos^3\theta\rangle]$$

其中,$R = \beta_{aac}/\beta_{ccc} = \beta_{bbc}/\beta_{ccc}$。

4.6.8.5 和频振动光谱选择定则

现在我们主要讨论分子微观极化率的物理意义。

前面已经说明,和频光谱的强度正比于分子在界面上宏观有效二阶极化率绝对值的平方。宏观二阶极化率与微观二阶极化率成正比。分子在界面如果具有和频活性,其微观二阶极化率就不等于零。

对于分子的二阶极化率,我们文献中也将其写为共振和非共振两个部分。

$$\beta^{(2)} = \beta_{NR}^{(2)} + \sum_q \frac{\beta^q}{\omega_{IR} - \omega_q + i\Gamma_q} \tag{4-109}$$

式中第一项代表非共振部分的分子极化率。β^q、ω_q、Γ_R 分别代表第 q 个振动模式中振子强度张量、共振频率和阻尼常数。

利用密度矩阵理论，可以对 $\beta^{(2)}_{i'j'k'}$ 给出进一步的量子力学解释。下面我们给出一个简化的模式。我们首先将式（4-79c）重新写为

$$\chi^{(2)}_{s,ijk} = N_s \sum_{\alpha\beta\gamma} \langle R(\psi)R(\theta)R(\phi) \rangle \beta^{(2)}_{\alpha\beta\gamma} \tag{4-110}$$

在共振情况下，由密度矩阵理论可以导出

$$\beta_{\alpha\beta\gamma} = \frac{1}{2\hbar} \frac{M_{\alpha\beta} A_\gamma}{\omega_\nu - \omega_{IR} - i\Gamma} \tag{4-111}$$

$$M_{\alpha\beta} = \sum_s \left[\frac{\langle g|\mu_\alpha|s\rangle \langle s|\mu_\beta|\nu\rangle}{\hbar(\omega_{SF} - \omega_{sg})} - \frac{\langle g|\mu_\beta|s\rangle \langle s|\mu_\alpha|\nu\rangle}{\hbar(\omega_{VIS} + \omega_{sg})} \right]$$
$$A_\gamma = \langle \nu|\mu_\gamma|g\rangle \tag{4-112}$$

式中，ω_{IR} 为可调谐红外激光的频率；ω_ν 为振动共振频率；Γ^{-1} 为振动共振激发态的弛豫时间；$M_{\alpha\beta}$ 和 A_γ 分别为拉曼和红外跃迁偶极矩；μ 为电偶极矩算符；$\langle g|$ 为基态；$\langle \nu|$ 为激发振动态；$\langle s|$ 为其它态。方程式（4-61）揭示了 SF 选择定则：SF 共振必须既有拉曼活性，又有红外活性。在此意义上，可以将 SFG 过程认为是包括红外和拉曼跃迁两个部分的复合过程。

4.7 外场的影响[14]

我们已经知道这样的事实：具有对称中心的介质，在电偶极近似下，其二阶非线性光学效应是禁止的。该性质也使得二阶非线性响应对各种外微扰非常敏感。本节我们将说明，外加的电场、磁场是如何影响二阶非线性光学响应的。这点对电化学尤为重要。因为，电化学反应是在电势驱动下的界面氧化还原反应。

首先我们考虑静电场的影响。静电场可以扰动介质的反演对称性，强烈影响介质的非线性光学响应。已经发现，在金属半导体界面或金属半导体电解液界面，外加静电场使界面的二阶非线性光学响应极大增加。从理论上来说，必须区分两种情况。第一种情况是，当外加静电场作用在金属界面上时，外加电场仅仅渗入到金属的表面区域，只是影响金属的表面性质。第二种情况比较复杂，当外加电场作用在半导体表面时，其表面和体相性质都有可能发生改变。

如果外加电场仅仅扰动表面性质，我们将把这种影响用对表面非极化率张量的修正来描述 $\chi^{(2)}_s = \chi^{(2)}_s(E_{dc})$。通常情况下，dc 电场 E 垂直于表面，电场不改变表面非线性极化率张量的形式，但可以改变这些独立张量的数值。一般认为表面非线性极化率与外加电场呈线性相关的关系。这样，dc 电场的影响可作为表面的附加极化来考虑。对于 SHG 过程，其关系为

$$P_s(\Omega) = \overleftrightarrow{\chi}_s^{(2)}(\vec{E}_{dc}) : \vec{E}(\omega)\vec{E}(\omega)$$

$$\approx \overleftrightarrow{\chi}_s^{(2)}(\vec{E}_{dc}=0) : \vec{E}(\omega)\vec{E}(\omega) + \overleftrightarrow{\chi}_s^{(3)} : \vec{E}_{dc}\vec{E}(\omega)\vec{E}(\omega) \quad (4\text{-}113)$$

式中，Ω 为倍频；新的系数 $\chi_s^{(3)}$ 为 dc 电场和两个光场混合的三阶非线性极化率。在电化学体系中，该公式已经被许多实验所证明。

一般来说，外加电场也可能进入到物质的体相，此时的电场强度比只作用在表面上的电场强度要低得多。这时用三阶极化率来描述电场的诱导极化将是非常精确的。详细情况我们不在此讲述。

和电场相比，磁场不会破坏材料的反演对称性，在材料中不需要考虑一个新的偶极项。但是，外加的磁场能改变非局域的体相响应的强度和形式，进而改变表面非线性极化率。从这一点来看，SHG 也有可能提供一个检测表面磁性的手段。

4.8 二次谐波研究电极/溶液界面问题

前面所介绍的是用非线性光学方法研究电化学界面所需要的非线性光学基础知识。从本节开始，我们将选择性地介绍几个经典例子用以说明如何用非线性光学方法研究电化学问题。读者如果希望了解更多，不难找到更多的参考文献。最新的进展请看本章最后一节的展望部分。

电化学体系是一个在电势驱动下在电极界面发生的氧化还原反应的一个复杂体系。为了能得到好的实验数据，并能从分子水平上研究电化学问题，单晶电极是一个很好的选择。单晶电极是非线性光学研究电化学界面的最大优势之一。限于篇幅，本节所包括的单晶电极有单晶金属电极，单晶半导体电极。另外，互不相溶的液体体系由于是一个很好的生物模拟体系，近几年也一直是电化学研究的热点问题，本节也包括了用 SHG 研究互不相溶界面之间的液体电极的材料。

4.8.1 二次谐波研究单晶金属电极界面

单晶金属界面是早期 SHG 研究电化学的一大领域。单晶金属电极界面所关心的基本的问题是：

① 电解质溶液的出现和由此导致的双电层是如何改变这些界面的性质的。在电解质溶液中是否存在取向良好的单晶。

② 界面的有序状态如何随外加的电压而变化。

③ 分子和电沉积的覆盖层如何随着表面晶格进行排列。

④ 电化学界面是否存在表面重构。

⑤ 对电化学家最重要的是，金属表面的电子性质是如何随外加电位的变化而变化的。

本小节主要讨论单晶贵金属表面（Cu，Ag，Au）的 SHG 结果。

单晶贵金属具有良好的几何和电子结构性质，这使得它们成为研究基础电化学和非线性光学问题的模型体系。本小结的重点首先放在简单的非法拉第过程。对于一些更综合的 SHG 综述，包括金属沉积和氧化还原循环，读者可以参考其它文献[16~18]。

4.8.1.1　单晶界面上 SH 响应的旋转各向异性[16]

设基频光 ω 入射到表面，产生频率为 2ω 的倍频光。这时，二阶极化率 ω 张量可用下列的形式来表达：

$$
\begin{bmatrix} P_x(2\omega) \\ P_y(2\omega) \\ P_z(2\omega) \end{bmatrix} = \begin{pmatrix} \chi_{xxx} & \chi_{xyy} & \chi_{xzz} & \chi_{xyz} & \chi_{xxz} & \chi_{xxy} \\ \chi_{yxx} & \chi_{yyy} & \chi_{yzz} & \chi_{yyz} & \chi_{yxz} & \chi_{yxy} \\ \chi_{zxx} & \chi_{zyy} & \chi_{zzz} & \chi_{zyz} & \chi_{zxz} & \chi_{zxy} \end{pmatrix} \times \begin{bmatrix} E_x(\omega)E_x(\omega) \\ E_y(\omega)E_y(\omega) \\ E_z(\omega)E_z(\omega) \\ 2E_y(\omega)E_z(\omega) \\ 2E_z(\omega)E_x(\omega) \\ 2E_x(\omega)E_y(\omega) \end{bmatrix}
$$

$$(4\text{-}114)$$

因为入射偏振对于两个电场分量的交换是不变的，在式（4-114）中的非线性场矢量仅仅包含 9 个可能置换的 6 个分量，每一个张量元 χ_{ijk} 的最后两个指标是不可交换的。

文献中介绍的大部分工作是在 fcc 贵金属表面上（111）面完成的，具有 $C_{3\nu}$ 对称性。前已证明，对于 $C_{3\nu}$ 对称性，二阶极化率具有的独立张量元是

$$
\chi^{(2)} = \begin{pmatrix} \chi_{xxx} & -\chi_{xxx} & 0 & 0 & \chi_{xxz} & 0 \\ 0 & 0 & 0 & \chi_{xxz} & 0 & -\chi_{xxx} \\ \chi_{zxx} & \chi_{zxx} & \chi_{zzz} & 0 & 0 & 0 \end{pmatrix}
$$

$$(4\text{-}115)$$

在实验中，单晶表面按其方位角（ϕ）进行旋转。方位角 ϕ 定义为一个在（111）面上与 $[2\bar{1}\bar{1}]$ 的夹角。如图 4-10 所示。

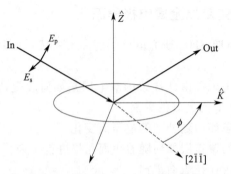

图 4-10　旋转对称性方位角示意图

经常用到的是 pp 和 ps 偏振组合，这时，来自（111）表面的二次谐波强度作

为一个方位角旋转的函数可由下式来描述[19,20]。

$$I_{p,p}^{(2\omega)}(\phi) = |a^{(\infty)} + c^{(3)}\cos(3\phi)|^2 \tag{4-116}$$

$$I_{s,p}^{(2\omega)}(\phi) = |b^{(3)}\sin(3\phi)|^2 \tag{4-117}$$

这里，下标分别表示 SH 光和基频的偏振 [注意，有的文献中顺序恰好相反！如下列式（4-118）～式（4-122）]。复系数 $a^{(\infty)}$、$b^{(3)}$ 和 $c^{(3)}$ 含有表面偶极电极化率元 χ_{ijk}、任何来自高阶体相电极化率元及 Fresnel 因子等。复系数 $a^{(\infty)}$ 称作各向同性系数，因为它不仅随着旋转而保持不变。它不仅对应着极化电子的面外响应（out-of-plane respons，），即非零独立的极化率张量元含 z 的分量，χ_{zzz}，χ_{zii} 和 χ_{izi}（$i = x$，y），也包括来自体相的各向同性的响应。$b^{(3)}$ 和 $c^{(3)}$ 称作各向异性系数，因为其随着 φ 而变化。它对应着极化电子的面内响应（in-plane respons），包括非零独立的极化率张量元 χ_{xxx} 和体相的各向异性的贡献。选定特定的偏振组合，我们就可由上述方程拟合出的实验数据得到 SH 响应的性质。本章中所涉及的大多数旋转各向异性谱的实验都是用这两个公式进行拟合并进而解释有关的实验现象的。

文献中也介绍了其它的偏振组合和等效的公式，我们也一并写在这里[21]。

$$I_{p,p}^{(2\omega)}(\phi) \propto |F_z\chi_{zzz}f_zf_z + F_z\chi_{zxx}f_xf_x + F_x\chi_{xxz}f_zf_x + F_x\chi_{xxx}f_xf_x\cos(3\phi)|^2 \tag{4-118}$$

$$I_{p,s}^{(2\omega)}(\phi) \propto |F_y\chi_{yxx}f_xf_x\sin(3\phi)|^2 \tag{4-119}$$

$$I_{s,s}^{(2\omega)}(\phi) \propto |F_x\chi_{xxx}f_xf_x\sin(3\phi)|^2 \tag{4-120}$$

$$I_{s,p}^{(2\omega)}(\phi) \propto |F_z\chi_{zyy}f_yf_y + F_x\chi_{xyy}f_yf_y\cos(3\phi)|^2 \tag{4-121}$$

$$I_{m,s}^{(2\omega)}(\phi) \propto |F_y\chi_{yyz}f_yf_z + F_y\chi_{yxy}f_xf_y\sin(3\phi)|^2 \tag{4-122}$$

式中，强度下标的顺序为基频和 SH 光，f_i 和 F_i 为基频和 SH 场的 Fresnel 系数。在式（4-122）中，下标 m 表示由 50%p 偏振和 50%s 偏振组成的混合偏振。

4.8.1.2　电化学界面和二次谐波产生[16]

在金属/电解液界面上，带电的物种和有向偶极子存在的整个区间称作电双层。电双层又可以进一步分为外 Helmholtz 面（OHP）和内 Helmholtz 面（IHP）。没有法拉第过程（穿过界面的电荷转移）发生的电极称作理想极化电极（IPE）。对于一个真实的体系，可能存在着一个理想极化区间（IPR）。在此区间，电极（在一个非专一吸附的电介质中）表现出理想极化。在 IPR 范围内，因为电荷不能穿过 IPE 界面，所以，电极溶液之间的充电行为类似一个电容为 C 的电容器，$C = q/V_{dc}$。式中，q 为储存在平板电容器中的电荷；V_{dc} 为穿过电容器的电压。金属的电荷相对于溶液是正还是负取决于用在金属上的电势。此外，存在着这样一个外加电势——零电荷电势（PZC）。在此电势下，金属电极没有表面电荷过量。零电荷电势在电化学研究中具有重大意义：在此电势，外界对金属电极的扰动是最小的，即在 PZC，金属电极表面具有像真空中表面的行为。

当电极偏压远离 PZC，在金属表面出现过剩电荷的积累。因为金属的有效屏敝，金属表面上的过剩电荷被局域在金属表面的顶层原子上，该电荷被离界面约 10Å 的离子的电解质溶液所中和。通过考虑式（4-123），可以清楚地看到：在约 10Å 的地方，产生一个穿过该界面的电位降（约 1V），导致一个有向的垂直于界面、强度为 $1V \cdot (10Å)^{-1}$ 或者 $10^9 V \cdot m^{-1}$ 电场强度的直流场 E_{dc}、如此高的静电场以及高强度的电磁场可以诱导 3 阶非线性过程进而产生频率为 2ω 的非线性极化。

文献中常用下列公式来描写附加在两个各向同性介质之间的界面上，由 dc 电场诱导的三阶极化：

$$I^{(2\omega)}(\boldsymbol{E}_{dc}) \propto |P_0^{(2\omega)} + P_1^{(2\omega)}(\boldsymbol{E}_{dc})|^2 \tag{4-123}$$

这里，总的 SH 信号可写为电势无关的 $P_0^{(2\omega)}$（这是一个普遍的表达）和电势相关部分 $P_1^{(2\omega)}(\boldsymbol{E}_{dc})$ 之和，其中电势相关部分可由下式来表达：

$$P_1^{(2\omega)}(\boldsymbol{E}_{dc}) = \gamma \boldsymbol{E}_{dc}[\boldsymbol{E}(\omega) \cdot \boldsymbol{E}(\omega)] + \gamma' \boldsymbol{E}(\omega)[\boldsymbol{E}_{dc} \cdot \boldsymbol{E}(\omega)] \tag{4-124}$$

式中，$\boldsymbol{E}_{dc}$ 为一个方向垂直于表面的静电场；γ 和 γ' 为描写与静电场耦合的物质常数。来自两各向同性的介质表面的 SH 响应由 $\chi^{(2)}$ 表达，它只含有三个独立的张量元：χ_{zxx}，χ_{xzx} 和 χ_{zzz}。

另外，在文献中，也常常将电化学界面的极化写成下列的形式

$$P_{eff}^{(2)}(2\omega) = \chi^{(2)} : E(\omega)E(\omega) + \chi^{(3)} : E_{dc}E(\omega)E(\omega) = \chi_{eff}^{(2)}(\phi) : E(\omega)E(\omega)$$
$$\tag{4-125a}$$

因此，有效极化率张量 $\chi_{eff}^{(2)}(\phi)$ 不同的分量对电势 ϕ 有非常不同的依赖关系，特别是 χ_{zzz} 分量对穿过界面的电场的线性依赖关系。因此，当 χ_{zzz} 为信号的主要来源时，信号随电势的响应呈抛物线关系。将电极表面的非线性极化率分为电势依赖和非电势依赖两个部分，就可以将式（4-125a）写成

$$\boldsymbol{P}_{eff}^{(2)}(2\omega) = \boldsymbol{P}_{dc}^{(3)}(2\omega)\delta d^{-1}\Delta\Phi + \boldsymbol{P}^{(2)}(2\omega) \tag{4-125b}$$

式中，$\boldsymbol{P}_{dc}^{(3)}(2\omega)$ 和 $\boldsymbol{P}^{(2)}(2\omega)$ 为三阶和二阶非线性极化率；d 为双电层的厚度；δ 为考虑到只有部分电势降是发生在 SH 响应的区域的一个系数。$\Delta\Phi$ 被定义为 $\Delta\Phi = (\Phi - \Phi_{PZC})$，其中 Φ 为所加电势（注意，在文献中，电势的符号有多种多样，ϕ、ψ、Φ、V 等，本章不强求统一，从上下文中读者应能看清它们的含义），Φ_{PZC} 表示零电荷电势。定义 $a = e^{2\omega} \cdot \boldsymbol{P}_{dc}^{(3)}(2\omega)\delta d^{-1}$ 和 $b = e^{2\omega} \cdot \boldsymbol{P}^{(2)}(2\omega)$，可以得到：

$$I^{SHG} \propto |a(\Phi - \Phi_{PZC}) + b|^2 \tag{4-125c}$$

这就是所谓的抛物线模型[22~24]。Guyot-Sionnest 和 Tadjeddine 研究了银（111）和金（111）面在各个不同激发波长下的 SH 响应。他们发现 3 次方非线性项在自由电子区有非常大的贡献。在这个区域内，抛物线模型是成立的，但是在带间跃迁的区域却并不如此。

4.8.1.3 实验装置

（1）界面非线性光学实验对激光的要求

激光光源是非线性光学实验的关键部分。激光光源分为连续光源和脉冲光源。

非线性光学实验大多数用的都是脉冲激光。采用短激光脉冲，其峰值能量高，对样品表面加热效应低，使得非线性光学过程得到增强。目前世界上大多数实验室用的是皮秒激光或者飞秒激光来做和频光谱及二次谐波实验。近来已经有飞秒、皮秒联动的高分辨和频光谱问世，参见本章的进展部分。

纳秒激光系统的单脉冲输出能量较高（>1mJ·pulse^{-1}），需要小心控制激光在样品表面的焦斑面积，避免样品不被烧蚀，光谱的分辨率也较高（1cm^{-1}），但是光谱扫描所需的时间较长；飞秒激光系统的脉冲能量较低（10μJ·pulse^{-1}左右），光谱的分辨率不高（需要将可见光由飞秒调制到皮秒量级，使得光谱分辨率达到1～15cm^{-1}），但可以在极短的时间内获得光谱（一般通过CCD成像检测，理论上光谱的获得时间和激光脉冲宽度相等）；皮秒激光系统各项指标位居前二者中间，它的激光脉冲能量输出为100～500μJ·pulse^{-1}，光谱的分辨率在2cm^{-1}左右，光谱扫描所需的时间比纳秒激光系统要短，和飞秒激光系统相比，在同样的信噪比和光谱范围内，1kHz的飞秒激光系统需要的时间不超过1min，而20Hz的皮秒激光系统则需要1h。如果只是简单地获得光谱，皮秒和频光谱系统已足够用。当涉及动力学问题时，由于许多化学反应和电荷、能量转移过程都是在极短的时间内（皮秒到飞秒）完成的，因而在界面动力学研究方面主要采用的是飞秒系统。

（2）飞秒二次谐波-电化学系统

现在，国际上各研究组用于二次谐波的实验，基本上都是飞秒系统。下面以中国科学院化学研究所的飞秒二次谐波发生（SHG）装置为例进行说明（图4-11）。

SH强度和基频场的关系如下：

$$I(2\omega)=\frac{32\pi^2\omega^2\sec^2\theta_{2\omega}}{c^3\varepsilon(\omega)\sqrt{\varepsilon(2\omega)}}\left|E(2\omega)\chi_{s,eff}^{(2)}:E(\omega)E(\omega)\right|^2 I^2(\omega) \qquad (4-126)$$

式中，$\theta_{2\omega}$ 为SH光从界面的反射角。

实验所用的激光光源为美国光谱物理公司的钛蓝宝石飞秒激光系统（Tsunami 3960C，Spectra Physics）。波长可调谐范围为700～900nm，脉冲宽度为80fs，重复频率为82MHz。实验所用的构型为典型的反射式构型。一束800nm的飞秒激光以与界面法线呈70°入射角经 $f=10$cm 透镜聚焦到样品表面（入射角可以根据实验需要进行改变）。实验中，通过半波片（half wave plate）控制入射光的偏振，然后经过一个长通的滤波片滤掉前面光路中可能产生的倍频信号。来自样品表面反射的二次谐波信号通过一个 $f=10$cm 的透镜收集，在收集光路上通过一个短通的滤波片将反射的基频光滤掉，二次谐波信号通过偏振片控制其偏振，再经过一个透镜（$f=10$cm）聚焦到单色仪中。通过单色仪分出的二次谐波信号经光电倍增管（Hamamatsu R585）接收后，经前置预放大器（SR）放大25倍并由单光子计数器（Stanford SR400）采集最终输入到电脑程序控制软件。实验中的暗噪声低于1count·s^{-1}，入射激光的能量为500mW。本系统中检测系统对p偏振的响应是s偏振响应的1.23倍（图4-11）。

电解池的设计，各个研究组大同小异。本装置所用的电解池主要由三部分组

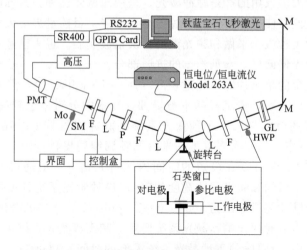

图 4-11　SHG-电化学装置图

L—透镜；F—滤光片；HWP—半波片；GL—格兰棱镜；M—平面镜；SR400—门控单光子计数器；

RS232—异步传输标准接口；PMT—光电倍增管；Mo—单色仪；SM—步进电机；P—偏振片

成：用聚四氟乙烯（或聚三氟乙烯，Kel-F）等耐酸碱耐高温并具有一定硬度的有机材料做成一个圆柱状的电解池。池内有一个空芯的并带有螺纹的聚四氟乙烯棒（或其它有机材料），棒的后端伸出池外。棒的前端镶嵌导电性良好的金属盘（比如铜盘等）并用铜线从底部引出，作为工作电极的引线。将单晶金属（或者半导体）用导电性能良好的导电胶（比如 In-Ga 合金）粘在铜盘上作为工作电极，并用聚四氟乙烯帽将电极的侧部密封。聚四氟乙烯棒和电解池用螺纹相连并能上下移动调节电极的高度。在电解池侧面的合适部位装上对电极和参比电极。对电极常用铂丝，参比电极的选择随电解液性质的不同而异。电解池的顶部用熔融石英作为光学窗片，它对于可见光是高透射的。将电解池固定在可以旋转的光学平移台上，进行电极的各向异性谱的测量，光学平移台由计算机控制的步进马达控制其旋转。

　　在电学测量中，相位的测量也很重要。文献中常用干涉法进行 SHG 的相位测量[21]。在入射光束路径样品前面插入一个谐波片来产生一个附加的 2ω 波。通过改变石英片和样品之间的距离 L，产生一个干涉图案，从石英中产生出的 SHG 相对于基频产生相延迟。石英片和样品两者的相对相位 $\Delta\delta$ 依赖于石英和样品之间的距离，它们的关系按下式变化[25]。

$$\Delta\delta = \frac{2\omega}{c}\Delta n \Delta L \tag{4-127}$$

式中，Δn 为基频（ω）和二次谐波（2ω）之间空气的折射率之差；ΔL 为穿过的石英片的长度。对于 1604nm 的激发，ΔL 的数量级是 22cm。

对于金属单晶电极的电化学测量，首先将电极表面进行机械抛光，然后用适当的溶液继续进行电化学抛光。电化学抛光和随后往电解池中的转移都是在无氧的环境中进行的，以避免氧化层的形成。所有的溶液用高纯盐和纳米孔（或者是微米孔）的超纯水配制，在整个实验中电解液继续用无氧的氮气吹入以避免氧化的形成[26]。

4.8.1.4 SHG 研究金属单晶电极的电子结构和几何结构

本节我们关注两个问题：SHG 研究单晶电极表面本身的性质和吸附在单晶电极上分子的行为随电势的变化。单晶电极主要取金属电极和半导体电极为研究对象。研究最多的是 Au、Ag、Cu 等单晶。下面我们以 Au 和 Cu 为例加以说明。

（1）Au(111)、Au(110) 和 Au(100)

金单晶电极表面多年来一直是研究和讨论的焦点。第一个报道来自金电极表面的旋转对称性的研究是用一个 1064nm 的入射光束进行实验的[27]。现在，已经用多种波长来研究 Au(111)。图 4-12 表示来自 Au(111) 在 $HClO_4$ 溶液分别在波长 1530nm、1064nm 和 532nm 处在 pp 偏振组合时的 SH 响应。结果与 $3m$ 对称性的表面相符合并能很好地用式（4-116）的理论表达来拟合[28]。在该响应中，存在着明显的波长依赖。扫描从 +0.8V 开始，比在 ClO_4^- 介质中 0.23V（vs SCE）的 PZC 正。在 UHV 中对于 1064nm 和 532nm 的相同的扫描证明：溶液中的响应几乎同等于 UHV 测量中的响应[29]。当增加入射光子的能量时，测量 Ag (111)，在 in-plane 和 out-of-plane 之间的相角 $[C(3)/a(\infty)]$ 从 0°～90°之间变化。当能量增加时，这些各向异性的变化及相应的模和相对 in-plane 和 out-of-plane 之间相角的改变归属于电子结构共振耦合的响应。Au(111) 在三个波长各向同性和各向异性绝对强度的测量，在图 4-12（b）中给出。作为比较，也画出了介电函数的虚部。Koos 和 Richmond[30] 用 1064nm 的波长激发，在法拉第和非法拉第的条件下，考察了来自 Au(111) 的 SH 旋转对称性。研究是在电抛光和火焰退火的基底上进行的。在双层充电区间，存在各向同性项强的电势相关，χ_{zzz} 结果表明，简单的表面电荷密度模型不适合描述在含有高氯酸和硫酸的电解质溶液中的电势相关行为。对于金，d 带接近 0eV 附近，接近于 2.3eV 的 SH 场；对于 Ag (111)，当接近非共振条件时，强度有明显的下降，相对相位漂移减少。可用线性的 Fresnel 系数进行描述[31]。Koos 和 Richmond 也考察了 Au(111) 在这两种电解质溶液中的氧化。

假定金的氧化为一个多步过程，其中的控制步骤是位置交换过程，涉及晶格中 OH-Au 偶极矩的翻转。研究表明：SHG 对于各种氧化步骤是敏感的，它提供了一个比由 CV 数据得出的更加详细的氧化过程的图像。

对于 Au(100) 表面，在 1064nm 的 p 偏振激光脉冲入射，在 p 偏振和 s 偏振响应中的各向异性是最小的。当电压扫描到正于 PZC，从 -0.1V 到 $+0.8$V，他们发现 p 偏振响应增加 4 个数量级。s 偏振响应非常小和各向同性，不随偏压而改变。所有数据都符合于下列事实：这些非共振波长时，表面响应相对于体相占主导。

Au(111) 的重要性，不但在于它的电子性质，也在于它在超高真空（UHV）的重构能力。清洁的 Au(111) 和 Au(100) 在 UHV 具有重构现象。当固体表面原子本身重排，在结构上不同于简单的体相晶格所预期的结构时，就发生了重构。Kolb 用循环伏安、电子反射谱和离线（ex situ）电子衍射进行的研究说明了火焰处理的晶体在溶液中形成稳定的重构[32~34]。Lupke 等对 Au(111) 界面 SH 重构数据进行了更深入的分析[35]。在此工作中，二阶电极化率张量被分成多种贡献，起源于一重、二重、三重和 C_s 对称性表面的无穷对称轴。他们的结果表明：如果没有考虑表面重构的畴的分布，SH 旋转图案就不能完全由理论模型来分析。由此得出，低对称的旋转轴产生一个附加的"泛频"或

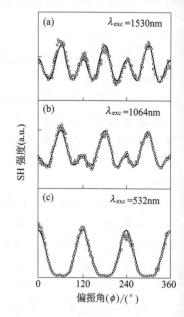

图 4-12 Au(111) 电极的二次谐波信号强度随着偏振角的变化[28] 入射偏振检测偏振为 p，波长分别为 (a) 1530nm, (b) 1064nm, (c) 532nm

"谐波"的贡献。这些 Au(111) 的 SH 旋转图案的对称性分析揭示了来自三重轴具有立方（1×1）结构的贡献及同时来自一重和二重轴，起源于（1×23）重构的贡献。其它有关卤素吸附对重构的影响也同时被报道[36]。Au(100) 提供另外一个重构的有趣的例子。对这些电极表面用 LEED 和 RHEED 的研究已经证明了重构的 Au(100)-5×20 表面在没有阴离子吸附存在的电势区间是稳定的。存在阴离子时，重构漂移到（1×1）结构。然而，在负的电势区间，5×20 的结构又重新出现。作者观察到在这两个电势 SH 旋转各向异性的不同并将此归结为重构和重构的漂移[34]。

外来金属在 Au(111) 的欠电位沉积已经由 Koos 等进行过多次研究。在第一次研究中，Koos 用 p 偏振的 1064nm 的入射光，检测 s 偏振的谐波，结果发现，当单层膜欠电位沉积后，最初出现的 $3m$ 对称性的旋转各向异性减少。随着继续沉积到两层膜，旋转各向异性的响应增加到一个近似等于无吸附分子的表面水平，各向异性响应的减少是因为非公度的覆盖膜（incommensurate overlayer）的形成缺

乏长程有序。

第二次研究考察了在覆盖层形成的过程中，SH 响应中相位的变化[23]。实验考察 Au(111) 表面 s 偏振的响应，该界面允许项 $c[\chi_{xxx}^{(2)}-a\zeta]$ 的分离，这里，a 和 c 表示 Fresnel 因子，ζ 是一个非局域的体响应。相位用干涉方法进行测量。结果证明，随着 SH 响应数量的减少，在穿过一个最低点后（在 $\Theta=0.6ML$），$c[\chi_{xxx}^{(2)}-a\zeta]$ 相对相位相对于自然界面漂移 180°。作者将这些初相位的漂移归结于界面上偶极矩的可能旋转。当第二层形成时，相位漂移到 $-258°$，观察到模的增加。相位变化表明了在低覆盖时非线性响应的改变明显不同。高覆盖度时，该现象不会发生。如果仅仅测量强度，这种差别就看得不明显。该研究证明了完整相位测量的重要性。

金属 Ag、Cu、Pb、Tl 和 Sb 在 Au(111) 电极中的欠电位沉积的 SH 响应也已经被研究[27]。研究证明了铅和基底晶格的错配（mismatch）阻止了非公度覆盖层（commensurate overlayer）的形成，但是却形成了六角形紧密堆积的覆盖层，从体相铅中浓缩了 0.7% 的铅。尽管在 Au(111) 上的 Ti 和 Sb 还没有被 X 射线考察过，由于晶格的错配，一个密堆积的结构对于形成一个非公度覆盖层还是必需的。十分有趣的是，通过这些研究，发现在所有的金属覆盖物/Au(111) 体系都保持了 $3m$ 对称性。即使对于较大的原子，铊、锑和铅，存在着明显的晶格参数错配。然而，在每一个沉积的过程中，通过选择 in-plane 和 out-of-plane 响应，作者证明了该沉积确实不同于能够有序排列在晶格上（相对于晶格错配）的吸附原子，结果由 Au(111) 表面的电子结构和覆盖层畴结构来决定。

(2) Cu(111) 和 Cu(100)

来自天然 Cu(111) 电极的 SH 旋转各向异性已经被许多研究者所考虑。第一次由 Shannon 等[37] 所做的研究证明了用 1064nm 激发其表面产生一个符合界面区域三重对称性的响应。该旋转对称性定性符合 Tom 和 Aumiller 对 Cu(111) 在 UHV 的结果。后来，Richmond 和其合作者完成了一个更加详细的对天然铜电极表面的研究[38]。考察了在 SH 响应中，波长和电势相关。他们已经完成了在 UHV 中对相同晶体的实验去直接测定在溶液存在的情况下，表面是如何被扰动的，发现即使表面被加偏压到 PZC（这时双层效应很小），尽管界面还保持原来的对称性，但是测量的旋转各向异性与 Cu(111) 在 UHV 中所发现的并不相同。

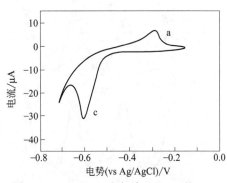

图 4-13　Cu(111) 电极在 pH=4 的 0.01mol·L^{-1} $HClO_4$ 电解液中的循环伏安曲线，扫速为 20mV·s^{-1}[38]

图 4-13 表示 Cu(111) 在 0.01mol·L^{-1} $HClO_4$ 溶液 pH_4 的循环伏安图。CV 图揭示了两个清楚的可区分的阳极（图 4-13a）和阴极（图 4-13c）峰，分别对应着氧化膜的各自形成和含有表面膜氧化剂

的还原。图 4-14 表示不同电势下的旋转各向异性。所有的数据用 1064nm p 偏振的入射光和 p 偏振的 SHG 采得，数据虽然表示出 C_{3v} 对称性，但在各向同性和各向异性的贡献中带有可变的相位角。图 4-15 （a） 表示一个和图 4-14 （a） 相似的光学条件但处在 UHV 的界面的结果。两种环境下各向异性谱的数值和相位有相当大的差别，表明溶液中的表面电子性质与 UHV 很不相同。处在负电位的还原表面，旋转各向异性谱的数值大小和相位接近于 UHV 测量的值。由此得出结论，Cu(111) 界面旋转各向异性谱的差别只能用溶液中出现吸附性物种来解释。最可能的吸附物种是氧物种，它不但紧紧在界面上与电子结合，减少 out-of-plane 极化，而且也通过改变电子结构影响 in-plane 的响应。以前的研究已经揭示了氧物种能够出现在整个双层充电区域的铜表面，包括在 PZC，即使在循环伏安中并没有发现其存在的证据[39]。将清洁的 Cu(111) 表面放到 UHV 环境，并增加在氧气中的暴露。结果，含有氧气的界面给出的 SH 响应与电化学池中给出的非常相似 〔见图 4-15 (b) 〕。即使电解质溶液、电势和表面处理的变化很大，也不能从浸入的界面得到一个与真空中得到完全匹配的 SH 响应。来自 Cu(100) 的非局域响应的实验与前面所描述的 Ag (100) 实验相类似[40]。

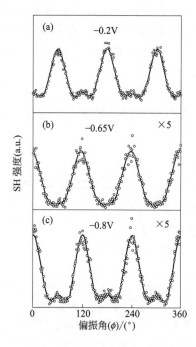

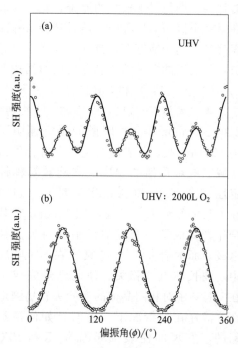

图 4-14 Cu(111) 电极在 pH=4 的 0.01 mol·L^{-1}NaClO$_4$ 电解质溶液中在电势分别为 $-0.2V$、$-0.65V$ 和 $-0.8V$ (Ag/AgCl) 的 SH 旋转各向异性谱 （pp 偏振组合）[38]
（图中数据用空心圆圈表示，实线为拟合线）

图 4-15 来自 Cu(111) 的旋转各向异性[39] (a) 在 UHV，3.5×10^{-10} Torr；(b) UHV，2000L O$_2$

在 1064nm 的波长，从 p 或 s 激发的 s 偏振检测的强度处于一个非常低的信号水平。当晶体旋转时，任何高于背景的响应不会发生周期性的变化。由此作者得出结论：在本实验所用的入射波长和 SH 波长，表面相的贡献比体相的贡献占优势。

另外，文献中也对 Cu(111) 界面的旋转各向异性谱的波长依赖[41,42]、欠电位沉积[43] 等进行了充分的研究，大家可以看原始文献，我们就不在此介绍了。

值得指出的是，德国马普所的 Pettinger 小组多年来一直从事 SHG 研究单晶金属电化学界面的问题，他们创立了干涉旋转各向异性的方法，这是一个非常优秀的工作。限于篇幅，本章也不再介绍，读者可以参考 Pettinger 等的综述文章[21]。

4.8.2 SHG 研究半导体电极/溶液界面的性质

半导体电极一直是电化学研究的重点课题，尤其是近年来由于太阳能电池的进展及环境科学中半导体电极作为光解水、污染物处理方面的持续的推动，从分子水平研究半导体电极的界面几何结构、电子结构和能带结构成为一个越来越迫切的要求。二阶非线性光学作为具有界面选择性和灵敏性的表面分析工具的后起之秀，很快便在该领域的研究中发挥着重大的作用。本章将仅仅介绍用 SHG 研究半导体/溶液电极界面的电子结构等问题，并主要讨论其电势相关的问题和半导体电极界面平带电位的测量问题。半导体电极仅选用 Si/SiO$_2$ 和 TiO$_2$ 电极。

4.8.2.1 半导体界面电势相关的一般理论[44,45]

比起金属来说，半导体电极的界面性质显得更为复杂。在金属电极，外加电场仅仅局限在金属界面。在大多数情况下，我们用电偶极近似就可以解释其界面上所发现的大多数非线性光学问题。加入外场后，其二次谐波强度与外场也有一个简单的抛物线形关系。对于半导体界面，外加电场不仅仅加在表面，而加在空间电荷层上，描述半导体电极表面特征的电位不是零电荷电位（PZC），而是平带电位（flat band potential，常用 U_{fb} 表示）。此时，谐波强度、外加电位和半导体电极的本征性质平带电位之间到底有什么关系，这是一个值得深入研究的问题。

（1）电场诱导的 SHG 强度

下面简单介绍一下 O. A. Aktsipetrov 和 G. Lüpke 在此领域所做的杰出的工作。（注意，这里所用到的符号和原文献相同，和电化学里所用到的符号不同，请注意！）

大多数涉及电势诱导的 SHG（EFISHG）和外加静电场 $\vec{\varepsilon}$ 关系的数据解释都来源于 Aktsipetrov 等引入的一个近似公式。在此工作中，穿过硅空间电荷层 SCR 电场的变化 $\vec{\varepsilon}$ 可以用 Si/SiO$_2$ 界面附近的有效电场 $\vec{\varepsilon} \propto (U-U_{fb})$ 来近似。假设空间电荷层的厚度 d_{SCR} 与外加电势无关，这就导致静电场诱导的 SHG 强度与表面能带弯曲呈现抛物线形关系。但是，该近似仅仅适合 SHG 渗出深度 $d^{2\omega} \gg d_{SCR}$。在此基础上 G. Lüpke 等提出了一个普适的公式。该公式的推导相当复杂，需要用到电磁场理论的另一形式——并矢格林函数（dyadin Green's function），我们这里仅仅介绍公式推导的思路及所得出的主要结论，详细过程请看原始文献 [44，45]。

为了计算穿过半导体界面 SRC 的电场 $\vec{\varepsilon}$ 变化，引入并矢格林函数。用此方法解 Maxwell 方程，得出 n 阶极化率 $\vec{P}^{(n)}$ 的形式：

$$\vec{P}^{(n)}(\vec{r}) = \int \frac{\mathrm{d}K}{(2\pi)^2} p(\vec{K}, z) \exp\left[i(\vec{K} \cdot \vec{R} - \Omega \cdot t)\right] \tag{4-128}$$

式中，p 为极化率在平行于表面的 xy 平面处于位置 $\vec{R}$ 的极化率的傅里叶变换；$\vec{K}$ 为在频率为 Ω 平行于界面的波矢量的分量。下面考虑一个横向的单色平面波

$$\vec{E}^{\omega} = (\vec{E}_p + \vec{E}_s) \exp\left[i(\kappa\vec{R} - q_1 z - \omega t)\right] \tag{4-129}$$

式中，κ 和 q_1 分别为平行于和垂直于表面的波矢量分量。进一步假设，静电场 ε 仅仅由垂直于界面的 z 方向组成并仅仅沿着该方向变化。对于如图 4-16 所示的 MOS 结构，该假设可以被满足。

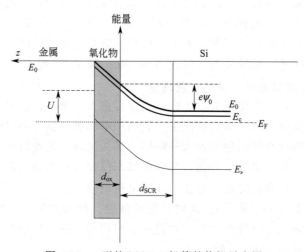

图 4-16　n 型的 MOS 二极管的能级示意图

E_0 为真空能级；$e\Psi_0$ 为 Si/SiO_2 界面的带弯曲；d_{ox} 为氧化层厚度；d_{SCR} 为空间电荷层的宽度[45]

在 xy 平面，载流子耗尽的情况下，得到

$$\vec{P}^{(3)}(\vec{r}) = p(\kappa, z) \exp\{2i(\kappa\vec{R} - \omega t)\} \tag{4-130}$$

式中，

$$p(\kappa, z) = \vec{\chi}_D^{(3)} : \varepsilon(z)(\vec{E}_p + \vec{E}_s)(\vec{E}_p + \vec{E}_s) \exp(-2iq_1 z) \equiv \vec{\Gamma} \exp(-2iq_1 z) \cdot (z + d_{SCR})$$

式中，$\vec{\chi}_D^{(3)}$ 为体相三阶偶极极化率张量。对于 n 型硅，其空间电场由下列公式给出：

$$\vec{\varepsilon}(z) = \frac{N_D e}{\varepsilon_0 \varepsilon_{Si}}(z + d_{SCR})\hat{z} \tag{4-131}$$

式中，$-d_{SCR} \leqslant z \leqslant 0$，其它物理量的含义同于一般的半导体物理教科书中的含义。

矢量 $\vec{\Gamma}$ 含有 p 的所有贡献，与 z 无关。下面计算场诱导的二次谐波 $\vec{E}_{fi}^{2\omega} = (\vec{E}_p^{2\omega} + \vec{E}_s^{2\omega}) \exp\{\vec{K}\vec{R} + Q_{1z} - 2\omega t\}$，它由介质 2 产生，反射到介质 1。它由下式给出：

$$(\vec{E}_p^{2\omega} + \vec{E}_s^{2\omega}) = 8\pi K_1^2 Q_2^{-1} (\hat{s} T_{12}^s \hat{s} + \hat{p}_1) \vec{\Gamma} l \tag{4-132}$$

其中 l 表示下列的积分

$$l = \int_{-d_{SCR}}^{0} \exp[-i(Q_2 + 2q_2)z] \cdot (z + d_{SCR}) \mathrm{d}z \tag{4-133}$$

式（4-132）中，Q_i 和 $K_i = 2\kappa$ 是在介质 1、2 的垂直和平行于表面的复波矢量组分，T_{12}^s 表示 Fresnel 透射张量。单位矢量 $\hat{s}$ 和 $\hat{p}$ 分别定义为垂直于入射面和垂直于入射面内波矢量 $2\kappa + Q_i \hat{z}$ 的方向。式（4-132）可求出解析解：

$$l = \frac{1}{(2q_2 + Q_2)^2} \{1 - \exp[id_{SCR}(2q_2 + Q_2)]\} + \frac{id_{SCR}}{2q_2 + Q_2} \tag{4-134}$$

考虑到基频光的穿透深度，我们对式（4-134）进行下列讨论：

① 当有效穿透深度 $\alpha_{eff}^{-1} = \zeta(2q_2 + Q_2)^{-1} \ll d_{SCR}$，上式变为

$$l = \frac{id_{SCR}}{2q_2 + Q_2} + \theta[1/(2q_1 + Q_2)^2] \propto \sqrt{\Psi_0} \tag{4-135}$$

$\Psi_0 \equiv \Psi(z=0)$ 是 SI 的表面电势，体系的强度 $I^{2\omega}(\Psi_0)$ 与能带弯曲 $\Psi_0(U)$ 呈线性依赖关系。

② $\alpha_{eff}^{-1} \gg d_{SCR}$ 并且 $\lambda \gg d_{SCR}$，式（4-134）中的指数函数可以进行 Taylor 展开：

$$l \approx d_{SCR}^2 + \theta[d_{SCR}(2q_2 + Q_2)] \propto \Psi_0 \tag{4-136}$$

Ψ_0 是外加电位的函数，由下式表示：

$$\Psi_0 = \left[-\frac{\alpha}{2} + \frac{1}{2}\sqrt{\alpha^2 - 4(U - U_{fb})}\right]^2, (\alpha \ll 1) \tag{4-137}$$

$$\approx -(U - U_{fb}) - \alpha\sqrt{U_{fb} - U}$$

这里，$\alpha = d_{ox}\sqrt{\dfrac{2e\varepsilon_{Si}N_D}{\varepsilon_0 \varepsilon_{ox}^2}}$。

所以，此时体系的强度 $I^{2\omega}(\Psi_0)$ 与能带弯曲 $\Psi_0(U)$ 呈抛物线依赖关系。

在耗尽条件下，对于硅，空间电荷层处在 25nm（$N_D = 10^{18} cm^{-1}$）和 8μm（$N_D = 10^{13} cm^{-1}$）之间。如果 $\alpha^{-1} \gg d_{SCR} \approx \lambda$，则 $I^{2\omega}(U)$ 将表现出随电势平方相关。对于累积层，$d_{SCR} \ll \lambda$，可以按照类似的方法讨论。

（2）直流电压相关

在电子器械中，为了用 EFISHG 电压水平和高频电路，研究外在电压下的

SHG 响应是非常重要的。从上节的讨论我们有下列的结论:

① 如果只有部分电压 U 降落在空间体积上,则 SHG 随外压的响应呈线性关系:

$$I^{2\omega}(U) \propto (U-U_{\min}) \qquad (4-138)$$

② 如果电压 U 整个降落在空间体积产生 EFISH 响应,则 SHG 随外压的响应呈二次函数关系:

$$I^{2\omega}(U) \propto (U-U_{\min})^2 \qquad (4-139)$$

图 4-17 给出了 Si(111) MOS 结构的 SH(s-in,s-out) 响应与电势的关系[44]。

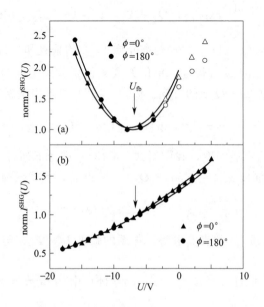

图 4-17　Si(111) MOS 结构对于两个方位角: $\phi=0°$ 和 $180°$,两种波长 (a) $\lambda=730\text{nm}$ 和 (b) $\lambda=1053\text{nm}$ 的 $I_{s,s}^{2\omega}$ 的电势依赖关系。实线表示拟合曲线[44]

在基频波长为 730nm 和 1053nm,都得到了 SH 响应和电位的二次平方关系。在 730nm 平带电位 $U_{\text{fb}}=-6.7\text{V}$ 时,出现了 SH 响应的最低点;在基频 1053nm,最低点漂移到更负的电位,这是由于 EFISHG 响应和电场独立的 SH 响应的相互干涉引起的。

$$I^{2\omega}(U) = \left| A + B(U-U_{\text{fb}} \mathrm{e}^{i\psi_{\text{el}}}) \right|^2 \qquad (4-140)$$

对图 4-17 进行拟合,得到表 4-1。

表 4-1　由式 (4-140) 拟合的结果

波长/nm	A	B/V^{-1}	$B/A/\text{V}$	$\psi_{\text{el}}/(°)$
730	1.0	0.13	0.13	−84
1053	0.99	0.058	0.059	34

由表 4-1 可以看到，在 730nm，两种 SH 贡献的相位角相差近 90°，所以，响应的最低值发生在平带电位 U_{fb} 附近。相反，当基频入射在 1503nm，SH 响应与电压的依赖关系主要由式（4-141）的混合项来决定。

$$2AB(U-U_{fb})\cos34° > B^2(U-U_{fb})^2 \qquad (4\text{-}141)$$

这样产生的 $I^{2\omega}(U)$ 的最小值从平带电位附近的约 -29V 漂移到 -36V。在极限情况下，$A\cos(\psi_{el}) \gg B$，可以得到 $I^{2\omega}-V$ 的线性特征。这在设计高频电路时有重要的实际意义。

此外，在 1053nm，硅中 SH 辐射的吸收强度 α^{-1}（527nm～1μm），接近于硅基底 $U<U_{fb}$ 时的耗尽区宽度，此时硅基底的掺杂浓度为 $N_D=5\times10^{13}\text{cm}^{-3}$。当 $U>U_{fb}$，自由电子在 Si/SiO$_2$ 界面聚集，在很小的纳米范围内，诱导的静电场指数下降。所以，在多数载流子的耗尽和聚集两种情况下，电位降完全落在表面区，产生二次函数形式的 EFISH 响应。Aktsipetrov 等研究 Si/SiO$_2$ 电解液界面在 1064nm 的基频激发波长下，也发现了类似的现象，证实了在这些实验中，来自硅基底金属化的 EFISH 可以忽略不计。

前面我们讲的 SH 响应随外加电势的关系首先是在 MOS 结构上发展起来的。那么，在半导体/电解液界面，它们之间的关系如何，这是一个令电化学家感兴趣的问题，电化学家关心的问题总是围绕电极/溶液界面来展开的。

4.8.2.2　Si/SiO$_2$/电解质溶液界面[46～48]

Si/SiO$_2$/电解质溶液界面是一个非常复杂的界面。由于在半导体工业上的特殊地位，近年来，其表面的反应活性和在水溶液中的稳定性一直是包括电化学家在内的科学家研究的主要问题。下面我们介绍 Richmond 研究组早期在此领域的研究工作[46～48]。

用 NH$_4$F/HF（7∶1）缓冲液刻蚀硅片 3min，控制 pH=8.0，得到光滑的结构良好的氢终止的硅界面。样品用超纯水冲洗，然后浸入到含水的电解质溶液中。实验在 0.1mol·L^{-1} NH$_4$F、0.1mol·L^{-1} H$_2$SO$_4$、0.1mol·L^{-1} KCl 和 0.1mol·L^{-1} KOH 溶液中在 N$_2$ 气氛中进行的。所有的溶液都用超纯水配制。

实验用的激光系统和光谱电解池和我们前面介绍的装置相似，请大家参考原始文献。

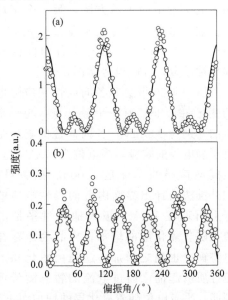

图 4-18　平带电位下（-0.65V vs SCE）下浸没在 0.1mol·L^{-1} NH$_4$F 溶液中的 n-Si(111) 的 SH 旋转各向异性谱 空心的圆圈代表了数据。实线拟合曲线。

（a）p 入射，p 出射；（b）p 入射，s 出射

图 4-18 是 n-Si(111) 界面的旋转各向异性谱。圆点是实验结果，实线是由式（4-116）和式（4-117）拟合的结果。可以看到 Si(111) 界面具有三重对称性。

实验中也做了各向异性谱随电位的变化，发现电势对旋转各向异性谱有影响，但不改变其旋转对称性。用真空条件下 n-Si(111) 旋转各向异性的测量作为对照，表明了电极在真空中和在电解质溶液中，其界面对称性并未有根本的变化。实验中也研究了硅的氧化物界面的旋转各向异性谱，从图 4-19 可见，即使 Si(111) 界面存在着 SiO_2 的氧化层，仍能表现出 C_{3v} 对称性，并且有氧化层后 SH 响应信号的强度有所提高。然而，在无定型的氧化层中，尚未发现各向同性的贡献。实验发现，在 H_2SO_4 溶液中，相位的重现性并不好，说明每次生长在硅上的氧化层的状态和储存的电荷并不相同。

通过光电流测量，此体系的平带电位是 $-0.65V$(vs SCE)。在方位角为 $30°$，进行 SH 响应的电势相关测量。实验的偏振组合仍然是 p-in、p-out（简称 pp）、p-in、s-out（简称 sp。注意，在文献中，对偏振组合简称表示的顺序很不相同。我们这里用多数文献中的表示方法，第一个字母表示倍频，第二个字母表示基频）用式（4-116）和式（4-117）拟合出各向同性和各向异性系数，并随电势做图。

由图 4-20 可见，各向同性响应随电位的变化在 0.26V 有一个最低点，与平带电位的差别为 900mV；各向同性的响应是垂直于静电场的响应，当电位为 0.3V 时，其空间电荷层的厚度是 1200nm 的数量级。用外推法估计出界面内各向异性响应的最低点出现在 1.6V，极大地超过平带电位值。随着氧化层的增加，样品稳定存在的电势窗口也随之增加，这是由氧化物的屏蔽性质引起的。通过电流的暂态测量可以证明，平带电位随着氧化层的增加而正移。

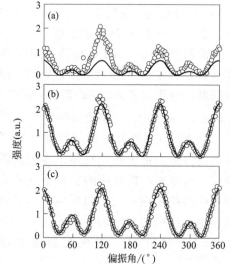

图 4-19　浸没在 $0.1mol \cdot L^{-1}$ H_2SO_4 溶液中的 n-Si(111) 的 SH 旋转各向异性谱 所有的扫描都在 p 入射和 p 出射条件下。
（a）最初的浸在 H_2SO_4 中的氢终止的样品，电势为平带电位，$E=-0.5V$；
（b）同样的样品，但在其表面有 15Å 通过光氧化生长的氧化层；
（c）同样的样品，但在其表面上有 25Å 通过光氧化生长的氧化层[55]

4.8.2.3 SHG 研究 TiO_2 电极/电解液 界面[49~51]

TiO_2 是一个光解水的材料，它在太阳能转化过程中是最有可能取得现实应用的材料。TiO_2 的性质与 TiO_2 表面结构和电子结构密切相关。由于其具有大的表面带隙（3eV），许多有机、无机物质可以

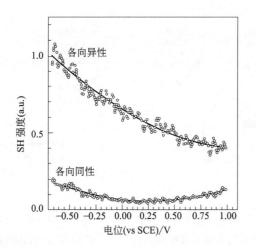

图 4-20　$\phi = 30°$下，SH 响应的各向异性 $[b^{(3)}]$ 和各向同性 $[a^{(\infty)}]$ 的分量强度，通过双曲线模型的拟合，在＋1.6V 获得了各向异性分量的最小值（空心方块），＋0.26V 获得了各向同性分量的最小值（空心圆圈）[46]

在 TiO_2 表面氧化，所以，TiO_2 也是一个极为重要的光催化材料。然而，对于 TiO_2 发生光催化的本质，人们至今了解甚少。多年来，人们试图用光电化学的方法来研究 TiO_2 的光催化性质，但对其中的过程仍然缺乏分子水平上的理解。二次谐波方法为研究 TiO_2 的表面性质提供了新的工具。这里，我们重点介绍 Corn[49~51] 早年进行的一些开拓性的工作。

使用 n 型掺杂的 TiO_2 作为工作电极，实验过程中用紫外光照射。电解池的构造如图 4-21 所示，584nm 的皮秒脉冲激光（4MHz 的重复频率，3ps 的脉冲宽度，每脉冲 25nJ 的能量）聚焦到直径为 $150\mu m$ 的 TiO_2 电极表面，入射光是 p 偏振，入射角为 60°，输出和检测 292nm 的倍频光，实验是在 p-in、s-out 和 p-in、p-out 两个偏振组合中进行的。

电极的 SHG 响应与电势相关的测量结果如图 4-22 所示。从图 4-22 中可以明显地看出，曲线分为两段，信号最低点的电位是平带电位（这是通过光电流测量的），电势沿正的方向越过平带电位，SH 强度迅速陡然上升。当电势负于平带电位时，SH 响应很少。定性的解释是这样的：TiO_2 电极表面的电子态随着外加电势的改变而改变。当电势负于平带电位时，表面处于电子的累积区（accumulation region），此时空间电荷层最小，电势诱导的 SHG（EFISH）最小。当电势正于平带电势时，TiO_2 电极表面处在电子耗尽区（depletion region），此时对于电极表面二阶极化占主导的是电势诱导响应，所以表现为信号的突然上升。

下面我们定量地解释一下为什么在电子的耗尽区会出现一个线性的 SHG 响应。首先我们援引在半导体物理上的一个著名的公式[52]：

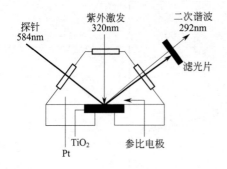 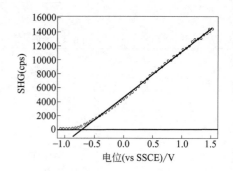

图 4-21 紫外线照射为了测量电化学池中 n 型 TiO₂ 表面的 SHG 信号的实验装置图[49]

图 4-22 n 型 TiO₂ 电极在没有照明下 292nm 的 SHG 信号的电势依赖关系[58]

$$q_{sc} = (2\varepsilon\varepsilon_0 eN_d)^{\frac{1}{2}} \Delta V_{sc}^{\frac{1}{2}} \tag{4-142}$$

该式就是著名的 Mott-Schottky 公式。式中，q_{sc} 为半导体的空间过剩电荷；ΔV_{sc} 为外加电位与平带电位之间的差；N_d 为掺杂浓度；ε 为 TiO₂ 的介电常数。按照静电学中的 Gauss 定理，空间电荷层中电场的数量（E_{dc}）正比于空间电荷层的总电荷，这样我们就得到了来自电极表面的 SH 响应随外加电势的线性变化：

$$I(2\omega) \propto |\vec{E}_{dc}|^2 \propto q_{sc}^2 \propto \Delta V_{sc} \tag{4-143}$$

当 $q_{sc} = 0$ 时，电极上的 SH 响应达到最小值，此时所对应的电位刚好符合我们用光电流测出的值 -0.73V。

TiO₂ 电极在 320nm 的紫外光的照射下，在表面上会产生电子-空穴对。当外加的电极电势保持正于平带电势，在空间电荷区，这些电子空穴对将被电场所分离，当空穴在电极/电解液界面被消耗时，就会产生光电流。界面上的光生空穴的稳态浓度会减少界面电场和与之伴随的界面上的能带弯曲 ΔV_{sc}，这个效应叫做能带平直（band flattering），它可以用于测量在紫外光照射下的光电流和 SHG。

图 4-23 表示 n-TiO₂ 电极在 0.5V 的电势下测量的光电流和表面 SHG。横坐标表示在 UV 照射下三个分离的周期。

在这三个紫外光的照射周期中，可以看到 SHG 信号随着电极上形成的光电流的增加迅速下降。电极表面 EFISH 的下降归结于表面静电场因为能带平直效应而下降。因为 EFISH 响应正比于 ΔV_{sc}，所以 SHG 强度的下降也能提供在任何外加电位下能带平直的百分数。

能带平直的百分数不但与 UV 照射的功率有关，也与外加的电位有关。图 4-24 是能带平直与外加电位的关系。

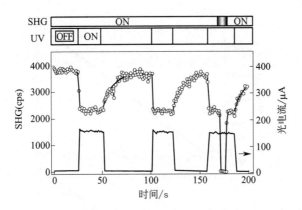

图 4-23　n-TiO$_2$ 电极 SHG（空心圆圈）和光电流（实线）在有照射

和没有照射的情况下随时间的变化[49]

图 4-24（a）表示能带平直与电位的关系。在平带电位，电极表面上基本上不存在直流静电场，没有 SHG 信号的降落，也没有能带平直的发生。当外加电势大于平带电势 V_{fb} 时，电极被驱动到耗尽区，这时就有能带平直的发生。在 $-0.4V$，达到最大值的 60%；超过 $-0.4V$，SHG 信号下降的百分数，也就是能带平直百分数保持不变。

对于任意给定的大于平带电位的电位，无紫外光照射下，电极表面的能带弯曲用 ΔV_{sc} 来表示，ΔV_{sc} 可以直接由 SHG 强度测量来得到。当用 320nm 的紫外光照射时，由于在电极上光生空穴对的积累（能带平直），ΔV_{sc} 减少到一个新值，$\Delta V'_{sc}$。图 4-24（b）画出了作为外加电势函数的 ΔV_{sc} 和 $\Delta V'_{sc}$。可以看到，当外加电势大于 $-0.4V$ 时，两者都随电位线性增加，但斜率不同。在电极表面，稳态光生空穴的浓度 Δq 可以由电极界面的能带弯曲和能带平直的光学测量得到［式（4-142）］。实验发现，稳态光生空穴的浓度由平带电位时的零增加到当外加电位为 $+0.5V$ 时的最大值 $4\times10^{11}\,cm^{-2}$。

前面我们已经指出，二次谐波随电势响应的最低点可以用于探测 TiO$_2$ 电极/溶液界面的平带电位。现在我们将较为详细的进行论述。图 4-25 是另外一组 TiO$_2$ 电极随电位的 SHG 响应的关系，所用激光和上面介绍的相同。

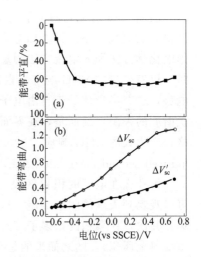

图 4-24　有紫外光照射（$\Delta V'_{sc}$，空心圆圈）和没有紫外线照射（ΔV_{sc}，实心圆圈）情况下能带平直百分比（a）和能带弯曲（b）[49]

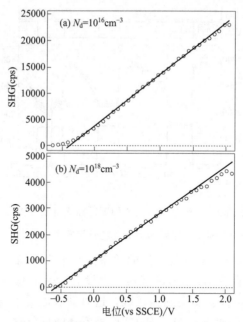

图 4-25　n 型 TiO$_2$ 电极的 302nm 的 SHG 信号的电势依赖关系

这两个实验中掺杂浓度分别为（a）$N_d = 10^{16}$ cm^{-3} 和（b）$N_d = 10^{18}$ cm^{-3}[59]

由图 4-25 可见，两个不同掺杂浓度的 TiO$_2$ 电极，其 SHG 随电位的响应都呈现很好的直线关系。当外加电势在 -0.60V 和 -0.46V，分别达到最小值，该值与用电化学方法和光电流方法测量的平带电位值 V_{fb} 非常接近。在电势小于平带电位时，仅有少量的 SHG 响应（累积区）。大量的 SHG 信号仅仅出现在电势正于平带电势，这时半导体处于自由电子的耗尽状态（耗尽区）。这意味着电子不是表面二次谐波的来源，反而是，在界面耗尽区产生的空间电荷所形成的电场极化 TiO$_2$ 晶格，产生大的 SHG 响应，这种现象叫作电场诱导的二次谐波响应（electric field induced second harmonic generation，EFISH）。

为什么在电子的积累区没有 EFISH？原因可能有两个。首先，在此电位下，可以观察到大量的阴极电流，这些电流还原自由电子的表面浓度，减少了界面的电场。其次，在累积区，多子（majority carrier）主要存在于电极表面上（使得半导体变得金属化），随之而来的是在该区间的电势降仅仅发生在很少的几个埃的范围内。所以，界面电场不可能极化大量的 TiO$_2$ 晶格，所以就观察不到大量的 EFISH 响应。

现在再来分析为什么从理论上说 SHG 随电位响应的最低点就一定是 TiO$_2$ 的平带电位。为了方便，我们再将 Mott-Schottky 公式写在下面：

$$q_{sc} = (2\varepsilon\varepsilon_0 e N_d)^{\frac{1}{2}} \Delta V_{sc}^{\frac{1}{2}} \tag{4-142}$$

在平带电势，界面没有能带弯曲（$\Delta V_{sc} = 0$），没有空间电荷（$q_{sc} = 0$），没有静电场（$E_{dc}=0$），这时，EFISH 引起的二阶极化公式变为：

$$P_{eff}^{(2)}(2\omega)=\chi^{(2)}:E(\omega)E(\omega)+\chi^{(3)}:E_{dc}E(\omega)E(\omega)=\chi_{eff}^{(2)}(\phi):E(\omega)E(\omega)$$

$$(4-125a)$$

由此可知，此时的 SHG 响应最小。所以，SHG 响应达到最小值可以用来测量 TiO_2 电极的平带电势。

用 SHG 测量 TiO_2 电极溶液界面平带电位有下列特点：①和 AC 阻抗谱测量平带电位相比，它不需要对实验数据进行精致的分析，因为在阻抗谱的测量中，首先必须假设等效电路，然后再进行非线性拟合；和光电流测量相比，它不需要另外引入一个电荷载流子。②SHG 方法测量的平带电位是体系的局域性质，因为 SHG 实验的激光斑点通常小于 $1mm^2$。③SHG 测量具有高度的界面灵敏性。所以，SHG 方法是一个原位测量平带电位的新方法。

4.8.3　液体电化学界面[53~58]

非互溶的两电解质液体（ITIES）之间的界面的物理性质的研究一直是包括电化学在内的各个领域感兴趣的问题，因为这种界面在物质的输运现象、电荷转移反应、萃取等起着中心的作用。分子和离子沿着液/液相界面的吸附和输运依赖界面区域的结构、静电场和分子之间的相互作用力。对界面分子结构和在此界面上溶质和溶剂分子有序度细节的了解需要更好地了解液/液界面的吸附和输运性质。为此还诞生了一个专门的电化学的分支——液/液界面电化学。传统的电化学研究此体系所用的研究工具是表面张力的测量、界面电容的测量、电毛细曲线的测量和零电荷电势的测量。借助于这些测量，人们已经对此界面的一些电化学性质和双电层结构有了大体的了解。和在其它电化学领域一样，二次谐波诞生之初便被用到液/液界面的电化学研究中，这里我们主要介绍 Corn 和 Richimand 小组早期在此领域的一些经典工作[53~58]。

4.8.3.1　液/液界面的双电层结构[58]

不互溶的液/液电解质溶液界面是一个复杂的结构。在 20 世纪初，借助于 Stern 对 Gouy-Chapman 理论的修正，人们已经发展出来一个修正的 Verwey-Niessen（MVN）理论来描写 ITIES 的双电层结构（如图 4-26 所示）[58]。

这是目前液/液界面最普遍的模型。在此模型中，有机相和水相之间的 Galvani 电势差（$\phi^w-\phi^o$）分为来自穿过内层电势差（ϕ_i）的贡献及穿过有机相（ϕ_2^o）和水相（ϕ_2^w）中空间电荷层的电势差。内层电势是由来自溶剂分子取向的偶极贡献的结果，而有机相电势 ϕ_2^o 和水相电势 ϕ_2^w 与扩散层中离子电荷的存在有关[59~62]。

应当指出的是，MVN 模型是用经典电化学方法建立起来的模型，它可以解释液体电化学中的大部分问题，但仍有些问题不能解决。比如，Gouy Chapman（GC）理论预言穿过内层有相当高的电位降，但是，在用微分电容和电毛细曲线研究水/1,2-二氯乙烷（DCE）界面时，发现测出的值相对小。对此差别人们也提出

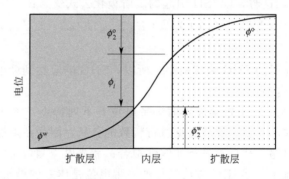

图 4-26　修正后 ITIES 的 Verwey-Niessen 模型的示意图[59]

了一些解释：界面上的水分子是随机取向的；不存在内层的结构或者不出现一个不带离子的内层等。所以，迫切需要能有直接测量 ITIES 的谱学方法。

目前，在液/液电化学领域，人们关心的问题仍然是：在各种液/液界面上，溶剂和溶质分子的吸附、取向、排列、输运和反应活性。

4.8.3.2　ITIES 表面二次谐波的来源

二次谐波研究 ITIES 界面有天然的优势：具有界面选择性和灵敏性。为了分析二次谐波在此界面上的实验数据，首先分析一下在此界面上二次谐波信号（也就是非线性极化率）的来源。电化学表面 SHG 的来源归结为下列几点：

① 溶剂分子和界面上的电解液分子有一个弱的非线性响应，这些对于表面 SH 的非共振的贡献，通常情况下都很小，但能够被观察到。

② 对于液/液电化学界面，第二个可能的来源是界面静电场诱导的对称性破缺产生的极化，即 EFISH。该值在半导体溶液界面和金属溶液界面都观察到，前面已经讲过。但在液/液电化学界面，该效应也很弱。

③ 对于液/液电化学体系表面 SHG，最大的来源是共振的 SHG 信号（激光的频率和吸附分子的电子跃迁相共振）。这种大的界面分子响应，往往需要分子具有大的二阶超极化率 β。

④ 偏振相关的共振 SHG 还与界面分子的平均取向紧密相关。

4.8.3.3　液/液电化学界面分子吸附和取向

（1）界面 SHG 偏振分析和分子取向的测量

对于界面分子取向的测量，通常是扫描入射光的偏振角（旋转半波片），检测倍频光的 p 成分和 s 成分，通过比值法，并根据有关的公式计算出界面的取向角。

下面我们较为详细地给出用二次谐波测量表面分子取向角的步骤（图 4-27）。先将有关的公式再次写在下面。

① 有关二次谐波强度的公式

$$I(2\omega) = \frac{32\pi^2 \omega^2 \sec^2\theta_{2\omega}}{c^3 \varepsilon(\omega)\sqrt{\varepsilon(2\omega)}} \left| \vec{E}(2\omega)\overset{\leftrightarrow}{\chi}^{(2)}_{s,\text{eff}} : \vec{E}(\omega)\vec{E}(\omega) \right|^2 I^2(\omega) \quad (4\text{-}126)$$

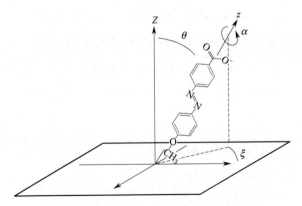

图 4-27　二次谐波测量分子取向角示意图

θ—取向角；ξ—方位角；α—扭转角，表面法线定义为分子的 z 轴[53]

式中，$\theta_{2\omega}$ 为 SH 光从界面的反射角。

其中，有效二阶非线性极化率为：

$$\chi_{\mathrm{eff,sp}}^{(2)} = L_{zz}(2\omega)L_{yy}^2(\omega)\sin\Omega\chi_{zyy}^{(2)}$$

$$\chi_{\mathrm{eff,45°s}}^{(2)} = L_{yy}(2\omega)L_{zz}(\omega)L_{yy}(\omega)\sin\Omega\chi_{yzy}^{(2)}$$

$$\chi_{\mathrm{eff,pp}}^{(2)} = L_{zz}(2\omega)L_{xx}^2(\omega)\sin\Omega\cos^2\Omega\chi_{zxx}^{(2)} \qquad (4\text{-}67)$$
$$\quad - L_{xx}(2\omega)L_{zz}(\omega)L_{xx}(\omega)\sin\Omega\cos^2\Omega\chi_{xzx}^{(2)}$$
$$\quad + L_{xx}(2\omega)L_{zz}^2(\omega)\sin^3\Omega\chi_{zzz}^{(2)}$$

下标顺序是基频和倍频。Ω 是入射光的偏振角（p 光，$\Omega = 0°$；s 光，$\Omega = 180°$）。

Fresnel 系数由以下公式给出

$$L_{xx}(\omega_i) = \frac{2n_1(\omega_i)\cos\gamma_i}{n_1(\omega_i)\cos\gamma_i + n_2(\omega_i)\cos\beta_i}$$

$$L_{yy}(\omega_i) = \frac{2n_1(\omega_i)\cos\beta_i}{n_1(\omega_i)\cos\beta_i + n_2(\omega_i)\cos\gamma_i} \qquad (4\text{-}53)$$

$$L_{zz}(\omega_i) = \frac{2n_2(\omega_i)\cos\beta_i}{n_1(\omega_i)\cos\gamma_i + n_2(\omega_i)\cos\beta_i} \times \left[\frac{n_1(\omega_i)}{n'(\omega_i)}\right]^2$$

式中，$n'(\omega_i)$ 为界面层的折射率，对于液体界面，有关系 $n' = \sqrt{\dfrac{n^2(n^2+5)}{4n^2+2}}$；$\beta_i$ 为第 i 束入射激光的入射角；γ_i 为响应的折射角。满足 Snell 关系：

$$n_1(\omega_i)\sin\beta = n_2(\omega_i)\sin\gamma。$$

② 我们已经知道，对于非手性的界面，具有 $C_{\infty v}$ 对称性，其界面非零的二阶非线极化率为：χ_{xxz}，χ_{zxx} 和 χ_{zzz}。这时，SHG 的 p 偏振和 s 偏振直接对应着这

三个张量元[63~65]。

$$E_p^{2\omega} = (A\cos^2\Omega + B\sin^2\Omega + C\sin2\Omega)E_\Omega^\omega E_\Omega^\omega$$
$$E_s^{2\omega} = (F\cos^2\Omega + G\sin^2\Omega + F\sin2\Omega)E_\Omega^\omega E_\Omega^\omega \tag{4-144}$$

式中，A、B、C、F、G、H 为界面宏观有效率 $\vec{\chi}_{\text{eff}}^{(2)}$、折射率、入射角的函数。对于具有 $C_{\infty v}$ 对称的界面，则 $C=F=G=0$，则式（4-144）可化简为式（4-145）：

$$I^{\Omega\to p}(2\omega) = \frac{32\pi^2\omega^2\sec^2\beta}{c^3 n_1(\omega)n_1(\omega)n_1(2\omega)} | \vec{\chi}_{\text{eff,pp}}^{(2)}\cos^2\Omega + \vec{\chi}_{\text{eff,sp}}^{(2)}\sin^2\Omega |^2 I^2(\omega)$$

$$I^{\Omega\to s}(2\omega) = \frac{32\pi^2\omega^2\sec^2\beta}{c^3 n_1(\omega)n_1(\omega)n_1(2\omega)} | \vec{\chi}_{\text{eff,45°s}}^{(2)}\sin2\Omega |^2 I^2(\omega)$$

$$\tag{4-145}$$

由此公式我们可以看到，用二次谐波测量界面的 SH 光谱，通过扫描偏振角，就可以得到不同偏振组合的光谱。图 4-28 是一个典型的偏振曲线。用式（4-145）对偏振曲线进行非线性拟合，就可以得到相应的偏振组合的有效二阶极化率，将这些数据代入式（4-67），联立解方程组就可以得到表面单分子层宏观极化率 $\chi^{(2)}$ 各种张量元的相对大小。

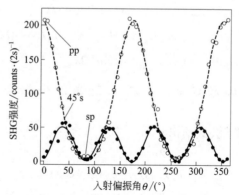

图 4-28　空气/水界面 360°入射偏振 SHG 测量，检测偏振分别为
p 偏振（空心圆圈）、s 偏振（实心圆圈）[66]
每个点都累计三次取平均，实线为拟合曲线

③ 知道这些极化率张量元的相对大小，便可以根据分子所属点群的所对应的宏观极化率与微观极化率的关系，求出分子的取向参数。这里我们介绍用 SHG 测量界面分子取向角的两种常见情况。

a. 假设分子只有一个超极化率张量元的贡献比如 β_{ccc} 占主导，由式（4-79）可以证明，对于旋转对称性的界面，非零的宏观二阶极化张量元可以表示为[5,63]：

$$\chi_{zxx}^{(2)} = \chi_{zyy}^{(2)} = \frac{1}{2}N_s\beta_{ccc}^{(2)}(\langle\cos\theta\rangle - \langle\cos^3\theta\rangle)$$

$$\chi_{yyz}^{(2)}=\chi_{xxz}^{(2)}=\chi_{yzy}^{(2)}=\chi_{xzx}^{(2)}=\frac{1}{2}N_s\beta_{ccc}^{(2)}(<\cos\theta>-<\cos^3\theta>)$$

$$\chi_{zzz}^{(2)}=N_s\beta_{ccc}^{(2)}<\cos^3\theta> \tag{4-146}$$

取向参数为

$$D=\frac{<\cos\theta>}{<\cos^3\theta>}=\frac{2\chi_{zxx}^{(2)}+\chi_{zzz}^{(2)}}{\chi_{zzz}^{(2)}} \tag{4-147}$$

b. 设有两个微观极化率占主导，比如 $\beta_{ccc}^{(2)}$、$\beta_{caa}^{(2)}$ 占主导，同理，由式（4-79），可以证明：

$$\chi_{zxx}^{(2)}=\chi_{zyy}^{(2)}=\frac{1}{2}N_s\beta_{ccc}^{(2)}(<\cos\theta>-<\cos^3\theta>)+\frac{1}{4}N_s\beta_{caa}^{(2)}(<\cos\theta>+<\cos^3\theta>)$$

$$\chi_{yyz}^{(2)}=\chi_{xxz}^{(2)}=\chi_{yzy}^{(2)}=\chi_{xzx}^{(2)}=\frac{1}{2}N_s\beta_{ccc}^{(2)}(<\cos\theta>-<\cos^3\theta>)-\frac{1}{4}N_s\beta_{caa}^{(2)}(<\cos\theta>-<\cos^3\theta>)$$

$$\chi_{zzz}^{(2)}=N_s\beta_{ccc}^{(2)}<\cos^3\theta>+\frac{1}{2}N_s\beta_{caa}^{(2)}(<\cos\theta>-<\cos^3\theta>) \tag{4-148}$$

取向参数

$$D=\frac{<\cos\theta>}{<\cos^3\theta>}=\frac{\chi_{zzz}^{(2)}+3\chi_{xxz}^{(2)}-\chi_{zxx}^{(2)}}{\chi_{zzz}^{(2)}-\chi_{zxx}^{(2)}+\chi_{xxz}^{(2)}} \tag{4-149}$$

并且微观极化率的比值（分子的退偏比）

$$\frac{\beta_{caa}^{(2)}}{\beta_{ccc}^{(2)}}=2\frac{\chi_{zxx}^{(2)}-\chi_{zxx}^{(2)}}{\chi_{zzz}^{(2)}+\chi_{xxz}^{(2)}} \tag{4-150}$$

也可以求出。

所以，可以尽可能多的通过各种偏振组合来确定界面宏观电极化率张量元，然后通过比值法就能确定界面分子的取向参数。需要指出的是，在使用比值法求取向角时，只需要知道占主导的分子的微观电极化率张量元是什么，不需要知道其大小，因为微观张量元的数值并不参与计算。

④ 由取向参数，便可以求出一定取向分布的取向角

取向角由取向参数公式 $D=\dfrac{<\cos\theta>}{<\cos^3\theta>}$ 得到，过程如下：

设角度的取向概率分布函数为 $f(\theta,\phi,\psi)$，则可以计算 $\cos\theta$ 的平均值（$\cos\theta$ 的数学期望）：

$$<\cos\theta>=\frac{\int_0^\pi\int_0^{2\pi}\int_0^{2\pi}\cos\theta f(\theta,\phi,\psi)\sin\theta\mathrm{d}\theta\mathrm{d}\phi\mathrm{d}\psi}{\int_0^\pi\int_0^{2\pi}\int_0^{2\pi}f(\theta,\phi,\psi)\sin\theta\mathrm{d}\theta\mathrm{d}\phi\mathrm{d}\psi}$$

$$(\phi\in[0,2\pi],\theta\in[0,\pi],\psi\in[0,2\pi]) \tag{4-151a}$$

$$<\cos^3\theta>=\frac{\int_0^\pi\int_0^{2\pi}\int_0^{2\pi}\cos^3\theta f(\theta,\phi,\psi)\sin\theta\mathrm{d}\theta\mathrm{d}\phi\mathrm{d}\psi}{\int_0^\pi\int_0^{2\pi}\int_0^{2\pi}f(\theta,\phi,\psi)\sin\theta\mathrm{d}\theta\mathrm{d}\phi\mathrm{d}\psi}$$

$$(\phi \in [0,2\pi], \theta \in [0,\pi], \psi \in [0,2\pi]) \tag{4-151b}$$

代入取向分布函数的具体形式，就可以算出取向角的平均值。下面我们对取向分布函数的形式进行一些简化。

a. 对于吸附分子层的各向同性的界面，界面对于法线方向上的旋转是各向同性的，即分布函数对角度 ϕ 是随机分布的，这时的分布函数只包含两个角变量，变成二元函数：$f(\phi,\theta,\psi) \equiv f(\theta,\psi)$

b. 对于非手性分子，我们常常也不考虑分子的扭转，这时可以固定分子的扭转角，或者假定分子对于扭转角是随机分布的，这时更进一步的将分布函数变成关于 θ 角的一元函数。在此基础上，我们对分布函数做进一步的假定：

第一种情况，设分布函数是 Gaussian 分布：$f(\theta) = \dfrac{1}{\sqrt{2\pi}\sigma} \exp \dfrac{-(\theta-\theta_0)^2}{2\sigma^2}$，式中，

$\dfrac{1}{\sqrt{2\pi}\sigma}$ 为归一化常数，θ_0 为中心角，σ 为均方根宽度。角分布的半高宽为 $\Delta\theta = 2\sqrt{2\ln2}\sigma$。

第二种情况，取正态分布的渐进形式：设分布宽度为 1，即所有的分子都是以相同的角度站在界面上的，取分布函数为 δ 函数，$f = \delta(\theta-\theta_0)$。这是最为简单的情况。根据 δ 函数的性质，这时就有 $<\cos\theta> = \cos<\theta>$，$<\cos^3\theta> = \cos^3<\theta>$。在文献中，大部分取向角都是按 δ 取向分布函数来计算的。

用和频光谱计算界面分子的取向角的程序和上述程序完全相同。

（2）二次谐波研究界面吸附的基本原理

① 界面二阶非线性极化率的来源。我们已经知道，表面的二阶非线性极化率 $\chi^{(2)}$ 与表面的性质直接关联。在吸附分子后，表面的极化率会发生变化，设此时表面的极化率为新的表面极化率 $\chi'^{(2)}$。表面二阶非线性极化率的变化可以分为以下两个部分：

$$\chi'^{(2)} = \chi^{(2)} + \chi_A^{(2)} + \Delta\chi_I^{(2)} \tag{4-152}$$

式中，$\chi^{(2)}$ 为来自基底本身的非线性极化率；$\chi_A^{(2)}$ 为吸附分子的非线性极化率；$\Delta\chi_I^{(2)}$ 为由于分子与基底相互作用引起的表面非线性极化率的变化。在式（4-152）中，某一个特定的项是否占优势，取决于所研究的材料。在某些情况下，具有大的二阶非线性极化率的非对称性分子，如果它整齐地排列在界面上，就能够产生一个主导的 $\chi_A^{(2)}$。而在其它情况下，$\chi_A^{(2)}$ 可能忽略不计。所以，此时吸附分子对 $\chi_A^{(2)}$ 的唯一效应是通过 $\Delta\chi_I^{(2)}$ 对 $\chi^{(2)}$ 的修正。比如说，在金属或半导体界面，就会发生这种情况。通过测量 $\chi_A^{(2)}$ 和 $\Delta\chi_I^{(2)}$，SHG 已经用于研究金属、半导体、聚合物和液体界面，可以得到下列信息：a. 吸附强度和表面覆盖度；b. 表面分子取向；c. 表面对称性；d. 界面电场强度；e. 反应动力学和界面的扩散。本节我们的重点仅仅放在液/液界面的电化学吸附上。原则上，本节介绍的方法也适合固/液界面，也可以拓展到用 SFG 对各种固体界面吸附的研究。

② 吸附和表面覆盖度。大多数 SHG 检测界面分子的吸附是通过检测界面

SHG 响应的变化来进行的。它是基于这样的原理：界面非线性二阶极化率的改变与界面吸附分子的相对覆盖度 θ 密切相关联。这里，θ 等于 $\dfrac{\Gamma}{\Gamma_T}$，即吸附分子的表面覆盖度除以吸附分子的最大覆盖度。这里存在另外的情况：

a. 如果所研究的体系，吸附分子的非线性光学响应支配着界面的 SHG 响应，θ 可以通过 $\chi_A^{(2)}$ 来检测。

b. 一般情况下，θ 的检测是通过表面非线性极化率 $\Delta\chi_I^{(2)}$ 的变化来进行的。

图 4-29 是 Corn 研究组用到的二次谐波实验装置和电化学电解池的设计。因为表面 SHG 强度正比于入射光强度的平方，所以一般用高功率的脉冲激光作为光源。本实验所用的激光光源是用纳秒 Nd：YAG 激光泵浦的染料激光，它可以提供730nm（重复速率 10Hz，脉冲宽度 10ns，每个脉冲的能量是 10mJ）的光源。样品前基频光的偏振由偏振半波片来控制。入射光的偏振设置在 p 偏振、s 偏振或者任何偏振角的状态。彩色玻璃拦截滤光片（coloured-glass cutoff filter）置于正对样品的光路前，消除在界面前的光学器件产生的任何二次谐波。ITIES 界面反射的二次谐波信号通过一个拦截滤光片（cutoff filter，消除残余的基频光）、共线匹配的透镜和偏振片（选择来自表面 s 偏振和 p 偏振的 SHG）进行收集。为了消除任何来自双光子吸收的可能的荧光，将二次谐波光聚焦到单色仪。然后通过光电倍增管和 Boxcar 平均器检测二次谐波的信号。最终产生的二次谐波的信号为 $0.2\sim80$ counts·s^{-1}，它取决于激光强度、表面覆盖度和吸附分子的响应。

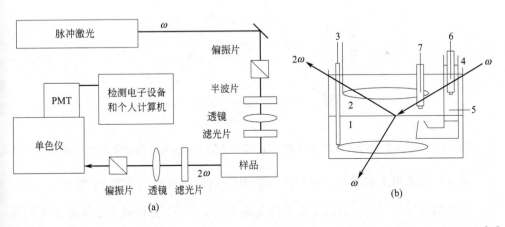

图 4-29　（a）表示 SHG 实验装置，（b）表示用于表面张力和 ITIES 的 SHG 测量的电化学池[63]
1—DCE 溶液；2—水溶液；3—铂对电极；4—有机相的 Luggin 毛细管；
5—含有有机毛细管溶液的水相；6，7—Ag/AgCl 参比电极

ITIES 样品的排列如图 4-29（b）所示。基频光以 60°入射角入射到空气/水的界面上，对应着水/DCE 界面的 38°。在 SHG 实验中，所能用的表面功率密度的范围最低值被吸附分子的二阶非线性极化率所限制，最高值被界面的损伤阈值所限制。选择安全功率水平的好的方法是：当同时考察光学响应的非线性性质时去证明

所观察的 SHG 信号正比于入射光强度的平方。

两个电解质溶液被用于 ITIES 的形成。50mmol·dm^{-3} NaCl 水溶液和 1mmol·dm^{-3} TBATPB 的 DCE 溶液。四电极恒电位用于控制电势并测量穿过液/液界面的电流。两个铂环用于水相和有机相的对电极。两个 Ag/AgCl/饱和的 NaCl 电极用于参比电极。在 ITIES 附近，参比电极被放置在 Luggin 毛细管里以降低电位降。电化学体系可以描写如下：

$$Ag/AgCl \parallel 25mmol·dm^{-3}TBACl\text{-}H_2O \mid 1mmol·dm^{-3}TBATPB\text{-}DCE^* \mid ^*$$
$$50mmol·dm^{-3}NaCl\text{-}H_2O \parallel AgCl/Ag$$

上式中带星号的界面（$^* \mid ^*$）表示液/液面。按照液液电化学的惯例，在该电化学池所用到的电位用 $E_w - E_d$ 来表示，近似等于两相中的 Galvani 电位，$E_w - E_d \approx \Delta\phi_{wd} = \phi_w - \phi_d$。

由表面活性剂 DBA 吸附在水/DCE ITIES 界面上的 SHG 偏振相关的实验结果（图 4-30）通过式（4-145）和式（4-67）可以得出三个张量元的相对大小 χ_{zzz}：χ_{xxx}：χ_{zxx} = 6.80：1.03：1.00。通过这些比例就可以根据前面介绍的求取向程序求出取向角。由本节式（4-146）、式（4-147）和式（4-150），假设概率密度分布函数为 δ 函数，则可以计算出 DBA 分子在水/DCE 界面的平均取向角为 29°。

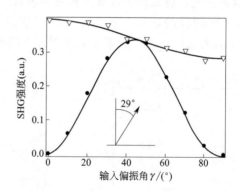

图 4-30　吸附在水/DCE ITIES 界面的 DBA 单分子膜电势依赖的共振分子 SHG 响应[53]

同理，也求出了表面活性剂 OBA 和 OHB 的取向角的大小为 34° 和 40°。

由前面的讨论可知，表面非线性极化率张量元 $\overleftrightarrow{\chi}^{(2)}$ 的相对大小依赖于界面分子的平均取向，$\overleftrightarrow{\chi}^{(2)}$ 正比于 SHG-活性分子的表面浓度，N_s。因为来自界面的 SHG 强度正比于 $|\chi^{(2)}|^2$，这意味着如果分子的平均取向未发生变化，则来自界面的 SHG 将按照浓度的平方变化。所以在界面上发色团的相对变化可以从界面 SHG 响应的平方根中抽取出来，即相对覆盖度 $\propto \sqrt{I_{SHG}}$。这种关系被应用到各种界面覆盖度的测量，包括 ITIES。其它方法，比如表面张力和微分电容的测量也被用于吸附质在 ITIES 界面覆盖度的测量，但这些方法不具有分子专一性。所以只要给定

波长的 SHG 只和其中的一个物质发生共振，SHG（也包括 SFG）就能测量和其它物质共吸附在 ITIES 的 SHG 活性的表面活性剂的表面覆盖度。

SHG 可以用于测量吸附在 ITIES 上表面活性剂的表面覆盖度随穿过两相的电势、体相表面活性剂的浓度以及水相的 pH 的变化。图 4-31 是阴离子表面活性剂 ONS 在水/DCE ITIES 表面共振 SHG 响应与电势的相关图。在此问题的分析中，我们假设：最大的 SHG 水平对应着具有最大的 ONS 表面覆盖度 N_s^0 的吸附分子层，这样，我们将相对覆盖度定义为 $\theta = \dfrac{N_s}{N_s^0}$。偏振相关的表面 SHG 信号不随外加电势而发生变化。当电势负于零电荷电势 PZC（0.25V），没有阴离子吸附在界面上，所以就没有 SHG 信号。当电势正于 PZC，由于界面的 DCE 边带有负电荷，ONS 吸附增加，所以表面信号增加。将图 4-31 的吸附量与所用的电势进行拟合，就可以求出有关吸附的热力学常数。下面我们用 Frumkin 方程进行拟合。

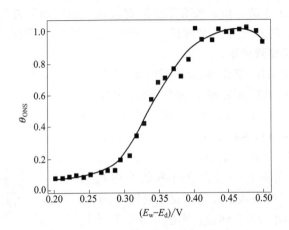

图 4-31 吸附在水/DCE ITIES 的 SHG 活性的表面活性剂分子 ONS 的相对表面覆盖度 θ_{ONS}（通过表面 SHG 信号的平方根得到）随着施加电势 $E_w - E_d$ 的变化关系[54]

$$\ln \frac{\theta}{1-\theta} = \ln \frac{a_{ONS}}{a_{org}} - \frac{\Delta G^0}{RT} + \frac{bF}{RT}(\phi_w - \phi_o) - \frac{c\theta}{RT} \qquad (4\text{-}153)$$

式中，ΔG^0 为从有机相到界面相的 [电势 $\phi_w = \phi_o$（0.320V）时] 吸附自由能；b 为 ONS 引起的外加电位的电势降；c 为 Frumkin 相互作用参数。如果 $c=0$，Frumkin 等温线简化成最简单的 Langmuir 等温线。

将 $\ln[\theta/(1-\theta)]$ 对 $\phi_w - \phi_o$ 作图，如图 4-32 所示。

数据用式（4-153）进行拟合（图中实线表示），在低表面覆盖度，式（4-153）的最后一项可以忽略不计，此时，$\ln[\theta/(1-\theta)]$ 随电位呈线性关系，这是 Langmuir 吸附等温线（图中用点线表示）。该线的斜率和截距求出一个 0.67 ± 0.05 的 b 值和 (-35 ± 1) kJ·mol^{-1} 的 ΔG^0。

在较高的电势，假定忽略分子取向发生了变化，这时的表面覆盖度比 Lang-

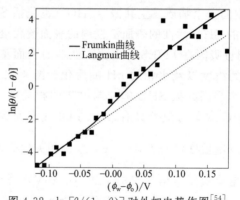

图 4-32　$\ln[\theta/(1-\theta)]$ 对外加电势作图[54]

虚线对应一个 Langmuir 曲线，实线为 Frumkin 吸附曲线的拟合结果

muir 方程预言的要大，意味着界面存在的 ONS 增加它的吸附，所增加的吸附需要 (-4 ± 1) kJ·mol^{-1} 的 c 值。吸附强度随着覆盖度的增加不能用简单的阴离子比如氯离子和氮离子的相互作用来解释。它可能起源于 ONS 阴离子链的相互作用，这种相互作用最终导致聚集。

（3）全内反射 SHG 研究液/液界面电化学[58]

前面已经讲过，液/液界面的 SHG 响应比较小。为了克服这个缺点，Richimond 小组使用了独特的全内反射 SHG 技术研究液体界面，得到了很有意义的结果。下面我们简单介绍一下她们研究组在这一方面的工作。

SHG 实验是用研究小组自己开发的全内反射（TIR）光学结构。电解池及光路示意图见图 4-33。

ITIES 体系是水/DCE 体系。实验在共振和非振两种条件下进行。实验是用四电极体系进行的。实验用电解池的结构如下：

Ag|AgCl|RCl(aq)|RPh$_4$B(DCE)‖LiCl(aq)|Ag|AgCl

这里，R 是有机阳离子，Ph$_4$As$^+$ 或者是 TBA$^+$。|RPh$_4$B（DCE）‖LiCl（aq）界面是本研究所感兴趣的界面。外加电位 $E_{app}=E_w-E_o$，实验用纳秒激光器。关于实验中激光器的进一步信息，读者可以参看原始文献。图 4-34 是非共振信号随外加电位的变化图。由图中可见，SHG 强度表现出明

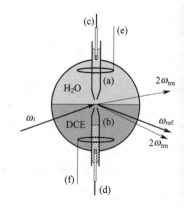

图 4-33　用作电化学和 SHG 测量的柱状石英电解池及光路其中，（a）和（b）表示有机相和水相的 Luggin 毛细管；（c）和（d）表示 Ag/AgCl 参比电极；（e）和（f）表示 Pt 对电极[58]

确的电位相关。当外加电势大于 300mV 时，可以观察到共振信号随电势的增加急剧上升，这归结为 Ph$_4$B$^-$ 在正电荷下的聚集（图 4-35）。另外，作者还用这种方法在该体系研究了 SHG 最小值和体系的 PZC、离子转移过程中 Galvani 电位的测量、离子在界面上的相对浓度等重要问题，这里不再赘述。

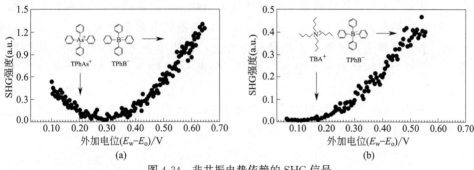

图 4-34 非共振电势依赖的 SHG 信号

（a）来源于 1.0mmol · L^{-1}LiCl（H$_2$O）/1.0mmol · L^{-1}Ph$_4$AsPh$_4$B（DCE）；

（b）来源于 1.0mmol · L^{-1}LiCl（H$_2$O）/1.0mmol · L^{-1}TBAPh$_4$B（DCE）界面[58]

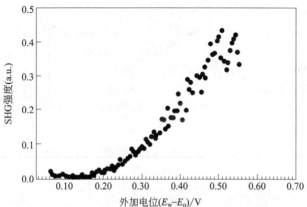

图 4-35 1.0mmol · L^{-1} LiCl（H$_2$O）/1.0mmol · L^{-1}
TBAPh$_4$B（DCE）界面的共振电势依赖的 SHG 信号[58]

4.9 电极表面的和频光谱

4.9.1 实验装置

4.9.1.1 和频光谱装置

下面我们主要介绍皮秒系统的和频光谱。我们以中国科学院化学研究所的实验装置为例进行介绍（见图 4-36）。皮秒和频光谱激光系统购自 EKSPLA 公司（立陶宛），激光重复频率为 10Hz，脉冲宽度为 23ps。采用同向实验构型。入射的可见光与界面法线的夹角为 60°，红外光与界面法线的夹角为 50°，两束光同时入射到界面上，在界面上重合于一点，满足时间和空间上的重合。532nm 的可见光是经倍频从 EKSPLA YAG 皮秒激光器的 20ps 脉宽的 1064nm 基频光得到的。红外光是由 1064nm 基频光经三倍频晶体后又经基于 LBO（LiBO$_4$）晶体的 OPG（光学参量产生）/OPA（光学参量放大）过程和基于 $AgGaS_2$ 晶体的 DFG（差频）过程产生的。红外光的可调范围为 $1000 \sim 4000 cm^{-1}$，光谱的分辨率为 $6 cm^{-1}$。实验中采集的和频信号需要进行校正，有两种校正方法：①使用参比光路上 ZnSe 的信号进行校正；②使用入射的激光能量进行校正。采集 SFG 信号随入射的红外光频率的变化就可以得到 SFG 偏振光谱。在进行和频振动光谱实验中，一般采集四个偏振光谱，分别是：ssp（三个字母顺序分别代表 SFG 信号的检测偏振方向、可见光的偏振方向、红外光的偏振方向）、sps、pss、ppp。

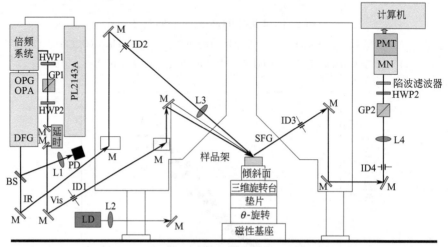

(a) 光路图

(b) 仪器设备图

图 4-36　和频光谱实验装置

PMT—光电倍增管；MN—单色仪；HWP—半波片；GP2—格兰棱镜 2；L4—透镜 4；ID4—光阑 4；
M—平面反射镜；ID3—光阑 3；SF—和频光；L3—透镜 3；ID2—光阑 2；
IR—红外光；BS—分光镜；L1—透镜 1；PD—能量计；ID1—光阑 1；Vis—可见光；
LD—指示灯；GP1—格兰棱镜 1；OPG—光学参量产生；OPA—光学参量放大 DFG 差频系统；
PL2143A—皮秒泵浦激光系统（PL2143A）

4.9.1.2 和频光谱电解池的设计

由于用于和频光谱的红外光通过几百微米厚的水溶液就能被完全吸收，这就要求设计一个光谱电化学反应池，让电解质溶液的厚度尽可能小。下面我们以中国科学院化学研究所和法国 Tadjeddine 小组的内反射电解池为例进行介绍。一个 60°的棱镜窗口（随着研究体系可以进行调整），可以阻止电解质溶液强的折射并且确保入射到样品表面的激光具有大的入射角。在 Tadjeddine 小组的实验中，红外的入射角设在 65°，可见的入射角在 55°，接近最适宜的 SFG/DFG 的产生条件（图 4-37）。

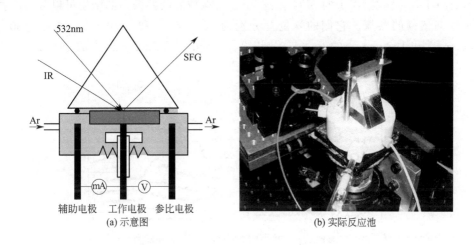

(a) 示意图   (b) 实际反应池

图 4-37　流动薄层光谱电化学反应池

窗口的材料必须是化学惰性的，在红外和可见波段是光学透明的，并且没有二阶非线性活性。CaF_2 和 BaF_2 的窗口符合上述要求，它们在波长 $9.5\mu m$ 和 $11\mu m$ 以下都可用作电化学窗口。

光谱电化学池用 Kel-F 制造，一个 Teflon 的管子用来通电解质溶液和氩气。辅助电极是一根铂线。参比电极是 SCE 或在 KCl 溶液中的 Ag/AgCl 电极。在有机溶液中用 Ag^+ 电极。

工作电极是单晶或多晶金属或半导体。单晶电极是从高纯度的单晶棒上切割成直径 6mm、厚度 2mm 的圆片。机械抛光（单面）至镜面平整，在高纯反应物溶液中化学抛光。铂和金的样品都经过 10min 的火焰退火，在空气中冷却，然后放到通过氩气的高纯水中防止进一步污染。电解质溶液都是用高纯度的样品和纯水（$18M\Omega \cdot cm^{-1}$）配制的，通入氩气除去溶液中的氧气。

电极浸入后在接近氢气产生的负电势下极化 15min，然后轻轻地压在池子的窗口上将电解质液体的厚度降到最低，从而减小测量过程中溶液对红外光的吸收。实验中逐步增加电势，每个电势下都测量光谱，每个光谱都测量 15min。

4.9.2 实验结果

4.9.2.1 H-Pt 界面的 SFG 振动光谱研究

氢气是很多表面催化反应的反应物或产物。在电化学中，析氢反应（HER）是能源转换、储存能源和环境技术的发展中最受关注的基本问题之一。

(1) H 在 Pt 上的欠电位沉积（UPD）

图 4-38 是不同电位下 H-Pt（111）、H-Pt（100）、H-Pt（110）和 H-Pt 在 $0.1mol \cdot L^{-1}$ 硫酸溶液中的 SFG 光谱[67]。欠电位时的共振内部结构可以分为两种界面取向依赖的共振。它们的峰位置分别为 $1890cm^{-1}$ 和 $1970cm^{-1}$ 的 Pt（100），$1900cm^{-1}$ 和 $1980cm^{-1}$ 的 Pt（110）以及 $1945cm^{-1}$ 和 $2020cm^{-1}$ 的 Pt（111）。当

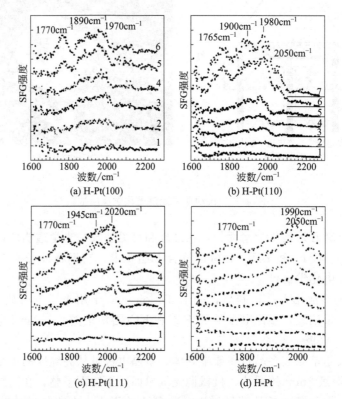

图 4-38　$0.1mol \cdot L^{-1}$ H_2SO_4 电解质溶液中，Pt（100）、Pt（110）、

Pt（111）以及多晶 Pt 表面随着电势变化的 SFG 谱

(a)Pt（100）：0.7V（1）；0.55V（2）；0.3V（3）；0.15V（4）；0.0V（5）；−0.08V（6）(vs NHE)。

(b)Pt（110）：0.65V（1）；0.5V（2）；0.35V（3）；0.2V（4）；0.05V（5）；−0.05V（6）；−0.1V（7）V(vs NHE)。

(c)Pt（111）：0.5V（1）；0.35V（2）；0.2V（3）；0.05V（4）；−0.05V（5）；−0.1V（6）(vs NHE)

(d)Pt：0.55V（1）；0.45V（2）；0.35V（3）；0.25V（4）；

0.15V（5）；0.05V（6）；−0.05V（7）；−0.15V（8）(vs NHE)[67]

电位降低时，这些共振的强度都逐渐均匀的增加。但是，Pt(110)、Pt(110)在电位接近析氢反应（HER）时强度突然增加。实验中观测到的 SFG 共振只能是 H—Pt 振动。在欠电位时，观察到 H-Pt（hkl）的 SFG 共振（$1800\sim2100\,cm^{-1}$），说明了在欠电位沉积时氢占据的是终端吸附位点。与在金属氢团簇中检测到的终端吸附 H-Pt[68] 或者气相中铂[69] 的红外峰相比较，图中的峰较宽，而且向低波数位移。光谱增宽和位移是吸附氢与电极表面水分子形成氢键导致的。氢在电化学和高真空环境下吸附行为的不同可以用氢化界面与电极双层结构的相互作用来解释，这种情况在各种金属上都普遍出现[70]。

（2）氢在铂上的过电位沉积（OPD）

UPD 氢的共振峰没有被新的吸附形态的 OPD 氢的共振峰所扰动，如图 4-39 所示[70]。这说明了 UPD 氢在电位低于析氢反应（HER）时仍然保持不变。这说明 OPD 氢要么与 UPD 氢共吸附，要么覆盖率太低不太明显影响 UPD 氢。这些光谱观测到的现象与电化学的结果一致。过电位时出现的 SFG 共振峰频率为 $1770\,cm^{-1}$，不在氢-金属振动的波数区域内（$500\sim1300\,cm^{-1}$ 和 $1800\sim2200\,cm^{-1}$）。但是它与 H_2Pt-R 形成的氢化物的 H—Pt 振动频率接近（$1735\,cm^{-1}$）[68]，说明它可能具有双氢吸附的构型。这些吸附种类也同样在含甲醇溶液中观测到，说明吸附的 CO 中毒并没有阻止 HER。

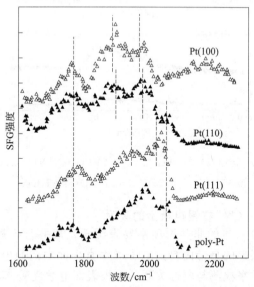

图 4-39 过电势（$-0.1V/NHE$）H-Pt（hkl）SFG 光谱[70]

（3）吸附氢对于 Pt(111) 电极表面非常态吸附状态的贡献

Pt(111) 在电位范围 $0.2\sim0.3V$ 时表现出非常态的吸附状态，并且当酸浓度降低时可能发生位移。这种现象的来源还需要大量的实验分析。有两种过程可能解释这些吸附态的来源：一种是特殊吸附的硫酸氢根离子的吸附-脱附过程[71]，另一种是负离子吸附-脱附所控制的氢的吸附-脱附过程[72]。用碘或 CO 取代方法检测结果[73]与 STM 检测结果[74]均支持第一种过程，因为高电位时 Pt(111) 上会吸附负离子。另外，也需要注意共同吸附的水合质子 H_3O^+ 基团的作用。在硫酸溶液中 Pt(111)[74] 和 Au(111)[75] 上得到的 STM 结果证实存在这种吸附。高电位下氢对于 Pt(111) 上的吸附状态的贡献，可以通过拟合 SFG 光谱得到的取向来推断[67,76]。图 4-40 给出了最佳拟合结果，从中我们得到过电位和欠电位的共振方向是相反的。两种假设都得到在 0.35V 时的明显的氢覆盖率，证明了在硫酸溶液中，氢对于 Pt(111) 的非常态吸附状态有一定的贡献。然而 0.5V 时氢覆盖大小在 0.1～0.2 之间。这个结果已经得到更多的实验研究的支持。

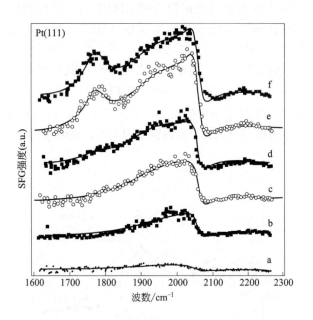

图 4-40   Pt(111) 的 SFG 光谱：0.5V(a),0.35V(b),0.2V(c),
0.05V(d),−0.05V(e),0.1V(f)(vs RHE)[67]

4.9.2.2   SFG 研究：CN^- 在银电极上的吸附

我们知道，SFG 信号的非共振项主要来源于基底并且依赖于基底的表面电学性质。这里我们感兴趣的是带内自由电子对垂直界面方向静电场的贡献的灵敏性。可以通过这种灵敏性来检测与电位关联的电极表面电学性质。本方法不仅仅可以预测电极非共振项信号的大小，同时还能得到包含表面电学性质的非共振项的相位，并且与 PZC 联系起来。实验体系为多晶，111 和 100 单晶银电极和含 CN^- 的中性溶液。

电极在 −1.3V(SCE) 下极化 15min，然后从 −1.2V 开始逐渐升高电位至银溶解的电位上限。在每个固定电位都采集 SFG 光谱，波长范围为 $1950～2250cm^{-1}$，包含了 CN^- 的伸缩振动模式[77]。图 4-41 给出了一系列电位下的 SFG 光谱。用公式进行拟合，给出了在电位-1V(SCE)时在2110cm^{-1}处有单个共振峰，峰宽为15cm^{-1}，与红外和拉曼的光谱结果相一致[78,79]。相同体系的红外光谱给出了四个峰，其中两个是电势依赖的，归属在表面基团的振动峰[80]。SFG的一大优势就是只对对称性破缺的界面敏感，因此可以直接测量吸附物质的光谱信息。这里只讨论非共振项信号及其与PZC的关系。

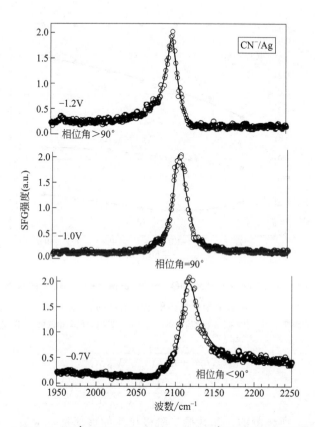

图 4-41 0.01mol·L^{-1}NaClO$_4$ 和 0.025mol·L^{-1}KCN 的水溶液电解液中银电极在不同电势下 SFG 光谱（圆圈表示实验结果，连续线为拟合结果）[77]

$E=-1.2V，-1.0V，-0.7V$（vs SCE）

电化学界面结构的定量分析需要知道表面电荷，特别是 PZC。对于不被电极吸附的离子（比如 ClO$_4^-$ 在银电极上）的稀溶液，通过电容测量就能得到 PZC。

然而，在有强吸附离子存在的情况下，目前没有电化学方法可以直接测定 PZC[67,81]。一种尝试是从非线性光学响应中求得 PZC。SFG 可以作为一种在有强吸附离子和高浓度电解质溶液的情况下直接测定 PZC 的有力工具。

对 CN$^-$/Ag 的 SFG 光谱的拟合结果可以得到一个电势依赖的非共振项干涉共振项。可用公式写为：

$$\chi_{nr}^{(2)} \approx i\gamma + \alpha(E_{dc} - E_{PZC}) + \delta \tag{4-154}$$

正如 SHG 中证明的那样[82]，δ 在我们的实验条件下可以忽略，变为

$$\chi_{nr}^{(2)} = Ce^{i\varphi} \approx i\gamma + \alpha(E_{dc} - E_{PZC}) \qquad (4\text{-}155)$$

图 4-42 给出了非共振二阶极化率的虚部（a）、实部（b）、大小（c）、相位（d）对于电极电压的变化。φ 和 C 分别由式（4-157）和式（4-156）给出。

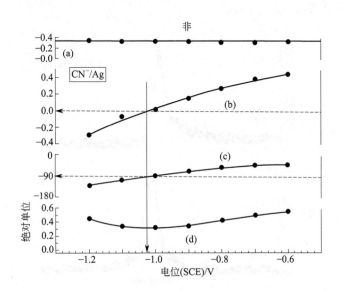

图 4-42　$0.01\text{mol} \cdot \text{L}^{-1}\text{NaClO}_4$ 和 $0.025\text{mol} \cdot \text{L}^{-1}\text{KCN}$ 的水溶液
电解液中银电极的电势依赖的 SFG

(a) 非共振项极化率的虚部；(b) 非共振项极化率实部；(c) 非共振项极化率相位角；(d) 非共振项极化率的模

$$C \approx \sqrt{\gamma^2 + \alpha^2(V_{dc} - V_{PZC})^2} \qquad (4\text{-}156)$$

$$\tan\varphi \approx \frac{\gamma}{\alpha(V_{dc} - V_{PZC})} \qquad (4\text{-}157)$$

如式（4-155）所预测的，非共振二阶极化率的虚部是个常数，不随电压变化，而实部随着电压的增加而增加，在 PZC 时等于 0。非共振二阶极化率的强度在 PZC 时最小，这与式（4-157）一致，也与之前 SHG 和 SFG 得到的结果一致[67,81,83]。式（4-157）预计的 PZC 时相位角为 $\pm 90°$，也和图 4-40 中 d 曲线中的实验结果一致。SFG 的一个优势就是可以得到由非共振项和共振项干涉产生的相位角。这个干涉效应极大地影响着 SFG 光谱的形状，如图 4-41 所示。SFG 光谱在 PZC 时相位角为 $90°$，看起来形状对称，而在相位角不等于 $90°$ 时，形状不对称，所以相位角 φ 是对 PZC 很灵敏的检测方法。

4.9.2.3　电极界面水分子结构的研究

金属电极/溶液界面水的结构影响着电极的电化学反应活性，这些反应活性对于腐蚀、电沉积和燃料电池至关重要。金属界面水的结构，取决于金属的性质、金属界面水的含量和水中共存的离子的吸附[84]。对于金属表面来说，Pt、Ag、Au

甚至 Cu 的某些晶面，水都可以以分子形态吸附在金属界面上[85]。比如，在 Pt (111) 界面，水形成双层结构。第一层，水通过氧提供的孤对电子与 Pt 成键。第二层，通过氢键与第一层结合。随后的一层水，便形成无序结构。然而，在金属 Ag 和 Au 上，水弱吸附在金属界面上，并没有形成一个有序的结构[86,87]。

在电化学环境中，人们感兴趣的是水在电极界面的结构和结构随电位的调控。第一个有关这方面的工作是 Toney 等用 X 射线衍射在 Ag(111) 上进行的[88]。通过分析在零电荷点两边氧的分布随电势的变化，证明了水的结构在零电荷点两边发生了反转。随后，有许多工作是用表面增强红外吸收光谱（SEIRAS）、表面增强拉曼光谱（SERS）和 SFG 在不同的金属和不同的电解质溶液里进行的。

本节主要介绍 SFG 在这方面的研究工作。

（1）银电极界面水的电势依赖的结构[89]

Ag（100）单晶，经过物理抛光和化学抛光后，放入 $0.1 mol \cdot L^{-1} KF$ 和 $0.1 mol \cdot L^{-1} NaF$ 电解质溶液中；用硫醇修饰 Ag (111)，作为电极，放入上述电解质溶液。光谱电解池用 Kel-F/玻璃光谱电化学池，上面用 CaF 棱镜作为激光窗口，其形状与我们前面介绍的光谱电化学池相似。所用的激光器是皮秒激光器，重复频率为 25Hz，光谱分辨率是 $2 cm^{-1}$。为了研究电势在 PZC 前后 Ag 电极界面水的结构变化，先求出 Ag 电极的 PZC，由图 4-43 (b) 中电容测量结果可以看到，Ag 电极在 NaF 和 KF 溶液中，PZC 为 $-0.8V$ (vs Ag/AgCl)。Ag(100) 在电解质溶液界面中的 SFG 光谱如图 4-44 所示，Ag (100) 电极在不同的电位下在 $0.1 mol \cdot L^{-1} NaF$ 溶液中的 SFG 光谱。光谱用公式 $I_{SF} \propto \left| \chi_{NR} e^{i\varphi} + \sum_n \dfrac{A_n}{\omega_{IR} - \omega_n + i\Gamma_n} \right|^2$ 进行拟合。

图中有三个峰：Peak 1 ($3370 cm^{-1}$)，Peak 2 ($3250 cm^{-1}$)，Peak 3 ($2970 cm^{-1}$)，峰的强度随电位的变化规律是：电位负扫，峰强度变小。当电位接近 PZC 时，出现第四个峰 ($2800 cm^{-1}$)。

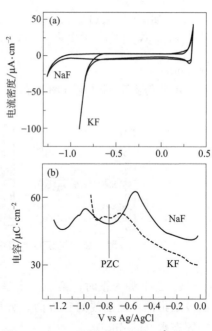

图 4-43　Ag(100) 在 $0.1 mol \cdot L^{-1} NaF$ 以及 $0.1 mol \cdot L^{-1} KF$ 溶液中的 CV 和微分电容曲线[89]

这些峰的指认如下：

Peak 1 ($3370 cm^{-1}$)：具有液态氢键结构特征的水，文献中常称为"liquid-like"结构。Peak 2 ($3250 cm^{-1}$)：具有像冰一样氢键结构的水，文献中常称为"ice-like"结构。Peak 3 ($2970 cm^{-1}$)：指认为反常的 OH 伸缩（anomalous OH

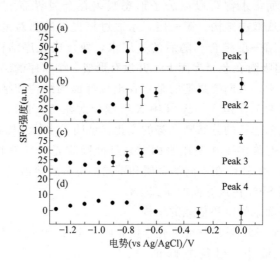

图 4-44 Ag(100) 在 0.1mol·L^{-1} NaF 电解液中的电势依赖的 SFG 光谱[89]

(a)0.0V;(b)−0.6V;(c)−0.8V;(d)−1.0V 峰和电势在图中给出。实线是拟合结果

stretch)。

由此得出下列结论（图 4-45）：

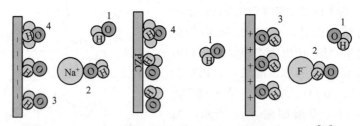

图 4-45　与 SFG 光谱中的峰相关联的水环境的卡通描述[89]

数字代表关联的峰

① 当电势为正时，第一层水是特性吸附的水（氧端指向电极，oxgen-down），偶极矩指向界面法线的正方向，分散层中有液态水（liquid-like）和与阴离子缔合的固态水（ice-like）。

② 当电势下降，达到电极的零电荷电势（PZC）时，第一层是吸附水（偶极矩和电极表面平行），还有氧端指向体相的吸附水和氢离子，分散层仅存在液态水。

③ 当电势继续下降，电极表面荷负电时，第一层是吸附水（氧端指向体相），还有吸附的水合氢离子（氧端指向体相），同时，分散相中有液态水和与阳离子缔合的固态水。

（2）水分子在 Pt(110)/高氯酸溶液界面的吸附和结构[90]

Tadjeddine 等利用原位 SFG 光谱研究了 0.1mol·L^{-1} 高氯酸溶液/Pt(110) 界面上水分子的不同吸附过程和构象结构。所用激光为皮秒激光器。当 Pt(110) 置于

$0.1mol \cdot L^{-1}$ 的 $HClO_4$ 中，从 $-0.1 \sim 1V$（vs NHE），未发现任何明显的共振 OH 伸缩振动模式［图 4-46（b）］。图 4-46（c）表示 $1850 \sim 2200cm^{-1}$ 频率范围内的 SFG 光谱。在氢的吸附区间［从循环伏安图 4-46（a）中可以看到，这相对于氢的欠电位沉积］，出现了 $2042cm^{-1}$ 的宽峰，并随着电位向正方向的扫描迅速减少。该峰指认为终端原子氢的 Pt—H 伸缩振动模式 ν_1，峰的强度随着电位的正扫而降低，表示氢的欠电位沉积。图 4-47（a）表示阴离子 ClO_4^- 在 $1000cm^{-1}$ 附近的伸缩振动，实线是用公式 $I_{SFG} \propto |\chi^{(2)}|^2 = \left| A_{NR} + \sum_j \dfrac{A_{Rj} e^{i\varphi_j}}{\omega_{ir} - \omega_j - i\Gamma_j} \right|^2$ 进行拟合的曲线。拟合的中心频率和峰面积积分随电势的变化用图 4-47（b）和图 4-47（c）来表示。从图 4-47（b）可以看出，峰的频率随电位的减少对应着在双层范围内吸附覆盖度的增加；在同样的区间，积分面积的增加也与非共振 SFG 的增强相符合。由此可以得出这样的结论：高氯酸溶液，Pt(110) 电极情况下，H 吸附范围内和双层中分别只有 Pt—H 伸缩模式和 ClO_4^- 阴离子的全对称伸缩模式 ν_1 的共振信号。这两个共振信号对电势有明显的依赖关系，说明它们确实来源于电解质/电极界面上的吸附物质。O—H 伸缩信号被强烈抑制，说明只有少量的自由水分子直接吸附于 Pt 电极表面。

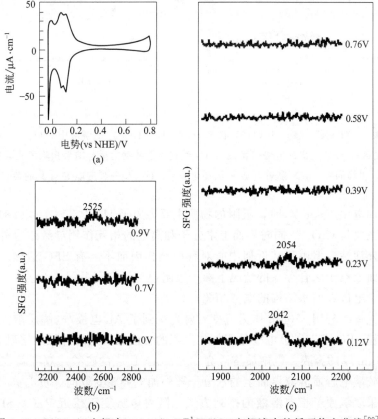

图 4-46　Pt(110) 电极在 $0.1mol \cdot L^{-1} HClO_4$ 电解液中的循环伏安曲线[90]

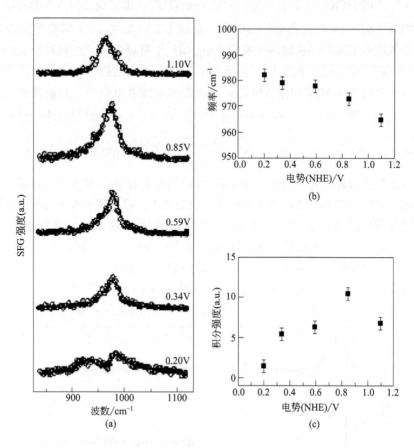

图 4-47　(a) Pt(110) 在 0.1mol·L^{-1} HClO$_4$ 电解液中 ClO$_4^-$

伸缩振动区域 SFG 光谱的电势依赖关系（实线代表了数据的拟合结果扣除了非共振背景）；

(b) 主峰的中心频率随着电势 E 的变化关系；(c) 积分强度随 E 变化的关系[90]

当外加电位 $E<$PZC 时，吸附的物质主要为原子 H；PZC$<E<$0.85V 时，吸附的物质主要是 ClO$_4^-$。同时界面上水分子和离子的相互作用导致水合外层中的水分子有红外活性，但由于其近似中心对称的结构因而不具有 SFG 活性。在正电荷极化的表面上离子水合存在的情况下离子吸附模型示意图见图 4-48。

（3）金电极界面水结构的电势相关[91]

本研究首次利用 470nm 作为可见入射光得到了 Au 电极/电解质溶液界面上水的电势依赖 SFG 光谱。金电极是用气相沉积的方法沉积到红外级的熔融石英片上，厚度为 25nm 厚的金膜。电解质溶液为 10mmol·L^{-1} 的硫酸。双可调 SFG 光谱证实了 Au/硫酸电解质溶液界面上的水分子随外加电势改变取向。负电势时，双层中的水分子采取氧原子指向溶液的排列方式。随着电势变正接近 PZC，SFG 信号减弱，说明水分子的 OH 基团无规则排列或平行于电极。随着电势继续变正越过

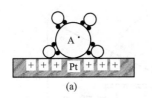 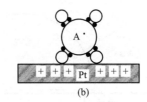

图 4-48　在正电荷极化的表面上离子水合存在的情况下离子吸附模型示意图[90]

这里只考虑了第一层水化层。A^-、空心圆圈、实心圆圈分别代表了阴离子、氧原子还有氢原子。

（a）特异性吸附：阴离子通过不完整的水化壳直接吸附到了表面；

（b）非特异性吸附：阴离子保持了一个稳定的水化壳，因此它没有和电极表面直接接触

PZC，SFG 信号再次增强，氧原子采取与负电势时相同的取向，说明水分子与吸附的硫酸根离子相互作用，其氢原子指向表面，与负电势时相同。如图 4-49 所示。

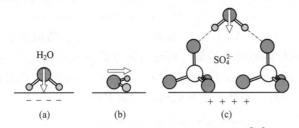

图 4-49　不同电势下界面结构的模型示意[91]

（a）PZC 更加负的电势；（b）PZC 下；（c）比 PZC 更加正。箭头代表了水的偶极的取向

（4）内反射 SFG 定量研究水在 Au 和 Pt 电化学界面的吸附和电势相关[92]

Uosaki 小组利用内反射式 SFG 光谱研究 Pt 和 Au 薄膜电极上水的结构对电势的依赖关系，比较了水在这两种电极上吸附作用的强弱，发现了 SFG 强度随电势的抛物线依赖关系，定量地处理了水在这两种界面上吸附的覆盖度。

实验用皮秒激光系统，光谱电化学池采用内反射形式，如图 4-50 所示。电解质溶液是 $0.1 mol \cdot L^{-1}$ 的 $HClO_4$ 溶液。

对于 Pt 电极，在 $3200 cm^{-1}$ 和 $3400 cm^{-1}$ 处观察到两个宽峰，对应于 OH 的两种伸缩振动模式。其中一个为四面体结构的水（ice-like），即存在强氢键的类似于冰的水的对称性伸缩，另一个为无序排列的水，即弱氢键的液态水的不对称伸缩（liquid-like）。如图 4-51 所示，对于 Au 电极，SFG 光谱中主要在 $3400 cm^{-1}$ 处有谱带，说明水分子与 Au 电极和 Pt 电极的相互作用不同，即 Au 表面的水分子更为无序。这些也得到了其它实验研究的确证。STM 研究证明了在清洁的 Pt 表面存在着有序的水膜[93]，但在清洁的 Au 表面，水膜是无序的[86]，说明水分子与 Pt 的相互作用强，水分子与 Au 的相互作用弱。图 4-52（a）和图 4-52（b）画出了 SFG 强度的电势相关图。从图中可以看出，在这两个电极上，SFG 光谱的形状并没有随电位发生明显的变化（图 4-51），但强度随电位有很大的不同。光谱的积分强度

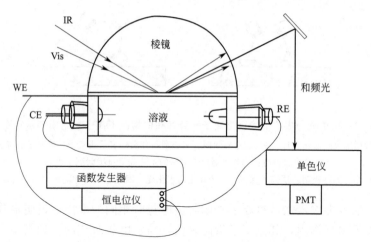

图 4-50 实验中检测金属电解液界面的 SFG 信号的光谱电化学池和测量系统的示意图[92]

IR—红外光；Vis—可见光；WE—工作电极；CE—对电极；RE—参比电极；PMT—光电倍增管

随电势的变化分别列在图 4-51（a）和图 4-51（b）上。当电势从负变正时，SFG
强度先减少，达到最低点时再增加，到达最高点然后再降低。对 Au 电极，最低点
的位置在 300mV 左右，接近于 Au 电极在 $HClO_4$ 溶液中的 PZC；在 Pt 电极中，
最低点在 200mV 附近，也接近于在此溶液中的 PZC。

下面，我们重点解释此曲线能带来什么信息。

在石英/水界面水的 SFG 强度反映了双电层内有序水的数量，反过来，也反映
了双电层的厚度[94,95]。在 Pt/电解质溶液界面，当电极变得高度带电时，电极附
近的电位降变得很剧烈。因为有序的水分子数变得较小，所以，当电势离开 PZC
时，SFG 强度应该变得较弱。这些和实验结果矛盾。

当电解质溶液的浓度相对高时，双电层的电势相关就变低，部分有序水分子的
电势相关就主要决定 SFG 强度。因为实验中的 IR 偏振是 p 偏振，取向垂直于界面
的水可以被 SFG 有效的探测到。在 PZC 附近，水分子躺着平行于界面，当电极表
面的表面电荷从负变到正，只要没有离子的特征吸附，它们将重新定位，从氧朝上
（oxygen up）到氧朝下（oxygen down）。这些与理论模拟和其它实验方法得出的
结果相同[96~99]。

影响水分子在电极上的取向，除双电层电场，即电极上的电荷之外，还有化学
相互作用：水-金属及水-水之间的相互作用。下面对此进行定量的分析。首先我们
分析 SFG 信号最低点的电势和零电荷电势的关系。

设在平衡条件下，水分子用氧端接触表面进行吸附（oxygen up），则 oxygen
up 水分子的数目为[100]

$$N_\uparrow / N_T = \theta_\uparrow = \exp[\Delta G_\uparrow^0 / RT] \tag{4-158}$$

式中，$N_\uparrow$ 为 oxygen up 的水分子数；N_T 为总的吸附位点的水分子数；$\theta_\uparrow$ 为
oxygen up 水的分数（覆盖度）；$\Delta G_\uparrow^0$ 为与水在 oxygen up 态有关的水的吸附自由

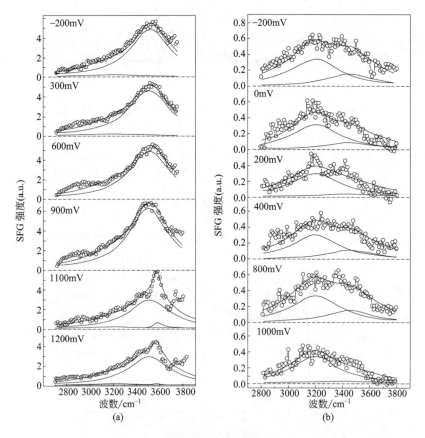

图 4-51　Au 和 Pt 电极在 $0.1mol \cdot L^{-1}$ HClO$_4$ 电解液中不同电势下 SFG
光谱的 OH 伸缩振动区域[92]

(a) Au 电极；(b) Pt 电极

能的变化，可以分解为三部分贡献：①吸附的化学功 ΔG_c^0，②电功，$\mu X \cos\alpha$，μ 为吸附水的偶极矩，X 为双电层的电场，③水分子的侧向相互作用 U_c。这样，式 (4-158) 当 $\alpha = \pi$ 时可以写为

$$\theta_\uparrow = \exp\{-[(\Delta G_c^0)_\uparrow/(kT) - \mu X/(kT) + U_c(\theta_\uparrow - \theta_\downarrow)/(kT)]\} \quad (4-159)$$

同理，oxygen down 的分子数，当 $\alpha = 0$ 可以表示为

$$\theta_\downarrow = \exp\{-[(\Delta G_c^0)_\uparrow/(kT) + \mu X/(kT) + U_c(\theta_\uparrow - \theta_\downarrow)/(kT)]\} \quad (4-160)$$

双电层电场，可用下式来表示

$$X = q_M/\varepsilon\varepsilon_0 \quad (4-161)$$

式中，q_M 为电极表面的电荷密度；ε 为吸附的水层的介电常数；ε_0 为自由空间的电容率（$\varepsilon_0 = 8.854 \times 10^{-12} C^2 \cdot J^{-1} \cdot m^{-1}$）。

指向一个方向（up 或 down）的水的偶极矩 θ，可以表示为

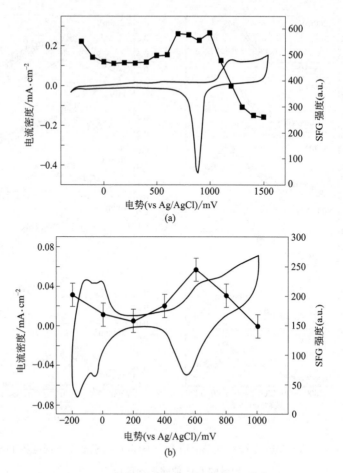

图 4-52　循环伏安与 SFG 强度积分[92]

（a）Au 薄膜电极在 $0.1\text{mol} \cdot \text{L}^{-1}$ HClO$_4$ 溶液；（b）Pt 薄膜电极在 $0.1\text{mol} \cdot \text{L}^{-1}$ HClO$_4$ 溶液

$$\theta_\uparrow - \theta_\downarrow = \exp\{-[(\Delta G_c^0)_\uparrow/(kT) - \mu X/(kT) + U_c(\theta_\uparrow - \theta_\downarrow)/k = T]\}$$
$$-\exp\{-[(\Delta G_c^0)_\uparrow/(kT) + \mu X/(kT) + U_c(\theta_\uparrow - \theta_\downarrow)/(kT)]\} \quad (4\text{-}162)$$

在 SFG 最低点的电势，取向角最低，θ 应该等于 0。从式（4-162）可以看出，最小取向的电势不必一定等于 PZC，即 $X=0$。

当 Au 电极和 Pt 电极表面形成氧化物时，SFG 强度在 OH 伸缩区间减少，如图 4-52（a）和（b）所示。强度的减少是由下列几种可能的原因引起的。第一种原因是电极界面的水分子在相对于原子级平整的粗糙的电极表面其结构良好的氢键网络受到扰动，因为当氧化层形成时，原子级平整的 Au 和 Pt 经历了粗糙化的过程[101,102]。第二种可能的原因是电场效应，因为金属氧化物是半导体/绝缘体[103]，当形成氧化物时，就有附加的电位降，导致双电层电场变小。最后一个可能的原因是氧化物的形成会影响电极表面的表面电荷。

4.9.2.4　SFG 研究离子液体/金属电极界面的表面结构

离子液体在电化学中的应用越来越广泛[104~106]，可以用作燃料电池、超级电容器、太阳能电池中的电解液。所以，研究电极/离子液体界面的分子结构就显得非常重要。

室温离子液体是一类新的液体，在电学和电化学仪器中有许多重要的应用。这类液体由离子构成，没有溶剂。通常它们有良好的电导性和离子电导性，并且是电化学稳定的。由于其应用严格依赖于电极附近界面液体的结构，必须在分子层次上对其进行描述，从而理解和改进其性能。

目前没有适用于电极表面附近纯离子构成的液体离子组织结构的模型和描述。普通电解质溶液中，溶剂和离子的结构能用 Gouy-Chapman-Sterns 模型很好地描述。但是，这个模型基于 Debye-Huckel 理论中的概念，即稀电解液，离子分散且没有相互作用。这显然不适用于离子液体。因此，我们的目标在于利用 SFG 振动光谱研究离子液体-金属界面的双电层结构。美国休斯敦大学 Baldelli 研究组是从事这一领域的前驱，做出了一系列系统而深入的工作。本小节主要介绍该研究组的一篇综述文章[104]，更多的文章，读者可以参考这篇文章所引用的文献。

室温离子液体一般由有机阳离子和有机或者无机阴离子组成。通常基于烷基咪唑鎓盐（alkyl imidazolium）的室温离子液体的结构由图 4-53 给出。在液态，离子液体存在着简单的带电物种。当库仑相互作用支配离子液体之间离子的相互作用力时，离子不仅仅是简单的带电球，它还具有一定的形状和化学官能度（functionality），该官能度使得离子液体的物理性质发生微妙的改变。所以，偶极、氢键和色散力对于离子液体组分之间的相互作用是重要的，但这些力对于室温离子液体是很小的。离子液体具有高的热稳定性，宽的电化学窗口和极低的

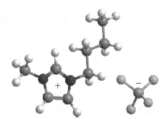

图 4-53　[BMIM] [BF$_4$] 的结构[112]

蒸气压。离子液体的这些及其它性质，可以通过改变离子液体的组分而得到改变。

从和频光谱研究界面离子液体的结构方面来说，我们的关注点是：这些难溶的离子液体是如何在界面构筑和排列的。这些离子液体是如何对界面电荷、电位、组分的改变进行响应的。

本实验用的是皮秒激光系统，系统可以在 $1000 \sim 4000 \text{cm}^{-1}$ 波数范围内进行扫描，详细的描述可以参看前面的关于和频光谱的仪器部分。为了减少红外的吸收，光谱电化学池是薄层电化学池；为了保持离子液体的干燥，池内抽成 10^{-6}Torr（$1 \text{Torr} = 133.322 \text{Pa}$）的真空。

本研究是用经典电化学方法（循环伏安 CV 和阻抗谱 EIS 方法）与和频光谱方法结合起来进行研究的。电化学方法起着三种关键性的作用：控制表面电荷或电势；通过 EIS 和 CV 测量界面性质；定量控制离子液体样品的纯度。

循环伏安是为了保证在实验所用到的电势窗口内，离子液体样品未发生氧化还

原反应。这样，所有的实验都是在电势扫描的电双层范围内，只发生双电层的充电和放电。更为重要的是，循环伏安可以保证离子液体是纯的，因为没有 Cl⁻ 和水参与的氧化还原过程。循环伏安图显示该体系的电化学窗口为 4V。

EIS 可以提供界面测量的更多的物理信息。EIS 谱是通过扫描外加的直流电位并测量电解池的复阻抗得出的。阻抗谱的解释是通过拟合组成体系的等效电路元件得到的。由电容曲线可以看到，在 $-500mV$ 时有一个最低点。该曲线可以给出两个信息。第一，由最低点的双电层电容可以求出本体系的双电层厚度为 5×10^{-10} m，即 5Å。由此得知在电极上只有一层离子液体，证明电极界面的厚度对于分析和频光谱的数据是非常必要的。因为，尽管 SFG 具有单分子层的灵敏度，但对 SFG 信号的贡献有可能是多层分子的贡献，只要这些层的分子处在一个非对称的环境中。第二，通过电化学教科书中熟知的电毛细曲线，可知此时电容值最小的点位为本体系的零电荷点位 PZC。由此我们就可以知道，当电势负于 $-500mV$ 时，表面电荷是负的；当电势正于 $-500mV$ 时，表面充正电。

图 4-54（a）是 [BMIM]⁺ 在 Pt 电极 ppp 偏振下的 SFG 光谱。

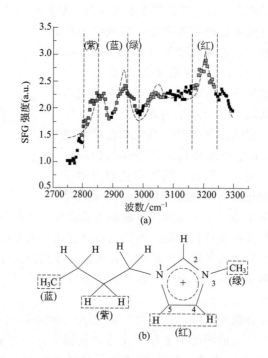

图 4-54　（a）[BMIM]⁺ 在 Pt 电极 ppp 偏振下的 SFG 光谱；（b）着色了并用
数字编号的 [BMIM]⁺ 的结构[112]
颜色对应了 SFG 光谱中不同的颜色区域

从 SFG 光谱可以看到几个 C—H 伸缩共振峰。CH_2 的对称和反对称模式分别在 $2850cm^{-1}$ 和 $2915cm^{-1}$[107]；丁基链中的甲基官能团的振动分别在 $2875cm^{-1}$、

$2930cm^{-1}$ 和 $2965cm^{-1[107,108]}$，N(3)—CH_3 甲基对称伸缩在 $2945cm^{-1[109]}$。$3600cm^{-1}$ 是由于芳香环 CH 伸缩振动的共振形成的。这些伸缩振动包括 C(2)—H 在 $3050cm^{-1}$ 的伸缩振动和 H—C(4)C(5)—H 在 $3150cm^{-1}$ 和 $3190cm^{-1}$ 之间的伸缩振动[110,111]。所有这些峰在 Pt 电极上叠加，形成一个大的非共振背景信号。虚线是根据方程 $\chi^{(2)} = \sum_q \dfrac{NA_q}{\omega_{IR} - \omega_q + i\varGamma} + \chi_{NR}^{(2)}$ 进行拟合的曲线。下面我们重点分析 $3190cm^{-1}$ 峰，这是 H—C(4)C(5)—H 的对称性伸缩振动。之所以选择该峰进行研究，是因为该峰的信号相对大，没有其它振动模式的干涉。此外，因为界面模型处理带电的金属界面，咪唑上的电荷位于芳香环的中心，H—C(4)C(5)—H 振动可以很好地说明表面电荷是如何影响离子液体在界面上的排列的。

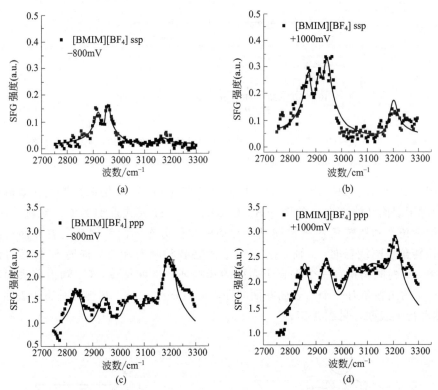

图 4-55　[BMIM]$^+$ 在两个不同的偏振组合以及电势下在 Pt 电极表面的 SFG 光谱[104]
(a) ssp，$-800mV$；(b) ssp，$+1000mV$；(c) ppp，$-800mV$；(d) ppp，$+1000mV$

为了判断界面电荷和电位是如何影响离子液体的结构，做了 ssp 偏振和 ppp 偏振光谱实验，用比值法就能得到官能团的取向。图 4-55 表示这种偏振及电势相关的 SFG 光谱，由此测得表面电荷（电势）对咪唑环取向的影响[104]。

SFG 结果也表明阳离子和阴离子在界面上是有序排列的，当电势从 $-400mV$ 到 $+800mV$，SFG 信号有较大的增加。$2160cm^{-1}$ 的峰可以归属于 C≡N 对称伸缩振动[104]。

上述结果说明两种离子在表面是有序排列的，来自阴离子的 SFG 信号在充正电的表面上增加较强，阳离子信号与负表面电荷有关。偏振和电势相关的 SFG 分析表示见图 4-56。

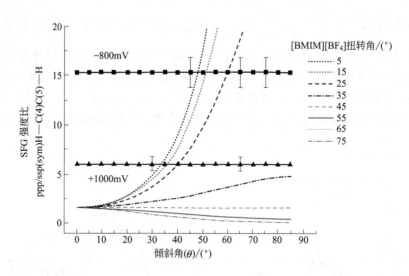

图 4-56   对于 H—C(4)C(5)—H 对称伸缩振动的倾斜角与 SFG 强度的示意图[112]
每条曲线为相对于 C_2 轴的不同扭转角

图 4-56 展示了 H—C(4)C(5)—H 对称伸缩的 ppp/ssp 偏振强度之比对倾斜角 θ（相对于表面法线方向）的图。H—C(4)C(5)—H 模式近似为 C_{2v} 对称，所以，需要倾斜角 θ 和扭转角 φ 来描述其在界面的取向分布。倾斜角是沿着界面法线方向，扭转角是围绕着准 C_2 轴。图 4-56 表示在各种咪唑环的取向时 SFG 信号的模拟结果。0°的倾斜角有一个垂直于表面的咪唑环，也就是说，C_2 轴沿着表面法线方向。0°的扭转角有一个与表面共面的环，而当 $\varphi = 90°$ 时，咪唑环垂直于表面，即 C_2 轴平行于表面，见图 4-57。

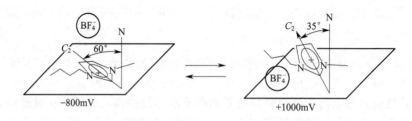

图 4-57   [BMIM]$^+$ 在 Pt 电极表面取向变化的表示[112]

由界面电容的测量就可以理解上述取向模拟的结果。当电势小于 -500mV（PZC）时，表面带负电荷，当电势正于 PZC 时，表面带正电荷。所以，正表面电荷，阳离子排斥离开 Pt 表面，导致取向角更沿着表面法线方向倾斜。类似的，它使得阴离子 [BF$_4$]$^-$ 有较大的空间去接近表面以屏蔽正电荷。然而，在负的表面电荷，阳离子环被吸引到表面，采取较平行于表面的取向。相似的模型也用于 [BMIM] [PF$_6$]、[BMIM] [imide] 和 [BMIM] [I] 体系。

对于室温离子液体在电极界面的结构的研究，有下面三点启发和困惑：第一，已经证明界面区域是一个离子层的厚度。可以这样理解：离子液体具有高的电荷密度，单层的离子液体就足以屏蔽表面电场。尽管上面的结果可用 Gouy-Chapmann 理论和 Debye-Huckel 理论来解释，令人困惑的是，这两个理论都仅仅适用于无限稀释的电解液，但我们研究的体系并不如此。

第二，从 SFG 光谱可以证明，电极界面确实存在着有取向的离子层，其取向依赖于界面的电荷。对此可以用静电学的原理进行理解。金属界面可以被看作是一个光滑均匀的带电薄层，而金属的性质倒是次要的。当表面带负电荷，带有正电荷中心的咪唑环，平行躺在界面上以增加吸引。类似的，当界面带正电荷时，咪唑环排斥，离开界面，阴离子与 Pt 表面相互作用，屏蔽正电荷。阳离子对此的响应是离开，即沿着表面法线方向扭转，为阴离子留下空间。

第三，似乎组成离子液体的离子不同，界面结构及对界面电荷的响应也有细微的差别。将 [BMIM] [PF$_4$] 和 [BMIM] [PF$_6$] 进行比较，后者的咪唑环对 C_2 轴进行扭转，使得 [PF$_6$]$^-$ 接近 Pt 电极的表面，而前者采用倾斜的方式[112]。这些微妙的差别与阴离子的体积和对称性有关。同理，当 [BF$_4$]$^-$、[BF$_6$]$^-$ 或者 [imide]$^-$ 被 [DCA]$^-$ 所取代，界面结构从一层扩展到近似的五层。

在本系列研究中，尽管大部分离子液体的界面性质被研究，仍然有许多基本问题需要提出：

① 如果室温下离子液体在界面上基本形成 Helmholtz 层，为什么 CV 曲线出现最小点？它应该仅仅出现在扩散层存在的 Gouy-Chapman 模型才对。

② 电容的最低值是 PZC 吗？如果是，为什么？本研究系统并不是无限稀释的电解液，应当不能直接应用 Debye-Huckel 和 Gouy-Chapmann 极限定律。

③ 根据 Gouy-Chapmann 理论，在电容最低值的两边，应当存在正电荷或负电荷累积超量。在纯电解质溶液中，这种现象出现的可能性有多大？难以想象的是，表面的离子浓度与体相的离子浓度相同的经典的 PZC 概念可以应用于离子液体。

④ 和金属界面紧密接触的离子液体是否也有类似的从溶液中吸附的行为？

4.9.2.5 和频光谱在金属腐蚀研究中的应用

金属的腐蚀与防护，不但是电化学中的一个重要的分支，而且也是工业界，比如钢铁、船舶甚至国防工业部门极为关注的研究方向，具有极大的理论和应用背景。我们选 Cu 在 Benzotriazole 中的缓蚀行为来介绍 SFG 在电化学腐蚀科学中的应用[114]。

有机和无机分子通常被用于阻止金属电极的腐蚀过程，这些分子通常称为缓蚀剂。缓蚀机理是：缓蚀剂吸附在金属电极界面上，形成分子膜，阻止金属的进一步溶解。从分子水平上研究缓蚀剂在金属电极上形成分子膜的性质是基础电化学研究的基础课题。

苯并三唑 Benzotriazole（$C_6H_5N_3H$，BTAH）是一个控制 Cu 的腐蚀和溶解的缓蚀剂，其缓蚀机理是 BTA^- 在溶液中和 Cu 形成多聚膜，建立一个势垒层（barrier layer），该层在阳极和阴极电势保护界面免于腐蚀。为了得到 Cu 表面吸附物种的信息及对电势、晶体取向和溶液组分的依赖性，用 SFG 研究 BTAH 在酸性溶液中的吸附。本研究提供了在 Cu 表面聚合的 BTA-Cu 膜黏附机理的新的解释，对于理解 Cu 的腐蚀有重要的作用。

从 Cu(100) 面在 $0.1mol \cdot L^{-1} H_2SO_4$ 和 $75mmol \cdot L^{-1}$ BTAH 电解液中在电位为 0.1V（vs Ag/AgCl）得到的 SFG 光谱。该光谱有四个主要的峰：$1563cm^{-1}$，$1492cm^{-1}$，$1445cm^{-1}$ 和 $1399cm^{-1}$，分别标记为 1~4。带 4 的肩峰，$1389cm^{-1}$，标记为带 5（图 4-58）。上面光谱的指认如下：在实验的能量范围，BTA^- 和 BTAH 都能表现出振动带。失去胺上的氢后，苯甲基的振动模式频率的位移从 $1595cm^{-1}$、$1515cm^{-1}$ 和 $1642cm^{-1}$ 移动到 $1575cm^{-1}$、$1490cm^{-1}$ 和 $1445cm^{-1}$。这表明 Cu 表面吸附的是 BTA^-，而不是 BTAH 分子。在 $1389cm^{-1}$ 的谱带 5 已经被指认为复合的苄基三唑（benzyltriaz）环的振动模式。在 $1399cm^{-1}$ 处的谱带 4 是一个仅仅在 SFG 中出现的新峰，它是 Cu(100)-BTA 界面的标志。

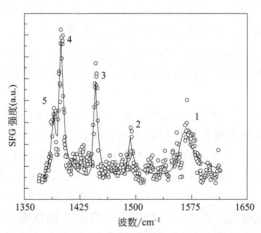

图 4-58　Cu(100) 在 $0.1mol \cdot L^{-1} H_2SO_4$ 和 $75mmol \cdot L^{-1}$ BTAH 下 SFG 光谱[113]
○ 代表了实验数据点，实线代表拟合的结果

图 4-59 表示在不同的电势下测量的 SFG 谱（$1375\sim1475cm^{-1}$）。电势区间的选择是从开始析氢的电位（$-0.65V$）到 Cu 溶解的电位（$0.15V$）。从图中可以看到两个有趣的现象。第一，谱峰的位置不随电势发生变化，这意味着吸附单层膜的性质不随电势改变。第二，峰的强度随电势发生变化。在图 4-59（a），当电势变得越来越正时，峰 3 的强度增加，峰 4 和峰 5 的强度比发生变化；在图 4-59（b），当电势向相反方向扫描，峰 3 变小，而峰 4 的强度增加。强度随电势的变化趋势用图

4-60（a）来表示。

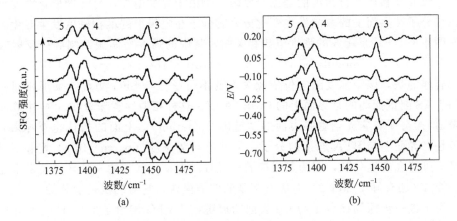

图 4-59　Cu(100)-BTA 界面电势依赖的 SFG 光谱[113]

（a）阳极扫描；（b）阴极扫描。箭头指示扫描的方向

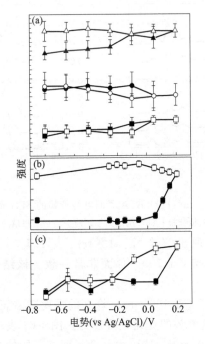

图 4-60　强度的电势依赖关系[113]

（a）Cu(100) 的 SFG 光谱的峰 3（■）、峰 4（●）、峰 5（▲）；（b）PM-IRRAS 的峰 5；

（c）Cu(111) 的 SFG 的峰 3。实心图标代表阳极扫描，空心的代表了阴极扫描

　　从图 4-60（a）可以看出，峰 5 的强度在电势正于 −0.2V 时开始上升，在接下来的阴极扫描中保持不变。这种不可逆性与峰 3 和峰 4 不同。峰 4 的行为与峰 3 相

似，但有一点不同，峰 4 在正电位时强度减少，而峰 3 在相同的正电位时强度增加。导致峰 3 和峰 4 行为可能是三个原因：①由于界面电荷，分子的极化率发生变化，②分子在界面上的取向发生变化或者③分子在电极上的堆积密度发生变化。

图 4-60（b）是峰 5 的强度电势相关图，其中的强度是偏振调制红外反射吸收光谱（polarization modulated reflection adsorption spectroscopy，PM-IRRAS）强度。有趣的是，该峰强度随电位依赖关系的不可逆性与 SFG 测量结果很相似。因为 IRRAS 测量探测的是界面上的 Cu-BTA 膜。这种相似性意味着在 SFG 中峰 5 对应着 BTA 分子，它充当着膜表面的"链绳"（tether）。上面的指认也意味着峰 4 应该是在界面上与 BTA 连接的分子，但并不与势垒膜（barrier film）配位。峰 4 和峰 5 可能会发生分裂，因为其对应着三唑环的振动模式，而三唑环是要发生配位的。峰 3（还有峰 1 和峰 2）对应着苯基的伸缩模式，它对配位是敏感的。

为了进一步探测该分子与 Cu 表面的成键，用 SFG 测量了 BTAH 与 Cu(111) 表面的结合。图 4-61 表示 BTA 在 Cu(111) 界面上在 $0.1mol \cdot L^{-1}$ 的 H_2SO_4 溶液中电势相关的 SFG 光谱。

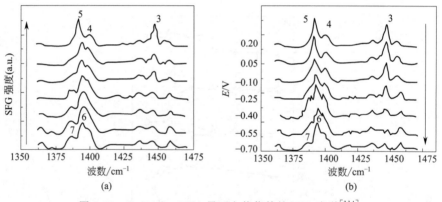

图 4-61　Cu(111)-BTA 界面电势依赖的 SFG 光谱[114]

(a) 阳极扫描；(b) 阴极扫描。箭头指示了扫描的方向

在正电势，SFG 表现出三个峰：$1391cm^{-1}$（峰 5）、$1399cm^{-1}$（峰 4）和 $1415cm^{-1}$（峰 3），这些与 Cu(100) 界面非常一致。该结果再次说明了 BTA^- 离子是界面上的物种。

图 4-61 也表示出对于 Cu(100) 面，峰 3 的强度随着正电位而增加，随着负电位而减少，该带的峰强随电势的变化是可逆的。图 4-61 表示峰 3 在 Cu(111) 和 Cu(100) 的启动电位相差 400mV。这可由两个界面有不同的功函来理解。

对于 Cu(111) $1395cm^{-1}$ 的峰与 Cu(100) 截然不同。在负电势，至少存在三个峰：$1386cm^{-1}$（峰 7）、$1395cm^{-1}$（峰 6）和 $1399cm^{-1}$（峰 4）。当电势变正时，峰 7 消失，峰 6 的强度减少，当电势更正时，峰 5 又重新出现。当电势为 0.2V 时，峰 7 完全消失，峰 6 被峰 5 的出现所掩盖。当电势再次变负，峰的强度和性质又变得和初始观察的一样。

图 4-60 （c）所示的 Cu(111) 面上峰 3 的强度随电势的变化表现出非常明显的滞后现象。在电势达到正的 0.05V 之前，峰 3 的强度并没有随电位发生明显的变化。当电势进一步变负时，峰 3 的强度一直不变，直到电势达到 −0.25V。峰 3 强度的滞后现象与 5 在 Cu(111) 表面的出现和消失有关。当正电势 0.05V 时，峰 5 清晰可见。电势向阴极扫描时，峰 5 一直存在，直到电势为 −0.25V 时才消失。

借助于 STM 的结果可以解释 Cu(111) 和 Cu(100) 在 SFG 上的差别。在负电位，Cu(111)-BTA 表面表现出无序的 STM 图像[115]，而 Cu(100) 在相同的负电位是有序的[115]。 Cu(111) 面表现出的 BTA$^-$ 的三个峰在能量上几乎等同于在 Cu(100) 面上发现的同样的三个峰。STM 揭示了在 Cu(100) 存在着有序的 BTA$^-$ 吸附层。从 Cu(100) 面得到的 SFG 光谱的形状表明其频率不随电势发生变化，支持了吸附层不变的结论。对于 Cu(111)，在负的电势区间，STM 表明表面是无序的，该无序在 SFG 上的反映是峰 3 的消失和其它三唑伸缩振动峰的出现，对应着 BTA-Cu 结合的非均一性。Cu(100) 和 BTA$^-$ 获得更加有序的吸附层的能力可以解释为什么 （100）面较 （111）面更具有抗腐蚀的能力。

为进一步了解表面覆盖层在腐蚀过程中所起的作用，在固定电位为 0.0V，用 Cl$^-$ 对 Cu(100)-BTA 界面进行滴定。图 4-62 表示峰 3～5 的强度随电解池 Cl$^-$ 浓度的关系。

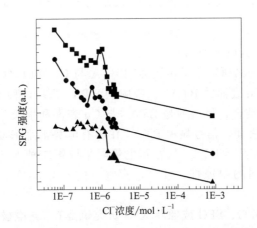

图 4-62　Cu(100) SFG 光谱的峰 3 （■）、峰 4 （●）、峰 5 （▲）随着 Cl$^-$ 浓度的变化的关系[113]

在初始浓度，峰 3 和峰 4 的强度减小，而峰 5 的强度相对保持不变。对此时强度的平方根用 Langmuir 吸附等温线进行拟合，得出 Cl$^-$ 在 Cu 上吸附自由能 ΔG_{ads} = −35kJ·mol^{-1}。作为比较，其他研究者得出 Cl$^-$ 在 Au 界面的吸附自由能 ΔG_{ads} 在 −49～−115kJ·mol^{-1} 之间[115,116]。这里得到的 ΔG_{ads} 与 Cl$^-$ 在其它金属吸附的 ΔG_{ads} 定性符合，表明了本研究中的 Cl$^-$ 吸附没有被 Cu-BTA 膜所干扰。反过来，也表明了 BTA 和表面两者之间相互作用的强度是弱的。

图 4-62 表明，当足够多的 Cl$^-$ 加到溶液中产生完整的单分子覆盖层，峰 3 和

峰 4 的强度稍微上升，这可能代表着在 Cl⁻ 存在时一个中间有序相的形成，在该相中，部分解吸的 BTA⁻ 吸附层重新取向。

有趣的是，与 BTA⁻ 在 Cu-BTA 膜有关的峰 5 的行为表现出刚加入 Cl⁻ 时其信号并没有减少，基本保持常数，直到足够的 Cl⁻ 的加入，超过 Cu 界面整个完整的单分子覆盖层。然后，Cl⁻ 的进一步加入，导致三个峰全部很快消失。峰 5 的继续存在可能是由于 Cl⁻ 不能进入 BTAH 分子（膜到表面的中间 "链接" 分子）所引起的。如图 4-63 所示，表面和 Cu⁺（用 B 表示）构成的复合物对 Cu 表面的腐蚀提供一定程度的稳定性，因为 BTA-Cu 多聚物限制了 Cl⁻ 进入到表面。

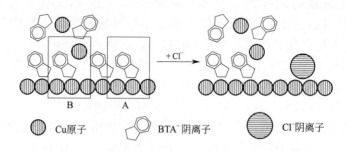

图 4-63　BTA⁻ 在 Cu 表面的两种构型的卡通描述[114]

A—BTA⁻ 仅仅和表面配位；B—BTA⁻ 同时与表面和 Cu⁺ 配位。

A 型的配位并不被阻隔膜所保护，更加容易被 Cl⁻ 所取代

上述结果可以得到以下的结论：

利用原位 SFG 光谱研究了常用缓蚀剂 BTA 与 Cu 表面之间的相互作用。SFG 响应来源于吸附于 Cu 表面的 BTA⁻。吸附的 BTA⁻ 采取两种不同的构型，一种是 BTA⁻ 只与 Cu 表面结合，另一种是 BTA⁻ 与 Cu 表面和生长于表面的寡聚阻隔膜结合。在 Cu(100) 表面，信号显示 BTA⁻ 在所有电势下都采取第二种方式，而在 Cu(111) 表面，信号显示 BTA⁻ 只在正电势时采取第二种方式。两者之间的差异显示了两种晶面不同的耐蚀性。此外，存在 Cl⁻ 时，BTA⁻ 采取第二种方式更稳定。

此外，还有用 SFG、SFG 成像及 XPS 研究硫醇在 Zn 电极上的缓蚀行为[117]、缓蚀能力和构象有序[118]。本章不再赘述。

4.10　结论与展望

非线性光学方法研究电化学界面，最早也是最深入的是从单晶金属电极开始的。仔细研究在电化学环境中来自单晶电极的非线性光学响应可以提供有关反应环境下有关金属电极的性质及吸附在金属电极上吸附分子的性质。用 SHG 研究金属电极的性质是通过测量它的旋转对称性来进行的。旋转对称性不仅对界面区的有序和对称性敏感，也能提供一个响应的相对相位信息。研究表明，在 in-plane 和 out-of-plane 的相位高度敏感于界面的电子性质。在共振条件下，相位高度敏感于界面的静电性质、入射光的波长和表面吸附。

干涉旋转各向异性方法是旋转对称性测量的最新方法。利用它可以直接得到 SHG 电场的各向异性，$E(2\omega, \varphi)$，该电场与复极化率系数 A、B、C、D 成正比。通过将 $E(2\omega, \varphi)$ 分解为 $E(2\omega, \varphi) = A + B\cos(\varphi + \alpha) + \cdots$ 各项，我们可以得到界面的几何和电子结构的信息，以及它们对电势和吸附的依赖关系。我们可以预期干涉 SHG 各向异性（或其它等价的方法与其它手段联用，比如说波长依赖手段），可以提供有关界面和表面 SH 过程本身的最丰富的信息。

现在 SHG 已经在研究多晶金属电极、半导体电极、自组装膜电极、纳米电极及液/液电化学界面，研究的重点已经不仅仅局限于旋转各向异性谱的测量上。许多研究的重点在于 SHG 信号随电势的相关。通过研究这些共振的和非共振的 SHG 信号随电位的相关性，能够深入的理解电极界面的几何结构和电子结构及吸附分子在电极上其性质随电位变化的信息。SHG 提供的是电极表面电子光谱的信息（电子跃迁）。然而，电子光谱很难分析界面上分子的结构，尤其是化学键方面的信息。

SFG 方法可以克服上述的弱点。自从 1990 年第一篇 SFG-VS 应用于电化学界面研究以来[119]，它既具有界面的选择性，又可以测量界面的振动光谱，由此得到界面上吸附分子化学键方面的信息。此外也可以得到电极基底的信息。理论和实验上都证明了非共振二阶极化率对于基底的电子跃迁十分灵敏。带间跃迁和带内跃迁对于基底非共振项的贡献有着本质上的区别，它们对于实验上 SFG 信号的贡献也可以被各自清晰的区分出来。这些技术同样是对基底的优良的电学检测手段，将电压依赖的界面振动性质和电学性质联系起来。因此，利用可调的可见光或者近 UV 激光作为光源，利用 SHG 和 SFG 技术直接检测金属团簇的带间跃迁，研究其电学性质。人们用 SFG 对电化学界面的研究取得了相当引人注目的结果，包括：具有 SFG 活性的阴离子在电极界面的吸附，吸附态离子在电极界面取向的电势调控[120]，小分子在电极上的电催化，电极界面水分子的结构，离子液体界面的结构，金属电极的腐蚀等。这方面已经有大量的文献可供参考。现在 SFG 已经成为研究电化学界面崭新的强有力的手段。

差频光谱（DFG）作为 SFG 的补充在化学中也有应用。和 SFG 结合起来，可以对界面分子的相位做出准确的判断。差频的频率要低于可见入射光的频率，所以样品与可见光作用产生的荧光信号可能会干扰 DFG 信号。但相对 SFG，DFG 也有其优点。SFG（DFG）信号的线形和共振项的大小强烈依赖于干涉项的大小，即公式 $|\chi^{(2)}|^2 = |\chi_R^{(2)}|^2 + |\chi_{NR}^{(2)}|^2 + 2 \cdot |\chi_R^{(2)}| \cdot |\chi_{NR}^{(2)}| \cdot \cos(\varphi)$ 中的最后一项[121]，在互相抵消的干涉情况下（SFG，$\varphi = +90°$，DFG，$\varphi = -90°$），共振峰完全消失，无法进行任何定量的数据分析。而在 SFG，$\varphi = -90°$，DFG，$\varphi = +90°$ 情况时，共振峰得到增强，使得对于吸附物质的振动性质的定量分析更为简单。这样可以更好的预测基底的非共振项和吸附物质的共振项之间的干涉效应，加强对于金属基底的电学性质的理解，由于篇幅有限，本章没有包括电化学差频光谱的内容。

如果红外激光和可见激光分别与分子的电子能级跃迁和振动能级跃迁同时共振，那么就会出现双共振和频光谱。双共振 SFG 是近年发展起来的 SFG 新技术。它在荧光分子和生物分子等界面的研究中具有独特的优势。当分子的电子跃迁和振动跃迁发生耦合时，和频信号会得到显著的双共振增强，这为选择性的获得界面光谱信息和更好的标识分子振动模式开辟了捷径。不仅电子跃迁和振动跃迁之间的耦合强度能被定量计算出来，而且，这种光谱技术还可以用来研究界面或表面分子间的相互作用。双共振和频光谱的这些优势必然使其在未来的界面研究中发挥更加重要的作用和广泛的应用。

在双共振和频现象中，分子会发生从电子基态到电子激发态的跃迁，因此，对于获取分子电子基态和激发态的细致振动结构和动力学等微观信息起着极为关键的作用[121~124]。双共振和频过程包括红外-可见和可见-红外两种。

在文献中，一般认为可见-红外过程相对于红外-可见过程很弱，可以忽略。然而在特定的实验条件下，可见-红外过程也是可以被观测到的，而且在某些情况下比红外-可见过程的强度更大[125]。双共振和频光谱理论非常的复杂和烦琐，详细的分析和讨论请参考文献中的介绍。

对于多原子分子的吸附形态的定量研究需要检测多个振动模式，因此需要激光可以调到远红外波段。利用自由电子激光可以很容易做到这点。现在这种激光系统已经能够商品化，持续发展的激光技术会进一步拓宽它们的使用范围。

近来非线性光学成像有了长足的发展，它的特点是能够对界面同时进行形貌和光谱的研究。这是一个值得注意的新动向。

和频振动光谱作为二阶相干光学手段，其测量得到的有效非线性极化率 $\chi_{\text{eff}}^{(2)}$ 包含了分子在界面上的二阶极化率强度 $|\chi_{\text{s,eff}}^{(2)}|$ 和绝对相位 ϕ。和频光谱测量得到的光谱强度为 $|\chi_{\text{s,eff}}^{(2)}|^2$ 形式的平方项。需要发展适用于电化学界面的相位敏感的一维与二维和频振动光谱。相位测量原理为外差法（heterodyne）：在金属或非线性晶体表面产生的一束信号较大的和频光，作为局域振荡器（local oscillator），经过一定的延时，与样品表面产生的和频信号光产生干涉。对干涉信号进行傅里叶数学变换后，可同时得到光谱的强度与相位。外差法除了能测量和频光谱信号的绝对相位以外，还能将微弱的和频信号光通过与较强的局域振荡光干涉，将信号放大至少 1~2 个数量级，从而极大地提高和频振动光谱的检测灵敏度。该方法对于电化学界面的和频振动光谱研究有特别的意义：①灵敏度的提高有助于检测覆盖比率较低的电化学反应中间产物，或观测时间分辨实验中由于激光诱导产生的微小光谱变化。②从相位信息可以直接得到界面分子的绝对取向（"朝上"或"朝下"），帮助回答电势诱导下的分子 flip-flop 问题。③区分来自金属电极自身的非共振相位，帮助理解金属电极的表面等离子体共振效应等，并与 SERS 结果互相比较。④帮助分辨二维和频光谱中非对角峰的来源，确定不同振动模式之间的耦合方式。

另外，由于篇幅所限，本章尚未提到的一些重要的值得关注的研究组的工作如下。

Tadjeddine 研究组是最早将和频光谱应用到电化学的研究组。在此领域有二十多年的工作积累。他们长期关注的是各种电化学体系中 CN^- 在各种 Pt 电极、Au 电极上的吸附[67,126]，发现了 CN^- 在 Pt 电极上的两个吸收带，振子强度与电极的性质密切相关，在单晶金电极上，其吸附特性与电极的晶面指数有关。甲醇在各种单晶 Pt 电极上的解离吸附以及产生的 CO 的吸附[127]，表明了表面缺陷对甲醇的解离和 CO 的吸附起很大的作用；研究了乙醇分子在 Pt 电极上的解离和解离产物 CO 的吸附与乙醇浓度的关系，表明乙醇的浓度影响 CO 的覆盖度和乙醇电化学解离机理[128]。Somorjai 研究组研究的都是与催化有关的电化学问题。早期，他们主要研究 Pt(111) 乙腈和水的混合体系和频光谱的电势依赖，发现了乙腈分子在电极的取向随外加电位发生反转[129,130]。后来，他们的研究重点集中在 CO 在 Pt 电极上的还原动力学，用皮秒和频振动光谱研究了 CO 的光谱位移、CO 的氧化与溶液中水含量的关系。和频光谱的分析表明，极少量的水都影响 CO 的氧化[131~133]。Dlott 和 Wieckowski 研究组相互合作，改进了电解池的设计，用宽带飞秒和频光谱结合电化学循环伏安测量研究了 CO 在 Pt 电极硫酸电解质溶液中的氧化的动力学行为，研究了峰宽、峰位移、振子强度与表面电荷的关系[134,135]；研究了在硫酸溶液中 CO 在 Pt(111) 电极上的相变动力学[42,136]；乙醇的电化学氧化也是燃料电池研究的重点，作者首次用宽带 SFG 研究了乙醇在 Pt 电极上的电化学氧化机理[137]。Baldelli 研究组在离子液体领域做出了许多原创性的工作。用皮秒和频光谱研究了几种咪唑类离子在 Pt 电极界面的结构，证明了离子液体在金属界面确实存在双电层结构，并研究了几种阴阳离子在电极界面的取向及其电势相关性[111,136~139]，同时也研究了金属腐蚀机理[140,141]。

国内的研究组近几年在非线性光谱电化学研究方面也取得了较大的进展。复旦大学刘韡韬和美国加州大学 Berkeley 分校沈元壤将和频光谱和表面等离子体共振相结合，使电化学界面上自组装膜的和频光谱信号显著增强[142]。这是一个很有创意的工作，红外光通过棱镜从电极背面入射，激发金属膜的表面等离子共振激发隐失场，从而创新性地避免红外光直接通过溶液层，获得较高的检测灵敏度，它对于研究 SFG 弱信号的电化学体系有重要的意义。中国科学院化学研究所郭源等用和频光谱研究乙腈分子在多晶 Pt 电极上的取向及取向与外加电势的关系，发现在 PZC 附近，乙腈的分子取向发生反转[143]，用二次谐波研究 D289 染料分子在多晶 Pt 电极上的吸附及取向弛豫动力学，提出了分子的取向弛豫机理和弛豫动力学，并从分子水平对此进行解释[144]。

关于和频光谱在其它领域应用的最新进展，请读者阅读沈元壤先生的最新综述[145]。

从文献可以看出，大部分作者所关注的仍然是电极上吸附分子的结构随外电势的变化，这固然是一个重要的问题。但另外，上述的研究属于稳态测量，它只能研究分子在电极上的振动基态结构随电势的变化，有时也能得到反应的表观速率常数，这些方法叫稳态光谱方法。然而，它并不能对电极上发生的电化学反应进行动态学（dynamics）的跟踪，不能研究电极上所发生的能量转移、电子转移及超快动力学。研究化学反应中分子间及分子内能量传递和电子转移的方法是泵浦-探测（pump-probe）的时间分辨光谱法，现在已经很成熟，在超快反应动力学研究领域硕果累累，取得了辉煌的成就，形成了至今方兴未艾的飞秒化学领域[146,147]。Ahmed Zewail 因为在此领域的卓越贡献获得 1999 年的诺贝尔奖。

检测物质分子的能量状态、空间构型在外界因素影响下随时间变换的围观化学动态学（dynamics）行为，将为揭示相关物质在一定条件下所呈现的各种物理功能、化学行为进而为探索新型功能材料、研制光电子分子器件等提供重要的科学启示。时间分辨光谱（time-resolved spectroscopy）是在传统的光谱学基础上与光脉冲技术和微弱、瞬变光信号检测方法相结合而发展起来的适用于研究物质分子的化学动态学微观图景的途径和方法的新型学科，其基本思想是用一个光脉冲将分子激发到指定的非平衡高能状态，再用另一脉冲对非平衡状态分子随时间演变过程的微观图景实时追踪检测。传统的光谱测量可以根据分子在特定的电子、振动或转动对光辐射的吸收而获取吸光分子在平衡状态时的结构信息，时间分辨光谱测量可提供离子、自由基以及高能激发态等各种不稳定分子的结构、状态及其随时间变化的信息，为揭示一系列重要的化学、物理过程和生命现象中分子变化的微观动力学行为提供重要的实验依据。

近年来，随着脉冲激光技术和微弱、瞬变信号检测技术的提高，以泵浦-探测（pump-probe）双脉冲技术为基础而建立起来的各种类型的时间分辨吸收光谱方法已将跟踪检测分子吸收光谱随时间而变化的时间分辨率提高到纳秒（ns，10^{-9} s）、皮秒（ps，10^{-12} s）到飞秒（fs，10^{-15} s）数量级，从而使得我们可以在原子运动的水平上对化学键的生成或断裂的微观分子动态学行为进行直观的检测，实现了几代科学家直接观测化学反应基本过程的梦想。

将时间分辨光谱的原理用到 SFG 探测上就是泵浦探测的 SFG（pump-probe-SFG）[148,149]。其原理是：用一束特定频率的超快飞秒红外光激发界面上分子相应频率的某个振动模式，使其处于第一激发态，然后通过用时间延迟的可见、红外两束脉冲测量该振动模式的 SFG 信号来检测处于第一激发态上的分子布局数随时间的演变。由此得到界面分子的弛豫时间、退相干时间和电荷转移，进而可以实时检测分子内以及分子与基底之间的相互作用，从而使得我们可以在原子运动的水平上对化学键的生成或断裂的微观分子动态学行为直观地进行检测。

泵浦探测的和频光谱在电化学研究中也有所应用。Guyot-Sionnest 是最早将 SFG 应用到电化学界面的开拓者之一。Guyot-Sionnest 用皮秒 SFG 研究了吸附在 Pt(100) 单晶电极上的 CO 伸缩振动的振动弛豫，测得了振动寿命为 1.5ps 左右，未发现电解质溶液和界面电场对此快速弛豫动力学的影响[150]；用 SFG 研究了 CO 在 CO/Pt(111) 界面的伸缩振动寿命的电化学调控。电极电势的改变超过 2.5V。当电极电势很正时，CO 的振动频率增加，振动寿命减少，频率增加 35～40cm^{-1}，寿命从 2.1ps 变到 1.5ps[151,152]。美国 Emory 大学 Tianquan 研究组用时间分辨的

和频光谱研究了 CO_2 在 $Au(111)$[153] 电极和 $TiO_2(110)$[154] 电极上的电催化过程，定量描述了该体系的超快过程和振动弛豫动力学。另外，本研究组用 SFG 研究量子点和燃料敏化的太阳能方面也做了非常有创新的工作[155,156]。近来，随着超快光谱的进展，国际上有些研究组正在积极筹划研究超快光谱电化学这一研究方法，这是一个极有前景和挑战性的研究方向。

为解决现有和频振动光谱技术难以同时具有时间和光谱分辨率的难题，美国西北太平洋国家实验室王鸿飞研究组于 2011 年成功搭建了世界上首台皮秒-飞秒联合式高分辨宽带和频振动光谱仪（HR-BB-SFG），可同时实现约 $0.6 cm^{-1}$ 的光谱分辨率和 35fs 的时间分辨率。这是和频光谱领域一个重大的成就。高分辨和频振动光谱在研究界面具有强大的技术优势，可以指认复杂光谱，揭示某一振动模式的官能团复杂化学局域环境的变化[157]；亚波数的光谱分辨率，结合高分辨和频振动光谱出色的信噪比，从而保证光谱线形的准确获得[158]；可以精确地获得傅里叶变换以后的振动相干态的消相干动力学曲线，从而同时获得光谱与动力学信息[159]，可直接作为时间分辨泵浦-探测实验中的探测手段。2017 年，中国科学院化学研究所郭源等也研制搭建了目前最高分辨的和频光谱，可同时实现约 $0.44 cm^{-1}$ 的光谱分辨率和 35fs 的时间分辨率。

为了探测分子间的相互作用，需要对分子的振动模式进行顺序激发。这就是近几年和频光谱领域的又一成就——二维和频振动光谱（2D-SFG）。

2D-SFG 的原理是：一束红外泵浦光先将分子从振动基态抽运到激发态，经过一定时间延时后。另一束红外探测光和一束可见探测光（800nm）同时入射到被研究的界面，产生探测和频信号光。固定探测光 SFG 的时间不变，扫描泵浦红外的频率和时间，检测和频信号在有泵浦光和没有泵浦光的条件下和频光谱的细微变化，即可得到既有时间分辨又有频率分辨的偏振二维和频振动光谱，从对角峰随时间的变化，获得界面上重要分子的振动耦合以及振动弛豫过程，了解分子在飞秒至皮秒时间尺度上的能量转移，解析界面分子微观局域结构的快速动态变化，深入理解分子间的相互作用。这一技术不但可以对界面分子结构进行静态观测，也可对界面分子的细微结构的快速动态变化进行实时观测。更重要的是，二维和频振动光谱能够原位检测界面分子的分子间和分子内的超快能量的转移过程，了解分子在皮秒至飞秒时间尺度上的能量转移[160~167]。

2D-SFG 是一个全新的 SFG 测量系统，目前国际上仅有三个研究组搭建完成了 2D-SFG 并从事有关界面光谱与动力学的研究工作：德国马普高分子研究所 Mischa Bonn 教授开创了用 2D-SFG 研究气/液界面的先河，随后日本 Tahara 教授研究组和美国 Zanni 研究组迅速跟进，也有重要的研究成果报道。然而，至今未见 2D-SFG 在电化学领域的工作，这将是一个重要的研究方向。2017 年，中国科学院化学研究所张贞、郭源等也搭建了 2D-SFG，我们期望看到有关 2D-SFG 在电化学领域的原创性的工作。

用非线性方法研究电化学界面已经有三十多年的历史，尽管已经取得了丰硕的成果，但深入的研究电化学问题，还有许多工作要做。现在，随着激光技术的发展，测一个体系非线性光谱已经不是一件困难的事。难的是对得到的光谱进行定量的解释并能将光谱数据和具体的物质性质联系起来，真正从分子水平上对有关界面和电极过程进行解释和预言。这需要坚实的包括非线性光学、物理化学、物质结构（对于固体电极，还需要包括能带理论在内的近代固体物理学方面的知识）、量子力学、电动力学甚至量子电动力学在内的近代物理知识和量子化学及分子动力学模拟方面的知识。相信在未来，随着相关科学的发展，非线性光学方法一定能够为电化学科学的发展注入新的活力。

致谢：作者感谢原中国科学院化学研究所王鸿飞研究员（现复旦大学教授）在作者从事非线性光学研究方面所给予的帮助和支持，感谢化学研究所张贞研究员在作者写书过程中在排版和资料收集方面所给予的帮助。作者还感谢本组博士生刘安、唐鑫、林路、邓罡华、黄芝等同学在本章写作的不同阶段对作者的支持。此外作者还感谢国家基金委自然科学基金项目（20673251，21227802，21073199）和科技部基础研究规划（2013CB834504）的支持。

参 考 文 献

[1] 杨俊林，高飞雪，田中群. 物理化学学科前沿与展望. 北京：科学出版社，2011.
[2] Lambert A G, Davies P B, Neivandt D J. Implementing the theory of sum frequency generation vibrational spectroscopy: A tutorial review. Applied Spectroscopy Reviews，2005，40：103-145.
[3] Shen Y R. Surface-properties probed by 2nd-harmonic and sum-frequency generation. Nature，1989，337：519-525.
[4] Shen YR. The principle of nonlinear optics. New York：Wiley，1984.
[5] Wang H F, Gan W, Lu R, Rao, Y, Wu B H. Quantitative spectral and orientational analysis in surface sum frequency generation vibrational spectroscopy (SFG-VS). International Reviews in Physical Chemistry，2005，24：191-256.
[6] Zhuang X, Miranda P B, Kim D, Shen Y R. Mapping molecular orientation and conformation at interfaces by surface nonlinear optics. Physical Review B，1999，59：12632-12640.
[7] 叶佩弦. 非线性光学物理. 北京：北京大学出版社，2007.
[8] 曹昌祺. 经典电动力学. 北京：科学出版社，2009.
[9] 刘连寿，郑小平. 物理学中的张量分析. 北京：科学出版社，2008.
[10] 赫光生，刘颂豪. 强光光学. 北京：科学出版社，2011.
[11] Boyd R W. Nonlinear optics. Academic Press，INC，2010.
[12] 陈刚，廖理几. 晶体物理学基础. 第2版. 北京：科学出版社，2009.
[13] 钱士雄，王恭明. 非线性光学——原理及进展. 上海：复旦大学出版社，2001.
[14] Heinz TF. Nonliear Surface Electromagnetic Phenomena. Amsterdam：North Holland，1991.
[15] Hirose C, Akamatsu N, Domen K. Formulas for the analysis of surface sum-frequency generation spectrum by CH stretching modes of methyl and methylene groups. The Journal of Chemical Physics，1992，96：997-1004.
[16] Richmond G L, Robinson J M, Shannon V L. 2nd Harmonic-Generation Studies of Interfacial Structure and Dynamics. Prog Surf Sci，1988，28：1-70
[17] Richmond G L. In Electroanalytical Chemistry. New York：VCH，1991.
[18] Richmond G L. In Advances in Electrochemical Science and Engineering. New York：VCH，1992.
[19] Tom HWK Ph D. University of California，Berkeley，1984.
[20] Sipe J E, Moss D J, Vandriel H M. Phenomenological Theory of Optical 2nd-Harmonic and 3rd-Harmonic Generation from Cubic Centrosymmetric Crystals. Physical Review B，1987，35：1129-1141

[21] Pettinger B, Bilger C. In interfacialelectrochemistry: theory, experiment, and application. New York: Marcel Dekker, Inc, 1999.

[22] Lee C H, Chang R K, Bloembergen N. Nonlinear Electroreflectance in Silicon and Silver. Phys Rev Lett, 1967, 18: 167-170.

[23] Koos D A, Richmond G L. Phase measurements of optical 2nd harmonic-generation on Au(111) during thallium underpotential deposition. Journal of Chemical Physics, 1990, 93: 869-871.

[24] Corn R M, Romagnoli M, Levenson M D, Philpott M R. Second Harmonic Generation at Thin Film Silver Electrodes via Surface Polaritons. Journal of Chemical Physics, 1984, 181: 4127- 4132.

[25] Shannon V L, Koos D A, Richmond G L. In Chemically Modified Surfaces. New York: Gordon and Breach Science Publishers, 1988.

[26] Koos D A, Shannon V L, Richmond G L. Anisotropic nonlinear optical-response from silver electrodes during thin-film deposition. J Phys Chem, 1990, 94: 2091-2098.

[27] Koos D A, Richmond G L. Structure and stability of underpotentially deposited layers on Au(111) studied by optical 2nd harmonic-generation. J Phys Chem, 1992, 96: 3770-3775.

[28] Richmond G L, Bradley R A. Suface second harmonic generation studies of single crystal metal surfaces: In laser spectroscopy and photo-chemistry on metal surfaces Part 1. World Scientific Publishing Co. Pte. Ltd, 1995.

[29] Bradley R A, Arekat S, Georgiadis R, Robinson J M, Kevan S D, Richmond G L. Comparison of the 2nd-harmonic response from Ag(111) in UHV and solution. Chem Phys Lett, 1990, 168: 468-472.

[30] Koos DA Ph D. Optical Second Harmonic Generation Studies of Single Crystal Noble Metal Electrodes. University of Oregon, 1991.

[31] Guyotsionnest P, Tadjeddine A, Liebsch A. Electronic distribution and nonlinear optical-response at the metal-electrolyte interface. Phys Rev Lett, 1990, 64: 1678-1681.

[32] Kolb D M, Schneider J. Surface reconstruction in electrochemistry- Au(100) - (5×20), Au(111) - (1×23) and Au(110) - (1×2). Electrochim Acta, 1986, 31: 929-936.

[33] Kolb D M, Schneider J. The study of reconstructed electrode surfaces- Au(100) - (5×20). Surf Sci, 1985, 162: 764-775.

[34] Friedrich A, Pettinger B, Kolb D M, Lupke G, Steinhoff R, Marowsky G. An in situ study of reconstructed gold electrode surfaces by 2nd harmonic-generation. Chem Phys Lett, 1989, 163: 123-128.

[35] Lupke G, Marowsky G, Steinhoff R, Friedrich A, Pettinger, B, Kolb D M. Symmetry superposition studied by surface 2nd-harmonic generation. Physical Review B, 1990, 41: 6913-6919.

[36] Friedrich A, Shannon C, Pettinger B. A study of the influence of halide adsorption on a reconstructed Au(111) electrode by 2nd harmonic-generation. Surf Sci, 1991, 251: 587-591.

[37] Shannon V L, Koos D A, Kellar S A, Huifang P, Richmond G L Rotational anisotropy in the 2nd harmonic response from Cu(111) in aqueous-solutions. J Phys Chem 1989, 93: 6434-6440.

[38] Wong E K L, Friedrich K A, Robinson J M, Bradley R A, Richmond G L. Comparison of Cu(111) in aqueous-electrolytes and in ultrahigh-vacuum- an optical 2nd harmonic-generation study. J Vac Sci Technol A-Vac Surf Films, 1992, 10: 2985-2990.

[39] Materlik G, Schmah, M, Zegenhagen J, Uelhoff W. Structure Determination of Adsorbates on Single-Crystal Electrodes with X-Ray Standing Waves. Berichte Der Bunsen-Gesellschaft-Physical Chemistry Chemical Physics, 1987, 91: 292-296.

[40] Koos D A, Shannon V L, Richmond G L. Surface-dipole and electric-quadrupole contributions to anisotropic 2nd-harmonic generation from noble-metal surfaces. Physical Review B, 1993 47: 4730-4734.

[41] Wong E K L, Richmond G L. Examination of the surface 2nd-harmonic response from noble-metal surfaces at infrared wavelengths. Journal of Chemical Physics, 1993, 99: 5500-5507.

[42] Wong E K L, Friedrich K A, Richmond G L. Measurement of the second harmonic response from Ag (111) at the long-wavelength limit. Chemical Physics Letters, 1992, 195. 628-632.

[43] Bradley R A, Georgiadis R, Kevan S D, Richmond G L. Observation of electronic-structure at the metal electrolyte and metal vacuum interface by 2nd-harmonic generation. J Vac Sci Technol A-Vac Surf Films, 1992, 10: 2996-3000.

[44] Ohlhoff C, Lupke G, Meyer C, Kurz H. Static and high-frequency electric fields in silicon MOS and MS structures probed by optical second-harmonic generation. Physical Review B, 1997, 55: 4596-4606.

[45] Lupke G. Characterization of semiconductor interfaces by second-harmonic generation. Surf Sci Rep, 1999, 35: 77-161.

[46] Daschbach J L, Fischer, P R, Gragson D E, Demarest D, Richmond G L Observation of the potential-dependent 2nd-harmonic response from the Si(111) /electrolyte and Si(111) /SiO$_2$/electrolyte interfacial regions. J Phys Chem, 1995, 99: 3240-3250.

[47] Fischer P R, Daschbach J L, Gragson D E, Richmond G L. Sensitivity of 2nd-harmonic generation to space-charge effects at Si(111) electrolyte and Si(111) /SiO$_2$ electrolyte interfaces. J Vac Sci Technol A-Vac Surf Films, 1994, 12: 2617-2624.

[48] Fischer P R, Daschbach J L, Richmond G L. Surface 2nd-harmonic studies of Si(111) /electrolyte and Si(111) /SiO$_2$/electrolyte interfaces. Chem Phys Lett, 1994, 218: 200-205.

[49] Lantz J M, Corn R M. Electrostatic-field measurements and band flattening during electron-transfer processes at single-crystal TiO$_2$ electrodes by electric-field-induced optical 2nd-harmonic generation. J Phys Chem, 1994, 98: 4899-4905.

[50] Lantz J M, Corn R M Time-resolved optical 2nd-harmonic generation measurements of picosecond band flattening processes at single-crystal TiO$_2$ electrodes. J Phys Chem, 1994, 98: 9387-9390.

[51] Lantz J M, Baba R, Corn R M. Optical 2nd-harmonic generation as a probe of electrostatic fields and flat-band potential at single-crystal TiO$_2$ electrodes. J Phys Chem 1993, 97: 7392-7395.

[52] Rhoderick E H, Williams R H. Metal-Semiconductor Contacts. Oxford: Clarendon Press 1988.

[53] Naujok, R. R, Higgins D A, Hanken D G, Corn R M. Optical 2nd-harmonic generation measurements of molecular adsorption and orientation at the liquid-liquid electrochemical interface. J Chem Soc-Faraday Trans, 1995, 91: 1411-1420.

[54] Higgins, D. A, Corn R M. 2nd harmonic-generation studies of adsorption at a liquid liquid electrochemical interface. J Phys Chem, 1993, 97: 489-493.

[55] Higgins D A, Naujok R R, Corn R M. 2nd-harmonic generation measurements of molecular-orientation and coadsorption at the interface between 2 immiscible electrolyte-solutions. Chem Phys Lett, 1993, 213: 485-490.

[56] Kott K L, Higgins D A, McMahon R J, Corn R M. Observation of photoinduced electron-transfer at a liquid-liquid interface by optical 2nd-harmonic generation. Journal of the American Chemical Society, 1993, 115: 5342-5343.

[57] Conboy J C, Richmond G L. Total internal-reflection 2nd-harmonic generation from the interface between 2 immiscible electrolyte-solutions. Electrochim Acta, 1995, 40: 2881-2886.

[58] Conboy J C, Richmond G L. Examination of the electrochemical interface between two immiscible electrolyte solutions by second harmonic generation. Journal of Physical Chemistry B, 1997, 101: 983-990.

[59] Gavach C, Seta P, Depenoux B. Double-layer and ion adsorption at interface between 2 non-miscible solutions 1. interfacial-tension measurements for water-nitrobenzene tetraalkylammonium bromide systems. J Electroanal Chem, 1977, 83: 225-235.

[60] Koczorowski Z, Paleska I, Kotowski J. Streaming method study of interfaces between immiscible electrolyte-solutions. J Electroanal Chem, 1987, 235: 287-298.

[61] Senda M, Kakiuchi T, Osakai T. Electrochemistry at the interface between 2 immiscible electrolyte-solutions. Electrochim Acta, 1991, 36: 253-262.

[62] Samec Z. Electrical double-layer at the interface between 2 immiscible electrolyte-solutions. Chem Rev, 1988, 88: 617-632.

[63] Corn R M, Higgins D A. Optical 2nd-harmonic generation as a probe of surface-chemistry. Chemical Reviews, 1994, 94: 107-125.

[64] Tang Z R, McGilp J F. Resonant optical 2nd-harmonic generation from mixed liquid crystal-stearic acid monolayers. Journal of Physics-Condensed Matter, 1992, 4: 7965-7972.

[65] Zhang T G, Zhang C H, Wong G K. Determination of molecular-orientation in molecular monolayers by 2nd-harmonic generation. Journal of the Optical Society of America B-Optical Physics, 1990, 7: 902-907.

[66] Wen-kai Z, De-sheng Z, Yan-yan X, Hong-tao B, Yuan G, Hong-fei W. Reconsideration of second-harmonic generation from isotropic liquid interface: Broken Kleinman symmetry of neat air/water interface from dipolar contribution. The Journal of Chemical Physics, 2005, 123: 224713.

[67] Tadjeddine A, Peremans A. Vibrational spectroscopy of the electrochemical interface by visible infrared sum frequency generation. Journal of Electroanalytical Chemistry, 1996, 409: 115-121.

[68] Wagner F T, Ross P N. Leed spot profile analysis of the structure of electrochemically treated Pt(100) and Pt(111) surfaces. Surf Sci, 1985, 160: 305-330.

[69] Jayasooriya U A, Chesters M A, Howard M W, Kettle S F A, Powell D B, Sheppard N. Vibrational spectroscopic characterization of hydrogen bridged between metal atoms - a model for the adsorption of hydrogen on low-index faces of tungsten. Surf Sci, 1980, 93: 526-534.

[70] Peremans A, Tadjeddine A. Electrochemical deposition of hydrogen on platinum single-crystals studied by infrared-visible sum-frequency generation. Journal of Chemical Physics, 1995 103: 7197-7203.

[71] Aljaafgolze K, Kolb D M, Scherson D. On the voltammetry curves of Pt(111) in aqueous-solutions. J Electroanal Chem, 1986, 200: 353-362.

[72] Clavilier J. Role of anion on the electrochemical-behavior of a (111) platinum surface - unusual splitting of the voltammogram in the hydrogen region. J Electroanal Chem, 1980, 107: 211-216.

[73] Feliu J M, Orts J M, Gomez R, Aldaz A, Clavilier J. New information on the unusual adsorption states of Pt(111) in sulfuric-acid-solutions from potentiostatic adsorbate replacement by CO. J Electroanal Chem, 1994, 372: 265-268.

[74] Funtikov A M, Linke U, Stimming U, Vogel R. An in-situ stm study of anion adsorption on Pt(111) from sulfuric-acid-solutions. Surf Sci, 1995, 324: L343-L348.

[75] Edens G J, Gao X P, Weaver M J. The adsorption of sulfate on gold (111) in acidic aqueous-media - adlayer structural inferences from infrared-spectroscopy and scanning-tunneling-microscopy. J Electroanal Chem, 1994, 375: 357-366.

[76] Peremans A, Tadjeddine A. Spectroscopic investigation of electrochemical interfaces at overpotential by infrared-visible sum-frequency generation - platinum in base and methanol-containing electrolyte. J Electroanal Chem, 1995, 395: 313-316.

[77] Tadjeddine A, LeRille A. Sum and difference frequency generation at electrode surfaces: In interfacialelectrochemistry: theory, experiment, and application. New York. Marcel Dekker, 1999.

[78] Otto A. Raman-spectra of (CN) - adsorbed at a silver surface. Surf Sci, 1978, 75: L392-L396.

[79] Kotz R, Yeager E. Potential dependence of vibrational frequencies of adsorbates on a silver electrode. J Electroanal Chem, 1981, 123: 335-344.

[80] Kunimatsu K, Seki H, Golden W G, Gordon J G, Philpott M R. Electrode electrolyte interphase study using polarization modulated ftir reflection-absorption spectroscopy Surf Sci, 1985, 158: 596-608.

[81] Guyotsionnest P, Tadjeddine A. Study of Ag(111) and Au(111) electrodes by optical 2nd-harmonic generation. Journal of Chemical Physics, 1990, 92: 734-738.

[82] Tadjeddine A, Guyotsionnest P. Effect of the angle of incidence on optical 2nd harmonic-generation at the electrode electrolyte interface. J Phys Chem, 1990, 94: 5193-5195.

[83] Tadjeddine A a R A, In interfacialelectrochemistry: theory, experiment, and application. New York. Marcel Dekker, Inc, 1999.

[84] Henderson M A. The interaction of water with solid surfaces: fundamental aspects revisited. Surf Sci Rep, 2002, 46: 1-308.

[85] Thiel P A, Madey T E The interaction of water with solid-surfaces- fundamental-aspects. Surf Sci Rep, 1987, 7: 211-385.

[86] Ikemiya N, Gewirth A A. Initial stages of water adsorption on Au surfaces. Journal of the American Chemical Society, 1997, 119: 9919-9920.

[87] Su, X. C, Lianos L, Shen Y R, Somorjai G A. Surface-induced ferroelectric ice on Pt(111). Physical Review Letters, 1998, 80: 1533-1536.

[88] Toney M F, Howard J N, Richer J, Borges G L, Gordon J G, Melroy O R, Wiesler D G, Yee D, Sorensen L B. Voltage-dependent ordering of water-molecules at an electrode-electrolyte interface. Nature, 1994, 368: 444-446.

[89] Schultz Z D, Shaw S K, Gewirth A A. Potential dependent organization of water at the electrified metal-liquid interface. Journal of the American Chemical Society, 2005, 127: 15916-15922.

[90] Zheng W Q, Tadjeddine A. Adsorption processes and structure of water molecules on Pt(110) electrodes in perchloric solutions. Journal of Chemical Physics, 2003, 119: 13096-13099.

[91] Nihonyanagi S, Shen Y, Uosaki K, Dreesen L, Humbert C, Thiry P, Peremans A. Potential-dependent structure of the interfacial water on the gold electrode. Surface Science, 2004, 573: 11-16.

[92] Noguchi H, Okada T, Uosaki K. Molecular structure at electrode/electrolyte solution interfaces related to electrocatalysis. Faraday Discussions, 2008, 140: 125-137.

[93] Morgenstern M, Michely T, Comsa G. Anisotropy in the adsorption of H_2O at low coordination sites on Pt(111). Phys Rev Lett, 1996, 77: 703-706.

[94] Ye S, Nihonyanagi S, Uosaki K. Sum frequency generation (SFG) study of the pH-dependent water structure on a fused quartz surface modified by an octadecyltrichlorosilane (OTS) monolayer. Physical Chemistry Chemical Physics, 2001, 3: 3463-3469.

[95] Nihonyanagi S, Ye S, Uosaki K. Sum frequency generation study on the molecular structures at the interfaces between quartz modified with amino-terminated self-assembled monolayer and electrolyte solutions of various pH and ionic strengths. Electrochim Acta, 2001, 46: 3057-3061.

[96] Nagy G, Heinzinger K. A Molecular-dynamics study of water monolayers on charged platinum walls. J Electroanal Chem, 1992, 327: 25-30.

[97] Akiyama R, Hirata F. Theoretical study for water structure at highly ordered surface: Effect of surface structure. Journal of Chemical Physics, 1998, 108: 4904-4911.

[98] Ataka K, Yotsuyanagi T, Osawa M. Potential-dependent reorientation of water molecules at an electrode/electrolyte interface studied by surface-enhanced infrared absorption spectroscopy. Journal of Physical Chemistry, 1996, 100: 10664-10672.

[99] Ataka K, Osawa M. In situ infrared study of water-sulfate coadsorption on gold (111) in sulfuric acid solutions. Langmuir, 1998, 14: 951-959.

[100] O' M B J, N R A K. Modern Electrochemistry 2. New York: Plenum. 1970.

[101] Kondo T, Morita J, Hanaoka K, Takakusagi S, Tamura K, Takahasi M, Mizuki J i, Uosaki K. Structure of Au(111) and Au(100) single-crystal electrode surfaces at various potentials in sulfuric acid solution determined by in situ surface X-ray scattering. Journal of Physical Chemistry C, 2007, 111: 13197-13204.

[102] Sashikata K, Furuya N, Itaya K. Insitu electrochemical scanning tunneling microscopy of single-crystal surfaces of Pt(111), Rh(111), and Pd(111) in aqueous sulfuric-acid-solution. Journal of Vacuum Science & Technology B 1991 9: 457-464.

[103] Damjanovic A, Birss V I, Boudreaux D S. Electron-transfer through thin anodic oxide-films during the oxygen evolution reactions at Pt electrodes 1. acid-solutions. J Electrochem Soc, 1991, 138: 2549-2555.

[104] Baldelli S. Surface structure at the ionic liquid-electrified metal interface. Accounts Chem Res, 2008, 41: 421-431.

[105] Hagiwara R. Ionic liquids. Electrochemistry, 2002, 70: 130-135.

[106] Tsuda T, Hussey C L. Electrochemical applications of room-temperature ionic liquids. Electrochemical Society Interface, 2007, 16: 42-49.

[107] Macphail R A, Snyder R G, Strauss H L. The motional collapse of the methyl C-H stretching vibration bands. Journal of Chemical Physics, 1982, 77: 1118-1137.

[108] Macphail R A, Strauss H L, Snyder R G, Elliger C A C-H stretching modes and the structure of normal-alkyl chains 2. long, all-trans chains. J Phys Chem, 1984, 88: 334-341.

[109] Rivera-Rubero S, Baldelli S. Surface characterization of 1-butyl-3-methylimidazollum Br^-, I^-, PF_6^-, BF_4^-, $(CF_3SO_2)_2N^-$, SCN^-, $CH_3SO_3^-$, $CH_3SO_4^-$, and $(CN)_2N^-$ ionic liquids by sum frequency generation. Journal of Physical Chemistry B, 2006, 110: 4756-4765.

[110] Tait S, Osteryoung R A. Infrared study of ambient-temperature chloroaluminates as a function of melt acidity. Inorganic Chemistry, 1984, 23: 4352-4360.

[111] Talaty E R, Raja S, Storhaug V J, Dolle A, Carper W R. Raman and infrared spectra and a initio calculations of C2-4MIM imidazolium hexafluorophosphate ionic liquids. Journal of Physical Chemistry B, 2004, 108: 13177-13184.

[112] Dahl K, Sando G M, Fox D M, Sutto T E, Owrutsky J C. Vibrational spectroscopy and dynamics of small anions in ionic liquid solutions. Journal of Chemical Physics, 2005, 123.

[113] Schultz Z D, Biggin M E, White J O, Gewirth A A. Infrared-visible sum frequency generation investigation of Cu corrosion inhibition with benzotriazole. Anal Chem, 2004, 76: 604-609.

[114] Vogt M R, Nichols R J, Magnussen O M, Behm R J. Benzotriazole adsorption and inhibition of Cu (100) corrosion in HCl: A combined in situ STM and in situ FTIR spectroscopy study. Journal of Physical Chemistry B, 1998, 102: 5859-5865.

[115] Bode D D Jr. Calculated free energies of absorption of halide and hydroxide ions by mercury, silver, and gold electrodes. Journal of Physical Chemistry, 1972, 76: 2915-2919.

[116] Lipkowski J, Shi Z C, Chen A C, Pettinger B, Bilger C. Ionic adsorption at the Au(111) electrode. Electrochim Acta, 1998, 43: 2875-2888.

[117] Zhang H P, Baldelli S. Alkanethiol monolayers at reduced and oxidized zinc surfaces with corrosion proctection: A sum frequency generation and electrochemistry investigation. Journal of Physical Chemistry B, 2006, 110. 24062-24069.

[118] Hedberg J, Leygraft C, Cimatu K, Baldelli S. Adsorption and structure of octadecanethiol on zinc surfaces as probed by sum frequency generation spectroscopy, imaging, and electrochemical techniques. Journal of Physical Chemistry C, 2007, 111: 17587-17596.

[119] Guyotsionnest P, Tadjeddine A. Spectroscopic investigations of adsorbates at the metal electrolyte interface using sum frequency generation. Chem Phys Lett, 1990, 172: 341-345.

[120] Lahann J. A reversibly switching surface. Science, 2003, 300: 903-903.

[121] LeRille A, Tadjeddine A, Zheng W Q, Peremans A. Vibrational spectroscopy of a Au (hkl) -electrolyte interface by in situ visible-infrared difference frequency generation. Chem Phys Lett, 1997, 271: 95-100.

[122] Lin S H, Hayashi M, Islampour R, Yu J, Yang D Y, Wu G Y C. Molecular theory of second-order sum-frequency generation. Physica B, 1996, 222: 191-208.

[123] Hayashi M, Lin S H, Raschke M B, ShenY R. A molecular theory for doubly resonant IR-UV-vis sum-frequency generation. Journal of Physical Chemistry A, 2002, 106: 2271-2282.

[124] Wu D, Deng G-H, Guo Y, Wang H-F. Observation of the Interference between the Intramolecular IR-Visible and Visible-IR Processes in the Doubly Resonant Sum Frequency Generation Vibrational Spectroscopy of Rhodamine 6G Adsorbed at the Air/Water Interface. Journal of Physical Chemistry A, 2009, 113: 6058-6063.

[125] Belkin M A, Shen Y R. Doubly resonant IR-UV sum-frequency vibrational spectroscopy on molecular chirality. Physical Review Letters, 2003, 91.

[126] Tadjeddine A, Peremans A, LeRille A, Zheng W Q, Tadjeddine M, Flament J P. Investigation of the vibrational properties of CN^- on a Pt electrode by in situ VIS-IR sum frequency generation and functional density calculations. J Chem Soc-Faraday Trans, 1996, 92: 3823-3828.

[127] Vidal F, Tadjeddine A, Humbert C, Dreesen L, Peremans A, Thiry P A, Busson B. The influence of surface defects in methanol dissociative adsorption and CO oxidation on Pt(110) probed by nonlinear vibrational SFG spectroscopy. J Electroanal Chem, 2012, 672: 1-6.

[128] Gomes J F, Busson B, Tadjeddine A. SFG study of the ethanol in an acidic medium-Pt(110) interface: Effects of the alcohol concentration. Journal of Physical Chemistry B, 2006, 110: 5508-5514.

[129] Kliewer C J, Aliaga C, Bieri M, Huang W, Tsung C-K, Wood J B, Komvopoulos K, Somorjai G A. Furan Hydrogenation over Pt(111) and Pt(100) Single-Crystal Surfaces and Pt Nanoparticles from 1 to 7 nm: A Kinetic and Sum Frequency Generation Vibrational Spectroscopy Study. Journal of the American Chemical Society, 2010, 132: 13088-13095.

[130] Baldelli S, Mailhot G, Ross P N, Somorjai G A. Potential-dependent vibrational spectroscopy of solvent molecules at the Pt(111) electrode in a water/acetonitrile mixture studied by sum frequency generation. Journal of the American Chemical Society, 2001, 123: 7697-7702.

[131] Kim J, Chou K C, Somorjai G A. Investigations of the potential-dependent structure of phenylalanine on the glassy carbon electrode by infrared-visible sum frequency generation. Journal of Physical Chemistry B, 2002, 106: 9198-9200.

[132] McCrea K R, Parker J S, Somorjai G A. The role of carbon deposition from CO dissociation on platinum crystal surfaces during catalytic CO oxidation: Effects on turnover rate, ignition temperature, and vibrational spectra. Journal of Physical Chemistry B, 2002, 106: 10854-10863.

[133] Chen P, Westerberg S, Kung K Y, Zhu J, Grunes J, Somorjai G A. CO poisoning of catalytic ethylene hydrogenation on the Pt(111) surface studied by surface sum frequency generation. Applied Catalysis a-General, 2002, 229: 147-154.

[134] Lu G Q, Lagutchev A, Dlott D D, Wieckowski A. Quantitative vibrational sum-frequency generation spectroscopy of thin layer electrochemistry: CO on a Pt electrode. Surf Sci, 2005 585: 3-16.

[135] Lagutchev A, Lu G Q, Takeshita T, Dlott D D, Wieckowski A. Vibrational sum frequency generation studies of the $(2 \times 2) \rightarrow (\sqrt{19} \times \sqrt{19})$ phase transition of CO on Pt(111) electrodes. Journal of Chemical Physics, 2006, 125: 154705.

[136] Behrens R L, Lagutchev A, Dlott D D, Wieckowski A. Broad-band sum frequency generation study of formic acid chemisorption on a Pt (100) electrode. J Electroanal Chem, 2010, 649: 32-36.

[137] Kutz R B, Braunschweig B, Mukherjee P, Dlott D D, Wieckowski A. Study of Ethanol Electrooxidation in Alkaline Electrolytes with Isotope Labels and Sum-Frequency Generation. J Phys Chem Lett, 2011, 2: 2236-2240.

[138] Aliaga C, Baldelli S. Sum frequency generation spectroscopy and double-layer capacitance studies of the 1-butyl-3-methylimidazolium dicyanamide-platinum interface. Journal of Physical Chemistry B, 2006, 110: 18481-18491.

[139] Cimatu K, Baldelli S. Sum frequency generation imaging microscopy of CO on platinum. Journal of the American Chemical Society, 2006, 128: 16016-16017.

[140] Penalber C Y, Baldelli S. Observation of Charge Inversion of an Ionic Liquid at the Solid Salt-Liquid Interface by Sum Frequency Generation Spectroscopy. J Phys Chem Lett, 2012, 3: 844-847.

[141] Zhang H P, Romero C, Baldelli S. Preparation of alkanethiol monolayers on mild steel surfaces studied with sum frequency generation and electrochemistry. Journal of Physical Chemistry B, 2005, 109: 15520-15530.

[142] Liu W-T, Shen Y R. In situ sum-frequency vibrational spectroscopy of electrochemical interfaces with surface plasmon resonance. Proc Natl Acad Sci U S A, 2014, 111: 1293-1297.

[143] Zhi H, Xin T, Ganghua D, Encai Z, Hongfei W, Yuan G U O. The Flip-Flop Behavior of Acetonitrile at Au Electrode Surface Investigated by Sum Frequency Generation Vibrational Spectroscopy. Electrochemistry. 2011, 17: 134-138.

[144] Liu A, Lin L, Lin Y, Guo Y. Nonequilibrium Adsorption and Reorientation Dynamics of Molecules at Electrode/Electrolyte Interfaces Probed via Real-Time Second Harmonic Generation. Journal of Physical Chemistry C, 2013, 117: 1392-1400.

[145] Tian C S, Shen Y R. Recent progress on sum-frequency spectroscopy. Surf Sci Rep, 2014, 69: 105-131.

[146] 翁羽翔, 陈海龙, 等. 超快激光光谱原理与技术基础. 北京: 化学工业出版社, 2013.

[147] 郭础. 时间分辨光谱基础. 北京: 高等教育出版社, 2012.

[148] McGuire J A, Shen Y R. Ultrafast vibrational dynamics at water interfaces. Science, 2006 313: 1945-1948.

[149] Arnolds H, Bonn M. Ultrafast surface vibrational dynamics. Surf Sci Rep, 2010, 65: 45-66.

[150] Matranga C, Guyot-Sionnest P. Intermolecular vibrational energy transfer between cyanide species at the platinum/electrolyte interface. Chem Phys Lett, 2001, 340: 39-44.

[151] Matranga C, Guyot-Sionnest P. Vibrational relaxation of cyanide at the metal/electrolyte interface. Journal of Chemical Physics, 2000, 112: 7615-7621.

[152] Matranga C, Wehrenberg B L, Guyot-Sionnest P. Vibrational relaxation of cyanide on copper surfaces: Can metal d-bands influence vibrational energy transfer? Journal of Physical Chemistry B, 2002, 106: 8172-8175.

[153] Wu K, Zhu H, Liu Z, Rodriguez-Cordoba W, Lian T. Ultrafast Charge Separation and Long-Lived Charge Separated State in Photocatalytic CdS-Pt Nanorod Heterostructures. Journal of the American Chemical Society, 2012, 134: 10337-10340.

[154] Ricks A M, Anfuso C L, Rodriguez-Cordoba W, Lian T. Vibrational relaxation dynamics of catalysts on TiO$_2$ Rutile (110) single crystal surfaces and anatase nanoporous thin films. Chem Phys, 2013, 422: 264-271.

[155] Anfuso C L, Xiao D, Ricks A M, Negre C F A, Batista V S, Lian T. Orientation of a Series of CO$_2$ Reduction Catalysts on Single Crystal TiO$_2$ Probed by Phase-Sensitive Vibrational Sum Frequency Generation Spectroscopy (PS-VSFG). Journal of Physical Chemistry C, 2012, 116: 24107-24114.

[156] Geletii Y V, Yin Q, Hou Y, Huang Z, Ma H, Song J, Besson C, Luo Z, Cao R, O'Halloran K P, Zh, G, Zhao C, Vickers J W, Ding Y, Mohebbi S, Kuznetsov A E, Musaev D G, Lian T, Hill L. Polyoxometalates in the Design of Effective and Tunable Water Oxidation Catalysts. Israel Journal of Chemistry, 2011, 51: 238-246.

[157] Velarde L, Zhang X-Y, Lu Z, Joly A G, Wang Z, Wang H-F. Communication: Spectroscopic phase and lineshapes in high-resolution broadband sum frequency vibrational spectroscopy: Resolving interfacial inhomogeneities of "identical" molecular groups. Journal of Chemical Physics, 2011, 135.

[158] Velarde L, Wang H F. Capturing inhomogeneous broadening of the -CN stretch vibration in a Langmuir monolayer with high-resolution spectra and ultrafast vibrational dynamics in sum-frequency generation vibrational spectroscopy (SFG-VS). J Chem Phys, 2013, 139: 084204.

[159] Velarde L, Wang H-F. Unified treatment and measurement of the spectral resolution and temporal effects in frequency-resolved sum-frequency generation vibrational spectroscopy (SFG-VS). Phys

Chem Chem Phys，2013，15：19970-19984.

[160] Piatkowski L，Zhang Z，Backus E H G，Bakker H J，Bonn M. Extreme surface propensity of halide ions in water. Nature Communications，2014，5.

[161] Hsieh C-S，Okuno M，Hunger J，Backus E H G，Nagata Y，Bonn M. Aqueous Heterogeneity at the Air/Water Interface Revealed by 2D-HD-SFG Spectroscopy Angew Chem-Int Edit，2014，53：8146-8149.

[162] Zhang Z，Piatkowski L，Bakker H J，Bonn M. Ultrafast vibrational energy transfer at the water/air interface revealed by two-dimensional surface vibrational spectroscopy. Nat Chem，2011，3：888-893.

[163] Zhang Z，Piatkowski L，Bakker H J，Bonn M. Communication：Interfacial water structure revealed by ultrafast two-dimensional surface vibrational spectroscopy. J Chem Phys，2011，135，021101 (1-3)．

[164] Singh P C，Nihonyanagi S，Yamaguchi S，Tahara T. Communication：Ultrafast vibrational dynamics of hydrogen bond network terminated at the air/water interface：A two-dimensional heterodyne-detected vibrational sum frequency generation study. The Journal of Chemical Physics，2013，139：161101 (1-4)．

[165] Nihonyanagi S，Singh P C，Yamaguchi S，Tahara T. Ultrafast Vibrational Dynamics of a Charged Aqueous Interface by Femtosecond Time-Resolved Heterodyne-Detected Vibrational Sum Frequency Generation. Bull Chem Soc Jpn，2012，85：758-760.

[166] Laaser J E，Zanni M T. Extracting Structural Information from the Polarization Dependence of One- and Two-Dimensional Sum Frequency Generation Spectra. J Phys Chem A，2013，117：5875-5890.

[167] Xiong W，Laaser J E，Mehlenbacher R D，Zanni M T. Adding a dimension to the infrared spectra of interfaces using heterodyne detected 2D sum-frequency generation（HD 2D SFG）spectroscopy. Proc Natl Acad Sci U S A，2011，108：20902-20907.

第 **5** 章
电化学质谱技术

　　电化学装置可通过电能与化学能之间的互相转换高效地提供清洁能源或制备高性能的材料。对其电极过程的准确理解和精确控制是开发高效、节能、环保型的电化学装置的关键。获取电极表面与反应分子间相互作用情况、电极反应的机理和动力学行为以及电极的组成和结构等因素与电极过程动力学之间关系等各种信息，是解决上述关键问题的前提。现代电化学的飞速发展主要源于将常规电化学技术与能够定性或定量地从分子水平上给出电化学体系各种信息的谱学技术的实时联用。

　　前面已详细介绍的电化学原位红外光谱、表面增强拉曼光谱以及和频光谱技术可通过测量电极/溶液界面吸附分子的振动光谱信号，从而提供电极表面吸附物种的化学类型、吸附构型以及覆盖度等信息，为解决上述问题提供了十分重要的信息。除了上述信息外，获取反应产物、副产物的类型及其生成速率等信息，也是准确理解电极过程的机理与动力学不可或缺的。在反应产物的定性鉴别与定量分析方面，尽管存在很多技术能被用来对溶液的组成和含量进行分析，但是由于各技术自身的限制，其中大部分技术目前还无法实现对电催化体系的原位测量。例如，即使通过合适的信号校正，外反射构型的红外光谱只能半定量地给出部分反应产物与副产物的产量，较难给出其瞬时生成速率。

　　质谱法是判断物质结构以及确定物质含量的一种十分有效的方法。早期对电化学反应的质谱研究都是离线的，直到 1974 年才由 Bruckenstein 等人成功搭建用于在线分析挥发性反应产物的电化学质谱[2,3]。随后，德国科学家 Heitbaum 等于 1984 年巧妙地将电化学池、两级分子泵和四极质谱仪结合而建立了微分电化学质谱技术，并实现了利用质谱对电催化反应产物的实时、原位跟踪监测[5]。微分电化学质谱不但能定性地鉴别溶液中的挥发性物种，而且能定量地、时间分辨地（毫秒级）给出该物种的浓度或绝对量（即生成速率或消耗速率），其检测灵敏度可高达 10^{-6} 量级[6~9]。值得指出的是，单一的谱学电化学技术往往只能提供电极过程某一方面的信息，比如电化学原位振动光谱如红外、拉曼、和频光谱只能给出电极表面吸附物种的信息，而微分电化学质谱则只能给出溶液中可挥发性物质的信息等等。为了全面而正确地认识电极反应的实质，我们往往需要综合各种实验技术所获得的多方面信息。通常通过综合分析使用各种单一电化学原位谱学技术所获得的数据很难明确给出电催化反应机理和动力学的全面而准确的信息（尤其是在对反应动力学的定量比较方面）。这是由各实验技术所要求的特定实验条件的差异，以及拥有这些实验技术的不同的研究小组在设计进行实验时所使用的实验条件不同等原因所造成的。对这类复杂体系的研究，实现将常规电化学技术与两种或两种以上的现代谱学技术的实时联用，在完全相同的实验条件下获得电极/溶液界面多方位的信息就显得非常重要。

电化学原位红外光谱和微分电化学质谱的联用技术首次在德国的 Ulm 大学实现[1]，该技术通过单一实验就能同时获得吸附在电极表面的反应中间物的化学特性、吸附构型、反应产物的种类和产量，以及反应的法拉第电流和反应过电位等多方位的信息。本章将主要向读者介绍质谱与微分电化学质谱的基本原理、微分电化学质谱实验技术。在此基础上介绍电化学原位红外光谱和微分电化学质谱的联用技术，并用实例展示这些技术在研究电催化体系的强大优势，最后将给出这类技术未来的发展展望。

5.1 质谱技术基础

5.1.1 质谱方法的工作原理

质谱是通过测量被离子化的待测物种的质量与电荷的比值（质荷比，m/z 或 m/e）以及信号强度而对被分析物进行定性（化学特性、组成和分子式等）和定量（含量、浓度或生成速率与消耗速率等）分析的一种技术。世界上第一台质谱仪于 1912 年由英国物理学家 Joseph John Thomson（1906 年诺贝尔物理学奖获得者、英国剑桥大学教授）研制成功；到 20 世纪 20 年代，质谱逐渐成为一种常规的分析手段，被化学家广泛采用。质谱仪一般由进样系统、离子源、加速器、质量分析器、检测器、真空系统和电子控制单元等部件组成。

质谱仪的工作原理见图 5-1，进入质谱仪真空室的被分析物种首先将在低压下挥发，接着与低能电子束碰撞而失去 1 个或多个电子变成正离子（图 5-2，本章中均以微分电化学质谱主要使用的 EI 电子束轰击电离为例，有关电离方法的详细内容见后文），然后这些正离子在电场的作用下被电场聚焦并被加速进入分析器（图 5-3）。分析器中通常有磁场或交变电场。对具有磁通量 B 的磁场的情形，在磁力的作用下正离子将发生偏转并沿半径为 r 的圆弧作洛伦兹运动。如果加速电场的电压为 U，圆弧通道的半径为：

$$r = \frac{1}{B}\sqrt{\frac{2mU}{z_0}}$$

(5-1)

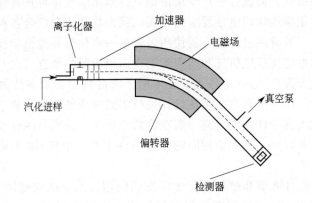

图 5-1　质谱仪系统的组成示意图

包含离子化器、加速器、偏转器、检测器以及电子线路和真空系统

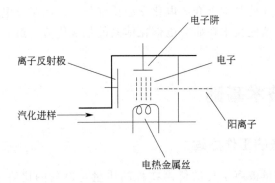

图 5-2　离子化系统组成：电热金属薄片产生高能电子束撞击汽化的分子
而产生带正电的离子或离子片段，并将其聚焦送至加速器

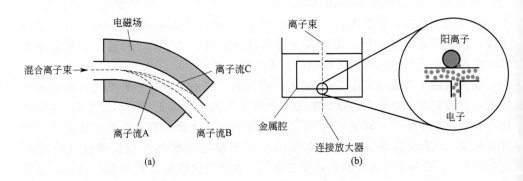

图 5-3　分析器的示意图

（a）离子在偏转器里改变其运行轨道；（b）正离子在管壁被中和，只有具有合适的质荷比的离子
能够穿过分析器达到检测器（最右边放大展示了在检测器上正离子是如何被器壁的电子中和的）

若分析器的通道半径为 r_{crit}，那么

$$\frac{m}{z_0} = \frac{B^2 r_{\text{crit}}^2}{2U} \tag{5-2}$$

而具有其它运行轨道的离子将与通常由不锈钢做成的真空室内壁上发生碰撞并被不锈钢的电子中和而还原成分子，最后被泵抽出真空，这也是质谱质荷比选择的基本原理（图 5-1、图 5-3）。根据式(5-1)、式(5-2)，我们可以通过改变加速电场电压 U 或偏转磁场强度 B，从而使具有特定质荷比的离子通过质量分析器而抵达检测器。

5.1.2 分子的离子化过程

对于所有的质谱分析，被检测物的离子化是第一步，针对不同种类的质谱仪，离子化过程也不尽相同。电子束轰击（electron beam impact/ionization，EI）电离[10] 是一种常用的电离手段，这种方法以低能量的电子（能量为 10～150eV）轰击气相中稀薄的原子或分子，使它们失去一定数目的电子而转化为阳离子，这一过程中将发生化学键的断裂与分子重排。后续过程中，这些阳离子以及未离子化的分子之间都有可能继续发生反应生成新的离子与分子。轰击电子束的能量高低对轰击产生的离子数目以及类型有很大的影响。当撞击电子束的能量大于或等于待分析的中性分子的第一电离能（约 10eV）且碰撞角度合适时，中性分子将失去一个或多个电子而变成正离子。在大多数情况下，质谱仪使用的轰击电子束的能量在 70～100eV 之间。离子化效率以及分子裂解情况与待测分子的结构、化学键键能以及轰击使用电子束的能量大小有关。当电子束能量比较稳定时，EI 有很好的重现性。对于特定电子束能量下分子的裂解规律，目前的研究比较完善，人们已经建立了数万种有机化合物的标准谱图库供检测人员检索。需要注意的是，质谱的标准谱图库一般只用于定性分析，定量分析需要额外的校正工作或者与其它定量检测仪器联用，如常见的液相色谱-质谱联用（LC-MS）。

分子离子化的其它方法主要有热电离、化学电离、等离子体、二次离子、快原子轰击（fast atom bombardment，FAB）、电喷雾电离（electrospray ionization，ESI）、辉光放电、激光、基质辅助激光解吸电离（matrix-assistant laser desorption ionization，MALDI）、等离子脱附、共振脱附等等。ESI、MALDI 等都是为研究不易挥发的有机大分子或生物分子而设计的。在质谱分析中若需要防止将粒子例如中等质量的有机小分子分裂为小的碎片或多价、高价的正离子，而直接得到未分裂分子的质谱从而简化对混合物的分析过程，通常会选用等离子脱附、场脱附离子化等比较温和的电离方式。对研究复杂大分子如蛋白质，可能需要结合多种离子化方式的研究结果以及其它光谱手段进行综合分析。

5.1.3 离子的分离与检测

待测物种经过离子化过程后将进入质量分析器部分，这些在离子源中生成的离

子会依据不同方式按质荷比 m/z 的大小分开。常见的质量分析器有磁分析器、飞行时间分析器、四极杆分析器、离子阱等。由于电化学微分质谱多使用四极杆质量分析器，因此本节只以四极杆质量分析器为例介绍离子分离的原理。

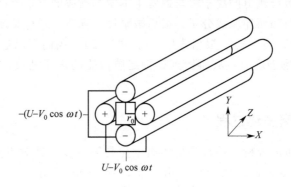

图 5-4　简单的四极杆质量分析器的结构

四极杆质量分析器（图 5-4）由横截面为十字架排列的四根杆状金属或表面镀有金属的电极组成，电极面可以是圆柱面或者双曲面，圆柱面因其在工艺上更简单且成本更低而广为使用。在两对相对的杆之间施加 $+/-(U-V\cos\omega t)$ 的电压，离子在具有四极场半径 r_0 的四个杆间的高频四极电场中分离；通过选择合适的 U、V、ω 和 r_0，可实现只让具有特定质荷比的离子［满足式(5-3)］通过分离场而抵达检测器，其余的离子将在很宽的范围内振荡运动，最后被四极杆或真空壁中和，最后从真空中抽走。带电粒子在四极电场中的具体运动可以通过求解 Matheiu 方程获得[11]。质荷比的扫描可通过改变频率($m/z\sim1/\omega^2$)或者电压($m/z\sim V$)来完成，其扫描速率可达 200amu·s^{-1}。

$$\frac{m}{z}=\frac{4V}{q\omega^2 r_0^2} \tag{5-3}$$

质谱表征程序的最后一步为特定离子信号的检测，可根据待测物种的特点（例如结构、相对分子质量以及含量）为质谱仪选择不同的检测器。对于一般的四极杆质谱仪，最简单的检测器就是法拉第杯。它是一个置于离子流通路中的金属杯，当离子碰到金属杯壁时被金属中的电荷所中和，这样与它相连的静电计便测量到对应的离子流强度，根据一次测量的积分时间（时间常数，从若干秒到 100ms）的不同，检测极限在 $10^{-16}\sim10^{-14}$ A 之间。由于法拉第杯利用正负电荷的中和作用检测离子流强度，在精度范围内可以认为得到的信号就是离子流强度的真实值或绝对值。此外，法拉第杯还具有能够在相对较高的压强［$10^{-5}\sim10^{-4}$ mbar，（1bar= 10^5 Pa）］下工作，长期稳定性好、耐热性高和设计简单等优点，其不足之处在于检测的信噪比较低，灵敏度不佳。

除了法拉第杯外，其它常用的检测器有：①通道倍增管检测器（Daly），它的工作原理是被检测的离子（一般必须通过加速使之具有一定的动能）轰击检测器并产生二次电子，这些二次电子可通过雪崩效应继续产生电子，最后形成可测量的电流脉冲。Daly 检测器包含一个受离子撞击时便产生二次电子的金属棒，所产生的二次电子被加速到发光体而激发光子，最后通过光电倍增管检测。②二次电子放大器（secondary electron multiplier，SEM），与光电倍增管的原理类似，它由一系列加偏压的倍增器电极组成，它在受到离子撞击时将产生二次电子从而使得离子的电流强度得以放大，因此能检测到极其微弱的信号。SEM 相比法拉第杯，在灵敏度和信噪比方面更有优势，但是它必须在更高的真空度（$10^{-7} \sim 10^{-5}$ mbar）下才能工作。③微通道板检测器（microchannel plate，MP）由一系列内径在 $10 \sim 25 \mu m$ 之间的玻璃毛细管组成，其内壁镀了一层电子发射材料，与通道倍增管类似，这些毛细管被加上了很高的偏压，离子轰击毛细管的内壁将产生类似的雪崩式的二次电子，由此而产生 $10^3 \sim 10^4$ 的增益，并在输出端产生对应的电流脉冲。

5.1.4　质谱仪的重要技术参数

质谱仪的一个重要技术参数是质谱信号的分辨率 $R = m/\Delta m$，其中 m 为被分析离子的质量；Δm 为两个被分析的离子物种的质量差，这个参数与质谱仪的质量分析器密切相关。例如分辨率为 1000 表示质量为 100.0 及 100.1 的离子刚好可被分开。在待分析物种的组成简单、分子具有中等质量的情形中，该分辨率已经足够。然而，由于 C、H、O 和 N 的不同组合可以产生质量非常接近的离子（例如 N_2^+：28.006148；CO^+：27.994915；$C_2H_4^+$，28.301300…），鉴别这类样品毫无疑问需要更高分辨率的质谱。针对这类情况，一种选择是外加一个聚焦电场使之与分析器里的磁场耦合使分辨率提高到 >50000，另一种选择则是通过改变参数来提高四极杆质量分析器的分辨率，一般可通过调整直流电压分量 U 和高频电压分量的振幅 V 的比值来提高质谱仪的分辨能力。但是这种方法在提高分辨率的同时会降低仪器的灵敏度，故在实际操作中应在高分辨率和高灵敏度之间找到一个折中平衡点。如果不想过多地损失质谱仪的灵敏度，可根据四极质谱的分辨率随四极杆的直径和长度增加而增加的特点，在一定范围内利用增加四极杆的长度来提高分辨率。这一方法对工艺要求很高，因为太长的四极杆难以加工（例如对分辨率大于10000 的情形，其杆长需要达到数米）。如果不需要这么高的分辨率，轻便的四极杆质谱是较为经济实用的选择之一。

质谱仪的另一个重要参数就是灵敏度，这与质谱仪的离子化效率、质量分析器的选择通过率、检测器的灵敏度以及真空系统的设计（如腔室设计、泵的抽速）相关。待测物种分子除了受到电子束轰击外，还可能与已经离子化的物种作用产生新的阳离子和中性分子，反过来，已经离子化的待测物种也会同中性分子作用。为了尽量减小这些降低检测的灵敏度的情况，质谱仪需要在较高的真空环境下工作

（10^{-5} mbar），这与真空系统的设计（即腔体尺寸与形状以及各器件的放置位置）密切相关。此外，检测器的性能即信噪比的高低也是直接决定质谱仪灵敏度的另一个重要因素，如果质谱仪检测器的背景信号过大，来自待测物种的信号很可能被背景信号所掩盖。在不改变仪器本身工作状态的情况下，一种用来提高信噪比的简单方法就是根据待测物种来选择合适的检测质荷比。例如需要检测甲醇分子的信号，质荷比选择丰度稍低的 31 而不是 32，这是因为空气中的氧气同样会产生质荷比为 32 的碎片离子而使得背景较高。另一种方法是使用同位素标定待测物种，例如用 ^{18}O 标定待测物种或其前驱体以降低外界空气中氧气的干扰。

5.2 微分电化学质谱技术

5.2.1 微分电化学质谱的发展

在 20 世纪 80 年代以前，对电化学反应的生成物进行实时定量分析对于电化学研究者们来说还仅仅是一个美好同时又难以实现的愿望。这其中最主要的挑战在于模型电化学反应体系不同于一般的均相反应，其生成物含量一般相对较小，体系中占绝大多数的物质仍然是作为环境的电解质溶液。在针对电化学反应体系设计的质谱装置出现之前，利用质谱研究电化学反应只能采用相对简单的离线工作模式，即只能先将产物收集起来，然后统一进样分析。然而对于电化学反应这类发生在"固-液-气"三相界面的复杂过程而言，离线工作模式的质谱分析手段由于以下两个问题远不能满足研究需求。其中一个问题在于检测周期太长，使得待测物种从反应体系中分离收集直到最终检测的过程中，其组成很有可能发生变化，即这些进入质谱最终被检测的分子并不能很好地代表处于反应体系中的分子。另一个问题在于这种离线分析并不具备高的时间分辨率，即使采用间歇式进样的工作模式通常也只能得到一段时间内反应所生成物种的信息，无法获得反应的一些瞬时（例如生成速率）信息。为此研究者发展了针对电化学反应体系的在线质谱分析技术，而世界上第一套电化学在线质谱装置也于 1971 年由德国科学家 Bruckenstein[2] 报道。

电化学在线质谱分析，就是在电化学反应发生的过程中实时对电极反应生成的物种进行质谱分析。作为一种原位检测技术，它所得到的信息更加能反映体系的真实情况，而且整个检测过程与电极表面的电化学反应平行进行，不影响正在发生的电极反应。实现这项技术的关键是如何将用于进行电化学反应的电解池（常压）与用于检测的质谱仪（高真空≤10^{-5} mbar）结合起来，即如何将电极表面的电化学过程与待测物种的收集、质谱进样、后续检测等有机结合起来。

图 5-5 给出的是 Bruckenstein 等于 1971 年[2] 和 1974 年[3] 报道的电化学质谱装置，而图 5-6 给出的是他们的电化学原位质谱的实验结果。由于检测过程是独立的，这类电化学质谱以及我们之后要讲到的微分电化学质谱都可以与传统的电化学电流电压测量仪器联用，进行循环伏安、电势阶跃、恒电流等实验。但是这种质谱

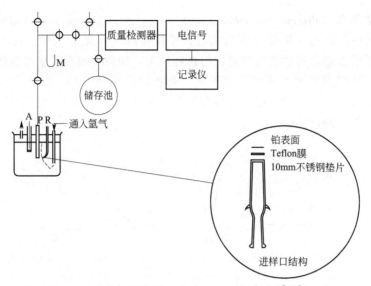

图 5-5　Bruckenstein 等的电化学质谱设计[2,3]
M—压力计；A—对电极；P—多孔工作电极；R—参比电极

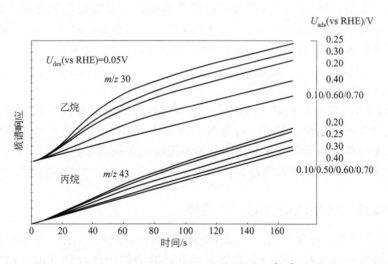

图 5-6　电化学质谱的信号检测实例[2,3]
反应体系为丙烷氯化

装置在设计上还是不同于我们在之后主要讲的微分电化学质谱；由于没有额外用真空泵将检测到的离子及时抽走，因而测到的信号值是对应待测物种信号随反应时间的累计值。根据这一数据可以计算电化学反应速率，其等于信号图像上对应点的导数值（或切线斜率）。仅从对电化学反应的实时检测这一点来看，电化学原位质谱可谓是一项重大的电化学实验技术突破。

电化学原位质谱技术在之后的几十年间发展迅速，德国科学家 Wolter、Heit-baum 等[5] 于 1984 年巧妙地将电解池、两级分子泵和四极质谱仪结合而发展出了微分电化学质谱（differential electrochemical mass spectrometry，DEMS）技术，并实现了利用质谱对电催化反应的实时、原位跟踪[5]。微分电化学质谱在检测过程中同时利用真空泵将稍前时刻进样的物种抽走，使得检测到的信号值能够直接与待测物种的反应速率或生成速率成正比（两者对比见图 5-7）。此外，前者在电解池、真空系统、质谱仪系统都与后者有较大的区别，在实际应用尤其是对电极反应的分析上有更大的优势。

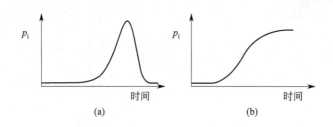

图 5-7 电化学质谱信号（b）与微分电化学质谱信号（a）的对比

自问世以来，DEMS 一直被研究者寄予厚望：不仅能定性地鉴别溶液中各物种（电化学反应过程中的反应物、反应中间物、产物和副产物等等），更能定量地、时间分辨地给出这些物种的浓度或绝对量（从而推测其生成速率或消耗速率）。

尽管 DEMS 从被发明到现在已有 30 多年，但是市面上还没有商品化的微分电化学质谱仪出售。尽管真空腔室、真空泵和质谱仪等基本部件或仪器早已商品化，但是作为 DEMS 核心部件之一的电化学电解池以及连接电解液与真空界面的部件必须由使用者自行设计与加工。特别的，为了使 DEMS 达到良好的工作状态，自行设计加工的部分与购买的商品化部分的匹配情况必须非常好。下面我们将详细讲述微分电化学质谱仪的器件选择。

5.2.2　微分电化学质谱仪的器件选择

由于使用 EI 进行离子化，DEMS 只能在高真空条件下工作，在利用膜进样的情况下一般不会外加特殊的汽化装置，因此，其能检测的物种范围仅局限于来自溶液中的气体或具有良好挥发性的溶质或溶剂。（溶液中物种的挥发性主要取决于它的分子量和极性，在这里一般局限于质量数小于 200amu 的物质。）此外，电极反应或电极表面物种的吸脱附过程中一般涉及的物种不止一个，在较短的时间内（例如 1s）DEMS 需要扫描测量多个质荷比的信号。以上的检测要求都使得使用四极杆质量分析器的质谱仪成为 DEMS 的首选谱仪部分。四极杆质谱仪的优势在于：①分辨率在低质量数范围（电化学过程涉及的物种一般都在这个范围内）完全足够，而且具有高灵敏度、高测量重现性等优点；②可以较方便地通过改变加在四极杆上的电流和电压扫描整个质量范围，其质量扫描速率可达 200amu·s^{-1}，能够快速检测多个物种；③体积小、结构紧凑，因而安装位置较任意（其离子源、四极杆质量分析器和检测器可安装在同一个真空室）。

因为被分析物分子量较小（<200amu），分子离子碎片对分析的干扰少，通常使用 EI 作为 DEMS 的离子化方式（目前世界上几个主要的 DEMS 研究小组使用的都是利用 EI 离子化的四极杆质谱仪），而且在设计上通常使进入真空室的分子束和阴极产生的电子束垂直正交运动，这样可使得其离子化程度最大化（见图 5-2）。

在电化学反应体系中，一般使用的电解质溶液较稀而且反应物浓度不会太高，因而按体积浓度来算，水是其它被分析物种的几十倍到几十万倍。在占据绝对比例的情况下，尽管水分子的挥发性并不强，实际情况中进入真空体系的物种中绝大多数还是水。进入质谱仪的水分子经 EI 很容易电离产生 $m/z=17$ 的 OH^{+*} 或 $m/z=16$ 的 O^{+*} 等具有高氧化活性的分子片段，因此，所选择的阴极离子源材料必须具有一定的抗氧化性。经验表明，氧化钍或镀有氧化钇的铱是一种较稳定的抗氧化阴极材料，因此将其制成用于 EI 的阴极离子源。考虑到阴极离子源材料的寿命以及其在产生阴极电子射线的过程需要较高的真空度（后续的四极杆质量分析器和检测器同样需要较高真空度的工作环境，一般$<10^{-6}\sim10^{-5}$mbar），需要根据这些需求来确定真空室的尺寸和抽速与之匹配的真空泵。

法拉第杯和二次电子倍增器（SEM）是 DEMS 较合适且常见的离子检测器。其中法拉第杯能够在相对较低的真空度（$10^{-5}\sim10^{-4}$mbar）下工作，适合检测信号较强的物种，比如反应中大量生成的或者是电解质溶液中原本含有的高挥发性溶质或高溶解度气体；而 SEM 在灵敏度和信噪比上比法拉第杯高，而且比较容易实现较高的时间分辨（质荷比扫描速度达 200amu·s^{-1}），但是它必须在更高的真空度（$10^{-7}\sim10^{-5}$mbar）下工作，因而不适合检测信号较强的物种。特别的，有时会利用 SEM 对信号较强物种的相对丰度较小的碎片进行检测，这样在保留高灵敏度的同时可以避免超过量程。使用 SEM 的另外一个问题是其信号强度与电流增益程度密切相关，即使是在同一增益参数的仪器设置下，相隔一段时间后增益放大倍数还是会有一定的变化，因此，使用前一般会用法拉第杯（后者不存在类似的问题）进行校正，以使得不同时间检测到的实验信号数据具有可比较性。DEMS 一般都会同时配备法拉第杯与 SEM 两种检测器，两者的互补可以覆盖较大的信号范围。

5.2.3 电解液/真空系统界面以及真空系统的设计[6,7,9,12]

由于进入质谱真空体系的占据绝大多数的水分子会与其它分子竞争低能电子，使得其它物种，包括待测物种的离子化概率很大程度地下降，因此，DEMS 的进样系统必须尽量减小进入真空系统水分子的数量来确保较好的信号强度与检测灵敏度。为此，需要利用多孔的疏水材料，例如高分子聚合膜将电解池与真空系统隔开，这也是在某些情况下，DEMS 被视为一种膜进样质谱法的原因。需要特别注意的是，进样膜的透过率应该非常低以保证真空系统的高真空度，这是质谱检测得以进行的关键，不然很可能因为质谱真空腔室的压强过高使得各部件无法工作而无法进行实验。

另外，DEMS 所检测到的待测物种信号只对应着一极短的时间，为了避免累加效应，要求在后续阶段的待测物种离子到达检测器时前一阶段位的待测物种离子应该已经完全被泵抽走。这也是 DEMS 不但可定性检测反应产物或反应物种类而且可以定量检测其生成速率或消耗速率的最主要原因。基于这项卓越的功能，该技术的发明者 Heitbaum 等把该技术定义为微分电化学质谱以区分之前的电化学质谱。明显的，与常见的质谱相比，DEMS 多了一项重要参数——时间分辨率或者称为时间常数，我们可将质谱仪的时间常数定义为：

$$\tau = V_0 / S \tag{5-4}$$

式中，V_0 为离子源所处的真空室体积；S 为真空泵的抽吸速度。如果 $V_0 = 1L$，而 $S = 200L \cdot s^{-1}$，那么 $\tau = 5ms$，表明 DEMS 能达到毫秒级的时间分辨。如果泵的功率较小，通常可以通过降低待测气样进入真空室的速度，或者通过缩小真空室的体积 V_0 来获得同样的时间常数。除了已检测物种被抽走的过程外，待测物种进入预真空室后发生的离子化、不同质荷比离子的分离和检测过程也都非常快（毫秒量级），完全能满足实时在线测量的需要。值得注意的是，由于待测物种从在电极表面生成到最终抵达质谱仪检测器需要一定的时间，DEMS 检测通常比相应的电化学检测滞后。这一滞后与质谱的时间常数无关，主要来源于被分析物种从电极表面到质谱进样膜的传质过程所需时间，滞后时间的长短主要由电解池的结构和电解液的流速决定，在同一组实验中通常保持恒定。如果利用流动电解池等外加强制传质同时在设计上尽量缩短电极与质谱进样膜之间的距离（例如将纳米电极粉末直接喷涂在质谱进样膜上）的话，该滞后时间可被控制在 1s 以内。对于这些滞后，通常只需在处理数据时将质谱测量的时间坐标向前移动相应值，就能很好地满足质谱信号和电化学信号的实时对应，因此，它并不影响微分电化学质谱对电化学过程的原位实时跟踪。

综合以上对于 DEMS 实验装置的设计与选择方面的讨论，参照图 5-8 给出了 DEMS 系统的示意图，为了提高 DEMS 的工作效率与检测水平，在质谱仪部分需要：①选择较小的预真空室并合理、紧凑地安装四极杆质量分析器与检测器，以便使用较小功率的泵就能维持离子源所要求的工作真空度；②离子源尽量靠近分析室以使更多被离子化的物种被分析检测到，为避免来自灯丝的阴极射线抵

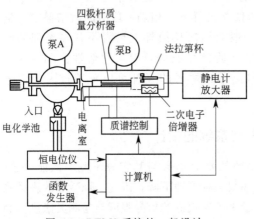

图 5-8　DEMS 系统的一般设计

达倍增器，检测器可以安装在垂直于四极杆 90°的方位上；③预真空室和分析室分别与两个分子泵以及同一个前级机械泵相连以确保较高的真空度。在外部附件方面需要：①根据所选择的泵的抽吸速度决定电解池/真空界面的面积及多孔疏水材料

层的孔径和孔隙率；②根据研究体系与实验条件设计加工电解池，这部分将在下一节重点介绍。为了进行统一有效的控制，整套系统包括 DEMS 信号和电化学信号的采集都应该由同一台计算机控制。

5.2.4 微分电化学质谱电解池[8]

电解池作为电化学反应的进行反应器以及质谱的进样界面，是整套 DEMS 系统的核心之一，需要根据研究反应体系及其工作条件（如电极、温度、压强等）的不同采用各自对应的设计。DEMS 电解池的设计根据研究体系需求的不同可能千差万别，但是作为核心的进样部分几乎都是一致的。目前主流的进样手段有两种，分别是膜进样与毛细管进样，以下将从这两方面介绍相关的电解池设计。

5.2.4.1 膜进样的电解池设计

早期较为经典的 DEMS 电解池设计如图 5-9 所示，其包括了：①工作电极、参比电极、辅助电极及其导电接线；②进样膜及电解液/质谱进样界面；③电解质溶液通道；④绝缘支撑与密封部分。在这一设计中，工作电极紧贴着进样膜，保证了质谱信号检测的高灵敏度；但是，由于工作电极的位置介于电解质溶液与质谱进样膜之间，空间极小，一般只能使用薄膜电极而不能使用单晶电极或较大的棒状电极。同时，上方开口的设计由于不能彻底密封，反应溶液中的溶质或高挥发性物质由于汽化蒸发会有一定的损失。

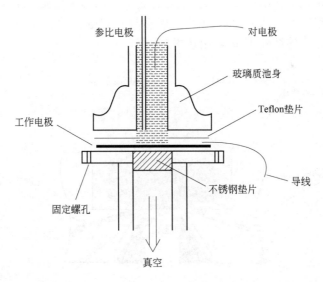

图 5-9　早期 DEMS 电解池[14]

尽管对工作电极的限制较大，但是催化剂或工作电极直接负载在质谱进样膜上的设计思路却恰好能够应用到与气体扩散电极技术相结合上，例如图 5-10 展示的由 S. Pérez-Rodríguez[13] 等发展的适用于气体扩散电极 DEMS 检测的电解池。在

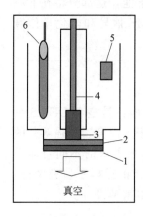

图 5-10　用于气体扩散电极
DEMS 检测的电解池[13]
1—进样膜；2—工作电极；
3—玻碳盘；4—金丝；
5—对电极；6—可逆氢
参比电极

这个电解池上可以很方便地通过改变催化剂的担载量米研究催化剂担载量或扩散层厚度对反应动力学的影响。

为了突破对工作电极种类以及尺寸上的限制，T. Hartung 与 H. Baltruschat 等人[14] 于 1990 年发明了用于 DEMS 的薄层流动电解池（见图 5-11）。通过将工作电极位置"拉离"质谱进样界面以获得较大的空间，使得大块的棒状电极其至单晶电极也能应用其中。由于电解质溶液从静止相转入了流动相，对电化学反应中的脱附过程非常灵敏，同时也实现了在反应进行的过程中随时更换反应溶液的功能。但是由于对流动传质部分的设计不够完善，使得其对于电极表面发生连续多步骤反应或者体相中发生中间物或生成物的后续化学反应等情况的实时追踪比较乏力。

在薄层流动电解池的基础上，Jusys Z. 等[15] 发展出了双薄层流动电解池（见图 5-12）。其在电解池内部溶液流动路径上做了大幅改进，使得工作电极反应区域与质谱进样区域有效分开。因而溶液的传质更明确、清晰和规则，适合于多步骤的连续反应，而且保留了薄层流动电解池对脱附反应的高灵敏度。更重要的是，工作电极区域与质谱进样区域分离的设计使得工作电极部分有大量的改良与调整空间，从而使得 DEMS 能够与其它电化学表征手段进行联用，例如后文中重点介绍的红外-质谱联用技术。

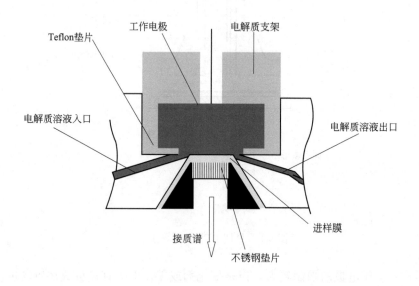

图 5-11　用于 DEMS 的薄层流动电解池[14]

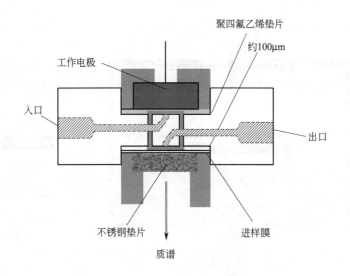

图 5-12　微分电化学质谱双薄层流动电解池[17]

　　以上介绍的电解池都仅限于在常温常压的条件下使用，然而对于醇类分子燃料电池来说，高温一般有利于反应的进行，为此 Sun[16,17] 设计了能够改变反应进行温度的高温高压 DEMS 流动电解池（$p<3$bar，$T<120$℃），整套装置见图 5-13～图 5-15。

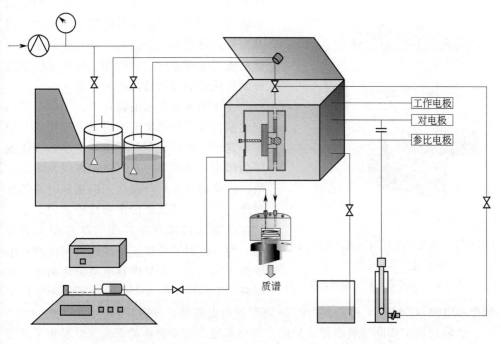

图 5-13　高温高压 DEMS 流动电解池系统[16,17]

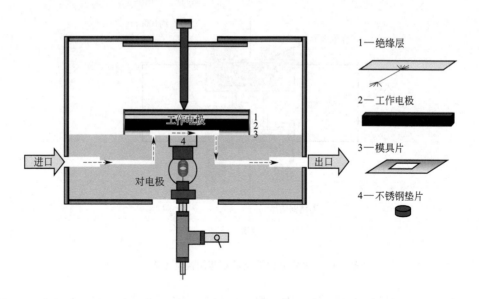

图 5-14　高温高压 DEMS 流动电解池工作电极部分[16,17]

1—绝缘层

2—工作电极

3—模具片

4—不锈钢垫片

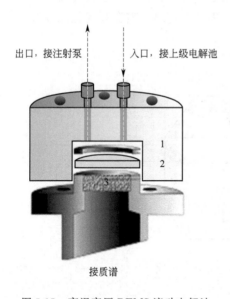

出口，接注射泵　　入口，接上级电解池

接质谱

图 5-15　高温高压 DEMS 流动电解池
质谱进样部分[16,17]

1—垫片；2—进样膜；3—不锈钢垫片

高温下溶液的蒸气压非常高，需要外加较大的压力防止沸腾，因此对质谱进样膜的性能以及整个电解池包括电解液通道的密封和耐热抗压能力有非常高的要求。从传质以及测量灵敏度来说，这套设计充分借鉴了双薄层流动电解池的设计思路，保留了前者良好的传质性能以及较高的灵敏度。

上述的薄层电解池设计中，工作电极的催化剂担载量与真实的燃料电池相比都低很多，这样一来催化剂的厚度非常小，催化剂层内很少或基本不存在气体扩散以及微孔扩散，以确保反应物与催化剂的接触时间都非常短。然而对于复杂的多步反应来说，以上这些参数都可能对反应动力学有很大的影响。为了使得实验结果更接近真实的燃料电池的工作情况，指导燃料电池催化剂的合成制备，T. Seiler 等人[18] 设计了用于直接甲醇燃料电池（DMFC）的新式 DEMS 薄层流动电解池，见图 5-16。

这种适用于实际燃料电池测量的流动电解池在质谱进样的部分充分发挥了薄层流动电解池的高灵敏度优势。同时，由于在工作电极部分参照了真实燃料电池的电

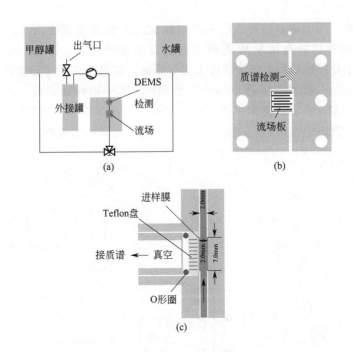

图 5-16   用于直接甲醇燃料电池的新式 DEMS 薄层流动电解池[18]
（a）电解液流动系统；（b）电解池整体设计；（c）电解池质谱进样部分

极结构，即负载催化剂的层状隔板设计，使得实验条件更接近真实燃料电池条件，通过一定程度的改进甚至可以直接应用到目前商品化燃料电池膜电极的测试。

Abruna 小组最新研制了一种新的三电极质谱电解池用于研究电解液在锂离子电池高压阴极材料工作条件下的氧化分解行为[19]，见图 5-17。该电解池采用真正实用的锂离子电池的阴极作为工作电极，金属锂片作为对电极，充电的 $LiCoO_2$ 或 $LiMn_2O_4$ 作为参比电极，其工作条件非常接近实际锂离子电池的工作条件。值得注意的是，由于体系浸有有机溶剂中，这类电解池对进样膜的要求与水溶液中有所不同，在一般使用的 Teflon 膜的基础上还增加了 FEP（全氟乙烯丙烯共聚物）膜，其目的在于减少和调整进样量，维持后续检测的真空度。

5.2.4.2　毛细管进样的电解池设计

DEMS 除了可以利用膜进样之外，还可以利

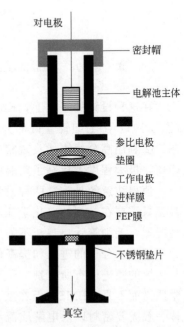

图 5-17   用于锂离子电池研究的质谱电解池示意图[19]

用毛细管进样，而毛细管进样在更早的时期就已经被研究者所用。最初由 Bruck-enstein[2,3] 所建立的电化学质谱利用的就是毛细管进样。YunZhi Gao 等[20] 于 1994 年建立了比较成熟的毛细管进样电化学质谱，见图 5-18。这套装置在质谱真空系统的设计上与一般膜进样的 DEMS 大致相同，其中进样部分是一支孔径在微米级别左右的毛细管。管口距离工作电极非常接近，管口形状一般接近半球形，使得仅其尖端一点距离电极最近，因此，Gao 等也称其为"一点接触式"。

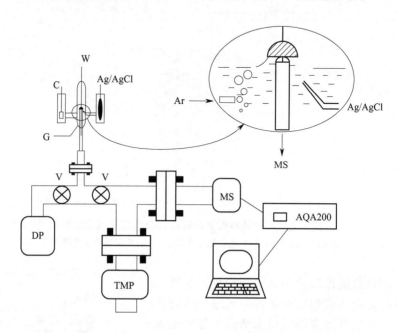

图 5-18　YunZhi Gao 等设计的"一点接触式"在线电化学质谱[20]

在这种设计的基础上，Koper 等[21] 对多种部件进行了工程系统上的优化改进（图 5-19）：①毛细管管口部分分成多个部件拼装，采用精密机械加工代替手工烧制；②利用高分辨摄像头观察以及测微定位系统精确控制电极表面距离毛细管口的距离，极大程度上提高了实验的重现性。

值得注意的是，这两种设计都不需要像膜进样 DEMS 那样的复杂电解池设计，甚至只需要在常规的电化学池的基础上稍做修改即可连接使用。在孔径满足要求的情况下，毛细管管口甚至不需要覆上微孔膜也能保证后续较高的真空度，但是一般为了减少水分子的进入和提高信噪比还是会使用聚四氟乙烯膜覆盖。由于进样方式与传统的膜进样有所区别，研究人员一般更倾向于称这一类电化学质谱为在线电化学质谱而不是 DEMS，但在实际功能方面两者并没有非常明显的区别。由于膜进样一般需要密封以及电解质流动的设计，需要将电极用机械力固定，不太适合比较敏感脆弱的单晶电极。而毛细管进样则没有这些问题，更适合研究单晶电极上的电化学反应[20,22]。

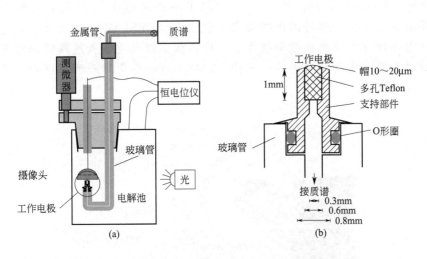

图 5-19 Koper 等设计的在线电化学质谱（a）及其毛细管口（b）设计[21]

　　毛细管进样同样适用于非水溶液体系，如图 5-20[23] 中适用于锂电池体系的 DEMS 流动电解池。其优势在于：①反应生成的气态物质一般由惰性载气带入毛细管，从而进入质谱进行在线检测，在密封性能较好的情况下，很容易实现对于各种微量气体的定量分析；②电解池主体的材质耐热耐压性能较好，完全可以应用在高温的环境上；③通过更换对电极材料可以实现全电池反应的测量。

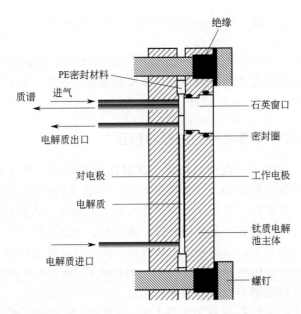

图 5-20　采用毛细管进样，适用于锂电池体系的微分电化学质谱流动电解池[23]

最近，Richard N. Zare 组[24～26] 发展了一种新型电化学质谱（图 5-21），这种质谱借鉴了关于解吸附电喷雾离子化质谱（DESI-MS）的设计，创造性地利用"水车设计"将高速喷雾技术、三电极体系以及毛细管进样质谱结合，实现了对电化学反应的实时追踪。相比 DEMS，这种电化学质谱更适合有机大分子的电化学反应。

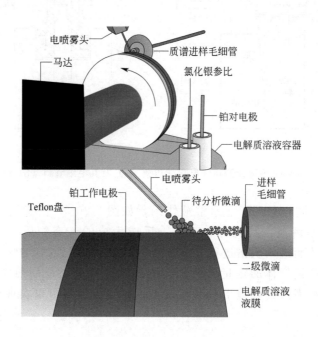

图 5-21　Zare 组的新型电化学质谱设计[25]

值得指出的是，DEMS 电解池一直处于不断发展与不断改进的过程中，目前并没有哪一种电解池适合所有研究体系以及实验条件，研究人员都是根据各自的研究条件与需求来设计加工电解池的。

5.2.5　微分电化学质谱信号的测量与校正

如前文所述，DEMS 可充分利用质谱在定性和定量测量两方面的优势来确定电化学反应中可挥发性反应物、产物或副产物。尽管不同研究组搭建的 DEMS 装置有一定的区别，但进样、离子化、检测等过程大致相同。从前面的介绍可知，各种具有挥发性的待检测物种需要经历进样、离子化、质量分析和收集检测这一系列过程才能最终给出相应的质谱信号。由此可见，无论这些挥发性的待测物质是电化学反应生成的还是溶液中本身已经含有的，最终能被 DEMS 所检测到的挥发性的物质仅占溶液中总待测物的极小一部分。

与分析化学中常用的各种色谱手段相同，DEMS 在定量方面的强大功能依赖于精确的校正工作，即如何从测到的质谱信号强度准确地计算溶液中待测物种的浓度以及电极上待测物的生成速率等重要信息。一旦校正工作出现问题，由质谱得到的实验数据在定量方面将失去意义，甚至导致研究者得出错误的结论。因此，在利用 DEMS 定量研究各类电化学反应时，建立一套完整且准确的质谱校正方法与标准是至关重要的。

在实验设置等条件不变的情况下，质谱进样膜表面附近的溶液中待测物质的浓度 c' 与质谱仪最终测量到的该分子对应的某种离子的信号强度 I_{MS} 成正比[1]，即：

$$I_{MS} = K^0 c' \tag{5-5}$$

式中，K^0 为与待测物种在电解池中的传质情况、进样膜的进样效率、待测物的离子化效率、离子通过质量分析器的透过率以及检测器的放大倍数等相关参数有关的常数。作为质谱定量的基础，上述条件与参数在整个实验过程中都应该是维持不变的。因此，质谱校正工作是针对具体每一次实验进行的，一旦实验体系或相关实验设置与条件改变，就需要重新进行校正工作。需要特别指出的是，由于不同待测物种的进样效率、离子化效率、裂解情况等参数即使是在同一实验设置也会有所不同，实验时必须针对各种特定的待测物种分别进行质谱校正。

人们希望通过 DEMS 得到电化学反应生成物的产量与速率或反应物的消耗速率，根据 Faraday 定律，这些速率应与反应电流之间存在确定的函数关系。下面我们将以测量电极表面生成物的产量与生成速率为例来介绍如何进行定量校正。在流动电解池中，考虑到电解质溶液是以一恒定的流速经过整个装置的，可以认为电极表面生成物浓度 c 与电化学反应的法拉第电流 I_F 成正比，这些产物分子通过溶液流动以及自身的扩散从工作电极表面到达进样膜表面，浓度改变成 c'，在电解池传质设计合理且溶液流速恒定的情况下，c 与 c' 成正比，比例系数设为 K^1，在这个基础上，我们得到质谱校正系数 K^* 的表达式：

$$I_{MS} = K^0 c' = \frac{K^0 K^1 \eta}{zF} I_F = K^* I_F, \quad K^* = \frac{K^0 K^1 \eta}{zF} = \frac{I_{MS}}{I_F} \tag{5-6}$$

式中，z 为反应转移的电子数；F 为法拉第常数；I_{MS} 为待测物离子或者某种碎片离子的质谱电流；I_F 为反应的法拉第电流；η 为反应生成待测物的电流效率。值得注意的是，由于质谱真空腔中并非理想的真空状态，在待测溶液进样前就存在极少量的气体分子（包括了空气中的分子、溶液中溶解的气体分子以及溶剂本身挥发的分子），再加上仪器电子线路存在的暗电流等影响，实际测到的信号值应包括这些因素的影响。为此，一般使用进样前后质谱信号的变化值作为 I_{MS}（实验中一般不会使用开关质谱进样通道的阀门的方法来控制进样，而是通过增加一个不含待测物种的溶液来测量背景信号）。为了避免赘述，在本章之后的讨论中，也将默认质谱信号强度为进样检测前后质谱信号的变化值。

由式(5-5)，只需要通过测量反应的法拉第电流以及相应生成物的质谱电流，

---

❶ 由于检测器可以得到收集到的离子总带电量随时间的变化，故质谱信号强度又可以称为质谱电流强度，在某些仪器中质谱信号强度也被换算为被检测物在真空中的分压，单位为 Torr 或 Pa。

就可以得到实验条件下该物种的质谱校正系数 K^*。反过来，只要某一物种的质谱校正系数已知，就可以根据同样实验条件下测得的该物种的质谱信号直接获得其对应的法拉第电流信号。根据某一物种对应的法拉第电流信号可以计算该物质的绝对生成速率以及生成量，再结合由一般电化学表征手段得到的总电流信息就能计算生成该物种的电流效率，从而给出具体某一反应途径对总反应的贡献。可以说，DEMS 在研究复杂电化学反应机理上的独特优势很大程度上依赖于高准确度的质谱校正工作，做好校正工作是进行 DEMS 定量研究的基础与前提。

目前文献中常用的质谱信号校正工作是通过已知的电化学反应生成待测物种，或利用被分析物种浓度已知的溶液来进行的[27,28]。下面将以低温燃料电池中最关心的产物之一—CO_2 的定量分析与检测为例，介绍校正工作的大致流程。二氧化碳质谱信号的校正通常利用电化学氧化一氧化碳生成二氧化碳进行，通过同时测量氧化一氧化碳生成二氧化碳的法拉第电流与质谱仪所检测的二氧化碳的质谱信号来校正（图 5-22）。

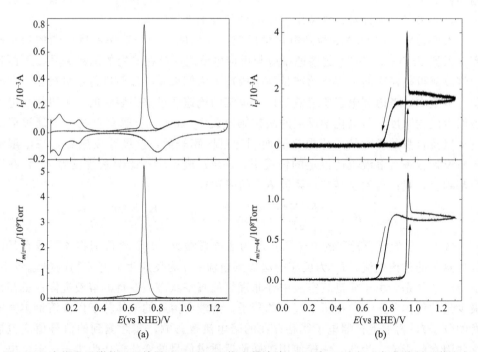

图 5-22　在饱和吸附的 CO 单层（a）和 CO 饱和的溶液（b）在 Pt 电极上氧化的循环伏安与质谱伏安曲线

扫描速率 $10\mathrm{mV \cdot s^{-1}}$。$Q_{CO \rightarrow CO_2} = 2.878 \times 10^{-3}\mathrm{C}$，$Q_{m/z=44} = 2.059 \times 10^{-8}\mathrm{C}$，

质谱校正常数 $K^* = 2 \times Q_{m/z=44} / Q_{CO \rightarrow CO_2} = 1.43 \times 10^{-5}$

对只有一种反应产物的情况来说，任一电势下产物的生成速率对应着此时的反应电流，同时也对应着这个时间下的质谱电流。因此，在实验数据处理上，将循环伏安曲线中反应电流（注意此时的反应电流应该只对应待测物种的反应电流，如果

有其它电化学反应同时发生应予以扣除）除以质谱伏安曲线上对应的电流，就能够得到相应质谱仪的校正系数。为了避免瞬时数据带来的误差，通常不会直接使用电流数据进行计算，而是对循环伏安和质谱伏安曲线进行积分，分别得到 CO 氧化为 CO_2 的法拉第电量 $Q_{CO \rightarrow CO_2}$ 以及质谱仪检测到的 CO_2 的质谱电量 $Q_{m/z=44}$，由此可计算出质谱校正常数（一氧化碳氧化成二氧化碳需要转移两个电子，故这里乘以系数 2）：

$$K^* = 2 \times Q_{m/z=44} / Q_{CO \rightarrow CO_2} \tag{5-7}$$

考虑到吸附一个单层 CO 的量较小 [图 5-22(a)]，积分该电量以及 CO_2 的质谱电量可能有一定的误差，因此人们也试图采用氧化 CO 饱和的溶液 CO 对应的法拉第电流与其质谱电流进行校正 [图 5-22(b)]。这一种方法的优势在于：CO 在 Pt 上较宽的电位范围内均能以较大的电流发生氧化，对应的法拉第电流与质谱电流较大，积分反应电流与质谱信号带来的误差因此也相对较小。除此之外，甲酸的氧化反应因为只生成一种反应最终产物，而且生成反应中间产物 CO 仅脱水不涉及电荷转移，也能用于对 CO_2 质谱信号的校正[29]。对其它待测物的校正以及定量分析的方法也非常类似，在思路上完全可以参照上述例子。

5.2.6 校正质谱信号需要注意的问题

由于进样系统、离子化系统等的限制，DEMS 目前主要用于挥发性或气体小分子的检测，例如检测醇类分子电催化氧化生成的二氧化碳、醛类、酯类等物种。对于不同的待测物种，校正质谱信号所利用的方法也不尽相同，但是它们遵循的基本规则是相同的：①通过电化学反应或其它方法，准确获得被质谱检测的物种（感兴趣的待检测物种或由其转化而成的物种）的浓度或生成速率；②即使在实验进行的过程中或某些实验条件改变的情况下，相同的被检测物浓度依然对应相同的质谱信号强度，否则需要在这些不同的实验条件下逐一进行校正。

从以上两点出发，下面我们还是以二氧化碳为例，介绍 DEMS 校正工作中应该注意的问题。如前面所述，二氧化碳的校正通常利用一氧化碳氧化剥离法。由于二氧化碳本身就能直接被质谱检测，而且一氧化碳的电催化氧化反应在较大的电势范围都能发生，因此它是目前比较成熟的校正方法。在使用出现这一方法时需要注意的是在溶液中相同二氧化碳浓度（应用同一质谱校正系数的多组实验）能否得到相同的质谱信号强度，实际校正工作可能出现以下两种情况：一种情况是进样系统、电解质溶液的温度、流速、电解池结构以及质谱仪工作参数等的改变，使得在其它条件都相同的情况下二氧化碳跟溶液中所含的其它挥发性物质（水、醇等）都更多或更少地进入质谱真空室。此时二氧化碳进入质谱的量将改变，尽管这种情况下进入质谱真空室中的物质绝大多数都还是水，二氧化碳的离子化概率仍可以认为不变，但测得的质谱信号的强度将相应变化。由于此时对应的溶液中的二氧化碳浓度并未改变，因此，这种情况下不能适用同一个质谱校正系数，必须针对这些改变

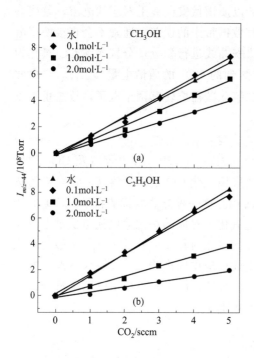

图 5-23 醇浓度对 CO₂ 质谱信号的影响，
各溶液由通入的不同比例的混合气体所饱和[30]

CO₂：N₂ = (1～5)sccm：500sccm，

sccm 为体积流量单位即标准毫升/分)

了的条件进行质谱信号校正。一个相关的例子就是利用 DEMS 研究甲醇氧化的温度效应，整个实验需要在每次温度改变后都测量质谱校正系数[17]。

另一种情况是电解质溶液中除二氧化碳外其它挥发性物质的浓度发生改变，当这部分物质对应的分压大幅度升高时，真空室中水分子的数目虽基本不变，但由于挥发性物种大量进入真空，水已不再占据绝大多数，或者说除了二氧化碳外的其它分子数目明显增大，则二氧化碳分子的离子化概率相比之前将明显下降（因其它分子与二氧化碳分子竞争用于离子化的电子流），使得最终检测到 CO₂ 的质谱信号也减小。Wei Chen 等[30] 报道了醇浓度效应对检测到的 CO₂ 质谱信号的影响就属于这一类情况（图 5-23）。

以上两种情况的共同之处在于实验中都能观察到质谱真空室的压强读数有明显的变化（增大或者减小百分之几十或以上时）。因此在发现实验中真空读数有明显改变时一定要注意是否属于以上提到的情况。当然，电极表面反应生成的挥发性物种也会使真空读数升高，但是由于产物生成速率一般都较小，不会使真空读数产生这么大的变化。以上的分析都提示我们要密切注意 DEMS 实验中各种条件的改变是否会影响相关质谱信号的检测，有必要的情况下，在改变条件后应测量对应条件下的质谱校正系数。尤其是在研究挥发性物种的电催化氧化或溶液含有高浓度挥发性物种时，必须注意这些物种浓度对质谱信号的影响。

此外，对于那些不方便使用电化学反应直接测量校正系数的物质来说，可以通过配制一系列已知浓度的标准溶液来测定。需要注意的是，由于溶液在流动电解池中的传质并非完美，由在电极表面的电化学反应生成的待测物种需要通过扩散与溶液流动才能到达进样膜，进样膜界面上的浓度不等于电极表面的浓度，而由高纯化学试剂等直接配制的待测物种则没有这一过程。因而不能简单地认为来自化学试剂配制的与来自电化学反应生成的待测物种的质谱信号所代表的浓度信息相同[29]。

总的来说，DEMS 实验中的质谱信号校正工作需要注意的是以下三点：①待检测物种的浓度或生成速率必须能准确地被直接或间接（利用转化率稳定不变的化学反应或外标法）测到；②同一组实验中应尽量保持进样过程以及仪器自身的工作状态（真空压强）和工作参数不变；③质谱数据采集实验与信号校正实验的各种条件（支持电解质及其浓度、pH 值、温度等）应尽量相同，如果不同则需要额外对这些引发改变的因素进行相应的校正。

5.3 微分电化学质谱的应用实例

自 30 年前微分电化学质谱技术发明以来，该技术最初主要用于高分散、高担载量的燃料电池纳米催化剂的相关电催化研究，所考察的反应主要是有机小分子的氧化、氢析出与氢氧化反应等。随着各类电解池的发展，人们实现了旋转圆盘电极体系与真空系统的结合，使得反应物在溶液体相与电极表面之间的传质更快速且有规律[12,24]。同时，质谱信号的检测灵敏度随着电解池传质的改善以及质谱仪各部件性能的提高而大幅提高，以至于可以直接检测来自小面积的光滑电极甚至单晶电极上的微量反应产物。双薄层流动电解池的发明将电化学反应进行的电极表面区域与质谱进样区域有效分开的设计使得 DEMS 有足够的空间来实现与其它传统或现代电化学测量技术的联用，例如其与石英微晶体天平以及电化学原位红外光谱的实时联用[8,52,53]。

最近，微分电化学质谱也被逐步推广到氧还原机理的研究[31~33,43]、锂离子电池与锂空气电池的充放电过程和电解液稳定性研究[17,19,23,30,34,35]、溶液中微量有机物的富集与定量分析[8,36,37]以及二氧化碳的电化学还原[38~42]等方面。下面我们将分别介绍其在这些方面的应用实例。

5.3.1 低温燃料电池相关的电催化反应机理和动力学研究

近 50 年来，有机小分子的阳极电催化氧化以及氧的阴极还原反应一直是现代电化学研究中最为重要的课题之一。其研究意义有以下两个方面：①基于这类分子结构相对简单，其反应的机理及动力学方面的数据能为建立电极/溶液界面电荷传递的理论和模型以及加深对电催化理论的认识提供非常有用的信息；②醇类小分子能量密度高、易于运输及储存，一直被公认为低温质子交换膜燃料电池最有潜力的燃料之一。尽管已经对该领域进行了广泛的研究和开发，但是，由于直接醇类燃料电池具有制造成本高、能量效率低、稳定性差和可靠性低、寿命短等缺点，到目前为止这类技术仍未大规模商品化。一方面，即使是在目前已知的最好的 Pt 基多元催化剂上依然存在醇类小分子的阳极电氧化以及阴极氧还原反应超电势都很高、电极很容易发生中毒失活的现象；另一方面，非 Pt 基催化剂能在一定程度上解决成本问题，但是其催化性能不及 Pt 基催化剂；这些已成为制约燃料电池效率以及寿命的重要因素。为设计用于直接醇类燃料电池的高效稳定的电催化剂，必须加深对这类电极的反应机理以及影响其反应机理和动力学的因素，如反应活性与电催化剂的电子、几何结构之间的相互关系的认识。

大多数醇类燃料电池在反应过程中都会在阳极产生一些副产物，这些副产物的产生意味着能量转换效率的降低，是人们不愿意见到的。同时，这些副产物也很可能是有毒物质，例如在甲醇氧化的过程中可能产生的甲醛。其它副产物比如氧还原过程中产生的过氧化物或超氧化物，会对燃料电池的膜电极、双极板等部件造成损害。这些副产物一般都具有较好的挥发性以及较高的稳定性，用 DEMS 来实时检测是非常适合的。总的来说，DEMS 研究燃料电池的电极反应可提供以下信息：①电极材料的构效关系；②浓度、温度、pH 等对电极过程机理与动力学的影响；③反应产物分布与生成速率；④反应路径。下面我们将从阳极的醇类分子氧化反应以及阴极的氧还原反应两方面来说明 DEMS 在低温燃料电池电催化方面的应用。

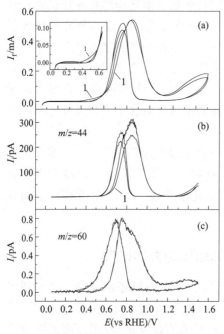

图 5-24　甲醇在纳米 Pt 上电催化氧化
CV 与 MSCV 曲线[4]

电解质溶液为 0.1mol·L^{-1}
甲醇与 0.5mol·L^{-1} 硫酸，电势扫描
速度为 10mV·s^{-1}，溶液流速为
5μL·s^{-1}，其中反应的法拉第电流（a），
反应生成的二氧化碳（b）和反应生成的
甲酸与甲醇发生酯化反应生成的
甲酸甲酯（c）的质谱电流

5.3.1.1　醇类小分子的氧化反应

甲醇氧化反应作为直接甲醇燃料电池的阳极反应，其平行反应路径机理早在 1977 年就由 Bagotzky 等提出[43]。借助 DEMS 双薄层流动电解池，Wang 等已经得到了非常有力的证据（见图 5-24，图 5-25）[4]。图 5-24 展示了 Pt 电极甲醇氧化的法拉第电流与质谱电流随扫描电势变化的典型曲线。图 5-24 中（a）、（b）和（c）三图在形状上非常相似，为了给出更能说明问题的定量结果，研究者也进行了 DEMS 电势阶跃实验，结果如图 5-25 所示。质谱电流信号由于反应生成的一氧化碳吸附在电极表面（自毒化作用）而都随时间减小。通过电势阶跃实验可以得到每个产物的电流效率（数据处理上需要通过校正实验得到质谱电流对应的法拉第电流，再除以总法拉第电流）。通过分别对总法拉第电流以及二氧化碳质谱电流与电势的关系可求反应的表观电荷转移系数（根据实验结果，光滑 Pt 上两者分别为 0.4 与 0.14），可以发现生成二氧化碳的决速步骤与生成反应中间物种的决速步骤不是同一个基元反应。或者说，要么整个反应的决速步骤不是我们通常认为的第

一个电子转移步骤，要么那些诸如甲酸等可溶性产物并非作为生成二氧化碳的中间

物种存在，而是与之发生的平行反应的结果。

　　一般来说，如果反应最终产物的电流效率与电解质溶液的流速有关，则应该存在平行反应机理。由于相比高流速，在低流速的情况下反应生成的中间物种更有可能重新回到电极表面发生进一步的反应，电流效率理应与设置流速大小有关。由于挥发性较低的原因，进一步直接确定甲醛或甲酸的准确生成量比较困难，但是可以间接通过两个等量关系：①质量守恒关系，消耗掉的甲醇全部转化成了甲醛、甲酸或二氧化碳；②电量守恒关系，反应总电流等于各生成物电流贡献之和而计算得到。这一部分将在 5.4.2 一节中更详细地介绍。

　　与甲醇氧化反应相比，乙醇氧化反应最大的区别在于乙醇分子需要断裂 C—C 键才能生成二氧化碳。因此，C—C 键的断裂在整个乙醇电催化氧化的过程中都

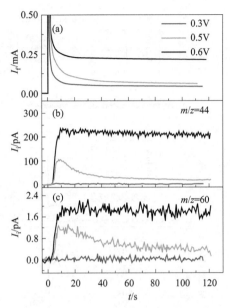

图 5-25　纳米 Pt 电极上甲醇氧化电势
阶跃实验[4]
电位从 0.1V 阶跃至 0.6V
电解质溶液为 0.1mol·L^{-1} 甲醇
+0.5mol·L^{-1} 稀硫酸

扮演着重要的角色，是决定燃料能量转换效率的关键因素之一。对于目前已知的各种电催化剂来说，由于在一般的情况下，尤其是在较低的温度下 C—C 键比较难断裂，使得乙醇在氧化的过程中形成大量的乙醛和乙酸，从而降低了直接乙醇燃料电池的效率。由于 C—C 键的断裂是一个吸热的过程，提高反应温度从热力学的角度来讲有利于这一过程的进行。Sun 等在高温高压（$p \leqslant 3$bar，$T \leqslant 120$℃）的情况下研究了乙醇氧化反应。为了高温下抑制溶液尤其是水和乙醇的挥发，避免过多进样而引发的质谱信号超量程情况，整个反应在高压下进行。

　　与前文中图 5-25 类似，为了定量研究乙醇氧化反应的产物分布尤其是人们非常关心的二氧化碳电流效率，图 5-26 中采用了电势阶跃实验。如图 5-26(a) 所示，从法拉第电流图可得，在实验条件下乙醇氧化的起始电位介于 0.38～0.48V 之间，电势越高，总电流越大，质谱电流显示了相同的趋势。对质谱电流信号进行校正后可得对应条件下生成二氧化碳贡献的法拉第电流电量（改变温度后，每组温度下都需要进行校正），从而得到相应的二氧化碳的电流效率。随着电势增大，尽管反应的总电流增大，生成二氧化碳的速率也增大，但是二氧化碳的电流效率反而一直在

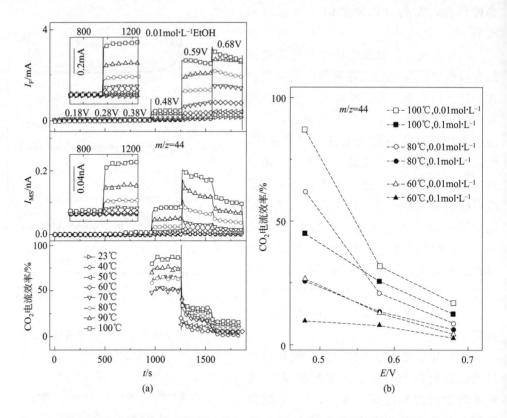

图 5-26　高温高压下乙醇氧化电势阶跃实验，（a）从上到下分别是反应总法拉第电流、质荷比为 44（二氧化碳）的质谱电流以及不同温度下的二氧化碳电流效率（这里只给出了 $0.1mol \cdot L^{-1}$ 浓度下的数据结果）；（b）给出了不同温度以及醇浓度下二氧化碳的电流效率[17]

减小［见图 5-26（b）］；同时，随着反应温度的升高，各反应电势下的二氧化碳的电流效率都在增大；其它条件相同的情况下，低浓度（$0.01mol \cdot L^{-1}$）下反应的二氧化碳的电流效率要高于高浓度（$0.1mol \cdot L^{-1}$）下的，即使在 100℃，仍不能实现乙醇百分之百转化成二氧化碳。根据阿伦尼乌斯公式，将反应的总电流与生成二氧化碳贡献的电流取对数并对温度的倒数作图，得图 5-27，图中相同颜色的两条拟合直线对应着同一电势。对同一颜色（电势）的虚实两条直线进行延长将交于一点，交点横坐标对应的温度代表了在这一温度以及两条直线所对应的电势下，乙醇氧化将全部转换成二氧化碳（0.48V 下数据处理得到的结果在 150℃左右）。将拟合曲线的斜率求出对应条件下反应的表观活化能进行整理，结果见表 5-1。结合过渡态理论，若仅依据实验数据求得的表观活化能可得：电势越高越利于总反应的进行，但会抑制生成二氧化碳的途径；在相同电势下降低乙醇浓度同时不利于总反应与生成二氧化碳的途径。

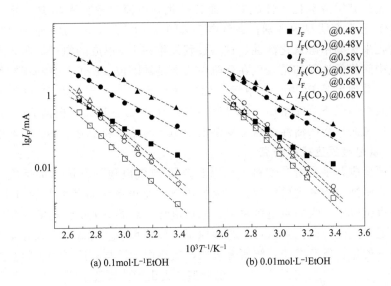

図 5-27 不同浓度下乙醇氧化的总电流与二氧化碳贡献的电流对温度的关系[17]

表 5-1 不同条件下乙醇氧化的表观活化能[17]

E/V	0.1mol·L⁻¹ 乙醇		0.01mol·L⁻¹ 乙醇	
	E_a /kJ·mol⁻¹	$E_a(CO_2)$ /kJ·mol⁻¹	E_a /kJ·mol⁻¹	$E_a(CO_2)$ /kJ·mol⁻¹
0.48	42±2	68±2	48±3	74±3
0.58	41±2	67±2	46±3	73±3
0.68	40±2	65±3	41±2	69±3

　　总结以上的数据，可以得到关于二氧化碳的电流效率的重要信息：①随着乙醇浓度减小而增大，即在低电势下吸附的乙醇分解（需要断裂 C—C 键）生成 CO_{ad} 的覆盖度随浓度降低而增大（可能还有 CH_3 等竞争吸附）；②随着电势的降低而增大，即低电势下更利于 C—C 键的断裂过程；③随着温度升高而增大，即高温更利于断裂 C—C 键。反应受两个相互竞争的过程所控制：在低电势区间乙醇断裂 C—C 键生成吸附的 CO_{ad} 的过程与在高电势区间吸附的 CO_{ad} 被氧化脱附的过程。结合在低电势下吸附的 CO_{ad} 在高电势下氧化脱附需要水分解产生的 CO_{ad}，我们可以得到：高温对于乙醇氧化有利体现在两方面：一是高温能够促进 C—C 的断裂，抑制乙醛和乙酸等中间物的生成；二是促进了水的分解，从而间接促进了 CO_{ad} 的氧化脱附。

　　微分电化学质谱同样适用于研究电催化剂表面结构与醇类分子氧化反应活性的构效关系。Baltruschat 组在多晶以及单晶 Pt 电极上研究了一系列因素例如电极表面结构与引入 Ru 原子等对甲醇氧化反应活性的影响[45]，他们发现 Pt 单晶电极的台阶密度越高其甲醇氧化活性越好，而二氧化碳电流效率在多晶 Pt、Pt(111) 以及 Pt(332) 上没有明显的区别；在低电势区间（0.65V 以下）Ru 原子可以通过一氧化碳途径来提高甲醇氧化活性，这一过程发生在 Ru 形成的原子岛附近而反应通过可溶性中间物的途径却是发生在台阶位或者是缺陷位。Koper 组利用在线电化学质谱研究一系列单晶 Pt 电极上甲醇氧化反应的活性[22]，得到在 Pt 基本晶面上反应活性的大小随以下顺序增加：Pt(111)＜Pt(110)＜Pt(100)，根据 DFT 计算的结果表明，Pt(100) 面的活性最高主要是由于 100 的晶面利于分子的吸附与断键。

5.3.1.2 氧电极反应机理研究

氧还原反应几乎是所有燃料电池以及金属-空气电池的首选阴极反应，同时也是许多金属腐蚀过程的主要反应。而氧析出反应是电解水制备氢气的对电极反应。自半个多世纪以来，人们对电极材料、电极电势、界面双电层结构等对氧电极反应的影响开展了广泛的研究并取得了很多原子、分子水平上的认识。以元素周期表中金属作为电催化剂所开展的系统研究表明，氧还原活性与氧原子的吸附能之间呈现出典型的火山形曲线关系[46]。

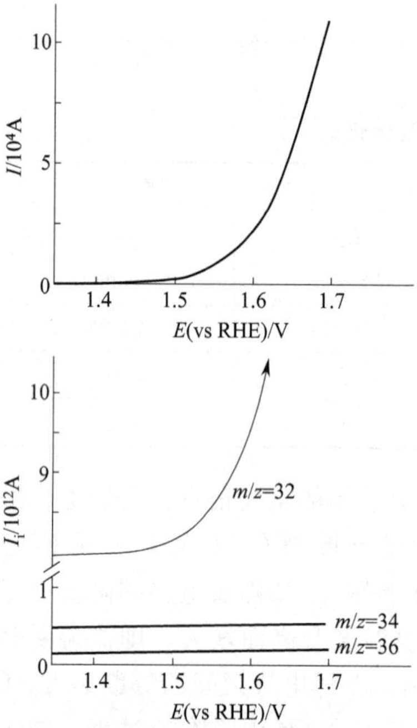

对于膜进样的微分电化学质谱在氧还原反应过程中可能检测到的物种而言，水和氧气由于本身背景较大，为了提高灵敏度可以使用 ^{18}O 同位素标记的方法。例如使用 ^{18}O 标记饱和的氧气，则质谱检测到的质荷比为 20 的信号对应的就是生成水的量。此外，通过同位素标记法，可以区分电极表面吸附氧物种、产物水或者过氧化氢中氧元素的来源，为反应机理的研究提供重要的信息。早在微分电化学质谱发明之初，Wolter、Heitbaum 等[49] 就利用类似的方法研究了 Pt 电极表面氧化层对氧析出反应的影响，部分结果见图 5-28。微分电化学质谱的数据表明，并没有生成含有 ^{18}O 的 $^{18}O_2$ 或 $^{18}O—^{16}O$ 物种，说明 Pt—O 并不参与氧析出反应。这样的信息通过其它电化学检测手段是无法得到的。但是值得指出的是，他们实验中所生成的 Pt—^{18}O 很可能已经将 Pt 深度氧化了，^{18}O 已经进入了表层以下的 Pt 晶格中。不能排除最表层的 Pt—^{18}O 有可能参与了反应，但由于其覆盖度极低（＜0.25 单层），而且在扫描过程中不能在一个电位下瞬时变成 $^{18}O—^{16}O$ 释放，因此无法被质谱检测到。

图 5-28 证明 Pt—^{18}O 不参与氧析出反应的实验，反应电解质溶液 0.5mol·L^{-1} H$_2$S^{16}O$_4$/H$_2$^{16}O，电极表面预先在含有 ^{18}O 的溶液中处理，使得表面生成 Pt—^{18}O[47]

旋转圆盘电极方法以及气体扩散电极是研究氧还原的常用手段[38,48~50]。但是

这两种手段通常都只能得到单一的电流电势信息，考虑到氧还原反应的产物除了水以外还可能有过氧化氢，单一电流值无法很好地与具体的产物对应，导致在具体反应机理上无法得到足够的信息。尽管旋转圆盘电极在一定程度上能够实现对过氧化氢生成量的检测，但这种方法对一般烧制的球状单晶电极来说，圆盘电极的设计组装较困难。对于这一问题，微分电化学质谱就能较好地解决。Koper 和 Feliu 等[33] 利用在线电化学质谱研究了过氧化氢与 Pt(111) 电极的相互作用并与氧还原的动力学行为进行对比。发现正扫过程中过氧化氢的氧化反应紧接着其还原反应发生，是一个两电子转移、多重耦合过程（主要实验结果见图 5-29）。

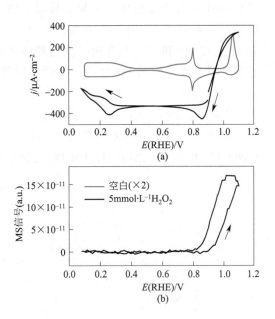

图 5-29 Pt(111) 电极在 $0.1mol \cdot L^{-1}$ $HClO_4 + 5mmol \cdot L^{-1}$ H_2O_2 中的循环伏安（深色实线）以及在没有过氧化氢的基本循环伏安（浅色实线）(a)，同时测到的质荷比 32 的信号 (b)[33]

H_2O_2 发生氧化还原的电位区间与氧还原的动力学区间重合，说明 H_2O_2 有可能是氧还原的中间物。但是质谱的结果表明正扫过程中随着 H_2O_2 的还原电流减小，H_2O_2 的质谱信号升高，继续正扫，随着 H_2O_2 氧化电流的增加，应该对应 H_2O_2 的质谱信号也减小，但是实验中看到的并不如此，说明 Koper 小组采用的毛细管进样技术质谱信号相对于电化学信号存在明显的滞后，这种滞后主要是由于毛细管进样依靠待测物种的传质驱动作用，与常见的膜进样中通过膜两侧压力差驱动作用不同。

5.3.2 微分电化学质谱在锂离子电池与锂空电池中的应用

在锂电池、锂离子电池与锂空气电池的相关研究中，微分电化学质谱也是一种非常重要的研究电极充放电反应以及电解质稳定性的工具[17,23,35,51]。拿锂离子电池来说，具有良好的充放电循环稳定性的一个至关重要的先决条件就是，在最初的充放电过程中负极要形成一层完整且稳定的钝化层，即固体电解质界面（SEI）。在 SEI 形成过程中，由于 EC 溶剂的还原分解可能会生成一定量的气体，同时，电解质以及电极本身的氧化分解或还原也会生成气体，这些气体产物可以利用 DEMS 进行实时在线检测。

在用 DEMS 监测石墨负极在 $1mol \cdot L^{-1}$ $LiPF_6$ + 碳酸亚乙酯/碳酸二甲酯

（EC/DMC）标准电解液中充放电过程中的反应行为时，发现当电极电势（相对于 Li/Li$^+$）略高于 1V 时，就观察到 CO_2 的生成。当电势更负时还检测到了 C_2H_4 和 H_2。C_2H_4 和 CO_2 只在第一次循环中出现，而在后续充放电过程中当 Li$^+$ 嵌入石墨中时总能观察到 H_2 的产生，说明即使当最初的固体电解质界面（SEI）形成后，电解质的还原分解依然还能发生[52]。

Abruna 小组利用其设计的电解池以及 DEMS 技术，研究了三种电解质即 $1mol \cdot L^{-1}$ LiPF$_6$ + EC/DEC、EC/DMC 和 PC 在三种阴极材料即 $LiCoO_2$、$LiMn_2O_4$ 和 $LiNi_{0.5}Mn_{1.5}O_4$ 中的氧化稳定性，主要实验结果见图 5-30。

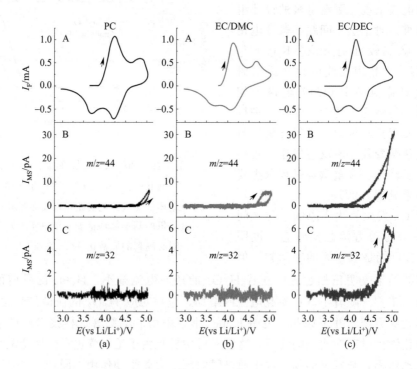

图 5-30　三种不同电解质：$1mol \cdot L^{-1}$ LiPF$_6$ + PC（a），$1mol \cdot L^{-1}$ LiPF$_6$ + EC/DMC （1:1，质量比）（b），$1mol \cdot L^{-1}$ LiPF$_6$ + EC/DEC（1:1，质量比） （c）中的法拉第电流（A）、质谱电流（B 和 C）与电势的函数关系[19]

结果表明，$1mol \cdot L^{-1}$ LiPF$_6$ + EC/DMC 电解质最稳定，其在 5.0V 的范围内非常稳定，而 EC/DEC 最不稳定，在 $LiCoO_2$ 阴极/$1mol \cdot L^{-1}$ LiPF$_6$ + EC/DEC 界面上溶剂分子在 4.4V 就开始氧化，DEMS 能明显地检测到 CO_2 和 O_2 的析出，其中 O_2 的产生主要由阴极材料本身的活化过程导致变价所致[19]。相关实验也表明，尽管在无氧的高阴极电势环境，EC/DEC 非质子溶剂就能以一定的速率氧化，O_2 产生会进一步促进其氧化[53]。对乙烯碳酸基电解质，O_2 以及 CO_2 的生成速率与电解质的组成没有简单的关系，这是因为 CO_2 的产生可能来自电解液的分解也可能来自电极中 C 粉的氧化。另外，E. Castel 等通过 DEMS 实验也发现固体层也可不产生气体而溶解[34]。结合 DEMS 和 XRD，Robert 等最近研究了锂离子在 Li-Ni$_{0.80}$Co$_{0.15}$Al$_{0.05}$O$_2$（NCA）材料中的嵌入-脱出机理，发现在 NCA 表面形成的 Li$_2$CO$_3$ 膜会在氧化过程中分解而在还原过程中重新形成，但其变化情况与循环次数密切相关，第一次充电时伴随不可逆二级相变与固相溶解过程，而第二次充电仅伴随固相溶解过程。这些不同主要由材料的电子导电性以及 NCA 电极中锂离子的迁移率决定[54]。

Luntz 等[55] 在研究锂空电池的反应机理与溶剂的稳定性时，利用 DEMS 结合非原位的 XRD 和 Raman 光谱等技术发现碳酸基溶剂在电池放电时会不可逆分解。而在用 DME 的锂空电池中，放电时主要生成 Li$_2$O$_2$，在充电时，Li$_2$O$_2$ 会分解放出 O$_2$ 并在高电位时将 DME 氧化。高电位除了可能将溶剂氧化外，在氧的存在下还会发生电极碳材料的腐蚀。该研究中，作者也利用了同位素标定手段，发现来自 ^{13}C 标定的炭黑阴极产生的 ^{13}CO$_2$ 占到了总 CO$_2$ 量的 40% 左右，有力地证明了阴极在全充放电过程中伴随着分解过程，见图 5-31。同位素标定法在对特定反应物以及产物的实时追踪中发挥了重要的作用。

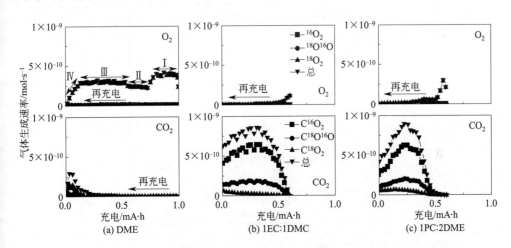

图 5-31　不同材料 DME（a），1∶1（体积比）EC/DMC（b），1∶2（体积比）PC/DME（c）下，在充电过程中碳、氧同位素标定气体的生成速率

这些结果提示，化学和电化学腐蚀都将影响锂空电池溶剂的稳定性，库仑法必须和定量表征气体吸出和消耗的技术紧密结合才能正确揭示锂空电池充放电所涉及的反应。

5.3.3　微分电化学质谱在二氧化碳的电化学与光电化学还原方面的应用

将 CO$_2$ 以电化学或光电化学的方式还原为有机小分子是实现碳循环的前提。三十多年前人们就开始利用电化学方法还原 CO$_2$ 合成有机燃料分子。人们发现，根据使用电极材料或反应条件（如电解质的组成、pH 值、电极电势等参数）的不同，CO_2 可被还原为 CO、$HCOOH/HCOO^-$、HCHO、CH_3OH 甚至含两个碳原子的烯烃、醇或羧酸等[56]。同时由于反应一般都在电解质水溶液中进行，在所施加的较负电位下，通常伴随着 CO_2 还原的同时也发生着氢析出反应。为了准确地知道反应产物的选择性与反应条件的关系以及生成各种产物的电流效率，一个重要的任务就是必须能在反应过程中准确地测量各种产物的产量与生成速率。这方面大部分的测量主要是利用气相或液相色谱进行离线分析获得的[57]。

由于上述产物都有一定的可挥发性，因此，微分电化学质谱应该可成为在线对 CO_2 还原反应进行探究的有力工具，早在 1993 年 Bogdanoff 等[38] 已经开始采用 DEMS 研究 TiO_2 光电极上氧析出反应及其与 Cl_2 析出的竞争行为。但是也许由于世界上真正掌握 DEMS 技术的人不多，因此 DEMS 在 CO_2 的电化学还原方面的报道不多。Tributsch、Iwasita 等[39~41] 用 DEMS 研究了 Pt 电极上 CO_2 的还原反应，发现在析氢电位区 CO_2 可被还原生成甲酸、甲醇和少量的甲烷，部分实验结果见图 5-32。

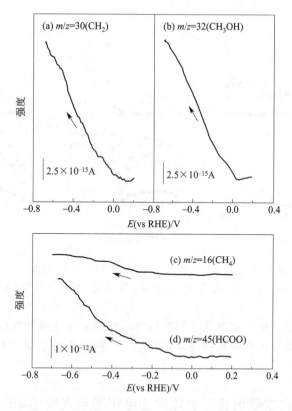

图 5-32　Pt 电极在二氧化碳饱和溶液中的质谱电流曲线[39~41]

溶液为 $0.1mol \cdot L^{-1}$ H_2SO_4，扫速为 $5mV \cdot s^{-1}$

利用 CO 还原的对比研究发现，甲醇的生成很可能是通过 CO 反应中间物形成的。Dubé 等[40] 利用 DEMS 研究了阴离子的吸附对 Cu 电极上 CO_2 还原反应产物的影响，发现生成甲醛和甲醇的速率明显高于生成乙烯和乙醇的速率。硫酸根离子的吸附会促进甲醛的生成，从而抑制甲醇的生成。Plana 等研究了 Au 核 Pd 壳纳米催化剂上 Pd 的壳层厚度对 CO_2 还原的影响，发现当 Pd 壳层的厚度由 10nm 变为 1nm，CO_2 还原的法拉第效率提高 2 倍[42]。这些研究表明，在线质谱能很好地跟踪 CO_2 还原过程的产物及其生成速率，随着这一技术的普及，未来在这一领域应该能发挥其它技术不可替代的作用。

5.3.4 微分电化学质谱技术在溶液中痕量有机物分析中的应用

微分电化学质谱除了用于研究各类电化学反应机理外，还能对溶液中的有机物进行定量分析。通过对微分电化学质谱的双薄层电解池的测试[58]，见图 5-33，其检测下限达到了 10^{-6} 量级。这一结果证明了其完全可以用于痕量物种分析，例如检测电化学反应过程中电极表面由于吸脱附而消耗或生成的物种的量。

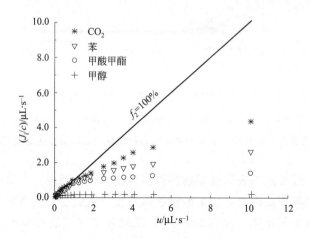

图 5-33　双薄层流动电解池的性能测试，质谱信号随流量的变化，已对浓度归一化[58]
其中 CO_2：38mmol·L^{-1}；苯：23mmol·L^{-1}；甲酸甲酯：2mmol·L^{-1}，甲醇：2mmol·L^{-1}

研究证明，微分电化学质谱在研究诸如乙烯和苯这类小分子的对表面结构敏感的氢化或氧化反应上也非常有用[37]。而对于大分子吸附物种的表征，微分电化学质谱也同样非常适用，一个典型的例子就是联苯在 Pt(111) 上的吸附[36]，见图 5-34。

从质谱电流数据来看，0V 左右联苯开始脱附，但仅有一小部分最终转换成苯基环己烷，发生的位置很有可能是在 Pt(111) 的缺陷位。实验中没有检测到苯或环己烯的相关质谱信号，说明了联苯或苯基环己烷在整个过程中没有发生 C—C 键的断裂。吸附物种只有很小一部分停留在表面，最终在 1.15V 的高电位下被氧化

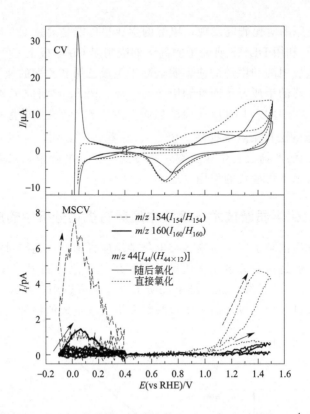

图 5-34 联苯在 Pt(111) 上的吸附，吸附电势 0.4V；扫速 10mV·s⁻¹；电解质溶液
0.5mol·L⁻¹ H₂SO₄，工作电极面积 0.3cm²。上图中虚线为 Pt(111) CV，实线为还原
吸附随后氧化，点线为直接氧化；下图为对应的各种物种的质谱信号随电位变化的关系曲线[36]

生成二氧化碳。若要获得表面吸附物种的覆盖度，可以通过对二氧化碳的校正来间
接获得联苯（联苯挥发性差，这里假设联苯氧化仅生成二氧化碳）的量，然后根据
离子电流推算表面覆盖度。在 0.8～1.0V 之间并没有二氧化碳生成，Pt(111) 上
苯的吸附也有相似的情况，研究者认为这时发生的是部分氧化，生成的吸附中间物
种可能是醌类物质。而将电极换成多晶 Pt 后，总体的覆盖度还是相等的，但是负
扫过程中的氢化作用更为明显。

溶液中本身存在的痕量物种可以通过色谱等其它手段检测，但是有关吸附过程
中消耗和生成的痕量物种通过这些手段是难以实现实时在线检测的。微分电化学质
谱不仅能够实现对溶液中痕量物种的分析，同时在实时跟踪监测电化学反应中生成
物种或消耗物种的量方面发挥着强有力的作用。

5.4 电化学红外-质谱实时联用技术

现代电化学的飞速发展主要源于将常规电化学技术与谱学技术的实时联用，后者能够在分子水平上定性和定量地给出电化学体系信息。值得指出的是，由于各实验技术的特定局限，通常只能实现单一的谱学技术与电化学技术的联用，因而往往只能提供电催化反应体系的某一方面的信息，比如：扫描隧道显微镜只能给出电极表面形貌的信息，电化学原位振动光谱如红外、拉曼、和频光谱只能给出电极表面吸附物种的部分信息，而 DEMS 则只能给出溶液中可挥发性物质的信息等等。为了全面而正确地认识电催化反应的实质，我们往往需要综合各种实验技术所获得的多方面的信息[59,60]。

通常情况下，通过综合分析使用各种单一电化学原位谱学技术所获得的数据很难明确给出电催化反应机理和动力学的全面而准确的信息（尤其是在对反应动力学的定量比较方面）。造成这一问题的最大原因是各实验技术所要求的特定实验条件的差异（测量环境，电解池等因素），以及拥有这些实验技术的不同的研究小组在设计进行实验时所使用的实验条件不同，即来自不同技术或不同研究小组的实验结果具有不可比性，不能简单地结合分析，这一局限对复杂的电极反应过程尤为显著。

DEMS 在产物定量分析上优势明显，而电化学原位红外光谱在反应过程中电极表面吸附物种分析方面操作简单而灵敏度高。如果能实现红外与质谱联用技术，让两种方法的优势互补，则通过单次实验就可以同时获得电化学反应过程中吸附在电极表面的反应中间体的化学特性和吸附构型，反应中间产物和反应最终产物的种类和产量，以及反应的法拉第电流及反应过电位等多方面的信息。很多小组都尝试过结合电化学红外和微分质谱研究如二甲醚、乙醛、氨基硼烷等复杂分子的电催化氧化行为[29,61,62]。但是在大部分研究中，红外与质谱的测量都是分开进行的，而且红外测量大多用外反射红外构型，在反应条件下，工作电极与窗片之间的距离很小，记录红外光谱所对应的实验条件可能与记录质谱信号所对应的实验条件大不相同，所得的两方面信息不能简单地结合分析。因此，对于复杂体系的研究（例如上述体系），实现将常规电化学技术与两种或两种以上的现代谱学技术的实时联用，在完全相同的实验条件下获得电极/溶液界面多方位的信息就显得非常重要。

电化学原位红外光谱和 DEMS 的联用技术由本文作者陈艳霞及其德国合作者 Heinen 等人首次在德国的 Ulm 大学实现[1]，该技术通过单一实验就能同时获得吸附在电极表面的反应中间物的化学特性、吸附构型、反应产物的种类和产量，以及反应的法拉第电流和反应过电位等多方面的信息。利用这些实验结果来推断电催化反应的机理和动力学，一方面，这将克服由于实验条件的差异而造成的从不同的实验技术所获得的结果的不可比性；另一方面，联用技术的使用能大大缩短实验时间，并能实现对某些稳定性差重现性不好的实际电极体系的明确分析和诊断。本节将主要介绍电化学原位红外光谱和 DEMS 的联用技术及用几个实例展示其在电催化研究领域应用的巨大优势和潜力。

5.4.1 联用技术的关键——双薄层流动电解池

在本书第 2 章和第 3 章及本章前几节已经分别详细地介绍了电化学原位红外光

谱与微分电化学质谱，这两种技术的常用电解池在结构上有着较大的区别。因此，这两种分析技术的联用势必涉及一个通用电解池结构设计的问题。图 5-35 给出的是 Heinen 等[1] 在德国 Ulm 大学开发的用于电化学衰减全反射红外光谱和 DEMS 联用技术的双薄层流动电解池的结构示意图。作为联用技术的关键，这里将详细介绍其具体结构。电解池的本体呈圆柱形，充分参考了双薄层流动电解池的设计思路。电解液的流动全部通过毛细管进行，其中电解池中部的毛细管作为入口，而外围的六个垂直于工作电极表面的毛细管则作为出口，这样可保证电解液沿径向层流。电解液的进出口都配有合适的三通或四通接口。入口处的三通接口分别连接两个装有不同电解液的瓶子以及一个参比电极或辅助电极，而出口处的三通接口则连接电解液的出口以及参比电极或辅助电极。所用的红外窗片是半圆柱状的硅棱镜。在硅棱镜的反射平面上沉积的薄层金属膜或导电基底被用作工作电极（图 5-35 中部给出的是用化学方法沉积的厚度大约为 50nm 的铂金属薄膜 SEM 图像，其粗糙度因子约为 5）；硅棱镜上沉积金属薄膜的一面通过一个环状垫圈压在圆柱体的电解池本体上。所用的参比电极可置于电解池的入口或出口，根据支持电解质选择可逆氢参比电极（酸性电解质溶液）或饱和氯化银和饱和甘汞电极。两个辅助电极分别由铂片或铂丝做成，分别置于电解池的入口和出口处以便能很好地起到电流分流的作用。电解液的流速可通过静水压（一般将装有电解液的瓶子安装在高处）调控，更精确的控制可以通过外加流速泵实现。

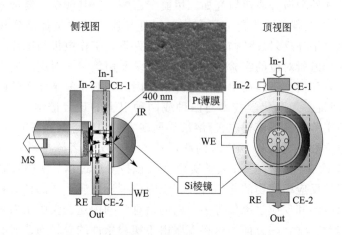

图 5-35　双薄层流动电解池的结构示意图[1]

In-1 和 In-2—电解液入口；CE-1 和 CE-2—两个辅助电极；RE—参比电极；
Out—电解液的出口；WE—镀在硅棱镜上的金属铂薄膜工作电极，
中间给出的是其表面的 SEM 图像

电解质溶液的流动开关控制可以通过在各处增加阀门来实现。工作时，电解液将先由电解池的入口进入工作电极所处的薄层室，流经电极表面后通过六个垂直毛细管抵达另一面的第二个薄层室，流经质谱进样膜表面，最后经中部的出口流出。整个电解池安装在红外谱仪的样品腔里，工作电极/硅棱镜的中心点刚好置于红外光路的聚焦点，从电极表面出来的反射光通过几个反射镜最后抵达检测器。其中电解池的第二个腔室通过一不锈钢螺纹管穿越红外谱仪的样品腔外壁（这里需要对商品化的红外光谱仪进行改装），并与质谱仪真空室的入口相连而实现在线实时检测。在这套装置中，质谱信号的检测比电化学及红外信号要滞后 1s，滞后大小主要由电解质溶液从第一个到第二个电解池室的传质速度决定，至于待测物种在透过质谱进样膜后经过较长的螺纹管抵达质谱仪这一过程所需时间是非常短的。与单一 DEMS 实验的情况相同，这一滞后可以通过将质谱信号的时间坐标轴左移 1s 而克服，并不会影响到质谱信号测量的毫秒级时间分辨率以及对电催化反应的原位跟踪。

该双薄层流动电解池具有以下优点：①由于电解池体积小，不存在死角，可在不到 1s 的时间内彻底改变电解池里电解质溶液的组成，可自清洁的表面开始方便地考察恒定电位下反应动力学行为随反应时间的变化，及其与电极表面的吸附物种、溶液中产物的分布与生成速率之间的关系。避免了以往在静态电解池中研究反应时，反应前电极表面的初始条件不一致，以及反应过程中可能有生成的副产物等继续在电极上反应对数据分析带来的干扰。②薄层流动电解池的入口可通过阀门方便地控制，并且可以通过适当的改装增加进样口，从而实现在同一薄膜电极上在保持其它实验条件完全相同的前提下方便地研究不同分子的电催化反应行为，提供了通过比较从不同反应物产生的同种表面吸附物种的红外吸收强度、生成的产物、副产物的质谱信号以及电化学参数（电流、电压），并以此推断电催化机理和动力学性能的可能性。③利用方便地切换电解质溶液的优势，可实现在不受溶液中的类似或相关物种影响的前提下，对表面的吸附物种的化学特性、覆盖度以及与电极电位的关系进行系统的研究。④利用自发沉积或电沉积方法，很容易将金属薄膜电极在流动电解质电解池中修饰为二元、三元及多元金属电极，而电解池中的金属离子将很容易通过电解质溶液的流动而清除，无须将电解池从红外谱仪的样品腔内取出，也无须拆开电解池清洗，使研究不同电催化剂的表面物种的红外吸收强度、电催化剂的组成、结构和电催化活性之间的相互关系成为可能。

5.4.2　红外和质谱联用技术在研究电催化反应方面的应用实例

本节我们以甲醇分子阳极氧化反应为例，介绍利用红外和质谱联用技术定量地给出复杂体系的反应机理与反应各途径的动力学信息的基本思路。

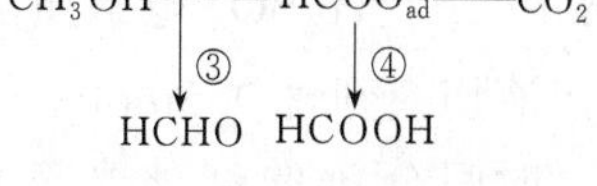

图 5-36 是从近 50 年多方的研究结果中总结出的甲醇在铂电极上解离吸附和氧化的机理简图。在铂电极上甲醇分解生成的稳定吸附反应中间物种有 CO_{ad} 和 $HCOO_{ad}$，或者可不完全氧化为甲醛、甲酸并溶于溶液中，也可以完全氧化为二氧化碳。生成的二氧化碳的总量可通过电化学微分质谱技术测量 CO_2 的 $m/z=$

图 5-36　甲醇在铂电极上解离
吸附和氧化机理简图

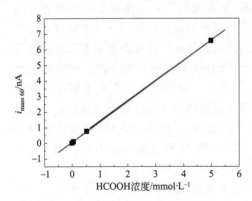

图 5-37　甲酸甲酯的质谱信号与溶液中
甲酸的浓度的校正关系
实验室通过将不同浓度的甲酸
$(0.5\sim5\text{mmol}\cdot L^{-1})$ 与 $0.1\text{mol}\cdot L^{-1}$
$\text{MeOH}+0.5\text{mol}\cdot L^{-1}\text{ H}_2\text{SO}_4$
溶液混合并在开路电位下以与研究甲醇
氧化反应时同样的流速流经电解池时
所测的 $m/z=60$ 的质谱信号

44 获得

$$i_{\text{MeOH}\rightarrow CO_2}=6\times i_{\text{mass }44}/K^*_{\text{mass }44}$$

(5-8)

式中，$K^*_{\text{mass }44}$ 为二氧化碳的质谱校正常数，它由 5.2.5 中给出的完全相同的方法得出。

甲酸是甲醇电催化氧化的产物之一，人们通过测量生成的甲酸甲酯的 $m/z=60$ 的质谱信号，以及该信号的质谱校正常数来计算（这一方法的准确性目前存在争议，详见前文 5.2.6）。

$$i_{\text{MeOH}\rightarrow HCOOH}=4\times i_{\text{mass }60}/K^*_{\text{mass }60}$$

(5-9)

其中 $K^*_{\text{mass}60}$ 可通过在开路电位时向 $0.1\text{mol}\cdot L^{-1}$ MeOH 溶液混入不同浓度的甲酸同时测量甲酸甲酯的 $m/z=60$ 的质谱信号而获得，见图 5-37。

一般认为产物仅限于甲醛、甲酸与二氧化碳，因此，甲醛的产量则可通过总的法拉第电流减去生成甲酸和二氧化碳的途径所对应的电流计算出：

$$i_{\text{MeOH}\rightarrow HCHO}=i_t-i_{\text{MeOH}\rightarrow CO_2}-i_{\text{MeOH}\rightarrow HCOOH}$$

(5-10)

按照上述方法，通过单一 DEMS 实验就能得到甲醇在铂上氧化的生成所有三种产物的速率，但是无法得知这些产物是通过什么反应途径生成的。例如对甲醇完全氧化生成二氧化碳的反应，普遍认可的有一氧化碳（CO）和非一氧化碳（non-CO）（直接途径）两种：

$$i_{\text{MeOH}\rightarrow CO_2}=i_{\text{CO途径}}+i_{\text{non-CO途径}}$$

(5-11)

如何根据实时记录的红外光谱数据明确地给出这两种反应途径的反应速率将在稍后介绍。

红外质谱联用技术所使用的工作电极一般都是沉积在红外窗片上的各种金属、合金薄膜，其制备方法与一般电化学衰减全反射红外光谱的工作电极制备方法基本一致（详见第三章的有关介绍）。图 5-38、图 5-39 给出的是在电解池只流过含支持 $0.5\text{mol}\cdot L^{-1}$ H_2SO_4 电解质溶液时，将电位恒定在某一研究电位，然后我们将电解质溶液切换到含 $0.5\text{mol}\cdot L^{-1}$ $\text{H}_2\text{SO}_4+0.1\text{mol}\cdot L^{-1}$ MeOH 溶液，并同时记录电流、时间分辨的红外光谱以及 $m/z=44$ 的来自 CO_2 以及 $m/z=60$ 的来自 CH_3COOH 的质谱信号。图 5-38 为在 $0.5\text{mol}\cdot L^{-1}$ $\text{H}_2\text{SO}_4+0.1\text{mol}\cdot L^{-1}$ MeOH 溶液中，在 0.5V 和 0.75V 时记录的两组典型的时间分辨的红外光谱。在不同电位下相应的法拉第电流、CO_2 和 CH_3COOH 的质谱电流，以及 CO_L、CO_M

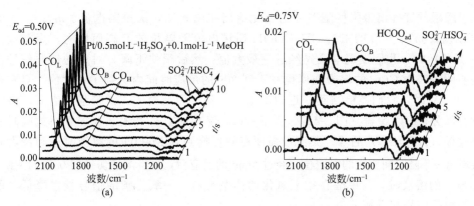

图 5-38　在恒定电位 0.5V（a）和 0.75V（b）下当电解质溶液从 $0.5\,mol\cdot L^{-1}\,H_2SO_4$ 切换到 $0.5\,mol\cdot L^{-1}\,H_2SO_4+0.1\,mol\cdot L^{-1}\,MeOH$ 后 Pt 电极溶液界面上甲醇解离吸附的中间产物的时间分辨红外光谱，背景光谱是在同一电位下只有 $0.5\,mol\cdot L^{-1}\,H_2SO_4$ 溶液时采集的，光谱分辨率为 $4\,cm^{-1}$，采集时间为 1s

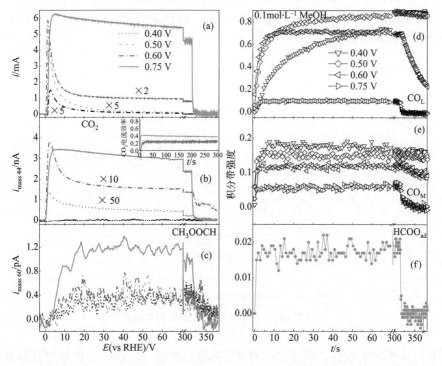

图 5-39　在恒定电位（0.40V，0.50V，0.60V 和 0.75V）下当电解质溶液从 $0.5\,mol\cdot L^{-1}$ H_2SO_4 切换到 $0.5\,mol\cdot L^{-1}\,H_2SO_4+0.1\,mol\cdot L^{-1}\,MeOH$ 后甲醇在 Pt 电极上解离吸附和氧化过程中的法拉第电流（a），$m/z=44$ 的二氧化碳的质谱电流（b），甲酸甲酯的质谱电流（c），CO_L 谱带（d）、CO_M 谱带（e）和甲酸根谱带（f）的积分强度与反应时间的函数关系，其它条件与图 5-38 相同。（b）中插图为二氧化碳的电流效率与反应时间的函数关系

和甲酸根的红外谱带强度随时间的变化给出在图 5-39，法拉第电流、$m/z=44$ 的 CO_2 以及 $m/z=60$ 的来自 CH_3COOH 质谱电流随电位的升高而增大。当电位低于 0.75V 时，我们发现电流先经过一最大值，然后很快下降，对应的红外信号也表明此时表面 CO_L 的谱带强度也在不到 30s 的反应时间内达到了最大值。只有当 $E\geqslant 0.6V$ 时，我们能检测到一近似的稳态电流，而此时 CO 谱带强度表明，表面只有部分被 CO 覆盖（图 5-40）。当 $E=0.75V$ 时，红外光谱还观测到桥式吸附的甲酸根（$HCOO_{ad}$）的峰。其谱带强度在刚切换到含 MeOH 的溶液时达到最大并表现出一不随时间变化的稳定值。经过 5min 的反应后，再将溶液切换回 $0.5mol \cdot L^{-1}$ H_2SO_4 的溶液时，与甲醛在铂上氧化的体系类似，一氧化碳的信号慢慢降低，而甲酸根的信号却迅速消失。

同样根据 CO_2 的质谱电流，以及 CO_2 的质谱电流信号与法拉第电流的校正因子 K^*，我们可推算出总生成的 CO_2 所产生的法拉第电流 $i_{MeOH \to CO_2}=6\times i_{m/z=44}/K^*$，将该电流除以所测到的总电流，我们就得到生成 CO_2 的电流效率，见图 5-41。由图 5-41 可见，对含 $0.1mol \cdot L^{-1}$ 的 MeOH 溶液，生成 CO_2 的电流效率在 0.6V 时约为 20% 而在 0.75V 时增大到 40%，而且发现在所研究的 5min 内，其值随时间的变化不明显。

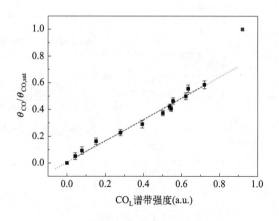

图 5-40 Pt 电极上 CO 的覆盖度与线式吸附的
CO_L 的红外谱带强度之间的关系曲线[63]

利用红外光谱数据，借助 CO 的谱带强度与其覆盖度在一定电势以及覆盖度范围内存在明确的线性关系（图 5-40），首先从一氧化碳的红外谱带随时间的变化得出其表面覆盖度随时间的变化，并假设在刚从支持电解质溶液切换到含甲醇的溶液时，CO_{ad} 的氧化速率为零，我们可计算出甲醇脱氢生成 CO_{ad} 的反应速率，同样，我们也可假设体系达到稳态后，将溶液切换回只含支持电解质溶液时一氧化碳的表面覆盖度随时间的变化代表了稳态时一氧化碳的氧化速率（因为这时甲醇脱氢生成

CO$_{ad}$ 的速率为零），这样从一氧化碳的表面覆盖度随时间的变化，我们可直接计算出稳态时 CO$_{ad}$ 的氧化速率，这些数值与利用电化学微分质谱得出的甲醇氧化生成二氧化碳以及甲酸的速率一并给出在图 5-41 中。通过比较这些反应速率我们能非常容易地看出在我们研究的流动电解池体系里，在 0.4～0.75V 的电位区间内，铂薄膜上甲醇的氧化主要产物是甲醛（≥80%）。同时我们也清楚地看到甲醇脱氢生成 HCHO 的速率是随着电位的升高（从 0.4～0.75V）而升高的，意味着打断甲醇的第一个 C—H 键和 O—H 键的能力在该电位区是随着电位的升高而增大的。只有当电位高达 0.75V，才观察到少量的甲酸生成，占所消耗甲醇的 10% 左右。当电位小于 0.6V 时，甲醇氧化生成的二氧化碳主要是通过一氧化碳途径生成的，而在 0.75V 时，主要是通过非 CO$_{ad}$ 途径进行的。

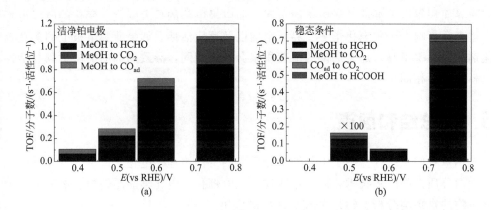

图 5-41　（a）在恒定电位（0.50V，0.60V，0.70V 和 0.75V）下当电解质溶液从
0.5mol·L^{-1} H$_2$SO$_4$ 刚切换到 0.5mol·L^{-1} H$_2$SO$_4$ + 0.1mol·L^{-1} MeOH 后
甲醇在 Pt 电极上解离吸附和氧化过程中的各反应途径的反应速率；
（b）稳态时各反应途径的速率，其它条件与（a）相同

从本节利用电化学红外光谱与微分电化学质谱联用技术对铂电极上甲醇氧化的研究可见，仅通过这一联用技术我们即可得到：①常规的电化学表征结果，如反应电流、起始电位等；②不同反应途径对总反应的贡献，尤其是 CO 这种涉及表面吸附的途径；③不同电势下各产物的分布情况。由于某些反应途径可能总反应有特殊的影响，比如 CO 途径如果是主要途径的话，必须考虑催化剂中毒的问题；而不同的最终产物对应着不同的吉布斯自由能变即不同程度的电能输出，这些信息对判断甲醇电催化反应的催化剂都是至关重要的，设计电催化剂时必须要考虑这些问题。因此，相比常规的甲醇电催化剂表征仅关注起始电位和反应电流，利用红外和质谱联用技术的表征结果毫无疑问更加彻底，更接近本质也更具有指导意义。

上面给出的例子只是在铂薄膜电极上的结果，同样的研究也可在其它组成、结

构的电极上（如 PtRu 电极）以及其它实验条件下（反应温度、电位、电解液流速等）进行[64~67] 或者用于其它更为复杂的有机小分子（如 C_2～C_3 等）的电氧化机理和动力学研究[17,27,65,67]。尽管对这类更为复杂的反应体系，单纯使用电化学红外和质谱联用技术还不能给出有关反应机理以及动力学行为的所有信息，但已经能帮助找出影响反应动力学的关键因素，这些信息对理性设计高效的阳极催化剂具有重要的指导意义。最近我们还将该联用技术用于开路电位下 Pt 氧化物表面与有机小分子接触后的反应过程研究[68]，我们的结果表明，尽管在 Pt 电极上没有外加电势的控制，在开路电位下反应仍按照相同的机理进行。发生在电极/电解质界面的反应行为是一种电化学性质，无论有没有外加电势控制，其热力学过程主要由参加反应的物种的电化学势所控制。在开路电位条件下，通过氧化还原反应在电极/电解质界面积累或消耗的少量电子能引起界面电极电势的显著变化。变化的电极电势反过来会影响电子的电化学势、界面结构以及反应活性。如果薄膜电极上的多孔催化剂的电导率不高，那么局部的电荷积累会各不相同，导致局部的电势贡献与活性贡献也大不相同。

5.5 总结和展望

本章我们系统地介绍了电化学微分质谱的工作原理、电化学原位红外光谱和电化学微分质谱的联用技术，以及这些技术在电催化、电化学能源转换、溶液中痕量有机物的富集与分析、CO_2 的碳循环中的应用。

微分电化学质谱对所检测溶液中的可挥发性物质具有很高的灵敏度，其对电解池设计、电极本身的结构与组成没有苛刻的要求。通过合理恰当的校正工作，微分电化学质谱技术可以定量反应生成的或者脱附的物种，极大地丰富了实验所能获得的信息，对有关产物分布、反应路径分析以及吸脱附机理的研究提供了重要的信息，是电化学领域进行反应产物与副产物的在线定量分析的首选技术。相对于各种色谱或荧光技术，它在测量物种的瞬时产生与消耗速率方面具有不可比拟的优势。除了目前的燃料电池电催化领域、锂电池以及 CO_2 的碳循环中的重要应用以外，其在光电催化、电有机合成、生物电化学等领域都将大有作为。无论是基础理论研究还是实际应用开发，微分电化学质谱技术都将是电化学家手上强有力的实验检测手段。

经过合适的校正，基于衰减全电化学原位红外光谱也能在宽松的条件下研究界面的电极反应，并给出吸附在电极表面的反应产物、中间物的化学本性、吸附构型以及生成速率或消耗速率等信息。该技术与电化学微分质谱的实时联用，形成了良好的优势互补，是一种用于表征电极过程机理和动力学的强有力的工具。我们相信，随着能源和环境问题的日益凸显，这些技术将在能源电化学转换领域发挥重要的作用。

参 考 文 献

[1] Heinen M，Chen Y，Jusys Z，Behm R. In situ ATR-FTIRS coupled with on-line DEMS under controlled mass transport conditions—A novel tool for electrocatalytic reaction studies. Electrochimica Acta，2007，52，5634-5643.

[2] Bruckenstein S，Gadde R R. J Am Chem Soc，1971，93，703.

[3] Bruckenstein S，Comeau J. Faraday Discuss Chem Soc，1974，56，285.

[4] Hongsen Wang，Christoph Wingenderr，Helmut Baltruschat，Lopez M，Reetz M T. Methanol oxidation on Pt，PtRu，and colloidal Pt electrocatalysts，a DEMS study of product formation. Journal of Electroanalytical Chemistry，2001，509，163-169.

[5] Wolter O，Heitbaum J，Bunsenges B. Phys Chem，1984，88，2.

[6] Bittins-Cattaneo B，Cattenaeo E，Koenishoven P，Vielstich W. Electroanalytical Chemistry，a Series of Advances，Vol XVII. New York，Marcel Dekker，1991.

[7] Baltruschat H. Interfacial Electrochemistry. New York，Marcel Dekker Inc，1999.

[8] Baltruschat H，J Am Soc Mass Spectrom，2004，15，1693.

[9] Torresi R M，Wasmus S. Wiely VCH-verlag，John Wiley&Sons Inc，2003.

[10] Achille Cappiello，Famiglini G，Palma P. Peer Reviewed，Electron Ionization for LC/MS. Anal Chem，2003，75，496A-503A.

[11] NW M. Theory and application of Mathieu functions. USA，Dover Publications Inc，1964.

[12] Iwasita T. Electrocatalysis of methanol oxidation. Electrochimica Acta，2002，47，3663-3674.

[13] Pérez-Rodríguez S，Corengia M，García G，Zinola C F，Lázaro M J，Pastor E. International Journal of Hydrogen Energy，2012，37，7141.

[14] Hartung T，Baltruschat H. Langmuir，1990，6，953.

[15] Jusys Z，Massong H，Baltruschat H. J Electrochem Soc，1999，146，1093.

[16] Sun S，P T. Ulm University，2012.

[17] Tan C，Rodríguez-López J，Parks J J，Ritzert N L，Ralph D C，Abruña H D. ACS Nano，2013，6，3070.

[18] Seiler T，Savinova E R，Friedrich K A，Stimming U. Poisoning of PtRu/C catalysts in the anode of a direct methanol fuel cell，a DEMS study. Electrochimica Acta，2001，49，3927-3936.

[19] Wang H，Rus E，Sakuraba T，Kikuchi J，Kiya Y，Abruna H D. CO_2 and O_2 evolution at high voltage cathode materials of Li-ion batteries，a differential electrochemical mass spectrometry study. Analytical chemistry，2014，86，6197-6201.

[20] Gao Y，Tsuji H，Hattori H，Kita H. Journal of Electroanalytical Chemistry，1994，372，195-200.

[21] Wonders A H，Housmans T H M，Rosca V，Koper M T M，Lopez M. Journal of Applied Electrochemistry，2006，36，1215.

[22] Housmans T H M，Wonders A H，Koper M T M. J Phys Chem B，2006，110，10021-10031.

[23] Novák P，Goers D，Hardwick L，Holzapfel M，Scheifele W，Ufheil J，Würsig A. Advanced in situ characterization methods applied to carbonaceous materials. Journal of Power Sources，2005，146，15-20.

[24] Lee J K，Kim S，Nam H G，Zare R N. PNAS，2015，112，3898.

[25] Brown T A，Hao Chen，R N Z. J Am Chem Soc，2015，137，7274.

[26] Barbula G ffi n K，Safi S，Chingin K，Perry R H，Zare R N. Anal Chem，2011，83，1955.

[27] Wang H，Abruña H D. Electrocatalysis of Direct Alcohol Fuel Cells，Quantitative DWMS Studies. Structure and Bonding，2011，141，33-83.

[28] Seiler T，Savinova E R，Friedrich K A，Stimming U. Poisoning of PtRu/C catalysts in the anode of a direct methanol fuel cell，a DEMS study. Electrochimica Acta，2004，49，3927-3936.

[29] Zhong J-H，Liu J-Y，Li Q，Li，M-G，Zeng Z-C，Hu S，Wu D-Y，Cai W，Ren B. Electrochim Acta，2013，110，754.

[30] Chen W，Tao Q，Cai J，Chen YX. Electrochemistry Communications，2014，48，10.

[31] Amin H M A，Baltruschat H，Wittmaier D，Friedrich K A. A Highly Efficient Bifunctional Catalyst for Alkaline Air-Electrodes Based on a Ag and Co_3O_4 Hybrid，RRDE and Online DEMS Insights. Electrochimica Acta，2015，151，332-339.

[32] Jusys Z, Behm R J. Simultaneous oxygen reduction and methanol oxidation on a carbon-supported Pt catalyst and mixed potential formation-revisited. Electrochimica Acta, 2004, 49: 3891-3900.

[33] Gómez-Marín A M, Schouten K J P, Koper M T M, Feliu J M. Interation of hydrogen peroxide with a Pt(111) electrode. Electrochemistry Communications, 2012, 22. 153-156.

[34] Castel E, Berg E J, El Kazzi M, Novák P, Villevieille C. Differential Electrochemical Mass Spectrometry Study of the Interface ofxLi$_2$MnO$_3$ · $(1-x)$LiMO$_2$ (M=Ni, Co, and Mn) Material as a Positive Electrode in Li-Ion Batteries. Chemistry of Materials, 2014, 26: 5051-5057.

[35] Zhong J-H, Zhang J, Jin X, Liu J-Y, Li Q, Li M-H, Cai W, Wu D-Y, Zhan D, Ren B. J Am Chem, Soc, 2014, 136: 16609.

[36] Löffler T, Drbalkova E, Janderka P, Königshoven P, Baltruschat H. J Electroanal Chem, 2003, 550: 81-92.

[37] Löffler T, Baltruschat H. J Electroanal Chem, 2003, 554/555: 333-334.

[38] Bogdanoff P, Alonso-Vante N, Bunsenges B. Phys Chem, 1993, 97.

[39] Friebe P, Bogdanoff P, Alonso-Vante N, Tributsch H. Journal of Catalysis, 1997, 168: 374-385.

[40] Dubé P, Brisard G M. Journal of Electroanalytical Chemistry, 2005, 582: 230.

[41] A P M C, Brisard G M, Nart F C, Iwasita T. On-line mas spectrometry investigation of the rdeuction of carbon dioxide in acidic media on polycrystalline Pt. Electrochemistry Communications, 2001, 3: 603-607.

[42] Plana D, Florez-Montano J, Celorrio V, Pastor E, Fermin D J. Tuning CO$_2$ electroreduction efficiency at Pd shells on Au nanocores. Chemical communications, 2013, 49: 10962-10964.

[43] E R G. Ermete Antolini, Tungsten-based materials for fuel cell applications. Applied Catalysis B: Environmental, 2010, 96: 245-266.

[44] Wang H, Löffler T, Baltruschat H. Formation of intermediates during methanol oxidation: A quantitative DEMS study. Journal of applied electrochemistry, 2001, 31: 759-765.

[45] Wang H, Baltruschat H. J Phys Chem C, 2007, 111: 7038.

[46] A AJ. Electrocatalysis and fuel cells. Catalysis Review, 1970, 4: 221-224.

[47] Willsau O W J. Heitbaum J. journal of Electroanalytical Chemistry and Interfacial Electrochemistry, 1985, 195: 299-306.

[48] Maciá M D, Campiña J M, Herrero E, Feliu J M. On the kinetics of oxygen reduction on platinum stepped surfaces in acidic media. Journal of Electroanalytical Chemistry, 2004, 564: 141-150.

[49] Zalitis C M, Kramer D, Kucernak A R. Electrocatalytic performance of fuel cell reactions at low catalyst loading and high mass transport. Physical chemistry chemical physics: PCCP, 2013, 15: 4329-4340.

[50] Li M F, Liao L W, Yuan D F, Mei D, Chen Y-X. pH effect on oxygen reduction reaction at Pt(111) electrode. Electrochimica Acta, 2013, 110: 780-789.

[51] Novak P, Panitz J-C, Joho F, Lanz M, Imhof R, Coluccia M. Journal of Power Sources, 2000, 90: 52-58.

[52] La Mantia F, Novák P. Online Detection of Reductive CO$_2$ Development at Graphite Electrodes in the 1 M LiPF$_6$, EC: DMC Battery Electrolyte. Electrochemical and Solid-State Letters, 2008, 11: A84.

[53] Lanz P, Sommer H, Schulz-Dobrick M, Novák P. Oxygen release from high-energy xLi$_2$MnO$_3$ · $(1-x)$ LiMO$_2$(M=Mn, Ni, Co): Electrochemical, differential electrochemical mass spectrometric, in situ pressure, and in situ temperature characterization. Electrochimica Acta, 2013, 93: 114-119.

[54] Robert R, Bünzli C, Berg E J, Novák P. Chem Mater, 2015, 27: 526.

[55] McCloskey B D, Bethune D S, Shelby R M, Girishkumar G, Luntz A C. Solvents'Critical Role in Non-aqueous Lithium-Oxygen Battery Electrochemistry. The Journal of Physical Chemistry Letters, 2011, 2: 1161-1166.

[56] Gattrell M, Gupta N, Co A. A review of the aqueous electrochemical reduction of CO$_2$ to hydrocarbons at copper. Journal of Electroanalytical Chemistry, 2006, 594: 1-19.

[57] Tomita Y, Teruya S, Koga O, Hori Y. Journal of The Electrochemical Society, 2000, 147: 4164-4167.

[58] Baltruschat H. J Am Soc Mass Spectrom, 2004, 15: 1693.

[59] Bard A J, Faulkner L R. Electrochemical Methods: Fundamentals and Applications. 2nd ed. Berlin: Wiley-VCH Verlag GmbH, 2000.

[60] V J-P, Roland De Marco. In situ structural characterization of electrochemical systems using synchrotron-radiation techniques. TrAC Trends in Analytical Chemistry, 2010, 29: 528-537.

[61] Li X, Cai W, An J. Kim S, Nah J, Yang D, Piner R, Velamakanni A, Jung I, Tutuc E, Banerjee S K, Colombo L, Ruoff R S. Science, 2009, 324: 1312.

[62] Williams G P. IR spectroscopy at surfaces with synchrotron radiation. Surface Science Reports, 1996, 368: 1-8.

[63] Liao L W, Liu S X, Tao Q, Geng B, Zhang P, Wang C M, Chen Y X, Ye S. A method for kinetic study of methanol oxidation at Pt electrodes by eletrochemical in situ infrared spectroscopy. Journal of Electroanalytical Chemistry, 2011, 650: 233-240.

[64] Xu J, Yuan D, Yang F, Mei D, Zhang Z, Chen Y-X. On the mechanism of the direct pathway for formic acid oxidation at a Pt(111) electrode. Physical Chemistry Chemical Physics, 2013, 15: 4367-4376.

[65] Wang H, Jusys Z, Behm R J. Ethanol electro-oxidation on carbon-supported Pt, PtRu and Pt_3 Sn catalysts: A quantitative DEMS study. Journal of Power Sources, 2006, 154.

[66] Jusys Z, Kaiser J, Behm R J. Methanol Electrooxidation over Pt/C Fuel Cell Catalysts: Dependence of Product Yields on Catalyst Loading. Langmuir, 2003, 17: 6759-6769.

[67] Colmenares L, Wang H, Jusys Z, Jiang L, Yan S, Sun G Q, Behm R J. Ethanol oxidation on novel, carbon supported Pt alloy catalysts—Model studies under defined diffusion conditions. Electrochimica Acta, 2006, 52: 221-233.

[68] Tao Q, Zheng, Y-L, Jiang D-C, Chen Y-X, Jusys Z, Behm R J. Interaction of C_1 Molecules with a Pt Electrode at Open Circuit Potential: A Combined Infrared and Mass Spectroscopic Study. The Journal of Physical Chemistry C, 2014, 118: 6799-6808.

第**6**章

量子化学理论在谱学电化学中的应用

　　电化学界面涉及现代科学技术中的重要问题，如吸附、传感、黏合、腐蚀、晶化、电镀、催化以及电子器件等界面科学技术的发展，其均依赖于人们对界面过程深刻的认识。传统电化学技术通过测定电流和电位或阻抗与电位的关系研究电化学问题，得到电化学界面结构和热力学量，由此获得电化学表面大量分子及其相关过程的信息，具有较强的统计性质。而在微观上认识电极表面，就需要对电极界面结构及其对界面过程的影响有更全面深入的认识。这要求我们不仅要得到双电层包括相对较宽的分散层和相对较薄的紧密层的结构信息，特别是后者仅为 3Å 左右，而且要在电极界面薄层区间获得分子信息，包括分子在表面的吸附位、吸附取向、化学成键性质以及环境因素对其的影响，这对传统电化学方法是极大的挑战。

　　在分子水平上研究电化学界面过程是电化学科学的一个里程碑。在 1960 年之后，随着光谱学技术的发展，人们在 1970 年左右开始将激光技术应用于电化学研究，从而开始谱学电化学的研究。谱学技术能在分子水平上提供电化学界面信息，特别是在对界面区域的敏感性和检测灵敏度上的显著提高，导致在空间、能量以及时间分辨上都要优于传统的电化学技术，这为人们认识电化学过程获得新的生机[1]。1974 年代表性研究成果是用拉曼光谱研究电化学粗糙的银电极表面吸附吡啶，获得了高质量吸附吡啶分子的拉曼光谱[2]。此后该谱学技术已发展成为具有重要应用的表面增强拉曼光谱技术。几乎同时，拉曼光谱也应用于电化学界面金电极表面的 $Fe(CN)_6^{4-}/Fe(CN)_6^{3-}$ 氧化还原电对的反应研究[3]。这些研究为分子光谱学技术应用于电化学界面开辟了新的途径，从而使人们能够在微观水平认识电化学界面结构和反应的关系。

　　表面光谱学研究电化学界面也为电化学理论研究提供了新的机遇。光谱学方法不仅为电化学表面结构提供微观信息，也更进一步提供研究电化学界面反应过程的信息。从光谱学方法获得的谱学信号给出了界面吸附分子的指纹信息，包含丰富的界面吸附结构以及反应机理。例如，由表面光谱技术所测得的谱峰位置，其对应于分子的振动频率，反映吸附分子结构或特定官能团与电极表面作用以及作用的强弱。光谱强度是另一个重要的参考信息，其数值与分子在表面吸附量以及可能的吸附取向相关，同时也与光场的频率和强度有关。

6.1 谱学电化学中的问题

在很多情况下光谱带的线宽也是反映分子与表面吸附作用的重要信息。相对于气相或溶液环境，吸附在表面的分子的振动谱带会显著增宽，这一方面反映吸附分子在表面存在多种可能的表面吸附态；另一方面，也来源于分子与金属表面低能电子-空穴对发生耦合作用，使分子能级发生显著增宽，属于分子离散能级与固体能带之间作用的结果[4]。这种作用在吸附较弱时称为物理吸附态，分子主要通过长程的范德华（van der Waals）作用力与电极表面作用。如果分子带有电荷或具有强的极性，会存在一定的静电作用，但当作用能小于 $7kcal \cdot mol^{-1}$ 时，分子的光谱信号，特别是谱峰的位置常与未吸附的分子具有类似的光谱信号。然而，当分子与电极表面作用较强时，吸附能显著增加，分子在表面的几何构型和电子结构发生显著变化，甚至发生氧化或还原态的改变，这时吸附分子的光谱信号将发生明显的改变。

表面吸附分子的光谱信号强烈依赖于电化学界面的各种因素，因此也是研究电化学界面的重要探针。如表 6-1 所示，这些因素不仅影响电化学界面的结构和吸附作用，而且也会影响化学性质和电催化性质的变化，从而导致电化学界面吸附分子的光谱信号变化。电极电位是电化学界面影响电极表面吸附和化学反应的最重要的因素之一。它直接改变金属电极的 Fermi 能级以及电极表面所带的电量。在电化学界面，当电极上所带电量为零时，该电位称为零电荷电位。当电极电位在零电荷电位以正时，电极表面带一定量的正电荷，这时带有正电荷或偏向于缺电子的分子在电极表面的吸附减弱，而带一定量负电荷或给电子的分子由于静电作用偏向于强吸附在电极表面。当电极电位在零电荷电位以负时，电极电位对表面分子吸附的影响与上述情况相反。不同分子、离子与电极表面作用的强弱显著依赖于电极材料的能带结构和带电性质。

表 6-1　影响电化学界面结构和性质的主要因素

影响电化学界面性质的 各种可能的因素	研究体系或实验条件	微观性质
1. 电位	阳极化、阴极极化、纳米尺寸效应	界面结构
2. 电极材料	金属电极、半导体电极	电子结构
3. 电解质溶液	水溶液、非水溶液、离子液体	溶液相
4. 温度	对弱吸附和分子间作用弱的体系影响较大	界面吸附结构
5. pH 值效应	对溶液中活性成分的存在形式的影响	调节表面结构
6. 外部光电磁场	对界面物种的谱学检测和表征	

尽管电化学涉及复杂的界面过程和多种实验因素的影响，但在量子力学理论建立的初期，量子力学理论就开始应用于电化学体系的研究。Gurney 最早将量子力学理论应用于研究电化学界面的氢质子放电[5]，而 Tamm 最早将量子力学应用于电化学界面电子转移反应的研究[6]。Tamm 采用了 Kronig-Penney 模型将表面看作不连续的势能点阵，并由此得出在表面势能变化比较大的条件下，表面存在的量子态表现出与本体不同的性质，即表面态[6]。

最近，周期性密度泛函理论已用于模拟单晶电极表面电化学过程。电化学体系的理论计算涉及如何处理以下问题：①周期性系统表面带电能量的计算；②溶剂层（表面水层）的结构（主要考虑紧密层）；③电压连续可调，即系统电子数不恒定问题。Nørskov 等着眼于电化学反应的热力学理解电催化反应，将电势对反应的影响简化为热力学项 $\Delta G_U = -neU$[7]，其中 n 为反应电子数，e 为电子电荷，U 为反应平衡电势。Neurock 等利用在周期性的晶胞中加入电荷的方法来模拟电势的极化作用及电催化反应，但是为了保持整个体系的电中性，其相反电荷遍布整个晶胞[8]。通过引入一定结构的水层，体系的电化学势用一种叫作"双重参考"的方法获得。最近，Anderson 等[9] 运用连续介质 Poisson-Boltzmann 理论[10] 结合周期性密度泛函方法模拟电化学体系，发展了能较为有效地模拟电极/溶液界面结构的理论计算方法。该理论将背景电荷（对应溶液中带电粒子）分布在离表面附近的一个 Gaussian 极板处，采用了参数化的介电常数分布，可以计算电化学体系的能量变化，考虑溶液中带电粒子的分布及其对吸附物的溶剂化作用，在一些情况下该方法能较方便地考虑表面结构、电势和溶剂等因素的影响[11]，但目前该方法仍未用于电化学界面的光谱研究，特别是涉及表面电子激发态过程的光谱研究。

簇模型方法是研究电化学界面吸附和谱学现象的有效方法之一。它是基于吸附分子与电极表面形成的吸附键具有一定的定域化性质，从而采用簇模型能很好地模拟表面活性吸附位的电子结构和化学吸附键性质。基于簇模型方法，Anderson 等发展了一种用簇模型构造活性中心的模型方法[12]。他们利用反应中心的电子亲和能或电离能与电极功函数匹配的原则，电极电势的计算采用电势 $U = [\varphi - \varphi(H^+/H_2)]/e$，其中电势 U 的单位为伏（V）；φ 为工作电极热力学功焓；而 $\varphi(H^+/H_2)$ 为氢标电极的功焓，它们的单位为 eV；e 为电子电荷。假设发生电子转移反应时，反应复合物的电子亲和能（E_A/eV）等于电极电离势（IP/eV），则有 $\varphi = IP = E_A$。由此，他们利用第一性原理较好地描述电极表面电位对电化学条件下界面吸附与反应的影响。

本章主要介绍量子化学理论结合光谱学理论在谱学电化学方面的应用，集中介绍表面光谱理论和量子化学用于电极表面吸附结构的预测和对分子光谱的解析，从而获得分子在电极表面的吸附取向、分子与电极表面的成键作用，以及在外界因素如电位的影响下分子在电极表面结构所发生的变化。为了更好地理解电化学谱学中的光谱信息，我们首先介绍了在宏观和微观情况下考虑光辐射与界面作用的基本理论模型，然后我们分析了电化学电位对表面吸附分子的影响以及覆盖度增加对光谱的影响，而后者主要探讨分子之间和分子内耦合效应对光谱的频率位置、谱峰强度及谱带宽度的影响。在这两者中均涉及分子与电极表面的作用，且二者可通过振动光谱关联起来。最后，我们具体介绍用量子化学计算和分子光谱学理论的分析方法，并针对重要电化学研究体系中的吡啶分子进行光谱分析和应用进行了总结。

6.2 金属电极的表面吸附理论模型

像在一般的金属表面一样，分子在金属电极表面存在物理吸附和化学吸附。物理吸附是吸附分子与基底形成弱的相互作用，通常分子与表面成键能小于 $0.3eV$（约 $7kcal \cdot mol^{-1}$）。吸附分子的波函数与表面之间的重叠较小，分子或表面的电子结构不发生明显改变。物理吸附通常通过范德华（van der Waals）力或氢键作用。虽然这种作用十分弱，但是物理吸附对于分子在表面自组装结构、能量交换和电子转移起着非常重要的作用。从分子物理学的角度来看，范德华作用起源于相互作用分子的诱导偶极矩的作用。通常只有在低温及不存在强的化学吸附的情况下才能观测到物理吸附[13]。

物理吸附势能是由长程的范德华吸引力和短程的 Pauli 排斥作用力的和构成的。当吸附分子靠近电极表面时，吸附原子和表面原子的电子波函数会发生一定程度的重叠，从而使体系的能量升高，引起强的排斥作用。因此物理吸附势能曲线上必然会有极小值点。在这一点上，长程的范德华吸引力与短程的 Pauli 排斥达到平衡。Zaremba[14] 将总的物理吸附作用分解为两部分贡献，长程的范德华力和由 Hartree-Fork 理论描述的短程作用力，得到了惰性气体在金属上物理吸附的平衡位置。

化学吸附是吸附分子与基底形成较强的化学键，通常分子与表面成键能大于 $7kcal \cdot mol^{-1}$。吸附分子的波函数与表面之间的重叠较大，分子或表面的电子结构发生明显改变。由于较强的化学作用，导致吸附分子几何结构或电子结构发生重排或能级顺序改变，或吸附分子与表面之间电荷发生明显的重新分布，即产生电荷转移现象。化学吸附也可能导致吸附分子发生吸附解离，如硫醇在金表面[15]，或氧气、氢气[16] 和氨气在过渡金属表面等[13,17]。在化学吸附中，涉及吸附物与基底间的电子云重叠。与物理吸附相比，化学吸附的作用力要强得多，且依赖于吸附物和基底表面的结构以及表面覆盖度。例如，一氧化碳在过渡金属上的吸附要比在币族金属上的吸附强，相反，硫醇在金上的吸附能很大。

当分子靠近金属电极表面时，表面要捕获吸附物种，则它的能量必须低于分子从液/固界面脱附的束缚能。如果吸附物与表面发生弹性碰撞，它将重新回到体相中；而如果发生的是非弹性碰撞，则分子损失部分动能，就能被表面所捕获，并通常与表面形成类似于物理吸附的弱相互作用，这可能成为化学吸附的前驱体。如果在通过表面扩散后，吸附物吸附在高活性表面位点上，并形成强的化学吸附态。化学吸附相当于金属表面的原子与吸附质分子发生了化学反应。这会导致吸附分子在红外、拉曼或紫外-可见光谱中出现新的特征谱峰，同时谱峰在频率和强度上与分子本身的相比会发生大的变化。

固体表面的原子或离子与本体内部的不同，它们具有悬空键，能与吸附分子形成化学键，因而最强化学吸附常是最靠近表面的单分子吸附层。只有当吸附质与基底的电子云发生有效重叠时，才能形成短程的化学吸附键。例如，氧气在金属表面吸附的理论成键能为 7.0eV [18]，这与实验上测得氧气在多晶过渡金属表面的吸附热十分吻合[19]。一氧化碳和氧气的化学吸附在金属电极表面表现出很不一样的性质。一氧化碳通常以分子形态吸附在金属表面，而氧气则在表面发生解离并以原子态吸附于金属电极表面。这两个小分子在电极表面的吸附和反应是电化学界面极为重要的研究体系。

竞争吸附是不同分子或离子在同一表面位的吸附能力，它依赖于表面位和吸附物种本身的性质。吸附能、溶剂化能和吸附熵均对竞争吸附影响较大[20]。分子在电极表面的吸附能不是一个绝对能量，它与表面吸附物种在溶液侧的溶剂化能密切相关。高的溶剂化能将导致低的吸附能。通常长链分子更容易取代短链，这不仅是由于长链具有更多吸附位，同时也具有小的构象熵损失。此外，界面溶液侧强吸附物种的浓度也很重要。高浓度的弱吸附物种可能替代低浓度的强吸附物种，表面吸附自由能更低。因此，研究竞争吸附有利于探明表面电子结构和化学活性。

6.3 基于量子化学的谱学电化学理论

6.3.1 定态 Schrödinger 方程的微扰理论

采用簇模型计算吸附分子的光谱学性质，在很多方面类似于分子体系。但是由于金属簇的存在，其电子能级结构常常更为复杂。如果我们把外界因素的影响作为微扰作用，就可以采用定态 Schrödinger 微扰理论研究体系能级或能态的变化[21]。若用 $\Psi_n^{(0)}$ 作为研究体系在非微扰态哈密顿量 H_0 时能级为 $E_n^{(0)}$ 的波函数。则当考虑微扰 H' 后，Ψ_n 为微扰体系本征能量为 E_n 的波函数，则微扰 Schrödinger 方程为

$$H\Psi_n = E_n\Psi_n$$

其中 Hamiltonian 可以表示为

$$H = H_0 + \lambda H'$$

因为体系的哈密顿量与微扰参数 λ 有关，则体系的本征波函数和本征值均与 λ 有关，即

$$\Psi_n = \Psi_n(q, \lambda)$$
$$E_n = E_n(\lambda)$$

式中，q 为体系的坐标变量。这样，我们可以认为微扰体系本征波函数 Ψ_n 和本征能量 E_n 是 λ 的函数。同时，认为在未微扰哈密顿量的本征能量和本征波函数

是已知的，且本征波函数是正交归一化波函数，具有完备性。这里我们仅需要考虑微扰理论中一阶和二阶校正能量以及一阶校正波函数。由 Rayleigh-Schrödinger 微扰理论可以确定对于第 n 态，其一阶校正能量为微扰哈密顿量的未微扰波函数 $\Psi_n^{(0)}$ 的对角元项贡献。进一步考虑二阶校正后，可以得到体系的校正能量为

$$E_n = E_n^{(0)} + H_{nn}' + \sum_{m \neq n} \frac{|H_{mn}'|^2}{E_n^{(0)} - E_m^{(0)}}$$

其中

$$H_{nn}' = \langle \Psi_n^{(0)} | H' | \Psi_n^{(0)} \rangle$$

$$H_{nm}' = \langle \Psi_n^{(0)} | H' | \Psi_m^{(0)} \rangle$$

为了确定考虑微扰作用后体系的状态函数，首先依据未微扰波函数 $\Psi_n^{(0)}$ 为完备正交集，可以将一阶微扰波函数进行展开。因此，在一阶微扰下校正后的第 n 个本征态的波函数为一阶校正后的波函数，

$$\Psi_n = \Psi_n^{(0)} + \sum_{m \neq n} \frac{\langle \Psi_m^{(0)} | H' | \Psi_n^{(0)} \rangle}{E_n^{(0)} - E_m^{(0)}} \Psi_m^{(0)}$$

通过上面的微扰方法，可以得到考虑微扰后描述研究体系的本征能量和相应本征状态的波函数。

6.3.2　Born-Oppenheimer（BO）近似

由于分子体系存在电子和核运动的自由度，准确应用量子化学计算研究体系极为复杂，实际计算常基于 Born-Oppenheimer 近似，将电子运动和核运动分开进行 Schrödinger 方程计算。在计算中主要因为分子中电子的质量远小于原子核的质量，而分子体系的电子和原子核总动量守恒，这样电子的运动速率远大于原子核的速率。在每一个给定的分子构型下，电子都可认为处于其平衡态。对于研究的模型体系，其 Schrödinger 方程为

$$\hat{H}\psi = E\Psi$$

其哈密顿量 $\hat{H}$ 可表示为

$$\hat{H} = \hat{T}_n + \hat{T}_e + V(r, R)$$

式中，$\hat{T}_n$ 和 $\hat{T}_e$ 分别为原子核和电子的动能算符。由于 $M/m > 10^3$，$\hat{T}_n$ 的值远小于 $\hat{T}_e$ 的值。先解电子 Schrödinger 方程

$$\hat{H}_e \Phi_a(r, R) = U_a(R) \Phi_a(r, R)$$

上式中 $\Phi_a(r, R)$ 直接随电子坐标发生变化（电子坐标的集合表示为 r），而间接随核坐标 R 发生变化（核坐标集合表示为 R）。电子波函数 Φ_a 形成一个完备正交集。通过用展开定理，

$$\Psi(r,R)=\sum_a \Theta_a(R)\Phi_a(r,R)$$

式中，$\Theta_a(R)$ 为展开系数，对应于原子核运动的波函数。将上式代入 Schrödinger 方程，由核动能算符展开得到 Born-Oppenheimer 耦合项 H'_{BO} 为，

$$\hat{H}'_{BO}\Phi_a\Theta_a=-\sum_i \frac{\hbar^2}{2M_i}\left(\frac{\partial^2\Phi_a}{\partial X_i^2}\Theta_a+2\frac{\partial\Phi_a}{\partial X_i}\times\frac{\partial\Theta_a}{\partial X_i}\right)$$

该项表示两个不同电子态之间的耦合，这些项为非绝热效应。如果我们忽略这些项中不同电子态之间的作用，得到在独立 b 电子态上核运动的 Schrödinger 方程

$$(\hat{T}_n+\overline{U}_b)\Theta_b=E|\Theta_b\rangle$$

其中

$$\overline{U}_b=U_b+\langle\Phi_b|\hat{T}_n|\Phi_b\rangle$$

式中，$\overline{U}_b$ 为核运动 Schrödinger 方程的势能，它由电子运动 Schrödinger 方程的解确定。Born-Oppenheimer 绝热近似的一个主要特征，即电子 Schrödinger 方程的解产生核运动势能 $\overline{U}_b(R)$，从电子 Schrödinger 方程所给的 $\overline{U}_b(R)$ 包含核动能算符的电子波函数的平均贡献，

$$\langle\Phi_b|\hat{T}_n|\Phi_b\rangle=-\sum_i \frac{\hbar^2}{2M_i}\langle\Phi_b|\frac{\partial^2}{\partial X_i^2}|\Phi_b\rangle$$

在通常的绝热近似中，$\langle\Phi_b|\hat{T}_n|\Phi_b\rangle$ 可被忽略，那么同位素分子的势能函数 $U_b(R)$ 与同位素效应无关。但如果考虑该项的影响，可以预测同位素效应如何影响核运动的势能函数形状。

6.3.3 核运动 Schrödinger 方程

基于 Born-Oppenheimer 近似，将分子 Schrödinger 方程分解为独立的电子和核运动的 Schrödinger 方程。为了清楚与振动谱相关的核运动特征，这里简要以双原子分子为例介绍理论处理方法。双原子分子的核运动有 6 个自由度，包括 3 个平动、2 个转动和 1 个振动。其振动方程可以写为

$$-\frac{\hbar^2}{2\mu}\left[\frac{1}{r^2}\times\frac{\partial}{\partial r}r^2\frac{\partial}{\partial r}+U(r)\right]R(r)=E'_iR(r)$$

对上式中势能函数 $U(r)$ 相对于平衡位置进行 Talyor 展开，

$$U(r)=U(r_e)+\left[\frac{\partial U(r)}{\partial r}\right]_0(r-r_e)+\frac{1}{2}\left[\frac{\partial^2 U(r)}{\partial r^2}\right]_0(r-r_e)^2$$

$$+\frac{1}{6}\left[\frac{\partial^3 U(r)}{\partial r^3}\right]_0(r-r_e)^3+\frac{1}{24}\left[\frac{\partial^4 U(r)}{\partial r^4}\right]_0(r-r_e)^4+\cdots$$

仅考虑展开式中的二次谐性项，并令 $Q=r-r_e$，因为

$$\frac{1}{r^2} \times \frac{\partial}{\partial r} r^2 \frac{\partial}{\partial r} R(r) = \frac{1}{r} \times \frac{\partial^2}{\partial r^2} [rR(r)]$$

上述方程可进一步改写为

$$-\frac{\hbar^2}{2\mu} \times \frac{\partial^2}{\partial r^2} [rR(r)] + \frac{1}{2} \times \frac{\partial^2 U}{\partial r^2} Q^2 [rR(r)] = E_\nu rR(r)$$

式中，E_ν 为振动能，我们已经用了如下关系

$$k = \left(\frac{\partial^2 U}{\partial r^2}\right)_0 \qquad X(r) = rR(r) \qquad E_\nu = E_i' - E_r - U(r_e)$$

因为 $Q = r - r_e$ 和 $\frac{\partial^2}{\partial r^2} = \frac{\partial^2}{\partial Q^2}$，我们就得到谐振子的 Schrödinger 方程

$$-\frac{\hbar^2}{2\mu} \times \frac{\partial^2}{\partial Q^2} X(Q) + \frac{1}{2} k Q^2 X(Q) = E_\nu X(Q)$$

这样，谐振子 Schrödinger 方程的波函数和本征能量，

$$X_\nu = N_\nu \exp\left(-\frac{\alpha Q^2}{2}\right) H_\nu(\sqrt{\alpha} Q)$$

$$E_\nu = \left(\nu + \frac{1}{2}\right) \hbar \omega$$

其中

$$\alpha = \frac{\mu \omega}{\hbar} = \frac{\sqrt{\mu k}}{\hbar} = \frac{2\pi \mu \nu}{\hbar} = \frac{4\pi^2 \mu \nu}{h}$$

$$H_\nu(z) = (-1)^\nu e^{z^2} \frac{d^\nu}{dz^\nu} e^{-z^2}$$

$$N_\nu = \left(\frac{\sqrt{\alpha/\pi}}{2^\nu \nu!}\right)^{\frac{1}{2}} \qquad \nu = 0, 1, 2, 3, \cdots$$

以上过程是考虑一维谐振动体系的本征能级和本征波函数。

对于研究多原子的分子体系，如 N 个原子，其振动自由度增加至 $3N-6$ 个振动自由度（线形结构为 $3N-5$）。在表面吸附分子的振动自由度中，其平动和转动也转化为相应的低频振动。因此，可以将吸附分子的所有核运动自由度作为振动处理。如果近似为谐振子模型，则其 Schrödinger 方程的哈密顿为

$$\hat{H} = T + V = -\frac{\hbar^2}{2} \sum_i \frac{\partial^2}{u_j \partial \zeta_i^2} + \frac{1}{2} \sum_{i,j} f_{i,j} \zeta_i \zeta_j$$

它的波函数只对简正坐标才是可分离的。简正坐标就是能使动能和势能的表达式中均不出现交叉项的坐标。这样，多原子分子体系的 Schrödinger 方程写为

$$\left[-\frac{\hbar^2}{2} \sum_i \frac{\partial^2}{\partial Q_i^2} + \frac{1}{2} \sum_i \lambda_i Q_i^2\right] \psi = E\psi$$

$$\psi = \prod_i X_i(Q_i)$$

$$E = \sum_i E_i$$

其中 $E_i = h\upsilon_i\left(\upsilon_i + \dfrac{1}{2}\right)$ 和 $\upsilon_i = 2\pi\sqrt{\lambda_i}$ 。

在电极表面吸附的分子，其电子性质依赖于在电极材料的电子结构、分子与表面的成键以及电极电位，振动频率的变化将能提供相关信息。在量子化学计算中，把分子和簇模型处理为类分子体系，其核运动作为谐振子模型计算，得到谐性振动频率和相应的谱峰信息，如红外强度和拉曼活性等参数。但是由于在分子中，特别是涉及具有强非谐性特征的振动模，如扭转振动模具有周期性势能函数，或翻转振动模具有双势阱的势能函数，若仍采用谐性近似描述这些振动模，会引起较大的计算误差。在这种情况下，就需要考虑以上理论计算过程中忽略了的非绝热耦合、振子的非谐性及振动-转动耦合作用，它们在某些情况下对合理准确地分析实验数据很重要，感兴趣的读者可以参考文献 [22]。有关非谐性效应对振动能级的影响，其势能函数可用四次项进行校正，从而获得更为准确的理论振动频率和波函数[23]。

6.3.4 分子光谱的强度理论

在半经典光量子理论中，光的性质用经典光学理论描述。若将光的强度 I 代替光电场和磁场的场强振幅分别为 E_0 和 B_0，经典表达式可以写成

$$E = E_x = E_x^0 \cos(2\pi\upsilon t - 2\pi z/\lambda)$$
$$B = B_y = B_y^0 \cos(2\pi\upsilon t - 2\pi z/\lambda)$$

上式表示光以平面波形式沿 z 方向传播，其在电场偏振沿 x 方向、磁场沿 y 方向。依据经典电磁学，沿 z 方向的光辐射能流密度用 Poynting 量 （S） 表示。在采用 Gauss 单位时可表示为：

$$S = \frac{c}{4\pi}\vec{E} \times \vec{B}$$

它表示单位时间内通过单位面积的能量，即 $W \cdot cm^{-2}$。S 代表一束光能流密度，其方向就是电磁波的传播方向，因 E 与 B 相互垂直，且大小相等，故

$$S = \frac{c}{4\pi}\vec{E}_x^2$$

对一个周期内光电场的场强的平方求平均 $\langle \vec{E}_x^2 \rangle_T = E_x^{02}/2$，则

$$I_0 = \langle S \rangle = \frac{c}{8\pi}E_x^{02}$$

下面通过比较不同性质的电场值大小，说明在大多数情况下可以将光电场与分子作用作为一种小的微扰作用。对于质子 H^+ 所产生的电场强度为 $e/r^2 = 2.998 \times 10^{10}\,V \cdot cm^{-1}$。而对于 $1W \cdot cm^{-2}$ 的激光，其光电场的场强为 $E_x^0 = 30.0\,V \cdot cm^{-1}$，很明显这远小于质子的内场。由此可见，对于一般的光电场，其对分子体系仅产生小的微扰。一般拉曼光谱的光强为 $10^6\,W \cdot cm^{-2}$，其光电场的场强约为 $E_x^0 = 4.75\times$

$10^5\,\mathrm{V}\cdot\mathrm{cm}^{-1}$。当光强度达到 $10^{10}\,\mathrm{W}\cdot\mathrm{cm}^{-2}$ 时,光电场达到 $E_x^0=2.74\times10^7\,\mathrm{V}\cdot\mathrm{cm}^{-1}$。因此,在大多数情况下,光场相对于吸附分子内场,均可以看作小的微扰场。这样,可以用含时微扰理论确定吸附分子体系的光谱学性质。

为了处理速率过程,我们需考虑含时 Schrödinger 方程[24]

$$\hat{H}\psi=i\,\hbar\frac{\partial\psi}{\partial t}$$

其中 $\hat{H}=\hat{H}_0+\hat{H}'$,这里 $\hat{H}_0$ 表示所谓体系未微扰哈密顿。它的定态 Schrödinger 方程为

$$\hat{H}_0\varphi_n(q)=E_n\varphi_n(q)$$

的解为已知。$\hat{H}'$ 表示微扰,它是未微扰体系在一定时间内不同状态之间发生转化过程速率的主要因素。零阶哈密顿含时 Schrödinger 方程为

$$\hat{H}_0\psi_n^0(q,t)=i\,\hbar\frac{\partial\psi_n^0(q,t)}{\partial t}$$

利用变量分离,零阶波函数 $\psi_n^0(q,t)$ 可写为

$$\psi_n^0(q,t)=\varphi_n(q)\exp\left(-\frac{iE_nt}{\hbar}\right)$$

该波函数是归一化的,并形成正交完备基。通过用展开定理,受微扰作用体系的波函数展开为

$$\psi(q,t)=\sum_n C_n(t)\psi_n^0(q,t)$$

由未微扰波函数的正交性得到展开系数的方程

$$i\,\hbar\frac{\mathrm{d}C_m}{\mathrm{d}t}=\sum_n C_n(t)\langle\psi_m^0\mid\hat{H}'\mid\psi_n^0\rangle$$

其中

$$\langle\psi_m^0\mid\hat{H}'\mid\psi_n^0\rangle=\int\mathrm{d}q\psi_m^{0*}\hat{H}'\psi_n^0$$

为对研究体系求解计算,将需要引入微扰参数 λ

$$i\,\hbar\frac{\mathrm{d}C_m(t)}{\mathrm{d}t}=\lambda\sum_n C_n(t)\langle\psi_m^0\mid\hat{H}'\mid\psi_n^0\rangle$$

展开系数是微扰参数 λ 的函数,用 λ 幂形式对 $C_m(t)$ 和 $C_n(t)$ 进行展开:

$$C_m(t)=C_m^{(0)}(t)+\lambda C_m^{(1)}(t)+\lambda^2 C_m^{(2)}(t)+\cdots$$
$$C_n(t)=C_n^{(0)}(t)+\lambda C_n^{(1)}(t)+\lambda^2 C_n^{(2)}(t)+\cdots$$

将展开的微扰系数代入微扰方程,并比较方程两边 λ^n 项的系数,可以分别得到:

零阶:
$$i\,\hbar\frac{\mathrm{d}C_m^{(0)}(t)}{\mathrm{d}t}=0$$

一阶:
$$i\,\hbar\frac{\mathrm{d}C_m^{(1)}(t)}{\mathrm{d}t}=\sum_n C_n^{(0)}(t)\langle\psi_m^0\mid\hat{H}'\mid\psi_n^0\rangle$$

二阶： $$i\hbar\frac{\mathrm{d}C_m^{(2)}(t)}{\mathrm{d}t}=\sum_n C_n^{(1)}(t)\langle\psi_m^0|\hat{H}'|\psi_n^0\rangle$$

从上述方程可以获得体系由初始态 n 转化为 m 态的演化情况。上述含时微扰方法可用于含时 $\hat{H}'$ 是时间相关的情况。在偶极近似下，采用 Stark 微扰哈密顿量

$$\hat{H}'=-\vec{\mu}\cdot\vec{E}(t)=-\vec{\mu}\cdot\vec{E}_0(t)\cos(\omega t)$$

式中，$\hat{\mu}$ 为偶极算符；$\vec{E}(t)$ 为振幅 $\vec{E}_0$ 和频率 ω 的光电场。在 $t=0$ 时研究体系处于第 k 态，

$$C_k(0)=1$$
$$\psi(q,0)=\psi_k(q,0)$$

这表示体系起初处于 k 态，在外部 $\hat{H}'$ 的微扰作用下，体系将在其它态有一定概率分布，其中第 m 态的分布概率为 $|C_m(t)|^2$。由上述方程和条件可以得到

$$C_m^{(1)}(t)=\frac{\vec{\mu}_{mk}\cdot\vec{E}_0}{2\hbar}\left[\frac{\mathrm{e}^{it(\omega_{mk}+\omega)}-1}{\omega_{mk}+\omega}+\frac{\mathrm{e}^{it(\omega_{mk}-\omega)}-1}{\omega_{mk}-\omega}\right]$$

上式中 $\omega_{mk}=(E_m-E_k)/\hbar$。这里用了初始条件 $C_m^{(1)}(0)=0$，$m\neq k$。对于吸收光谱，由于 $E_m>E_k$，$\omega\approx\omega_{mk}$，因此在上式中第一项相对于第二项很小，可以忽略，

$$C_m^{(1)}(t)=\frac{\vec{\mu}_{mk}\cdot\vec{E}}{2\hbar}\times\frac{\mathrm{e}^{it(\omega_{mk}-\omega)}-1}{\omega_{mk}-\omega}$$

这表示第 m 态的概率 $P_m(t)$ 为

$$P_m(t)=|C_m^{(1)}(t)|^2=\frac{|\vec{\mu}_{mk}\cdot\vec{E}_0|^2}{4\hbar^2}\frac{2-2\cos(\omega_{mk}-\omega)t}{(\omega_{mk}-\omega)^2}$$

在 $t\to\infty$ 时，上式后面的三角函数部分趋于 δ 函数，即 δ 函数的定义为：

$$\delta(\Delta\omega)=\lim_{t\to\infty}\frac{1}{\pi}\times\frac{1}{t}\times\frac{1-\cos(\Delta\omega t)}{\Delta\omega^2}$$

这样，我们考虑对 $k\to m$ 跃迁的吸收速率常数 $W_{k\to m}$ 为

$$W_{k\to m}=\frac{\pi}{2\hbar^2}|\vec{\mu}_{mk}\cdot\vec{E}_0|^2\delta(\omega_{mk}-\omega)$$

其对应吸收光谱中光吸收系数表达式，常称为 Fermi 黄金规律。其跃迁选律不仅要求电偶极选律，即 $\vec{\mu}_{mk}\neq0$，而且需要满足共振条件，即 $\omega=\omega_{mk}$。同时，该式还表明在吸收速率 $W_{k\to m}$ 中，入射光电场 $\vec{E}_0$ 的偏振也是一个重要因素。如果 $\vec{E}_0$ 与 $\vec{\mu}$ 互相垂直，即 $\vec{\mu}_{mk}\cdot\vec{E}_0=0$，则 $W_{k\to m}=0$。这表明只有分子体系和激发光辐射电场具有合适的取向时，体系才吸收振幅为 $\vec{E}_0$ 的辐射光。

类似的，对于受激发射过程的速率常数计算采用下面方程[24]，

$$W_{k\to m}=\frac{\pi}{2\hbar^2}|\vec{\mu}_{mk}\cdot\vec{E}_0|^2\delta(\omega_{mk}+\omega)$$

在这种情况下，$E_m < E_k$，体系由高能态向低能态跃迁，向环境辐射荧光信号。对于 $\delta(\omega_{mk} - \omega)$ 函数，在实际计算中用 Lorentzian 函数 $D(\omega_{mk} - \omega)$ 替代，

$$D(\omega_{mk} - \omega) = \frac{1}{\pi} \times \frac{\gamma_{mk}}{(\omega_{mk} - \omega)^2 + \gamma_{mk}^2}$$

式中，γ_{mk} 为第 m 态的衰减常数。由上式可见自然线宽只与发射或吸收辐射分子本身的分子性质有关。谱线的线形是分子光谱中另一个重要的谱学参数，它不仅与分子内弛豫和转化过程有关，而且也与分子的运动状态以及分子与环境的作用有关。

研究分子体系由低能态到高能态的跃迁速率是 $N_1 B_{12} \rho(\upsilon)$，而由高能态到低能态的跃迁速率是 $N_2 [B_{21} \rho(\upsilon) + A_{21}]$，其中 A_{21} 是 Einstein 自发辐射衰减率，等于自然辐射寿命的倒数。在体系达到平衡时，这两类跃迁过程的速率相等[25]，

$$\frac{N_2}{N_1} = \frac{B_{12} \rho(\upsilon)}{B_{21} \rho(\upsilon) + A_{21}}$$

假定在黑体辐射场中频率分布服从 Planck 定律，则

$$\rho(\upsilon) = \frac{8\pi h \upsilon^3}{c^3} \left[e^{h\upsilon/(kT)} - 1 \right]^{-1}$$

其中单位频率区间的能量密度 $\rho(\upsilon)$ 的单位是 $erg \cdot cm^{-1} \cdot s^{-1}$。当体系达到平衡时，两个能态上分子的布局满足 Boltzmann 分布

$$\frac{N_2}{N_1} = \frac{g_2}{g_1} \exp\left(-\frac{h\upsilon}{kT} \right)$$

其中 g_i 是第 i 个状态的简并度，因温度 T 和黑体辐射分布定律中的温度相同，结合 Boltzmann 分布和 Planck 定律，由能量密度 $\rho(\upsilon)$ 相同的关系式得

$$\rho(\upsilon) = \frac{A(g_2/g_1) \exp[-h\upsilon/(kT)]}{B_{12} - B_{21}(g_2/g_1) \exp[-h\upsilon/(kT)]}$$

$$= \frac{8\pi h \upsilon^3}{c^3} \frac{1}{\exp[h\upsilon/(kT)] - 1}$$

通过上面等式的两边类比可以得到

$$g_1 B_{12} = g_2 B_{21}$$

$$A_{21} = \frac{8\pi h \upsilon^3}{c^3} B_{12}$$

这表明自发辐射过程与两个能级的能隙大小有关，增大能隙导致自发辐射的概率显著增加。对于荧光发射和拉曼散射过程，其主要为自发辐射过程。

对界面随机取向的运动分子，进一步需要考虑不同取向时偶极作用 $\vec{\mu}_{mk} \cdot \vec{E}_0$ 的统计平均。因 $\vec{\mu}_{mk} \cdot \vec{E}_0 = |\vec{\mu}_{mk}| \cdot |\vec{E}_0| \cdot \cos\theta$，对气相自由分子不同取向进行统计平均，即计算 $\langle \cos^2\theta \rangle = 1/3$。由此可得，

$$W = \frac{4\pi^2 I_0}{3\hbar^2 c} \sum_k \sum_m P_k |\vec{\mu}_{mk}|^2 D(\omega_{mk} - \omega)$$

式中，P_k 为第 k 态的 Boltzmann 分布。实验上，常用吸收系数衡量多分子体系的光吸收效率。利用 Beer-Lambert 定律，当光透过样品产生光学过程，在这种情况下，光强度减小表示为[24,25]

$$dI = -\alpha(\omega)c I_0 dl$$

式中，$\alpha(\omega)$ 为样品的吸收系数；I_0 为入射光强度；c 为样品中光活性物质的浓度；l 为样品池厚度；A 为光束横截面积。根据能量守恒关系

$$A|dI| = \sum_k \sum_m N_k W_{k \to m} \hbar\omega$$

式中，N_k 为单位体积元 $A|dI|$ 中第 k 态的分子数目，

$$N_k = N_c P_k = (cA\,dl)P_k$$

由以上过程得到吸收系数表达式为

$$\alpha(\omega) = \frac{4\pi^2 \omega}{3\hbar c} \sum_k \sum_m P_k |\vec{\mu}_{mk}|^2 D(\omega_{mk} - \omega)$$

6.4 电化学表面红外振动光谱理论

红外反射吸收光谱是研究金属电极表面吸附单层分子振动光谱的有力手段。当一单色红外光束辐射到金属电极表面，单层分子吸收入射光中的部分光子，通常吸收效率约为 100 个光子中的一个，而其余的大部分光子发生反射或被金属电极表面所吸收。在记录的反射光谱中，入射光的能量等于吸附分子振动激发能时，形成一个"塌陷（dip）"，它是人们从红外反射吸收光谱认识分子在表面吸附状态的重要信息来源，如表面覆盖度、分子与金属电极表面的作用、分子与分子以及分子与溶剂之间的作用等。

对于分子自身吸收产生的红外光谱与其靠近电极表面的光谱常存在大的差别。首先，若用吸收系数衡量红外光谱强度，积分红外光谱强度定义为[26]

$$A = \int \kappa(\nu)d\nu$$

其中吸收系数定义为

$$\kappa(\nu) = \frac{1}{Cl}\ln\left(\frac{I_0}{I}\right)$$

式中，C 为样品中测定物种的浓度；l 为光透过样品的光程。对于给定样品的红外吸收谱线，若其吸收谱线的强度不仅与初始态的分布 N_i 有关，而且也与终态分布 N_f 有关。与微观吸收过程相关的积分红外强度表示为

$$\int \kappa(\nu)d\nu = \frac{8\pi^3 \nu_{fi}}{3hc} |\mu_{fi}|^2 (N_i - N_f)$$

红外光谱常测定分子在电子基态的性质,上式中 μ_{fi} 定义为

$$\mu_{fi} = (\mu_g)_{fi} = \int \psi_f^* \mu \psi_i \, \mathrm{d}\tau = \vec{\mu}_g(0) + \sum_{k=1} \left(\frac{\partial \vec{\mu}_g}{\partial Q_k} \right)_0 Q_k + \cdots$$

对于分子的第 k 个振动模,其产生的谱峰所对应偶极矩阵元可表示成振动坐标的积分和偶极矩的导数之积,

$$\mu_{g\upsilon', g\upsilon} = \left(\frac{\partial \vec{\mu}_g}{\partial Q_k} \right)_0 \langle \upsilon_k' | Q | \upsilon_k \rangle$$

同时,利用谐振子波函数的递推关系,

$$Q | \upsilon_k \rangle = \sqrt{\frac{\upsilon_k}{2}} \beta | \upsilon_k - 1 \rangle + \sqrt{\frac{\upsilon_k + 1}{2}} \beta | \upsilon_k + 1 \rangle$$

对于红外吸收光谱,其对应从低振动能态到高振动能态的光吸收跃迁。由此,在谐近似下其振动跃迁电偶极矩阵元可写为

$$(\mu_g)_{\upsilon_{k+1}, \upsilon_k} = \left(\frac{\partial \vec{\mu}_g}{\partial Q_k} \right)_0 \left[\frac{h}{8\pi^2 \upsilon_k} (\upsilon_k + 1) \right]^{1/2}$$

基于上面的过程,积分红外吸收强度可以进一步表示为

$$\int \kappa(\nu) \, \mathrm{d}\nu = \frac{\pi}{3c} \frac{\nu_{fi}}{\nu_k} \left| \frac{\partial \mu_{fi}}{\partial Q_k} \right|^2 (\upsilon_i + 1)(N_i - N_f)$$

从量子化学理论计算实验中观测红外谱强度,需要考虑所有可能发生从初态到终态的跃迁的总强度,需要对方程中所有能级如转动[27] 和振动[28] 进行求和。对于初态和终态的布居需引入 Boltzmann 分布,则有

$$N_f = N_i \exp\left[-h(\nu_f - \nu_i)/(kT) \right]$$

在谐振子近似下,假设第 k 个振动模不简并,从相邻振动模之间的跃迁能量均相等,则所有初态到终态的跃迁均贡献到该谱峰的强度。同时,若 N 是单位体积内的总分子数,则第 k 个振动模的分子数为,

$$N_{\nu_k} = \frac{N}{\Theta_k} \exp\left(-\frac{\upsilon_k h \nu_k}{kT} \right)$$

式中,Θ_k 为第 k 个振动模的配分函数。

$$\Theta_k = \left[1 - \exp\left(-\frac{h\nu_k}{kT} \right) \right]^{-1}$$

这样可以得到所有相邻第 k 个振动模相关的跃迁求和计算,

$$\sum_{\nu_k=0}^{\infty} (\upsilon_k + 1)(N_{\nu_k} - N_{\nu_{k+1}}) = N$$

同时在实验中频率用波数表示,实验测定频率近似认为和谐振动频率相等,归一化到摩尔吸收系数 A_k 为

$$A_k = \frac{N_0}{N} \int \kappa(\nu) \, \mathrm{d}\nu = \frac{N_0 \pi}{3c^2} \left(\frac{\mathrm{d}\mu_g}{\mathrm{d}Q_k} \right)_0^2$$

式中,N_0 为 Avogadro 常数,偶极矩导数的平方等于沿三个直角坐标方向偶

极矩导数的平方之和，

$$\left(\frac{\mathrm{d}\mu_g}{\mathrm{d}Q_k}\right)_0^2 = \left(\frac{\mathrm{d}\mu_g}{\mathrm{d}Q_k}\right)_{0x}^2 + \left(\frac{\mathrm{d}\mu_g}{\mathrm{d}Q_k}\right)_{0y}^2 + \left(\frac{\mathrm{d}\mu_g}{\mathrm{d}Q_k}\right)_{0z}^2$$

如果采用国际制 SI 单位，摩尔浓度吸收系数的单位是 $\mathrm{km \cdot mol^{-1}}$。如果待测分子在真空中，则介电常数取真空介电常数 ε_0[29]。如果是其它类型的介质，介电常数则取为 $\varepsilon\varepsilon_0$，其中 ε 为相对介电常数[30]。由此，摩尔吸收系数的表达式为[31]

$$A_k = \frac{N_0}{12\varepsilon\varepsilon_0 c^2}\left[\left(\frac{\mathrm{d}\mu_g}{\mathrm{d}Q_k}\right)_{0x}^2 + \left(\frac{\mathrm{d}\mu_g}{\mathrm{d}Q_k}\right)_{0y}^2 + \left(\frac{\mathrm{d}\mu_g}{\mathrm{d}Q_k}\right)_{0z}^2\right]$$

在金属电极表面测定表面吸附分子的红外光谱常采用反射模式，红外吸收强度取为相对强度的变化。把一束红外光照射到金属表面，如果 I 和 I' 分别对应有和没有吸附分子时反射束的光强度，则来自吸附分子导致反射束强度的改变可以表示成

$$\Delta(\omega) = \frac{I - I'}{I'}$$

通过改变入射光的频率 $\hbar\omega$，可以得到随频率变化的 $\Delta(\omega)$，其仅在激发分子的振动频率 Ω 附近不为零，因此，$\Delta(\omega)$ 包含从红外反射吸收光谱获得的吸附分子及金属表面的主要信息。Greenler 最早从理论上计算在金属表面单分子吸附层的 $\Delta(\omega)$[32]。他把分子膜用介电函数 $\varepsilon(\omega)$ 表示，然后采用 Maxwell 方程计算反射光电场的强度。此后，Ibach 采用线性近似获得简单的表示式，但这些方法在描述亚单层分子吸附时存在问题[33]。Persson 等发展了更微观的描述界面吸附分子的光谱理论模型[34]。设想一个金属体由具有时间关系的电磁辐射照射，如果表面处的曲率半径都大于电磁波的波长 $\approx c/\omega$，且如果 $\omega \ll \omega_p$ 金属体相等离激元共振的频率，这样，金属的介电函数 $\varepsilon(\omega)$ 很大，在金属表面的厚度 $d \ll c/\omega$，比较到没有金属时，平行于金属表面的电场分量减小到 $1/\sqrt{\varepsilon}$。金属电极的介电常数用 Drude 模型描述，则有

$$\varepsilon(\omega) = 1 - \left(\frac{\omega_p}{\omega}\right)^2 \approx -\left(\frac{\omega_p}{\omega}\right)^2$$

因为 $\omega \ll \omega_p$，所以

$$\frac{1}{\sqrt{\varepsilon}} \propto \frac{\omega}{\omega_p}$$

在通常的红外吸收实验中，红外光子能量为 $0.1 \sim 0.5\mathrm{eV}$，而金属体相等离激元共振频率对应的能量约为 $10\mathrm{eV}$，因此，$1/\sqrt{\varepsilon}$ 约为百分之几。在通常的实验误差范围之内，可以认为金属表面的光电场在约 100Å 之内均垂直于金属表面。在没有任何吸附分子的金属表面，xyz 坐标系如图 6-1 所示，入射 p 偏振平面波到金属表面，金属表面外侧的电场为：

$$E = \frac{1}{2}E_0(ee^{i\gamma z} + e'ge^{-i\gamma z})\exp[i(q_{\mathrm{II}} \cdot x_{\mathrm{II}} - \omega t)] + c.c.$$

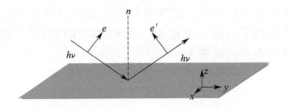

图 6-1　入射 p 偏振平面波到金属表面的示意图

其中金属表面在 xy 平面，坐标系 z 轴指向金属表面外侧。

其中 n 是表面法线，e 和 e' 是入射光和反射光的偏振方向

式中，q_{II},γ 分别为平行和垂直于金属表面的波矢；E_0 为入射波振幅。反射波的偏振矢量 e' 与入射波偏振矢量 e 关系为

$$e'=2nn \cdot e-e$$
$$n \cdot e=n \cdot e'$$

n 是垂直于金属表面的单位矢量，$g(q_{II},\omega)$ 是反射因子。对于 Q 点，有 $\gamma=0$。这样，在金属表面上电场近似垂直于表面，因此

$$E=nn \cdot e \frac{1}{2}E_0(1+g)\exp[i(q_{II} \cdot x_{II}-\omega t)]+c.c.$$

该光电场可以看作表面宏观光电场，它是表面局域位置微观光电场的平均，但是这可以认为处处光电场是相同的。同理，当表面有吸附分子存在的情况下，

$$g=\frac{\varepsilon\gamma-\gamma'}{\varepsilon\gamma+\gamma'}$$

式中，γ' 为在金属表面复波矢的 z 分量。这样，

$$\frac{1+g}{g}=\frac{2\varepsilon\gamma}{\varepsilon\gamma-\gamma'}$$

如果 α 表示入射光相对于电极表面垂直法线方向 n 的入射角，则

$$\gamma=\left[\left(\frac{\omega}{c}\right)^2-q_{II}^2\right]^{1/2}=\frac{\omega}{c}\cos\alpha$$
$$\gamma'=\left[\left(\frac{\omega}{c}\right)^2\varepsilon(\omega)-q_{II}^2\right]^{1/2}$$

但是由于在红外光区金属表面的介电常数很大，我们可以近似得到

$$\gamma'=\frac{\omega}{c}\sqrt{\varepsilon}$$

这样，

$$\frac{1+g}{g}=\frac{2\sqrt{\varepsilon}\cos\alpha}{\sqrt{\varepsilon}\cos\alpha-1}$$

在考虑分子之间不发生作用时，表面吸附一个分子与表面光电场的作用能为：

$$H' - -\mu \cdot E(0)$$

式中，μ 为分子电偶极算符。因为电磁波的波长远大于吸附分子的尺度，因此，在偶极近似下采用 Fermi 黄金规律，在单位时间内分子在电子基态由振动基态 i 跃迁到振动激发态 f 的概率为

$$w = \frac{2\pi}{\hbar^2} |\langle f|H'|i\rangle|^2 \delta(\omega - \Omega)$$

$$= \frac{2\pi}{\hbar^2} \mu^2 E_0^2 (n \cdot e)^2 \left|\frac{1+g}{2}\right|^2 \delta(\omega - \Omega)$$

式中，$\mu = \langle f|\hat{\mu}|i\rangle$ 为振动跃迁电偶极矩。

电极表面反射吸收光谱强度的变化 $\Delta(\omega)$ 可以由跃迁概率进行计算得到。如果在面积为 S 的金属表面有 N 个吸附分子，利用光入射到金属表面前后的能量变化相等，

$$Nw\ \hbar\Omega = (I - I')S\cos\alpha$$

则有

$$\Delta(\omega) = \frac{I - I'}{I'} = \frac{Nw\ \hbar\Omega}{SI'\cos\alpha}$$

上式中在电极表面没有吸附分子时反射电磁波的强度由 Poynting 矢量给出，

$$I' = \frac{c}{8\pi} E_0^2 |g|^2$$

联合以上方程，可以得到 $\Delta(\omega)$ 的表示式：

$$\Delta(\omega) = \frac{16\pi^2}{\hbar c} \times \frac{N}{S} \mu^2 \Omega G(\alpha) \delta(\omega - \Omega)$$

上式中

$$G(\alpha) = \frac{\sin^2\alpha}{\cos\alpha} \left|\frac{\sqrt{\varepsilon}\cos\alpha}{\sqrt{\varepsilon}\sin\alpha - 1}\right|^2$$

则红外反射吸收实验所得谱峰强度为

$$\int \Delta(\omega)\mathrm{d}\omega = \frac{16\pi^2}{\hbar c} \times \frac{N}{S} \mu^2 \Omega G(\alpha)$$

如果考虑表面吸附分子之间发生相互作用，在这种情况下，吸附分子的光谱性质依赖于分子在表面的覆盖度。随着表面分子覆盖度的增加，吸附分子影响金属电极表面的电子结构、功函数以及分子在表面的吸附位和吸附取向。有关吸附分子对金属电极表面功函数的影响可以参见重要的综述文献 [35]。在这里我们仅简要讨论分子间作用对频率、强度以及红外谱峰的线形进行讨论，也简要讨论吸附作用导致振动频率和谱峰强度发生改变。

为了考虑表面覆盖度效应对红外光谱的影响，其主要作用为吸附分子之间的偶极-偶极作用。偶极-偶极作用包括表面吸附分子之间偶极-偶极相互作用，以及研究

分子与周围分子的像偶极之间的作用。当考虑偶极方向相同的分子之间的相互作用时，这种作用常导致振动频率蓝移，且这种蓝移的程度与分子的电极化率相关。当电极化率大时，由于极化屏蔽作用减弱偶极之间的作用，导致频率蓝移程度减小。值得一提的是，偶极-偶极作用并不能解释金属表面吸附的所有实验现象。当吸附分子不均匀吸附在金属表面或分子与金属表面的化学吸附作用较强时，化学吸附将引起主要变化。对于 CO 分子而言，它在过渡金属表面就常需要考虑 CO 与金属之间的给予和反馈成键机理。当 CO 在 Ag 和 Au 表面，其振动频率不像偶极-偶极作用所预测的振动频率蓝移，而是红移[36]。在 Ag 和 Au 两种金属表面，CO 分子与金属作用较弱，吸附分子的有效偶极相对较小，从而影响振动频率的主要因素是界面弱的吸附作用。

吡啶分子是光谱学方法研究电化学表面重要的有机分子探针之一。如图 6-2 所示，它是苯环上的一个 CH 基团被氮原子取代，含有 11 个原子的芳香性氮杂环有机物。其有 27 个振动模。假设吡啶的 C_2 轴为分子主轴，分子平面为 yz 平面。因自由分子属 C_{2v} 点群，根据分子对称性，可将其分为四个不可约表示，即 $10a_1 + 3a_2 + 5b_1 + 9b_2$。其中 a_1 和 b_2 不可约表示为面内振动模，a_2 和 b_1 不可约表示为面外振动模。在 C_{2v} 点群

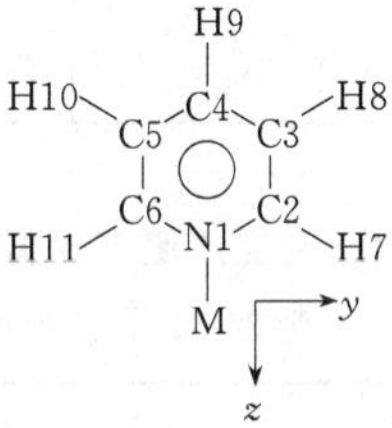

图 6-2　吡啶和吡啶-金属原子的结构和原子标号

中，对于红外光谱，其中 a_1、b_1 和 b_2 不可约表示为红外活性振动模，a_2 不可约表示为红外非活性，而对于拉曼光谱，理论上所有振动模均为拉曼活性振动。

表 6-2 给出量子化学密度泛函方法计算的吡啶分子和吡啶-金属原子的优化结构。在表 6-3 中给出密度泛函方法计算的振动基频和红外光谱强度。这里采用了杂化密度泛函方法 B3LYP 泛函，对于分子中的 C、N 和 H 原子，理论计算采用了 $6-311+G^{**}$ 基组，对于 C、N 和 H 原子采用了相应的极化函数，而对于 C 和 N 原子采用了相应的弥散函数。对金属原子，如银、金、铜和铂采用其相对论有效赝势和相应的小核基组 LANL2DZ。在以前的密度泛函理论计算中，采用该方法我们已得到了很好的优化结构和振动频率计算[37]。在优化结构上，我们计算的键长和键角可与微波谱和电子衍射测得气相吡啶分子的相比[38]。在振动基频的预测上，考虑理论方法是在谐性近似下和基组的不完备性，经采用频率标度因子 0.981，预测振动频率与红外光谱频率和拉曼光谱频率相吻合。同时，理论计算的红外吸收系数，对应于红外强度[39]，见上面得到的红外光的摩尔吸收系数表达式。其中红外最强的几个谱峰分别是 $\nu_{11}(b_1)$、$\nu_{19b}(b_2)$、$\nu_{8a}(a_1)$ 和与 C—H 伸缩振动相关的 $\nu_{7b}(b_2)$ 和 $\nu_{20b}(b_2)$ 振动模，它们的振动频率依次为 702.8cm^{-1}、1442.0cm^{-1}、1592.4cm^{-1}、3043.7cm^{-1} 和 3081.1 cm^{-1}。另一个较强的振动模是 $\nu_4(b_1)$，对应的振动频率依次为 745.2cm^{-1}。对这些振动模的详细分析可参见之前的工作[37,39]。

表 6-2 密度泛函理论方法 B3LYP/6-311＋G** （C，N，H）/LANL2DZ （Cu，Ag，Au，Pt） 计算吡啶分子以及吡啶-金属原子的优化结构[37]

项目		Expt.[38]	Py	Ag	Au	Cu	Pt
NM				2.569	2.391	2.096	1.936
键长/Å	NC2	1.338	1.337	1.338	1.338	1.342	1.357
	C2C3	1.394	1.394	1.392	1.391	1.390	1.385
	C3C4	1.392	1.392	1.392	1.393	1.392	1.392
	C2H7	1.087	1.087	1.086	1.084	1.085	1.079
	C3H8	1.083	1.084	1.083	1.083	1.083	1.083
	C4H9	1.082	1.084	1.084	1.084	1.084	1.083
键角/(°)	C6NC2	116.9	117.3	118.1	119.1	118.3	118.4
	NC2C3	123.8	123.6	123.0	122.3	122.7	122.0
	C2C3C4	118.5	118.5	118.6	118.7	118.8	119.7
	C3C4C5	118.4	118.5	118.7	118.8	118.7	118.1

表 6-3 密度泛函理论方法 B3LYP/6-311＋G** (C,N,H)/LANL2DZ(Ag,Au) 计算吡啶分子、吡啶-金属簇的振动频率 （波数，cm^{-1}） 和红外强度 （I_{IR}，km·mol^{-1}）[39]

模式	Py							Py-Ag₂		Py-Au₂	
	波数	Expt.①	I_{IR}②	I_{IR}③	I_{IR}④	I_{IR}⑤	I_{IR}⑥	波数	I_{IR}	波数	I_{IR}
ν_2	3088.7	0.0	9.3	10.7	8.9	7.2	6.1	3097.2	13.6	3105.6	11.5
ν_{13}	3065.4	1.5	3.7	4.0	3.7	4.9	4.6	3076.5	0.0	3093.3	0.0
ν_{20a}	3046.0	8.5	6.1	5.7	5.3	4.1	3.9	3067.2	4.2	3077.0	1.7
ν_{8a}	1592.4	17.9	20.4	20.1	20.6	23.9	24.3	1605.4	38.5	1610.8	18.9
ν_{19a}	1482.0	4.0	2.0	1.7	2.2	2.5	2.8	1485.4	0.0	1484.3	0.5
ν_{9a}	1218.0	4.5	4.2	4.3	4.2	4.7	4.7	1217.2	34.4	1215.3	16.7
ν_{18a}	1072.4	4.5	6.0	4.5	1.3	5.2	6.6	1071.7	27.5	1071.2	22.2
ν_{12}	1027.0	7.7	4.2	6.7	6.3	6.3	4.0	1030.8	9.2	1037.1	4.5
ν_1	991.3	5.4	5.2	4.2	4.1	4.8	5.8	1005.6	23.3	1012.2	8.9
ν_{6a}	605.1	4.4	3.2	3.3	3.2	3.6	3.5	623.9	15.9	635.7	6.3
ν_5	994.8	0.0	0.0	0.0	0.0	0.0	0.0	1000.1	0.1	1007.7	0.1
ν_{10b}	939.4	0.0	0.0	0.0	0.2	0.0	0.0	943.1	0.0	952.9	0.2
ν_4	745.2	12.9	8.4	9.8	9.3	11.8	11.6	747.9	25.8	758.7	27.7
ν_{11}	702.8	67.5	69.0	66.4	68.6	68.7	70.2	698.8	49.7	698.6	52.5
ν_{16b}	410.8	7.2	3.6	3.8	3.6	4.0	3.8	419.2	1.7	432.7	1.5
ν_{20b}	3081.1	15.9	28.7	32.5	27.4	25.5	22.3	3091.3	11.7	3101.9	4.1
ν_{7b}	3043.7	5.1	31.4	31.3	31.1	28.0	27.9	3068.0	4.7	3089.0	0.8
ν_{8b}	1586.9	7.3	8.6	7.3	8.6	10.1	11.1	1586.6	2.5	1583.3	1.1
ν_{19b}	1442.0	31.1	24.1	24.4	24.6	27.0	27.3	1447.4	30.3	1450.9	29.6
ν_{14}	1357.9	0.5	0.0	0.0	0.0	0.1	0.0	1358.9	2.0	1357.9	1.8
ν_3	1259.7	0.0	0.3	0.4	0.2	0.0	0.0	1264.0	0.5	1263.1	1.7
ν_{15}	1148.3	3.6	1.8	1.9	1.7	2.4	2.3	1153.9	2.6	1256.5	2.5
ν_{18b}	1056.0	0.0	0.0	0.0	0.0	0.0	0.0	1065.4	1.3	1070.4	1.9
ν_{6b}	656.8	1.1	0.3	0.3	0.4	0.3	0.4	653.6	0.0	651.6	0.0

① From Ref. 39；②BPW91；③G96LYP；④G96PW91；⑤B3LYP；⑥B3PW91。

图 6-3 是吡啶吸附在金单晶电极表面的反射红外光谱。表 6-4 总结了吡啶在 $700\sim1700\text{cm}^{-1}$ 之间的反射红外谱峰以及其在各种金单晶电极表面的谱峰。相对

于吡啶分子在液态红外光谱，在 1300～1700cm^{-1} 之间的单晶电极表面，主要有四个强的红外谱峰，其分别是 1445cm^{-1}（b$_2$）、1483cm^{-1}（a$_1$）、1593cm^{-1}（b$_2$）和 1601cm^{-1}（a$_1$）[40]。在反射红外谱中，除谱峰频率与液态和水溶液中不同外，实验观测其谱峰的正负向也不同[40,41]。这不仅依赖于入射光的偏振特性，而且也依赖于电极电位。如在 Au(111) 电极表面，当以 s 偏振的红外光入射，仅看到负峰，而以 p 偏振入射光采集反射红外谱时，可以得到 a$_1$ 振动模的正峰[40]。

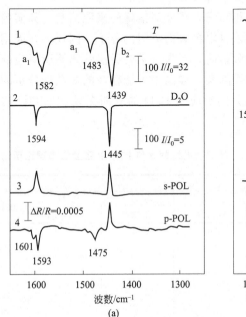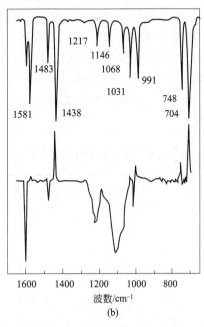

图 6-3　(a) 吡啶分子的红外光谱和 Au(110) 电极表面反射红外光谱[40]，其中 1 和 2 来自液态吡啶和吡啶的 D$_2$O 水溶液，3 和 4 分别来自 s 偏振和 p 偏振入射光，相对于饱和甘汞电极以 −750mV 为参考电位时 262mV 时 3mmol·L^{-1} 吡啶 ＋50mmol·L^{-1} KClO$_4$ 水溶液红外谱；(b) 吡啶分子的红外光谱和 Au(110) 电极表面反射红外光谱[42]，上图是液态吡啶红外光谱，下图是相对于饱和甘汞电极以 −750mV 为参考电位 400mV 时 1mmol·L^{-1} 吡啶水溶液红外光谱

上面的实验现象主要来自两种因素。①表面覆盖度与电位的关系。依据 Lipkowski 等对金单晶表面吸附吡啶覆盖度随电位变化的测定，在相对于饱和甘汞电极 −750mV 时，电极表面吸附吡啶的覆盖度接近为零，因此，测定电极表面红外光谱主要来自溶液[42]。②当测定红外光谱的电位正移，如在 Au(111) 电极表面电位为 0.262V 时，在 p 偏振入射光采集的红外谱图中得到的负峰对应于 b$_2$ 振动模。这主要是吸附吡啶分子以氮原子孤电子对垂直吸附于电极表面，在这种情况下，该类振动模的偶极矩方向与 C$_2$ 主轴垂直，而表面光电场的方向垂直于表面，因此，它们

是表面非活性红外振动模[40]。因此，相应的谱峰主要来自溶液分子的振动性质。而对于 a_1 振动模，其振动偶极方向与表面光电场方向一致，因此，给出较强的正峰。如图 6-3(b) 所示，在 Au(110) 单晶电极表面，采用 p 偏振光可以得到类似的反射红外光谱，所有 a_1 振动模给出正峰，而所有其它对称性的振动模均给出负峰[42]。在图 6-3(b) 中两个位于 $1230cm^{-1}$ 和 $1100cm^{-1}$ 的两个宽的谱峰分别对应于 D_2O 的弯曲振动和 ClO_4^- 的伸缩振动[42]。另外，这也可能来自不完全垂直吸附于电极表面的吡啶分子，即吸附吡啶分子部分倾斜产生的谱峰。

因为实验测定的反射红外光谱是相对谱，需要对谱峰的来源清楚。如实验中的谱峰可能来自溶液中的分子，也可能来自电极表面吸附的分子。因此，在采用量子化学理论计算方法对实验反射红外谱分析时，首先有必要弄清楚谱峰所对应的振动模的特征和可能的不同来源。其次，排除实验样品中可能存在的对数据分析的干扰因素。如上面所提到的两个宽的谱峰分别对应于 D_2O 的弯曲振动和 ClO_4^- 的伸缩振动等。

表 6-4　比较在金单晶电极表面吡啶分子的红外振动谱峰频率和 B3LYP 密度泛函理论理论计算

对称性	IR/cm^{-1}					
	反射红外谱	Py-H$_5$/Au(111)	Py-H$_5$/Au(110)	Py-H$_5$/Au 多晶	Py-D$_5$/Au 单晶	B3LYP
文献	[36]	[35]	[36]	[43]	[44]	[37]
b$_1$	704					703
b$_1$	748					745
a$_1$	991					991
a$_1$	1031					1027
a$_1$	1068					1072
b$_2$	1146					1148
a$_1$	1217					1218
b$_2$	1438	1445	1445	1446	1309	1442
a$_1$	1483	1475	1483	1487		1483
b$_2$	1581	1593	1599	1605	1558	1587
a$_1$	1601	1601				1592

6.5　电化学表面增强拉曼光谱的理论

自首次发现电化学表面增强拉曼散射（SERS）效应以来，已经有四十多年了，在币族金属以及过渡金属表面上，吸附分子的拉曼信号可增强几个甚至十多个数量级，这使 SERS 已经发展成为具有单分子检测灵敏度的表面光谱技术之一[2,45]。在实验研究和应用范围获得不断拓宽的同时，人们已经认识到在金属纳米结构对获得高质量拉曼信号至关重要[45,46]。为了更进一步清楚 SERS 谱峰与表面结构之间的关系，很有必要深入认知 SERS 机理。目前普遍认为 SERS 效应主要来自两种增强机理的共同贡献：电磁场（EM）增强和化学增强（CE）[47]。前者主要与 SERS 基底的性质和形貌有关，例如金属表面的纳米结构（或金属纳米粒子）的尺寸、形状和聚集状态；而后者主要与吸附分子的几何结构、电子结构、分子与基底的成键作用和界面环境密切相关。以下将对这两种机理分别予以介绍。

6.5.1 电磁场增强机理

电磁场增强机理是一种物理效应，其来源于入射光对于金属表面电子的集体激发。具有一定的表面粗糙度的金属基底，会使得入射光在表面某些部位产生显著增强的电磁场。同时，在忽略拉曼散射光与入射光频率差异的情况下，可近似地认为拉曼散射强度与分子所受光电场强度的四次方成正比，因此，在表面局部位置极大地增强了吸附分子的拉曼信号，从而提高了检测吸附分子的灵敏度。

在具有一定的粗糙度的金属表面，一定波长的入射光可激发自由电子运动，产生表面等离激元共振，使表面光电场增强，从而显著增强表面吸附分子的拉曼散射信号。表面等离激元共振强弱与金属纳米颗粒的形状、大小及金属本身的光学性质密切相关。通常，银、金和铜等币族金属在可见光激发下具有很强的表面等离激元共振效应。相比之下，过渡金属的表面等离激元共振效应明显降低[45]。这是因为铜、银和金体系在一定的能量区间光激发主要是 sp 价带的自由电子产生的带内激发，而对于过渡金属体系，几乎在整个可见光区均可导致带间激发，从而显著降低表面等离激元共振的效率。

对于平滑金属电极表面的局域光电场，根据菲涅尔反射方程[48]

$$E_{p,z}^{surf}=E_p^i(1+r_p)\sin\varphi$$
$$E_{p,x}^{surf}=E_p^i(1-r_p)\cos\varphi$$
$$E_s^{surf}=E_s^i(1-r_s)$$

式中，p、s 分别为入射光的偏振态；r_p、r_s 为相应的菲涅尔反射系数。对于 p 入射偏振光在法线方向产生的最大表面局域光电场强度为入射光的两倍（见图 6-4）。同样的，散射光也可以增强两倍。由此可得到 $L_{\omega_L}^2 L_{\omega_S}^2=16$，即总的增强效应为 16 倍，该结果表示完全理想状态下平滑表面的增强效应。Moskovits 等计算表明，对于实际研究体系，由于考虑金属的光学性质、表面散射分子在表面的吸附取向以及不同振动模式的对称性差异，在平滑表面上获得 5～6 倍的增强因子更为合理[48]。因此，平滑表面的增强因子十分低，一般情况下很难检测出具有低微分散射截面吸附分子的表面拉曼信号。当吸附极性分子和金属表面之间的距离很小时，吸附分子的偶极将在金属内产生像偶极，由此在表面形成镜像电场。由于镜像偶极光电场和距离的立方成反比，随着距离的增加，镜像场强将迅速降低。

为了模拟粗糙化金属表面光电场，最简单的模型是金属小球的光散射模型[49]。该模型认为介电常数为 ε 的金属纳米颗粒处于介电常数为 $ε_0$ 的介质中，金属的介电常数和入射光的频率有关，即 $ε=ε(\omega)$，而介质的介电常数不随入射光或散射光

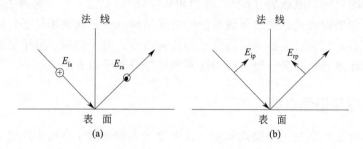

图 6-4　平滑金属表面的局域光电场 s(a)、
p(b)入射偏振光和反射光的电场方向

的频率变化（见图 6-5）。当金属纳米小球半径 a 远小于入射激光的波长 λ，即 $\lambda \gg a$，入射光电场可均匀地辐照金属小球，此时当分子处在离小球中心为 r 的球面上，该小球的光电场强度为：

$$E_N = \sqrt{\frac{1}{3}}\left[1 + 2g\left(\frac{a}{r}\right)^3\right]E_0$$

$$E_T = \sqrt{\frac{2}{3}}\left[1 - g\left(\frac{a}{r}\right)^3\right]E_0$$

其中

$$g = \frac{\varepsilon(\omega) - \varepsilon_0}{\varepsilon(\omega) + 2\varepsilon_0}$$

$$\varepsilon_{expt}(\omega) = \varepsilon_{inter-b}(\omega) + \varepsilon_{intra-b}(\omega)$$

其中由自由电子贡献的带内跃迁用 Drude 模型表示为

$$\varepsilon_{intra}(\omega) = 1 - \frac{\omega_p^2}{\omega(\omega + i/\tau)}$$

$$\frac{1}{\tau} = \frac{1}{\tau_0} + A\frac{\nu_F}{R}$$

上式表明当纳米粒子的尺寸小于电子平均自由程时，表面散射效应会变得显著，会减小表面等离激元寿命，从而降低表面光电场强度。E_N 和 E_T 分别是垂直方向的和切线方向的光电场，不同于远红外光在金属表面的反射，可见光在金属表面的切线方向的电场强度不可忽略。相对于入射光电场，在小球表面垂直方向电磁场增强因子为：

$$G = L_{\omega_L}^2 L_{\omega_S}^2 = \frac{1}{9}\left[1 + 2g\left(\frac{a}{r}\right)^3\right]^2\left[1 + 2g_0\left(\frac{a}{r}\right)^3\right]^2$$

$$g_0 = \frac{\varepsilon(\omega_0) - \varepsilon_0}{\varepsilon(\omega_0) + 2\varepsilon_0}$$

根据 g 和 g_0 的表达式，当 $\text{Re}[\varepsilon(\omega)] = -2\varepsilon_0$ 时，$g \to \infty$，即增强因子最大。对于介质为水的体系，$\varepsilon_0 = 1.77$。在可见光范围内，当 $\text{Re}[\varepsilon(\omega)] = -3.54$ 时，即

金属介电常数的实部达到该值时，可产生表面等离激元共振并表现出较强的增强效应。

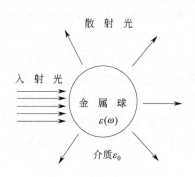

图 6-5 半径 a 的金属球与
入射光作用发生光散射，a 远
小于入射光波长

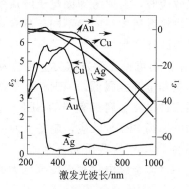

图 6-6 银、金和铜三种金属的
介电常数随激发光波长的变化
曲线[50]

图 6-6 给出了银、金和铜三种金属的介电常数随激发光波长的变化曲线[50]。从该图可见，这三种金属均可能满足以上条件。在合适波长的激发光下，可能产生表面等离激元共振使拉曼信号增强。对于金属银电极，可在很宽的光子能量区间产生较强的表面增强效应，而金和铜仅在红光区（即入射光波长需要大于 600nm）才具有增强效应。此现象主要是由于金属的介电常数随光子能量的变化引起的。对于这三种金属，它们的介电常数的实部接近相同，但虚部相差较大。这主要是 d-sp 带间跃迁对于银开始在 3.8eV，而金和铜分别在 2.3eV 和 2.2eV。从而在整个可见光区，银体系常具有更强的 SERS 增强效应。

粗糙金属表面的光电场强弱与纳米级颗粒（表面形貌）的曲率半径直接相关，曲率半径增加将显著增强其表面光电场[51]。对于椭球形的金属纳米粒子，当激发光电场方向平行于椭球的长轴时，则在沿着椭球长轴方向的表面光电场明显较大。这种在高曲率表面位的光电场显著地增强的现象称为避雷针效应[52]。

考虑不同形状和尺寸的纳米粒子之间的表面等离激元耦合作用已成为 SERS 增强效应的新热点。对于球形粒子之间的等离激元耦合作用可得到解析解。Aravind 等首先采用等半径双球模型解析计算在不同激发光波长时两球形粒子之间的电场分布[53]。Jiang 等理论计算了两个球形粒子之间的间隙位电磁场增强因子，发现增强因子可以达到 10^{10} 以上[54]。Garcia-Vidal 和 Pendry 计算了接触银半柱形表面间隙位具有强的局域等离激元模[55]。Xu 等计算了两个银半球形粒子之间的耦合作用导致间隙位产生 10^{11} 电磁场增强效应[56]。为了进一步研究表面等离激元耦合作用的本质，人们不仅在实验上制备出不同结构的纳米间隙结构，用于产生 SERS 增强效应，而且从理论上也提出了新的概念，如分维结构的表面某些局部 SERS 增强热点、等离激元分子[57] 和电荷转移等离激元[58] 等。这类考虑多个纳米粒子之间耦合的表面电场计算主要采用数值解的方法。Otto 认为当粒子之间的距离接近或小于 1nm 时，在该区间的增强效应不能简单地用经典电磁场描述，在考虑纳米间隙增强效应时，需要考虑因量子隧道效应而导致的抑制作用[59]。

过渡金属体系明显不同于具有强 SERS 活性的银、铜、金三种金属。后者主要是带内跃迁产生等离激元共振。对于过渡金属，由于 d 带未充满，Fermi 能级位于 d 带中。当可见光激发这类金属的表面，带间跃迁总会发生，等离激元共振效率比银、铜和金等金属低，SERS 增强效应的效率显著降低。早期 Cline 等人曾从理论上预言过过渡金属具有弱的 SERS 效应[60]。最近，为在过渡金属电极表面上产生大的电磁场 SERS 效应，制备高曲率和具有粒子间耦合效应的纳米结构表面是极为重要的[45,61]。这些研究显著地拓展了 SERS 光谱技术的应用，有望在研究具有电催化的过渡金属电极表面发挥巨大的作用。

6.5.2　化学增强机理

电磁场增强是表面增强效应的主要部分，这为获得电极表面化学信息提供了重要的基础。以下实验观测现象表明化学增强机理对理解电化学 SERS 现象极为重要。①对于同一 SERS 活性基底，不同的吸附分子表现出不同的增强效应。例如 N_2 和 CO，它们在气相中具有相同的拉曼散射截面，但当它们吸附在银表面时，CO 的增强因子约是 N_2 的 200 倍[47,62,63]。又如 Otto 等研究了甲烷、乙烷、乙烯、苯等在不同银膜上的 SERS 谱图，发现虽然它们的常规拉曼谱峰强度几乎相等，但在金属银表面上不饱和烃的 SERS 信号明显强于饱和烷烃[64]。②SERS 谱和常规拉曼光谱相比，谱峰的相对强度常发生明显的变化。当吡啶吸附在金属电极表面时，相对于气相和液相的吡啶正常拉曼光谱，它的四个全对称振动模的谱峰获得显著增强，如不对称环弯曲振动模（ν_{6a}）、环呼吸振动模（ν_1）、C—H 面内弯曲振动模（ν_{9a}）和环对称伸缩振动模（ν_{8a}）的 SERS 强度显著增强[2,65]。③当分子多层吸附在金属表面时，表面第一层分子的 SERS 增强因子为其它层的 10 倍左右[64]。④在电化学体系中，吸附分子的 SERS 强度往往是所施加电极电位的函数[2,66]。对许多吸附物种来说，SERS 强度都会随电极电位的变化而出现最大值，并且出现该最大值的电位会随激发光波长的变化而位移。

为了更好地解释以上有关现象，人们从化学角度分析并探讨化学增强机理。化学增强主要来源于两种增强，第一种是由于化学成键导致的增强，第二种是电荷转移增强。对于第一种，我们着重介绍化学成键作用对于 SERS 中拉曼相对强度的影响[67]。这是由于吸附物种和金属表面成键影响分子的电子结构，从而影响吸附分子的极化率变化特征，改变分子的相对拉曼谱强度[68]。在前面我们提到，吡啶分子是第一个证明了 SERS 增强效应的分子，并且由于吡啶（Py）环 N 上的孤对轨道具有很强的给电子能力，且能在金属表面形成较强的吸附作用，常被作为 SERS 表面探针分子，人们已对其在各种金属及不同的激发光波长下进行了深入的研究。

正如前面所提到的，吡啶分子有 11 个原子，属于 C_{2v} 点群，分子内有 27 个振动模，属于四个不可约表示，标记为 $10a_1 + 3a_2 + 5b_1 + 9b_2$。所有这 27 个振动模均是拉曼活性振动模。分子在金属表面的吸附作用依赖于分子的前线轨道以及金属簇的轨道信息。通常认为吡啶在金属表面有如下几种吸附构型：①通过 N 孤对电子以 σ 配位键的方式垂直吸附在金属表面[图 6-7(a)]；②通过吡啶环以 π 键平躺吸附到金属表面 [图 6-7(b)]；③通过 N 的孤对电子和 α 碳原子（α-吡啶基）垂直吸附到金属表面[69]。人们发现当芳香类分子平躺在金属表面时，由于分子的 π 轨道和金属表面的作用，芳香环的呼吸振动模频率会显著减小[70]。然而，对于吡啶分子来说，目前并没有发现这个现象，所以认为，当表面覆盖度达到满单层、负电位或者比零电荷电位不太正时，吡啶分子通过 N 原子垂直或者稍微倾斜吸附在金属表面，大多采用图 6-7 的第一种吸附或吸附构型发生一定的变化[69]。

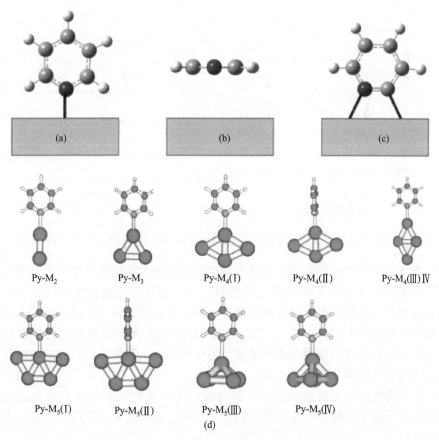

图 6-7 吡啶在金属表面的三种主要吸附构型[(a)直立吸附；
(b)平躺吸附；(c)α-吡啶基]以及(d)吡啶-金属簇模型(M＝Ag,Au,Cu,Pt)

第一种化学增强机理，即化学成键导致的增强。采用吡啶-金属簇模型，我们已经计算了吡啶与不同类型簇的作用。如图 6-8(a) 所示，结果表明，理论计算的吡啶分子的拉曼光谱能够很好地重现吡啶的液体谱和吸附在银电极上的 SERS 谱。吡啶分子在液态，其环呼吸振动模（ν_1）和三角畸变振动模（ν_{12}）具有相近的拉曼强度[2]。但当其与金、铜和过渡金属铂作用时，会导致环呼吸振动模的强度增强，而三角畸变振动模的 SERS 强度显著减小，这两个振动模的相对拉曼强度发生显著的改变[71]。这主要是吡啶在银上的作用较弱，吡啶分子的这两个峰的相对强度类似于吡啶分子液态的正常拉曼光谱[71]。而在金、铜和铂电极表面，形成较强的化学吸附作用，导致相对拉曼强度发生显著的变化。在这种情况下，三角畸变振动模的相对 SERS 强度明显减小。这与 Schatz 和 Jesen 等在之后采用更大的金属簇，对吡啶在银、金等金属上计算拉曼光谱的结果相一致。另外，在图 6-8（b）中，粗糙铂电极上的实验测定吡啶 SERS 谱中 $932\mathrm{cm}^{-1}$ 谱峰来自电解质阴离子 ClO_4^- 全对称振动的拉曼谱峰。

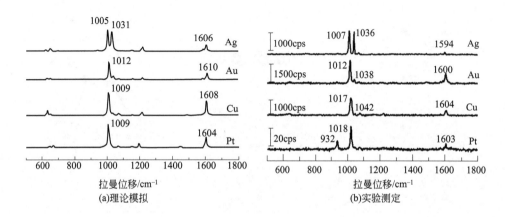

图 6-8　模拟的吡啶分子，吡啶分子与 Ag_4、Au_4 和 Pt_5 簇等作用后的拉曼光谱

对于第二种化学增强机理，即电荷转移增强机理，在激光诱导下金属表面和吸附分子形成新的电子激发态-光驱电荷转移态对拉曼光谱强度产生贡献。在电荷转移增强机理中，光驱电荷转移方向有两种，即电荷从金属转移到吸附分子，或电荷从吸附分子转移到金属表面[72]。当入射光子能量和光驱电荷转移态的激发能量匹配时，光驱电荷转移态作为共振拉曼散射的中间态，从而导致吸附分子的极化率被极大地增大，产生类共振拉曼光谱。

对于表面吸附分子的振动拉曼散射强度，电磁场增强主要贡献到表面局部电场，而化学增强主要体现为极化率的变化。这样，表面吸附分子的振动拉曼光谱强度表示为

$$I = \frac{8\pi(\omega_0 - \omega)^4 I_{in}}{9c^4} L_{in}^2 L_{sc}^2 \sum_{\rho,\sigma} |\alpha_{\rho\sigma}|^2$$

式中，I_{in} 为入射激光频率为 ω_0 的激光强度；L_{in} 和 L_{sc} 分别为在金属表面入射光和散射光的局部电场增强因子；c 为真空中光速；ω 为振动频

率；ρ 和 σ 为极化率张量的空间方向，即 x、y、z。对于极化率张量元，它可以用二阶微扰理论计算。当把吸附分子和金属表面活性位作为一个研究体系时，基于 Kramer-Heisenberg-Dirac 色散方程，极化率张量元可以表示成

$$\alpha_{\rho\sigma}(\omega_0) = \sum_{K \neq I, F} \left[\frac{\langle I \mid \mu_\sigma \mid K \rangle \langle K \mid \mu_\rho \mid F \rangle}{E_K - E_I - \hbar\omega_0} + \frac{\langle I \mid \mu_\rho \mid K \rangle \langle K \mid \mu_\sigma \mid F \rangle}{E_K - E_F - \hbar\omega_0} \right]$$

式中，E_I、E_K 和 E_F 分别对应于拉曼散射过程的初始态、中间态和终态。它们皆为振电态。在 Born-Oppheimer 近似下，当只考虑体系的一个振动自由度时，这些振电态可以表示成电子波函数和振动波函数的乘积，

$$|I\rangle = |I_e\rangle |i\rangle$$
$$|K\rangle = |K_e\rangle |k\rangle$$
$$|F\rangle = |F_e\rangle |f\rangle = |I_e\rangle |f\rangle$$

若考虑振动模为谐振子，则相应的振电态本征能量为

$$E_I = E_I^e + \left(i + \frac{1}{2}\right)\hbar\omega_i$$

$$E_K = E_K^e + \left(k + \frac{1}{2}\right)\hbar\omega_k$$

$$E_F = E_I^e + \left(f + \frac{1}{2}\right)\hbar\omega_i$$

式中，e 为电子波函数和电子态本征能量；ω_i 和 ω_k 为电子基态和激发态所考虑振动模的频率；i、k 和 f 分别为它的振动量子数。首先对电子坐标积分可以得到电跃迁偶极矩

$$\langle I \mid \mu \mid K \rangle = \langle i \mid M_{IK} \mid k \rangle$$
$$M_{IK} = \langle I_e \mid \mu \mid K_e \rangle$$

根据 Herzberg-Teller 理论，分子的振动将引起零阶 Born-Oppenheimer 波函数混合，即由分子振动引起电子波函数的变化，可以表示为[73]

$$|I_e\rangle = |I_e^0\rangle + \sum_{M \neq I} \lambda_{IM} \mid M_e^0\rangle Q$$
$$|K_e\rangle = |K_e^0\rangle + \sum_{M \neq K} \lambda_{KM} \mid M_e^0\rangle Q$$

其中

$$\lambda_{IM} = \frac{h_{IM}}{E_I^0 - E_M^0} = \frac{\langle I_e^0 \mid \partial H/\partial Q \mid M_e^0\rangle}{E_I^0 - E_M^0}$$

$$\lambda_{KM} = \frac{h_{KM}}{E_K^0 - E_M^0} = \frac{\langle K_e^0 \mid \partial H/\partial Q \mid M_e^0\rangle}{E_K^0 - E_M^0}$$

式中，H 为研究体系哈密顿量；λ 为一阶 Herzberg-Teller 校正系数；h 为振电耦合矩阵元。将一阶 Herzberg-Teller 校正波函数代入极化率张量方程，利用

Condon 近似就可以得到 Albrecht 极化率表达式[73,74]

$$\alpha_{\rho\sigma}=A+B+C$$

其中

$$A = \sum_{K\neq I}\sum_{k}\left[\frac{M^{\sigma}_{KI}(Q_0)\,M^{\rho}_{KI}(Q_0)}{\hbar\,(\omega_{KI}-\omega_0)}+\frac{M^{\rho}_{KI}(Q_0)\,M^{\sigma}_{KI}(Q_0)}{\hbar\,(\omega_{KI}+\omega_0)}\right]\langle i\mid k\rangle\langle k\mid f\rangle$$

$$\begin{aligned}B = \sum_{K\neq I}\sum_{M\neq K}\sum_{k}\Bigg\{&\left[\frac{M^{\sigma}_{IK}(Q_0)\,M^{\rho}_{MI}(Q_0)}{\hbar\,(\omega_{KI}-\omega_0)}+\frac{M^{\rho}_{IK}(Q_0)\,M^{\sigma}_{MI}(Q_0)}{\hbar\,(\omega_{KI}+\omega_0)}\right]\times\frac{h_{KM}\langle i\mid k\rangle\langle k\mid Q\mid f\rangle}{\hbar\omega_{MK}}\\ &+\left[\frac{M^{\sigma}_{IM}(Q_0)\,M^{\rho}_{KI}(Q_0)}{\hbar\,(\omega_{KI}-\omega_0)}+\frac{M^{\rho}_{IM}(Q_0)\,M^{\sigma}_{KI}(Q_0)}{\hbar\,(\omega_{KI}+\omega_0)}\right]\times\frac{h_{MK}\langle i\mid Q\mid k\rangle\langle k\mid f\rangle}{\hbar\omega_{MK}}\Bigg\}\end{aligned}$$

$$\begin{aligned}C = \sum_{K\neq I}\sum_{M\neq I}\sum_{k}\Bigg\{&\left[\frac{M^{\sigma}_{MK}(Q_0)\,M^{\rho}_{KI}(Q_0)}{\hbar\,(\omega_{KI}-\omega_0)}+\frac{M^{\rho}_{MK}(Q_0)\,M^{\sigma}_{KI}(Q_0)}{\hbar\,(\omega_{KI}+\omega_0)}\right]\times\frac{h_{IM}\langle i\mid k\rangle\langle k\mid Q\mid f\rangle}{\hbar\omega_{IM}}\\ &+\left[\frac{M^{\sigma}_{IK}(Q_0)\,M^{\rho}_{KM}(Q_0)}{\hbar\,(\omega_{KI}-\omega_0)}+\frac{M^{\rho}_{IK}(Q_0)\,M^{\sigma}_{KM}(Q_0)}{\hbar\,(\omega_{KI}+\omega_0)}\right]\times\frac{h_{MI}\langle i\mid Q\mid k\rangle\langle k\mid f\rangle}{\hbar\omega_{IM}}\Bigg\}\end{aligned}$$

上式中 A 项代表 Franck-Condon 贡献，B 项和 C 项则代表 Herzberg-Teller 校正项的贡献。上式中电跃迁偶极矩分别由金属-分子体系的零阶 Born-Oppenheimer 波函数计算。在一般情况下，由于 $\omega_{KI}+\omega_0\gg\omega_{KI}-\omega_0$，因此，在接近共振条件时，以 $\omega_{KI}-\omega_0$ 为分母的项将远大于以 $\omega_{KI}+\omega_0$ 为分母的项。对于一般的分子体系，由于 $\omega_{IM}>\omega_{MK}$，C 项对极化率的贡献可以忽略。但是对于金属-吸附分子体系，由于金属能带的连续性，在表面会存在可能的金属电子激发态与初始态间通过特定振动模发生较强的振电耦合。这将导致 C 项的贡献增大。在上式中，没有把基态和各激发态对应于来自分子或金属，因此，上面的方程也适用于表面共振增强拉曼散射（SERRS）。在这种情况下，激发光频率接近或趋近分子本身所需的激发能量。

在拉曼强度理论中，涉及电子态振动波函数的 Franck-Condon 积分 $\langle i\mid k\rangle$ 和 $\langle k\mid f\rangle$ 需要计算。在谐振子近似下，依据振动模的性质可以分为畸变谐振子、位移谐振子和位移畸变谐振子[74]。如图 6-9 所示，对于位移谐振子，其电子激发态的振动频率等于在电子基态时的振动频率，但激发态的平衡位置相对于基态发生了位移。畸变谐振子是振动频率发生变化，但激发态势能面的位移为零。一般情况下，非全对称振动模均为畸变谐振子，它们的 Franck-Condon 积分为偶数振动量子数跃迁，因此，A 项不对非全对称振动模基频谱带的拉曼散射强度有贡献。如果振动频率和平衡位置同时发生变化，则为位移畸变谐振子。A 项主要对全对称振动模有贡献。

B 项和 C 项主要来自不同电子态通过 Q 坐标的振电耦合作用。在电跃迁偶极矩不为零的情况下，振电耦合矩阵元 h_{KM} 和 h_{IM} 决定 B 项和 C 项对振动模强度的贡献。为使振电耦合矩阵元不为零，要求振电耦合矩阵元积分中的三项对称性的直积含有全对称表示。由于 $\partial H/\partial Q$ 的不可约表示与振动模 Q 的对称性相同，因此，相关的两个电子态的对称性直积必须含有参与振电耦合作用的振动模对称性。

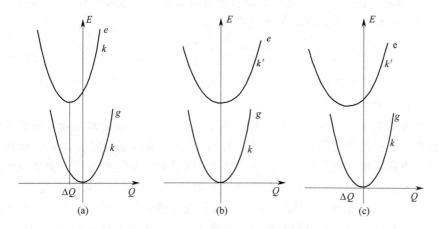

图 6-9 基态和激发态谐振势能面

(a) 畸变谐振子；(b) 位移谐振子；(c) 位移畸变谐振子

同时，由于电子态和振动模是属于金属-分子体系的，所以对称点群也由金属-分子体系决定。这样，相对于孤立分子，通常在表面上由于对称性降低，导致非拉曼活性振动模转化为拉曼活性振动模。由位移振子模型可得 Franck-Condon 积分为[24]

$$I_{b\upsilon',a0} = \frac{e^{-s} \cdot s^{\upsilon'}}{\upsilon'!}$$

其中 $s = \beta d^2/2$ 称为 Huang-Rhys 因子，$\beta = \sqrt{\mu k}/\hbar = M\omega/\hbar$。

吡啶在金属电极表面吸附的 SERS 谱分析是研究 SERS 的理论模型体系。Creighton 等人首先研究了含吡啶的银溶胶的吸收光谱[75]。通过对比含和不含吡啶的银溶胶的吸收光谱，他们发现在含吡啶的溶胶中出现一新的吸收谱峰，并且当激发光的波长接近该新的吸收峰的波长时可获得最强的 SERS 信号。他们认为该吸收峰主要源于吡啶和溶胶之间的电荷转移。其它相关的实验（如电子能量损失谱）也证实了吡啶通过 N 原子化学吸附在银电极表面时，它和表面之间存在电荷转移过程[76]。

实验观察到吸附在银电极表面的吡啶的 SERS 强度和所施加的电位有关，这种关系常作为判断电化学体系中是否存在电荷转移增强机理的直接判据。在一定的激发光波长下，出现最大 SERS 强度的电位值（E_{max}），并且出现该最大值的电位和激发光的频率有关。当入射光子的能量与电荷转移激发所需能量匹配时，SERS 信号最强。如在 457.9nm 的激发光下，吡啶的环呼吸振动谱峰强度最大值出现在 -0.6V（SCE）；而当激发光变为 647.1nm 时，该电位负移至 -0.76V。一般情况下，随着激发光波长的红移，SERS 强度最大值的电位值负移，这种现象表明在拉曼散射过程中电荷转移方向是从金属到分子。在电化学拉曼光谱体系中，当入射光子的能量增加时，发生共振的电位要相应地负移，这表明电荷转移方向是从分子到金属的跃迁。如在 CN⁻/银体系中电荷转移是从 CN⁻ 到银表面。Lombardi 等人在研究含 N 的杂环化合物在银电极表面吸附时也观察到了这种现象[72]。SERS 强度最大值的电位与激发光频率的变化关系为，

$$\frac{\Delta E_{\max}}{\Delta \nu_{\mathrm{L}}} = \frac{E_{\mathrm{F2}} - E_{\mathrm{F1}}}{\nu_{\mathrm{L2}} - \nu_{\mathrm{L1}}}$$

式中，$\Delta E_{\max}$ 为不同频率的激发光下出现 SERS 强度最大值的电位差；$\Delta \nu$ 为激发光的频率差。

吡啶在银电极上的 SERS 光谱有很多理论研究，但仍缺乏对电荷转移机理的详细的分析。在我们最近的研究中，我们以吡啶-Ag_2 金属簇为模型体系，计算了基态和光驱电荷转移态的优化结构和振动频率，并进而在谐近似下得到势能面的激发态相对于基态的势能面平衡位置的位移，从而计算出不同全对称振动模的 Huang-Rhys 因子[67]。利用 Huang-Rhys 因子结合拉曼光谱理论可以计算出不同振动模对类共振电荷转移拉曼散射过程的贡献。在表 6-5 中，可以看到吡啶分子的 ν_1、ν_{9a}、ν_{8a} 和 ν_{6a} 四个全对称振动模有大的 Huang-Rhys 因子，在光驱电荷转移增强机理起作用时，这四个振动模的拉曼强度显著增强。同时，ν_{12}、ν_{18a} 和 ν_{19a} 振动模以及与 C—H 振动相关的振动模的 Huang-Rhys 因子明显较小，类共振的电荷转移态对这些振动模的拉曼信号增强效应较弱。图 6-10 给出依据表 6-5 理论计算的振动频率和 Huang-Rhys 因子，计算环呼吸振动 ν_1 和三角畸变 ν_{12} 振动模的相对拉曼强度的变化。可以明显看出在非共振情况下本来其拉曼强度相近，但考虑电荷转移增强机理时，其相对拉曼强度发生显著的变化。在上述的计算中，我们采用光驱电荷转移态的电子衰减因子约为 1880cm^{-1}，这小于以前基于时间波包方法分析吡啶在银电极上的衰减因子 3000cm^{-1}，但是更接近实验值，如来自电子能量损失谱中提供的电荷转移态的参数。基于以上参数，我们也对吡啶分子吸附在银电极上其它全对称振动模的拉曼光谱进行理论分析，理论计算证明了对于不同的振动模，由于光驱电荷转移激发态的性质，其 SERS 信号对激发波长和应用电位的响应会发生变化[67]。

表 6-5 吡啶吸附在银簇上的基态和电荷转移态振动频率以及 Huang-Rhys 因子 (s)

模型	ν_2	ν_{13}	ν_{20a}	ν_{8a}	ν_{19a}	ν_{9a}	ν_{18a}	ν_{12a}	ν_1	ν_{6a}
s	0.000	0.000	0.001	0.288	0.021	0.339	0.052	0.335	0.309	0.152
基态/cm^{-1}	3097.2	3076.5	3067.2	1605.4	1485.4	1217.2	1071.7	1030.8	1005.6	623.9
激光态/cm^{-1}	3054.8	3100.5	3077.9	1579.0	1435.3	1189.0	985.2	1019.4	937.6	613.8

理论计算采用 B3LYP/6-311+G** 方法和吡啶-Ag_2 金属簇模型[67]。

实验观察到吡啶在多种过渡金属电极表面存在光驱电荷转移态。例如吡啶分子吸附在粗糙的钴电极上，在激光诱导下其电荷转移方向均是从金属到吸附分子吡啶。这主要是因为激发光的波长改变为较长波长时（例如改变 514.5～632.8nm），所施加电位将需负移方可出现强度最大值。对不同的金属电极体系，这种电位负移的程度与金属性质有关。例如，图 6-11 给出实验测定粗糙钴电极表面吸附吡啶的

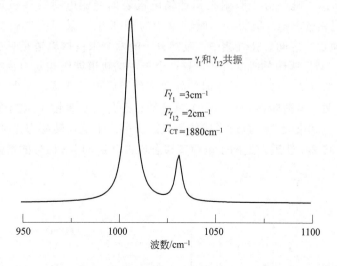

图 6-10　光驱电荷转移机理对吡啶吸附在银上的拉曼强度的影响[67]

环呼吸振动模的强度随电位的变化[77]。由该图我们得到 s 值为 $3.46\text{eV}\cdot\text{V}^{-1}$；而对于粗糙的铂电极表面，我们得到 s 值为 $2.25\text{eV}\cdot\text{V}^{-1}$。这些值反映了金属钴电极的 Fermi 能级对电极电位的变化更敏感。另外，强度-电位图的形状与金属性质有关。对于吡啶吸附于粗糙的铁和铂电极表面，吡啶分子环呼吸振动（ν_1）的谱峰强度-电位图有一个极值峰。但当吡啶吸附于粗糙的钴电极表面，随着电位负移，ν_1 振动谱峰强度首先快速增强，然后慢慢减小并出现一个肩峰。当选择激发光波长为 514.5nm 和 632.8nm 时，ν_1 的谱峰强度-电位图均有类似的肩峰，并且主峰的电位负移约 100mV，如图 6-11 所示。

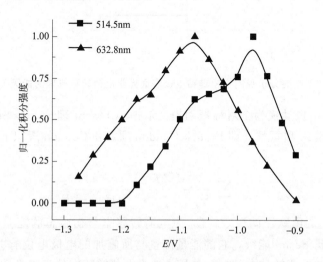

图 6-11　吡啶分子吸附在粗糙的钴电极表面的
环呼吸振动模的拉曼强度-电位关系

图 6-12 给出了吡啶分子吸附在粗糙钴电极表面光驱电荷转移机理的能级关系图[45,77]。金属钴的 Fermi 能级介于吡啶分子的 HOMO（最高占据轨道）和 LUMO（最低未占据轨道）之间。在气相中，吡啶分子的两个未占据轨道是具有 π-反键特征的 $3b_1$ 和 $2a_2$。对于吸附的吡啶分子，这两个未占据轨道能级相对自由分子的轨道能级明显降低，并且能差减小。基于时间相关密度泛函理论计算，在强度-电位图中两个极值对应于两个电荷转移态。第一个电荷转移态是从金属钴 4s 电子跃迁到由金属钴原子 $4p_x$ 轨道和吡啶 $3b_1$ 轨道形成的激发态。第二个电荷转移态是从金属钴 4d 带电子跃迁到吡啶 $2a_2$ 轨道。这两个电荷转移态均贡献到 SERS 信号的增强。

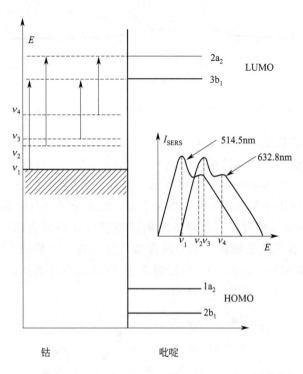

图 6-12　吡啶分子吸附在粗糙钴电极表面光驱电荷转移机理的能级关系图

由于吡啶 ν_1 振动模为全对称振动模，依据 Albrecht 理论，其 SERS 谱强度主要由极化率张量 A 项贡献，即 Franck-Condon 项。在 Condon 近似下，极化率简化为

$$\alpha_{\rho\rho} = \sum_k \frac{M_\rho^2 \langle f \mid k \rangle \langle k \mid i \rangle}{E_0 + \varepsilon_k - \varepsilon_i - \hbar\omega_0 - i\Gamma}$$

式中，M_ρ 为电跃迁偶极矩；E_0 为电荷转移态与初始态的能差，因为初始态能级主要是金属 Fermi 能级，它的能量位置与所施加的电极电位有关；ε_i 和 ε_k 分别为电子基态和电荷转移态的振动能量；Γ 为电荷转移态的衰减常数。如果我们考虑拉曼谱中主要来自振动基频的拉曼强度，仅考虑从振动基态跃迁到第一振动激发

态，则上式中环呼吸振动模的拉曼 Franck-Condon 因子为

$$\langle 1 | k \rangle \langle k | 0 \rangle = \left(\frac{\Delta^{2k}}{2^k \sqrt{2} \, k!} \right) \left(\Delta - \frac{2k}{\Delta} \right) \exp \left(-\frac{\Delta^2}{2} \right)$$

式中，Δ 为沿着环呼吸振动模电荷转移态和电子基态势能面平衡位置的无量纲位移。对于吸附的吡啶分子，环呼吸振动模的无量纲位移近似为

$$\Delta = \left(\frac{4\pi^2 c}{h} \right)^{\frac{1}{2}} \left(\frac{\nu^{CT} \nu^G}{\nu^{CT} + \nu^G} \right)^{\frac{1}{2}} (\Delta Q)$$

$$(\Delta Q) = \mu^{\frac{1}{2}} (\Delta R)$$

$$(\Delta R) = \frac{2}{\sqrt{6}} \left[(\Delta R_{C-N}) + (\Delta R_{C-C}) + (\Delta R_{C-C'}) \right]$$

式中，h 和 c 分别为 Planck 常数和真空光速；ν^G 和 ν^{CT} 分别为在基态和电荷转移态环呼吸振动模的频率；ΔR_{C-N}、ΔR_{C-C} 和 $\Delta R_{C-C'}$ 分别为电荷转移态相对于基态的 C—N 和 C—C 等键长变化。这样，两个电荷转移态的 Δ 值分别是 0.625 和 0.654。如果在 SERS 谱区间，电极表面形貌不发生变化的，在相同的激发波长下不同电位区间表面电磁场不发生明显改变。这样，拉曼强度的变化主要是由于化学增强机理产生的。采用密度泛函理论计算两个电荷转移态的跃迁偶极矩，并作为初始值。结合以上方程，我们拟合实验强度-电位曲线可得到共振极化率。对于激发波长 514.5nm，由该过程所得到两个 Γ 均为 0.27eV。同样，对于激发波长 632.8nm，Γ 分别为 0.34eV 和 0.40eV。这样，如果考虑化学增强主要是由电荷转移态的贡献，化学增强因子表达为

$$f_{CE} = \frac{\sum\limits_{n=1}^{2} \sum\limits_{\rho} | \alpha_{\rho\rho,n} |^2}{b^2 (v+1) \left(\frac{\partial \alpha}{\partial Q} \right)^2}$$

$$b^2 = \frac{h}{8\pi^2 \omega}$$

式中，n 为电荷转移态的个数；v 和 b^2 为环呼吸振动模的振动量子数和零点振幅[28]，因为主要考虑的是第一振动激发态，所以 $v=1$；$\partial \alpha / \partial Q$ 为在非共振拉曼情况下环呼吸振动模的极化率导数。这样，化学增强因子就可以从上述方程确定。对于激发波长 514.5nm，在电位 $-0.98V$ 和 $-1.08V$ 时，化学增强因子分别是 43 和 28；而对于激发波长 632.8nm，在电位 $-0.98V$ 和 $-1.08V$ 时，化学增强因子分别是 24 和 15。这表明吡啶吸附在粗糙钴电极表面的化学增强因子大于一个数量级。

表面电荷转移态的类共振拉曼增强效应一般明显小于共振拉曼增强效应。共振拉曼增强效应通常约为 10^6。对于金属表面体系，由于存在较复杂的光物理化学过程，激发电荷转移态弛豫过程增多，导致它的寿命减短，衰减因子明显增大。从上

面的计算我们已经看到，表面电荷转移态的衰减因子明显大于气相中共振拉曼散射过程的衰减因子。之前对于吡啶分子吸附在银表面，Γ 值约为 1880cm^{-1}[67]，而对自由分子的共振拉曼散射过程，它的值为几十波数。由于在表面过程中衰减因子较大，当仅有一个电荷转移态时，不同振动模间的相对强度主要由沿着特定振动模势能面的位移决定。

通过上面从对吡啶分子在银、金、铜、铂和钴电极体系的 SERS 化学增强机理的分析，可以看到 SERS 光谱不仅提供分子的指纹信息，揭示分子与金属电极之间的化学成键信息，反映金属电子结构特征，而且提供金属表面激发态电子结构信息，如果对 SERS 光谱强度进行细致的理论分析，可能进一步提取分子激发态几何结构和成键行为。这里，我们仅初步理解化学增强机理对 SERS 的贡献，并反映了分子在表面的成键作用以及随界面环境变化对 SERS 谱的影响。

6.5.3 对巯基苯胺的电化学 SERS 光谱

对巯基苯胺（p-mercaptoaniline 或 p-aminothiophenol，PATP）是 SERS 研究中最重要的探针分子之一。该分子为苯胺的对位被巯基取代，因巯基的硫原子常与金属可形成强的化学键，因此，PATP 分子可以通过巯基吸附在金、银和铜等 SERS 基底上，形成自组装单层（SAM），并且能够产生非常独特且很强的 SERS 信号。这种信号不仅作为 SERS 化学增强的经典模型体系，而且也称为单分子和电化学界面结构研究的吸附探针分子。

1992 年 Osawa 等首次报道了 PATP 和对巯基硝基苯在电化学界面上的 SERS 光谱特征[78]。在粗糙银电极上，SERS 光谱特征与施加电位有密切的关系。当进行阴极极化，对巯基硝基苯的硝基对称伸缩振动模对应的 SERS 谱峰逐渐消失，在 1140cm^{-1}、1390cm^{-1}、1430cm^{-1} 出现一些新的谱峰。这些谱峰不同于固体 PATP 的常规拉曼光谱。但是，在 PATP 的电化学 SERS 光谱，同样出现异常增强的拉曼谱峰在 1140cm^{-1}、1390cm^{-1}、1430cm^{-1}。由此，这被认为是对巯基硝基苯还原后生成表面吸附的 PATP 的 SERS 谱峰[79]。依据这些拉曼谱峰强度随电位变化关系，Osawa 等认为 PATP 分子的异常 SERS 信号源于电荷转移增强机理[79]。在对 PATP 分子紫外共振拉曼光谱的研究中发现，当入射激发的能量接近分子 300nm 的激发态时，PATP 的 "b_2" 对称性振动模可以借助 250nm 的激发态通过振电耦合得到选择性增强。Osawa 等依此推测 PATP 的异常 SERS 信号来源于 CT 过程导致的 Herzberg-Teller 振电耦合贡献，并将 1140cm^{-1}、1390cm^{-1}、1430cm^{-1} 等异常谱峰归属为 "b_2" 对称性振动模。通过改变电极电位和激发光能量，他们发现 "b_2" 振动模 SERS 强度极值电位随激发光能量的增加而向正电位方向移动。他们认为这种现象说明了 CT 机理的贡献，并认为 PATP 的 CT 方向是由金属到分子。值得注意的是，SERS 实验中的 "b_2" 振动模基频位置与紫外拉曼实验中的 "b_2" 振动模基频位置并不一致。

实际上，对其异常强的 SERS 信号的来源一直存在争议。在早期的电化学 SERS 谱研究中，人们就对有关对氨基苯甲酸和对硝基苯甲酸的电化学拉曼光谱进行了争论[80,81]。当在银表面进行吸附对硝基苯甲酸的 SERS 信号测定时，发现硝基的 SERS 信号消失，而新的 SERS 谱峰与对氨基苯甲酸的一致[82,83]。另外，不同的吸附取向，如可能在银表面存在平躺吸附构型，或形成两性离子的形式也建议在文献中[84,85]。因此，生成的异常强的 SERS 信号来自苯胺衍生物，还是相应的偶氮苯衍生物一直是有待解决的问题，并且反应机理仍不完全清楚。尽管如此，人们对 PATP 的 SERS 光谱的理解常沿用 Osawa 对 PATP 振动模的归属，其 SERS 强度常常用 CT 增强机理解释。

密度泛函理论（DFT）以及其它从头算的理论方法是光谱研究中的有力工具，通过理论计算可以准确地预测频率位置并指认相关振动模，更深地理解光谱中所蕴藏的信息。PATP 分子含有一个巯基官能团和一个氨基官能团。如图 6-13 所示，PATP 分子可以通过巯基单端与银簇作用，以顶位、桥位或者穴位吸附在金属表面。同时，由于粗糙或纳米结构表面的起伏，PATP 分子也可能采用双端吸附方式，即以巯基端和氨基端同时与银电极表面作用。因此，我们采用簇模型 Ag_n-S-PATP（n=1～8）和 Ag_n-S-PATP-N-Ag_m（n=3，m=2；n=5，m=6）分别模拟了 PATP 的单端和双端吸附构型[86]。图 6-14 是理论模拟的图 6-13 中各种表面复合物的拉曼光谱。

图 6-14 的模拟拉曼光谱表明，当 PATP 以单端方式吸附于银表面时，吸附位点和金属簇大小对 PATP 的拉曼光谱的影响相对较小，其拉曼位移和相对强度基本一致。计算模拟得到的 PATP 的表面拉曼光谱与实验中在低激发光功率或者酸性溶液中测得的 SERS 谱图非常吻合[79,87]。当 PATP 以双端与银簇成键时，PATP 的拉曼光谱在 900cm^{-1} 左右出现一个新的谱峰，理论计算将其指认为氨基面外弯曲振动。这一振动模是具有 p-π 共轭体系的—NH_2、—CH_2 基团吸附在金属表面的特征拉曼谱峰[88]。值得注意的是，无论 PATP 采取何种吸附构型，理论计算的谱图中都没有与 PATP 吸附在粗糙银电极或者纳米粒子表面 SERS 实验中观测的所谓"b_2 振动模"（1142cm^{-1}、1391cm^{-1} 和 1440cm^{-1} 的异常拉曼谱峰）相对应的基频振动。

在过去以 PATP 为探针分子的 SERS 研究中，出现 1142cm^{-1}、1391cm^{-1}、1440cm^{-1} 这几个所谓的"b_2"振动模被认为是存在光驱电荷转移过程的标志。并且认为 CT 的方向是从金属到分子。金属-分子界面存在两种可能的 CT 方式：分子到金属的电荷转移和金属到分子的电荷转移[46,89]。在 SERS 体系中，光驱电荷转移（PDCT）的方向由吸附分子的前线轨道和金属费米能级的相对位置决定。PATP 的 HOMO（5p 轨道）能级是 −5.52eV，LUMO（6π* 轨道）能级是 −0.57eV，而 Ag 的费米能级是 −4.3eV。由于 PATP 的 HOMO 轨道与 Ag 费米能级较为靠近，所以 PATP 吸附在 Ag 表面的 PDCT 方向应该是从分子到金属而不是从金属到分子[90]。

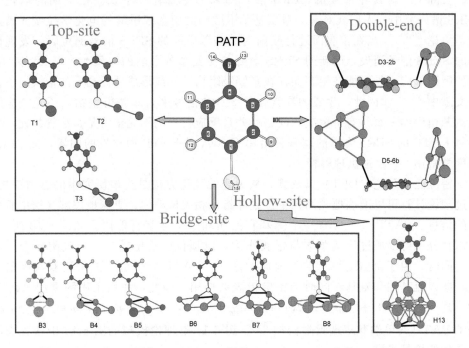

图 6-13 PATP 以顶位（Top-site）、桥位（Bridge-site）、穴位（Hollow-site）
单端与银簇作用或者双端（Double-end）与银簇作用的吸附构型

图 6-15 模拟了在不同激发光下，PATP-Ag$_{13}$ 表面复合物的预共振拉曼光谱。采用耦合微扰理论可以计算频率相关的分子极化率，然后将极化率对简正坐标进行数值求导得到预共振条件下的拉曼强度。该方法考察了可用于预测当入射光子能量接近分子激发态时，CT 过程对拉曼强度的贡献[90]。在预共振条件下，1000～1650cm^{-1} 区间的拉曼信号都来自 "a$_1$" 振动模，而所有的 "b$_2$" 振动模并没有发生明显的增强。在低于 1000cm^{-1} 波数区间，有两个拉曼谱峰的相对强度发生了增强。它们分别是 C—S 伸缩振动（ν_{C-S}）和氨基面外弯曲振动（ω_{NH_2}）。ν_{C-S} 振动为 "a$_1$" 振动模，其增强来自 Franck-Condon 项的贡献；ω_{NH_2} 振动是一个面外振动，属于 "b$_1$" 对称性，其增强机理应归于 Herzberg-Teller 项的贡献[90]。

理论结果表明，PATP 分子在 SERS 实验中观测到的 "b$_2$" 振动模异常拉曼信号不可能来自 PATP 分子本身。其原因如下：①PATP 分子中没有与 "b$_2$" 振动模所对应的基频振动峰；②PATP 的电荷转移方向为由分子到金属，而不是实验中推测的由金属到分子；③即使考虑 CT 过程对拉曼强度的影响，PATP 的 "b$_2$" 振动模也不会得到增强。因此，实验中观测到的 "b$_2$" 振动模不可能来自吸附 PATP 分子本身，只可能是来自 PATP 发生表面反应生成新的表面物种，即 p,p'-二巯基偶氮苯（p,p'-dimercaptoazobenzene，DMAB）。

在 SERS 实验中，SPR 效应不仅可以通过光物理过程聚集表面光电场，放大

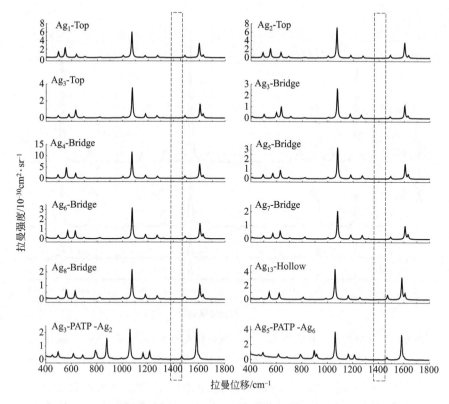

图 6-14　计算模拟的 PATP 分子以单端和双端与银簇相互作用的拉曼光谱

激发光波长为 514.5nm，线宽 10cm^{-1}

表面光谱信号，也可能通过光化学过程产生高能电子/空穴，诱导表面物种发生化学反应[91]。芳香胺化合物吸附在银和金粗糙电极或者纳米粒子表面时，在光照或者电化学阳极极化条件下发生氧化偶联反应[92]。PATP 分子的对位双官能团结构决定该分子具有不同的反应路径：尾-尾偶联（S 原子与 S 原子相连）形成二硫化物[93]；头-尾偶联（N 原子与 C 原子相连）形成类聚苯胺物种[94]；头-头偶联（N 原子与 N 原子相连）形成偶氮化合物[95]。理论计算发现，尾-尾偶联和头-尾偶联产物的拉曼光谱信号与 PATP 的异常 SERS 信号相差甚远，而头-头偶联产物二巯基偶氮苯 DMAB 分子的拉曼光谱可以很好地重现实验中观测到的异常 SERS 信号[86,96]。

图 6-16(a) 和 (c) 是计算模拟的 Ag$_5$-DMAB-Ag$_5$ 和 Au$_5$-DMAB-Au$_5$ 表面复合物在 785nm 激发光下的非共振拉曼光谱。DMAB 分子在 1068cm^{-1}、1125cm^{-1}、1187cm^{-1}、1388cm^{-1}、1428cm^{-1}、1463cm^{-1} 以及 1582cm^{-1} 出现较强的拉曼基频。其中 1068cm^{-1} 和 1575cm^{-1} 的谱峰归属为环呼吸和 C—S 伸缩的耦合振动和 C—C 伸缩振动；1125cm^{-1} 和 1187cm^{-1} 的谱峰归属为 C—N 伸缩和 C—H 面外弯曲的偶合振动；1388cm^{-1}、1428cm^{-1} 以及 1463cm^{-1} 的谱峰归属

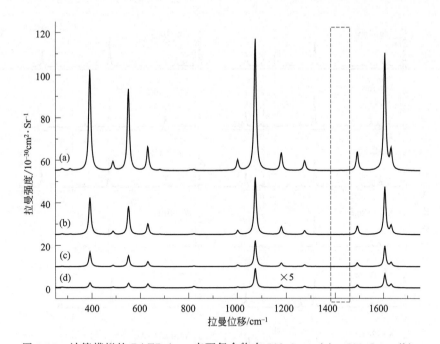

图 6-15 计算模拟的 PATP-Ag$_{13}$ 表面复合物在 568.1nm（a），593.5nm（b），
632.8nm（c）激发光下的预共振拉曼光谱以及 632.8nm 激发光下的非共振拉曼光谱（d）

为 N—N 伸缩、C—C 伸缩和 C—H 面外弯曲的耦合振动。如果将 DMAB 分子近似
认为 C_{2h} 分子点群，图 6-16 中所有强度较大的拉曼谱峰都来自分子的全对称 a$_g$ 振
动模。计算结果表明，PATP 的 SERS 实验中观测到的所谓"b$_2$"振动模实际上是
PATP 氧化偶联产物 DMAB 的全对称 a$_g$ 振动模。

图 6-16（b）和（d）是 Ag$_5$-DMAB-Ag$_5$ 和 Au$_5$-DMAB-Au$_5$ 表面复合物在
785nm 激发光下的预共振拉曼光谱。对 DMAB 吸附体系激发态性质的研究发现
DMAB 吸附在银和金表面的 CT 方向是由金属到分子，CT 跃迁能落在可见光区且
跃迁概率较大[97]。当考虑频率相关的预共振拉曼光谱，DMAB 的拉曼绝对强度发
生显著增强，但各个谱峰之间的相对强度变化不大。图 6-16 中计算得到的 DMAB
的拉曼强度远大于图 6-14 中 PATP 的拉曼强度。这就解释了实验 SERS 谱图中为
什么可以估算出巨大的化学增强因子[98]。

表 6-6 比较了 PATP 和 DMAB 分子吸附在银表面的振动基频（1000~
1650cm^{-1}）的理论计算与实验数值。PATP 分子可近似看作具有 C_{2v} 对称性，
其强度较大的拉曼谱峰（1078cm^{-1}、1176cm^{-1}、1488cm^{-1} 及 1595cm^{-1}）
均属于"a$_1$"振动模。DMAB 属于 C_{2h} 对称性分子，其主要的拉曼谱峰
（1138cm^{-1}、1386cm^{-1}、1435cm^{-1} 及 1574cm^{-1}）归属为"a$_g$"振动模。这
些谱峰可作为研究 PATP 氧化偶联生成 DMAB 的谱学依据，并据此研究反应
的机理和动力学问题。

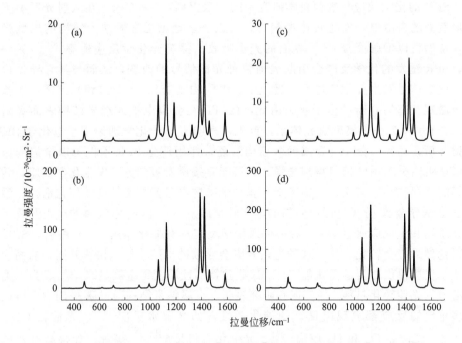

图 6-16　模拟的 Ag_5-DMAB-Ag_5［(a)、(b)］和 Au_5-DMAB-Au_5［(c)、(d)］
表面复合物在 785nm 激发光下的非共振［(a)、(c)］和预共振拉曼光谱［(b)、(d)］

表 6-6　对比 PATP 和 DMAB 分子吸附在银表面的振动基频
（1000～1650cm^{-1}）的理论计算与实验数值

PATP（C_{2v}）			DMAB（C_{2h}）		
计算值/cm^{-1}	实验值/cm^{-1}	指认	计算值/cm^{-1}	实验值/cm^{-1}	指认
1002	1004	$\alpha_{CCC} + \nu_{CC}(a_1)$	1064	1066	$\alpha_{CCC} + \nu_{CC}(a_g)$
1077	1078	$\nu_{CS} + \nu_{CC}(a_1)$	1126	1138	$\nu_{CN} + \beta_{CH}(a_g)$
1181	1176	$\beta_{CH}(a_1)$	1186	1185	$\nu_{CN} + \beta_{CH}(a_g)$
1272	1280[79]	$\nu_{CN} + \nu_{CC}(a_1)$	1389	1386	$\nu_{NN} + \nu_{CC}(a_g)$
1492	1488	$\beta_{CH} + \nu_{CC}(a_1)$	1421	1435	$\nu_{NN} + \beta_{CH}(a_g)$
1608	1595	$\nu_{CC} + \delta_{NH}(a_1)$	1460	1470	$\nu_{NN} + \beta_{CH}(a_g)$
1632	1629[79]	$\delta_{NH}(a_1)$	1583	1574	$\nu_{CC} + \nu_{NN}(a_g)$

注：α：变形；ν：伸缩；β：弯曲，δ：剪切。

　　PATP 在银电极表面或纳米结构表面的这种反应具有一定的普适性。其相应的
芳香硝基苯类也可通过还原反应生成偶氮苯类化合物。同时，这种反应也可以在其
它具有强的 SPR 效应的纳米结构金属上发生，如金、铜或修饰有铂的金纳米结构
表面。理论计算和实验结果表明 PATP 在金属纳米结构表面发生的等离激元催化
的表面偶联反应生成 DMAB。PATP 转化为 DMAB 的反应与各种实验条件密切相
关，包括激发光波长、激发光功率、光照时间、环境气氛、溶液酸碱性、基底材料
性质等[99,100]。另外，对位的取代基是给电子基或吸电子基的取代基都可能发生这
类表面催化偶联反应[99]。

SPR 的化学效应是表面科学研究中的"双刃剑"。一方面，在入射光照射下当金属表面的自由电子发生集体振荡时，可以显著地增强金属纳米结构的局域光电场，从而可以增强金属-分子界面的光子吸收，提高光化学反应速率[101]。另一方面，SPR 诱发的化学反应会引起表面物种光谱信号的改变，从而与其它导致检测分子谱学信号发生变化的过程（吸脱附、吸附构型变化、CT 过程）混淆，对检测分子微观状态的判断产生干扰。由此，PATP 在金属电极或纳米结构表面吸附的 SERS 光谱作为一个模型研究体系，首先，表明了量子化学理论用于电化学 SERS 光谱分析，为光、分子与金属纳米结构的复杂作用产生 SPR 不仅可以聚焦局域光电场使吸附分子谱学信号得到增强，还可能直接诱发吸附分子发生化学反应，转化为新的表面物种。其次，金银等贵金属纳米结构本身就具有较高的催化活性，激发 SPR 会诱导金属-分子界面产生新的电荷转移激发态，电子/空穴对的产生开辟了新的光激发和光反应通道[102]，对一系列化学反应具有催化作用[103]。最后，SPR 非辐射弛豫最终会转化为热，这种光热效应会导致纳米结构局域快速升温，从而为表面化学反应提供必要的活化能[104]。这些独特的性质使得金属纳米结构成为一类极具潜力的光能转化材料[105]。现有研究表明，金属纳米结构通过激发 SPR，可以对许多重要的反应都表现出良好的催化活性，如光解水反应[106]、光催化 CO_2 还原[107]、光诱导 O_2 和 H_2 解离[108]、光催化有机反应[109] 等等。如果能有效地利用和控制 SPR（电子/空穴），就可以将其应用于光电协同能量转化、化学合成、环境污染物治理等方面。

6.6 总结与展望

量子化学结合光谱学方法为电化学界面吸附和反应提供重要的信息，也为谱学电化学在分子水平理解电化学过程提供理论基础。这不仅有助于深入地分析分子在金属电极表面的吸附作用，而且有助于更好地将界面结构和谱学信号关联。一方面，对于已知体系，通过量子化学和光谱学理论结合，确定分子与金属电极表面的成键特征，同时确定吸附分子在表面的吸附位和吸附取向。另一方面，对于未知体系，基于量子化学计算吸附分子光谱，也可以确定表面吸附物种和推测产生物种的反应机理。因此，将量子化学计算和光谱学技术结合有助于在分子电子水平上更深入地揭示光谱学信息所隐藏的电化学本质。

在这里我们仅简要介绍将量子化学计算与 SEIRS 谱和 SERS 谱结合研究电化学表面吸附。对于电化学界面吸附体系，表面吸附分子的吸附状态随电位发生变化，导致研究体系的光谱随电位和时间的演化。如前所述，红外光谱仅涉及表面电子基态性质，而拉曼光谱涉及表面激发态性质。在金属电极表面，分子的振动激发态和电子激发态的动力学性质均与分子在体相的不同。由于金属能带的连续，吸附分子本身的激发态或在表面形成复合物的激发态的寿命将显著缩短，从而其动力学过程时间尺度短，需要发展快速时间分辨的光谱技术应用于电化学界面过程的研究。

在理论上，人们需要建立分析不同电化学界面过程的理论模型和量子化学的计算方法，研究界面能量转移和电荷转移过程。虽然不同的表面增强光谱已用于电化学界面的研究，但这些不同的表面增强谱学方法的增强机理仍有待进一步发展。如目前面临的问题有，如何能将电磁场增强机理和化学增强机理有机结合，克服表面增强机理分析中存在的不足。电磁场增强机理重点从光电场的角度考虑光子与表面（纳米粒子）的相互作用，之前的大量研究认为吸附分子的种类和性质与电磁场增强无关。化学增强机理从能级方面考虑了光子与分子以及金属表面三者的相互作用，但是没有引入纳米粒子体系所形成强大的表面光电场，以及其与光驱电荷转移是否存在关系。如何建立一个能统一考虑两种机理贡献的理论模型，并发展相应的定量计算方法，仍是电化学 SERS 理论研究面临的基本科学问题，也是进一步深入开展 SERS 机理研究的关键。这亟须发展多尺度模型方法，将量子化学方法和分子光谱学理论方法以及纳米光学方法有机结合，寻求建立解决光子、分子和金属纳米结构相互作用的模型，探求电化学表面光谱信号所隐藏的界面物理化学的本质。该问题的解决不仅使谱学理论分析方法完善，而且也有助于建立研究电化学表面吸附和反应过程的理论方法。更进一步的，从电化学反应动力学的角度出发，SPR 电化学反应主要涉及 SPR 激发、SPR 弛豫产生电子/空穴以及界面电子（空穴）转移等过程。如何提高 SPR 吸收效率、电子/空穴分离效率和电荷转移效率将是今后光电化学研究的重要方向。

参 考 文 献

[1] 林仲华，叶思宇，黄明东，沈培康. 电化学中的光学方法. 北京：科学出版社，1990.

[2] Fleischmann M H P J, McQuillan A J. Raman spectra of pyridine adsorbed at a silver electrode. Chem Phys Lett, 1974, 26 (2): 163-166.

[3] Clarke J S, Kuhn A T, Orville-Thoma W J. Laser Raman Spectroscopy as A Tool for Study of Diffusion Controlled Electrochemical Processes. J Electroanal Chem, 1974, 54: 253-262.

[4] Newns D M. Self-consistent model of hydrogen chemisorption. Phys Rev, 1969, 178: 1123-1135.

[5] Gurney R W. Proc Roy Soc A, 1931, 134: 137.

[6] Bockris J O M, Khan S U M. Surface Electrochemistry- A Molecular Level Approach. New York: Plennum, 1993: 92.

[7] Rossmeisl J, Logadottir A, Norskov J K. Electrolysis of water on (oxidized) metal surfaces. Chem Phys, 2005, 319 (1-3): 178-184.

[8] Taylor C D, Neurock M. Theoretical insights into the structure and reactivity of the aqueous/metal interface. Current Opinion in Solid State & Materials Science, 2005, 9 (1-2): 49-65.

[9] Jinnouchi R, Anderson A B. Electronic structure calculations of liquid-solid interfaces: Combination of density functional theory and modified Poisson-Boltzmann theory. Phys Rev B, 2008, 77 (24): 245417.

[10] Borukhov I, Andelman D, Orland H. Steric effects in electrolytes: A modified Poisson-Boltzmann equation. Phys Rev Lett, 1997, 79 (3): 435-438.

[11] Fang Y H, Liu Z P. Surface Phase Diagram and Oxygen Coupling Kinetics on Flat and Stepped Pt Surfaces under Electrochemical Potentials. J Phys Chem C, 2009, 113 (22): 9765-9772.

[12] (a) Anderson A B, Albu T V, Ab initio determination of reversible potentials and activation energies for outer-sphere oxygen reduction to water and the reverse oxidation reaction. J Am Chem Soc, 1999,

121 (50): 11855-11863; (b) Sidik R A, Anderson A B. Density functional theory study of O_2 electroreduction when bonded to a Pt dual site. J Electroanal Chem, 2002, 528 (1-2): 69-76; (c) Anderson A B, Neshev N M, Sidik R A, Shiller P. Mechanism for the electrooxidation of water to OH and O bonded to platinum: quantum chemical theory. Electrochim. Acta, 2002, 47 (18): 2999-3008.

[13] Zangwill A. Physics at Surfaces. London: Cambridge University Press, 1988: 185-202.

[14] Zaremba E, Kohn W. Theory of helium adsorption on simple and noble-metal surfaces. Phys Rev B, 1977, 15 [Copyright (C) 2010 The American Physical Society], 1769.

[15] Junseok Lee, Sunmin Ryu, Seong Keun Kim. The adsorption and photochemistry of phenol on Ag (1 1 1). Surface Science, 2001, 481 (1-3): 163-171.

[16] (a) Lundqvist B I. Chemisorption and reactivity of Metals. In Many-Body phenomena at surfaces. Langreth D Suhl H, Eds. Orlando: Academic Press, 1984: 93-144. (b) Dus R. Hydrogen adsorption on group 1 B metals. Progress in Surface Science, 1993, 42 (1-4): 231-243.

[17] Rhodin T N, Adams D L. Adsorption of Gases on Solids: Vol 6. In treatise on Solid State Chemistry, Hannay N B, Ed. New York: Plenum Press, 1977: 343-484.

[18] Chakraborty B, Holloway S, Nørskov J K. Oxygen chemisorption and incorporation on transition metal surfaces. Surf Sci, 1985, 152-153 (Part 2): 660-683.

[19] Toyoshima I, Somorjai G A. Heats of chemisorption of oxygen, hydrogen, carbon monoxide, carbon dioxide, and nitrogen on polycrystalline and single crystal transition metal surfaces. Catalysis Reviews, 1979, 19 (1): 105-159.

[20] David K, Dan N; Tannenbaum R, Competitive adsorption of polymers on metal nanoparticles. Surface Science, 2007, 601: 1781-1788.

[21] Levine I N. Quantum Chemistry. Prentice Hall: Beijing World Publishing Corporation, 2004.

[22] Townes C H, Schawlow A. Microwave Spectroscopy. New York: McGraw-Hill, 1955.

[23] Flugge S. Practical Quantum Mechanics. Berlin: Springer, 1994.

[24] Liang K K, Chang R, Hayashi M, Lin S H. Principles of Molecular Spectroscopy and Photochemistry. Taipei: ZTE research Limited Company, 2001.

[25] McHale J L. 分子光谱 (Molecular Spectroscopy). 北京: 科学出版社, 2003.

[26] Wilson J E B, Decius J C, Cross P C. Molecular Vibrations: The Theory of Infrared and Raman Vibrational Spectra. New York: Dover, 1955.

[27] Crawford J B L, Dinsmore H L J Chem. Phys, 1950, 18: 1682.

[28] Galabov B S, Dudev T. Vibrational Intensities: Vol 22. Amsterdam: Elsevier, 1996.

[29] Steele D J Mol Struct, 1984, 117: 163.

[30] Neugebauer J, Reiher M, Kind C, Hess B A. JComp Chem, 2002, 23: 895.

[31] Gussoni M, Castiglioni C, Ramos M. N, Rui M, Zerbi G. Infrared intensities: from intensity parameters to an overall understanding of the spectrum. J Mol Struct, 1990, 224: 445-470.

[32] Greenler G R. JChem Phys, 1966, 44: 310.

[33] Ibach H. Surf Sci, 1977, 66: 56.

[34] (a) Persson B N J, Ryberg R. Vibrational Interaction Between Molecules Adsorbed on a Metal Surface: The Dipole-Dipole Interaction. Phys Rev B, 1981, 24 (12): 6954; (b) Persson B N J, Persson M. Vibrational Lifetime for CO adsorbed on Cu (100). Solid State Commun, 1980, 36 (2): 175.

[35] Trasatti S. The Work Function in Electrochemistry, Advances in Electrochemistry and Electrochemical Engineering: Vol 10. Gerischer H, Tobias C W, Eds. New York: John Wiley, 1977: 213-321.

[36] Hollins P, Pritchard J. Surf Sci, 1979, 89: 486.

[37] Wu D Y, Ren B, Jiang Y X, Xu X, Tian Z Q. Density functional study and normal-mode analysis of the bindings and vibrational frequency shifts of the pyridine-M (M = Cu, Ag, Au, Cu^+, Ag^+, Au^+, and Pt) complexes. J Phys Chem A, 2002, 106 (39): 9042-9052.

[38] Innes K K, Ross I G, Moomaw W R. Electronic states of azabenzenes and azanaphthalenes - a revised and extended critical-review. J Mol Spectrosco, 1988, 132: 492-544.

[39] Wu D Y, Hayashi M, Shiu Y J, Liang K K, Chang C H, Yeh Y L, Lin S H. A quantum chemical study of bonding interaction, vibrational frequencies, force constants, and vibrational coupling of pyridine-M-n (M=Cu, Ag, Au; n=2-4). J Phys Chem A, 2003, 107 (45): 9658-9667.

[40] Hoon-Khosla M, Fawcett W R, Chen A, Lipkowski J, Pettinger B. A SNIFTIRS study of the adsorption of pyridine at the Au (111) electrode-solution interface. Electrochim Acta, 1999, 45: 611.

[41] Cai W B, Wan L J, Noda H, Hibino Y, Ataka K, Osawa M. Orientational phase transition in a pyri-

dine adlayer on gold (111) in aqueous solution studied by in situ infrared spectroscopy and scanning tunneling microscopy. Langmuir, 1998, 14: 6992.

[42] Li N, Zamlynny V, Lipkowski J, Henglein F, Pettinger B. In situ IR reflectance absorption spectroscopy studies of pyridine adsorption at the Au(110) electrode surface. J Electroanal Chem, 2002, 524-525: 43.

[43] Ikezawa Y, Sawatari T, Goto T K H, Toriba K. In situ FTIR study of pyridine adsorbed on a polycrystalline gold electrode. Electrochim Acta, 1998, 43: 3297.

[44] Ikezawa Y Sawatari T, Terashima H. In situ FTIR study of pyridine adsorbed on Au(111), Au(100) and Au(110) electrodes. Electrochim Acta, 2001, 46: 1333.

[45] Tian Z Q, Ren B, Wu D Y. Surface-enhanced Raman scattering: From noble to transition metals and from rough surfaces to ordered nanostructures. J Phys Chem B, 2002, 106 (37): 9463-9483.

[46] Wu D Y; Li J F, Ren B, Tian Z Q. Electrochemical surface-enhanced Raman spectroscopy of nanostructures. Chem Soc Rev. , 2008, 37 (5): 1025-1041.

[47] Moskovits M. Surface-enhanced spectroscopy. Rev Mod Phys, 1985, 57 (3): 783-826.

[48] Moskovits M, Surface selection rules. J Chem Phys, 1982, 77: 4408-4416.

[49] Kerker M, Wang D S, Chew H. Surface enhanced Raman scattering (SERS) by molecules adsorbed at spherical particles: errata. Appl Optics, 1980, 19 (24): 4159-4174.

[50] Johnson P R, Christy R W. Optical constants of the noble metals. Phys Rev B, 1972, 6: 4370-4379.

[51] Wang D S, Kerker M, Chew H W. Raman and fluorescent scattering by molecules embedded in dielectric spheroids. Appl Optics, 1980, 19: 2315-2328.

[52] Gersten J, Nitzan A. Electromagnetic theory of enhanced Raman scattering by molecules adsorbed on rough surfaces. J Chem Phys, 1980, 73: 3023-3037.

[53] Aravind P K, Niztan A, Metiu H. The interaction between electromagnetic resonances and its role in spectroscopic studies of molecules adsorbed on colloidal particles or metal spheres. Surf Sci, 1981, 110: 189-204.

[54] Jiang J, Bosnick K, Maillard M, Brus L. Single molecule Raman spectroscopy at the junctions of large Ag nanocrystals. J Phys Chem B, 2003, 107: 9964-9972.

[55] Garcia-Vidal F J, Pendry J B. Collective theory for surface enhanced Raman scattering. Phys Rev Lett, 1996, 77: 1163-1166.

[56] Xu H X, Aizpuru J, Kall M, Apell P. Electromagnetic contributions to single-molecule sensitivity in surface-enhanced Raman scattering. Phys Rev E, 2000, 62 (3): 4318-4324.

[57] Martin-Moreno L, Garcia-Vidal F J, Lezec H J, Pellerin K M, Thio T Pendry J B, Ebbesen T W. Theory of Extraordinary optical transmission through subwavelength hole arrays. Phys Rev Lett, 2001, 86: 1114-1117.

[58] Perez-Gonzalez O, Zabala N, Borisov A G, Halas N J, Nordlander P, Aizpurua J. Optical spectroscopy of conductive junctions in plasmonics cavities. Nano Lett, 2010, 10: 3090-3095.

[59] Otto A. Theory of first layer and single molecule surface enhanced Raman scattering (SERS). Physica Status Solidi a, 2001, 188 (4): 1455-1470.

[60] Cline M P, Barber P W, Chang R K. Surface-enhanced electric intensities on transition metals and noble metal spheroids. J Opt Soc Am B, 1986, 3: 15-21.

[61] Tian Z Q, Ren B, Li J F, Yang Z L. Expanding generality of surface-enhanced Raman spectroscopy with borrowing SERS activity strategy. Chem Commun, 2007, (34): 3514-3534.

[62] Ager III J W, Veirs D K, Rosenblatt G M. Raman intensities and interference effects for thin films adsorbed on metals. J Chem Phys, 1990, 92: 2067-2076.

[63] Moskovits M, Dilella D P. Vibrational spectroscopy of molecules adsorbed on vapor-deposited metals. New York: Wiley, 1982: 243-273.

[64] Otto: A, Mrozek I, Grabhorn H, Akemann W. Surface-enhanced Raman scattering. J Phys Condens Matter, 1992, 4: 1143-1212.

[65] Jeanmaire D L, Van Duyne R P. Surface Raman spectroelectrochemistry. Part I . Heterocyclic, aromatic, and aliphatic amines adsorbed on the anodized silver electrode. J Electroanal Chem, 1977, 84 (1): 1-20.

[66] Rubim J C, Corio P, Ribeiro M C C, Matz M. Contribution of resonance Raman scattering to the surface-enhanced Raman effect on electrode surfaces. A description using the time dependent formalism. J Phys Chem, 1995, 99: 15765-15774.

[67] Lee M T, Wu D Y, Tian Z Q, Lin S H. Effect of displacement and distortion of potential energy surfaces and overlapping resonances of electronic transitions on surface-enhanced Raman scattering: Models and ab initio theoretical calculation. J Chem Phys, 2005, 122 (9): 12.

[68] Wu D Y. Liu X M, Duan S, Xu X, Ren B, Lin S H, Tian Z Q. Chemical enhancement effects in SERS spectra: A quantum chemical study of pyridine interacting with copper, silver, gold and platinum metals. J Phys Chem C, 2008, 112 (11): 4195-4204.

[69] Su S, Huang R, Zhao L-B, Wu D-Y, Tian Z-Q. Vibrational Spectroscopy Criteria to Determine alpha-Pyridyl Adsorbed on Transition Metal Surfaces. Acta Phys Chim Sin, 2011, 27 (4): 781-792.

[70] Wu D Y, Duani S, Liu X M, Xu Y C, Jiang Y X, Ren B, Xu X, Lin S H, Tian Z Q. Theoretical study of binding interactions and vibrational Raman spectra of water in hydrogen-bonded anionic complexes: $(H_2O)_n^-$ ($n=2$ and 3), $H_2O \cdots X^-$ ($X=F$, Cl, Br, and I), and $H_2O \cdots M^-$ ($M=Cu$, Ag, and Au). J Phys Chem A, 2008, 112 (6): 1313-1321.

[71] Wu D Y, Hayashi M, Lin S H, Tian Z Q. Theoretical differential Raman scattering cross-sections of totally-symmetric vibrational modes of free pyridine and pyridine-metal cluster complexes. Spectrochim Acta A, 2004, 60 (1-2): 137-146.

[72] Lombardi J R, Birke R L, Lu T, Xu J. Charge-transfer theory of surface enhanced Raman spectroscopy: Herzberg-Teller contributions. J Chem Phys, 1986, 84: 4174-4180.

[73] Albrecht A C. On the theory of Raman intensities. J Chem Phys, 1961, 34: 1476-1484.

[74] Clark J H, Dines T J. Resonance Raman spectroscopy, and its application to inorganic chemistry. Angew Chem Int Ed, 1986, 25: 131-158.

[75] Creighton J A, Blatchford C G, Albrecht M G. Plasma resonance enhancement of Raman scattering by pyrdine adsorbed on silver or gold sol particles of size comparable to the excitation wavelength. J Chem Soc Faraday Trans 2, 1979, 75: 790-798.

[76] Avouris P, Demuth J E. Electronic excitations of benzene, pyridine, and pyrazine adsorbed on Ag (111). J Chem Phys, 1981, 75: 4783-4794.

[77] Xie Y, Wu D Y, Liu G K, Huang Z F, Ren B, Yan J W, Yang Z L, Tian Z Q. Adsorption and photon-driven charge transfer of pyridine on a cobalt electrode analyzed by surface enhanced Raman spectroscopy and relevant theories. Journal of Electroanalytical Chemistry, 2003, 554: 417-425.

[78] Matsuda N, Yoshii K, Ataka K, Osawa M, Matsue T, Uchida I. Surface-enhanced infrared and Raman studies of electrochemical reduction of self-assembled monolayers formed from para-nitrohiophenol at silver. Chem Lett, 1992, (7): 1385-1388.

[79] Osawa M, Matsuda N, Yoshii K, Uchida I. Charge transfer resonance Raman process in surface-enhanced Raman scattering from p-aminothiophenol adsorbed on silver: Herzberg-Teller contribution. J Phys Chem, 1994, 98 (48): 12702-12707.

[80] Venkatachalam R S, Boerio F J, Roth P G. Formation of p,p'-azodibenzoate from p-aminobenzoic acid on silver island films during surface-enhanced Raman-scattering. J Raman Spectrosc, 1988, 19 (4): 281-287.

[81] Sun S, Birke R L, Lombardi J R. Photolysis of p-nitrobenzoic acid on roughened silver surfaces. J Phys Chem, 1988, 92 (5965-5972).

[82] Yang X M, Tryk D A, Hashimoto K, Fujishima A. Examination of the photoreaction of p-nitrobenzoic acid on electrochemically roughened silver using surface-enhanced Raman imaging (SERI). J Phys Chem B, 1998, 102 (25): 4933-4943.

[83] Park H, Lee S B, Kim K, Kim M S. Surface-enhanced Raman scattering of p-aminobenzoic acid at Ag electrode. J Phys Chem, 1990, 94: 7576-7580.

[84] Suh J S, Dilella D P, Moskovits M. Surface-enhanced Raman-spectroscopy of colloidal metal systems - a two-dimensional phase-equilibrium in para-aminobenzoic acid adsorbed on silver. Journal of Physical Chemistry, 1983, 87 (9): 1540-1544.

[85] Schultz Z D, Gewirth A A. Potential-dependent adsorption and orientation of a small zwitterion: p-Aminobenzoic acid on Ag(111). Anal Chem, 2005, 77: 7373-7379.

[86] Wu D Y, Liu X M, Huang Y F, Ren B, Xu X, Tian Z Q. Surface Catalytic Coupling Reaction of p-Mercaptoaniline Linking to Silver Nanostructures Responsible for Abnormal SERS Enhancement: A DFT Study. J Phys Chem C, 2009, 113 (42): 18212-18222.

[87] Hill W, Wehling B. Potential- and pH-dependent surface-enhanced Raman scattering of p-mercapto aniline on silver and gold substrates. J Phys Chem, 1993, 97 (37): 9451-9455.

[88] Tao S, Yu L-J, Pang R, Huang Y-F, Wu D-Y, Tian Z-Q. Binding Interaction and Raman Spectra of p-π Conjugated Molecules Containing CH_2/NH_2 Groups Adsorbed on Silver Surfaces: A DFT Study of Wagging Modes. J Phys Chem, C, 2013, 117 (37): 18891-18903.

[89] 吴元菲，庞然，张檬，周剑章，任斌，田中群，吴德印. SPR 银金电极上光电化学反应和 EC-SERS 理论研究. 电化学，2016, 22 (4): 356-367.

[90] Zhao L-B, Huang R, Huang Y-F, Wu D-Y, Ren B, Tian Z-Q. Photon-driven charge transfer and Herzberg-Teller vibronic coupling mechanism in surface-enhanced Raman scattering of p-aminothiophenol adsorbed on coinage metal surfaces: A density functional theory study. J Chem Phys, 2011, 135 (13): 134707.

[91] Huang Y-F, Wu D-Y, Zhu H-P, Zhao L-B, Liu G-K, Ren B, Tian Z Q. Surface-enhanced Raman spectroscopic study of p-aminothiophenol. PCCP Phys Chem Chem Phys, 2012, 14 (24): 8485-8497.

[92] Gao P, Gosztola D, Weaver M J. Surface-enhanced Raman spectroscopy as a probe of electroorganic reaction pathways. 2. Ring-coupling mechanisms during aniline oxidation. J Phys Chem, 1989, 93 (9): 3753-3760.

[93] Lu Y, Xue G. Study of surface catalytic photochemical reaction by using conventional and Fourier transform surface enhanced Raman scattering. Applied Surface Science, 1998, 125 (2): 157-162.

[94] Hayes W A, Shannon C. Electrochemistry of Surface-Confined Mixed Monolayers of 4-Aminothiophenol and Thiophenol on Au. Langmuir, 1996, 12 (15): 3688-3694.

[95] Yang X M, Tryk D A, Hashimoto K, Fujishima A. Surface-enhanced Raman imaging (SERI) as a technique for imaging molecular monolayers with chemical selectivity under ambient conditions. J Raman Spectrosc, 1998, 29 (8): 725-732.

[96] Huang Y, Fang Y, Yang Z, Sun M. Can p,p'-Dimercaptoazobenzene Be Produced from p-Aminothiophenol by Surface Photochemistry Reaction in the Junctions of a Ag Nanoparticle-Molecule-Ag (or Au) Film? J Phys Chem C, 2010, 114 (42): 18263-18269.

[97] Wu D-Y, Zhao L-B, Liu X-M, Huang R, Huang Y-F, Ren B, Tian Z-Q. Photon-driven charge transfer and photocatalysis of p-aminothiophenol in metal nanogaps: a DFT study of SERS. Chem. Commun. 2011, 47 (9), 2520-2522.

[98] Fromm D P, Sundaramurthy A, Kinkhabwala A, Schuck P J, Kino G S, Moerner W E. Exploring the chemical enhancement for surface-enhanced Raman scattering with Au bowtie nanoantennas. J Chem Phys, 2006, 124 (6): 4.

[99] Zhao L-B, Huang Y-F, Liu X-M, Anema J R, Wu D-Y, Ren B, Tian Z-Q. A DFT study on photoinduced surface catalytic coupling reactions on nanostructured silver: selective formation of azobenzene derivatives from para-substituted nitrobenzene and aniline. PCCP Phys Chem Chem Phys, 2012, 14 (37): 12919-12929.

[100] Huang Y-F, Zhang M, Zhao L-B, Feng J-M, Wu D-Y, Ren B, Tian Z-Q. Activation of Oxygen on Gold and Silver Nanoparticles Assisted by Surface Plasmon Resonances ** . Angew Chem-Int Edit, 2014, 53 (9): 2353-2357.

[101] Watanabe K, Menzel D, Nilius N, Freund H-J. Photochemistry on Metal Nanoparticles. Chem Rev, 2006, 106 (10): 4301-4320.

[102] (a) Brus L. Noble Metal Nanocrystals: Plasmon Electron Transfer Photochemistry and Single-Molecule Raman Spectroscopy. Acc Chem Res, 2008, 41 (12): 1742-1749. (b) Lindstrom C D, Zhu X Y. Photoinduced Electron Transfer at Molecule-Metal Interfaces. Chem Rev, 2006, 106 (10): 4281-4300.

[103] (a) Corma A, Garcia H. Supported gold nanoparticles as catalysts for organic reactions. Chem Soc Rev, 2008, 37 (9): 2096-2126, (b) Linic S, Christopher P, Xin H, Marimuthu A. Catalytic and Photocatalytic Transformations on Metal Nanoparticles with Targeted Geometric and Plasmonic Properties. Acc Chem Res, 2013, 46 (8): 1890-1899.

[104] (a) Govorov A O, Richardson H H. Generating heat with metal nanoparticles. Nano Today, 2007, 2 (1): 30-38; (b) Sarina S, Waclawik E R, Zhu H. Photocatalysis on supported gold and silver nanoparticles under ultraviolet and visible light irradiation. Green Chem, 2013, 15 (7): 1814-1833; (c) Zhu H, Chen X, Zheng Z, Ke X, Jaatinen E, Zhao J, Guo C, Xie T, Wang D. Mechanism of supported gold nanoparticles as photocatalysts under ultraviolet and visible light irradiation. Chem Commun, 2009, (48): 7524-7526.

[105] Linic S, Christopher P, Ingram D B. Plasmonic-metal nanostructures for efficient conversion of solar to chemical energy. Nat Mater, 2011, 10 (12): 911-921.

[106]　(a) Gomes Silva C，Juárez R，Marino T，Molinari R，García H. Influence of Excitation Wavelength (UV or Visible Light) on the Photocatalytic Activity of Titania Containing Gold Nanoparticles for the Generation of Hydrogen or Oxygen from Water. J Am Chem Soc，2011，133（3）：595-602；（b） Mubeen S，Lee J，Singh N，Kramer S，Stucky G D，Moskovits M. An autonomous photosynthetic device in which all charge carriers derive from surface plasmons. Nat Nanotechnol，2013，8：247-251.

[107]　(a) Varghese O K，Paulose M，LaTempa T J，Grimes C A. High-Rate Solar Photocatalytic Conversion of CO_2 and Water Vapor to Hydrocarbon Fuels. Nano Lett，2009，9（2）：731-737；（b） Roy S C，Varghese O K，Paulose M，Grimes C A. Toward Solar Fuels：Photocatalytic Conversion of Carbon Dioxide to Hydrocarbons. ACS Nano，2010，4（3）：1259-1278.

[108]　(a) Christopher P，Xin H，Linic S. Visible-light-enhanced catalytic oxidation reactions on plasmonic silver nanostructures. Nat Chem，2011，3（6）：467-472.（b） Mukherjee S，Libisch F，Large N，Neumann O，Brown L V，Cheng J，Lassiter J B，Carter E A，Nordlander P，Halas N J. Hot Electrons Do the Impossible：Plasmon-Induced Dissociation of H_2 on Au. Nano Lett，2013，13（1）：240-247.

[109]　(a) Zhu H，Ke X，Yang X，Sarina S，Liu H. Reduction of Nitroaromatic Compounds on Supported Gold Nanoparticles by Visible and Ultraviolet Light. Angew Chem Int Ed，2010，49（50）：9657-9661；（b） Guo X，Hao C，Jin G，Zhu H-Y，Guo X-Y. Copper Nanoparticles on Graphene Support：An Efficient Photocatalyst for Coupling of Nitroaromatics in Visible Light. Angewandte Chemie-International Edition，2014，53（7）：1973-1977.

第7章

电化学扫描探针显微术

电化学扫描隧道显微术（electrochemical scanning tunneling microscopy，EC-STM）能在控制电极电位的条件下在电解质溶液中获得电极表面原子水平的结构信息，这一强有力的具有高空间分辨率的原位电化学技术与红外光谱、拉曼光谱、二次谐波、和频等具有高能量分辨率和时间分辨率的原位谱学技术可形成很好的优势互补，获得电极溶液界面更为丰富的信息。

第一台扫描隧道显微镜（scanning tanneling microscopy，STM）由 IBM 公司的物理学家 G. Binnig 和 H. Rohrer 于 1981 年发明[1]，这一重要贡献使他们与电镜的发明人 Ruska 分享了 1986 年的诺贝尔物理学奖。STM 具有横向为 0.1nm、纵向为 0.01nm 的超高空间分辨率，并且测量得到的是实空间下的信息。对清洁单一的金属表面，STM 图像与表面形貌直接相关，因此，STM 在一定程度下比 X 射线衍射、低能电子衍射等技术在结果解释方面更为直接[2]。STM 提供了表面的三维分布，这对表征表面粗糙度、观察表面缺陷、获得分子及其聚集体行为十分重要，可用于研究金属或半导体表面及其上吸附物种的原子排列状态，以及与表面电子行为有关的性质。更为重要的是，由于 STM 的工作原理基于电子在短距离的量子隧穿，因此，STM 对工作环境无特别要求，不但能在真空和大气中工作，而且能在溶液中工作，这一优点为 STM 在电化学中的应用提供了可能。

1986 年，Sonnenfeld 和 Hansma 在电解质溶液中获得高定向热解石墨（HOPG）的原子分辨 STM 图像[3]，表明 STM 可在电解质溶液中进行测量，从而用于电化学固/液界面结构的研究。在这之后，STM 逐步被用于电化学研究。20世纪 90 年代后，商品化 ECSTM 仪器趋于成熟，有力地促进了 ECSTM 的应用，使人们可以进一步深入研究多种电极过程，包括金属和半导体表面结构、离子和分子吸附、金属沉积以及腐蚀等[4,5]。而且，ECSTM 的功能已经超出了成像表征，德国 ULM 大学 Kolb 研究小组发展出一种利用 ECSTM 在表面构筑纳米簇的方法，该方法能按意愿控制针尖在表面的位置，通过诱导局部电化学反应实现表面纳米加工[6]。相对于利用真空条件进行的加工，电化学环境具有廉价、易于实现和控制的优点，因此，该方法是 ECSTM 应用的一个重大进展。ECSTM 在纳电子学的研究中也发挥了重要的作用，例如通过与 Kolb 提出的纳米加工方法相结合，利用提拉法能极大地扩展金属量子电导测量的适用体系[7]。近些年，基于室温离子液体特有的物理化学性质，如非挥发性、高稳定性、可设计性、高导电性以及宽电化学窗口，离子液体在电化学中得到了广泛的应用[8]。离子液体几乎不存在蒸气压、对空气和水稳定的特点使 ECSTM 技术成为了研究离子液体电化学的有效手段，在研究电极与离子液体界面结构、离子液体中的吸附、电沉积、表面构筑和电导测量等方面也取得了重要的进展。

已有相应的著作在不同阶段针对 ECSTM 研究工作的进展进行了介绍[9~14]。本文拟简要介绍 STM 技术的基本原理，着重介绍 STM 在电化学研究中的实验方法，使读者能了解 ECSTM 实验的基本环节。在应用方面，除了介绍 ECSTM 在水溶液中用于电极表面成像、表面构筑和隧道谱测量等方面的工作外，将介绍 EC-STM 在离子液体中研究电极表面结构、欠电位沉积、表面构筑和电导测量等方面的进展，使读者了解 ECSTM 的基本功能。

7.1 STM 理论

7.1.1 STM 原理

STM 基于量子隧道效应进行工作。隧道效应是微观粒子波动性的一种表现，即使势垒的高度比粒子的能量大，根据量子力学原理，粒子穿过势垒出现在势垒另一侧的概率并不为零。在这种情况下，电子穿透两导体之间的势垒所形成的电流叫隧道电流。显然，势垒高度越大，隧穿概率越小。

金属/真空/金属体系中电子隧穿的情况可描述如下：M1 和 M2 两块金属的间距为 S，两者之间存在着势垒，由于隧道效应，当 M1 与 M2 的距离足够小时（通常需要小于 1nm），两种金属的电子波函数发生重叠，金属 M1 中的电子可隧穿至 M2，反之亦然，但此时并不形成可检测的电流。如果在两块金属之间施加一个较低的偏置电压（2mV～2V），将会形成净的定向隧道电流，从而可进行检测。

7.1.2 STM 成像

在 STM 仪器的设计中，将 M1 作为一个金属针尖，将 M2 换为需要研究的样品（如图 7-1 所示），在两者之间施加一个偏压，当距离小于 1nm 时，则会形成可检测的隧道电流，其表达式的简单形式如下：

$$I \approx V_b \rho_s(0, E_F) \exp(-A\Phi^{1/2}S)$$

式中，V_b 为偏置电压；$\rho_s(0, E_F)$ 为样品表面费米能级附近的局域态密度（local density of states，LDOS）；Φ 为有效势垒（常以两金属的平均功函数近似）；

eV；S 为针尖样品距离，Å；A 为标度因子，在真空中为 1.025 $(\text{eV})^{-1/2} \cdot \text{Å}^{-1}$。

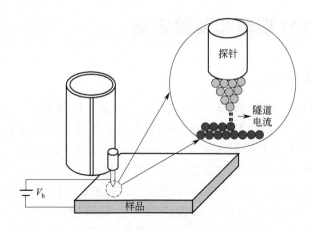

图 7-1　STM 成像原理示意图

　　由上式可知，隧道电流与针尖样品间距成指数关系，当 Φ 取典型值 4eV 时，距离每增加 1Å，电流将衰减约 e^2，即约一个数量级，正是这种电流对距离的敏感变化导致 STM 具有原子级的空间分辨能力。

　　因为隧道电流与针尖样品距离和有效势垒平方根具有指数性依赖关系，所以样品表面几何形貌因素和电子因素都会导致隧道电流的变化。例如，如果样品表面原子的种类不同，则可能由于表面不同原子的功函数差异导致隧道电流变化，而 STM 并不能区分这一变化是来源于表面形貌变化还是表面功函数变化，此时 STM 图像并不对应于样品表面原子的起伏，而是几何形貌因素和电子因素的综合效果。通常，单一金属的表面局域态密度较大处与原子所在位置是一致的，其 STM 图像基本能反映表面的几何形貌，因此图像的解释较为简单；而对于半导体，共价键的方向性起着重要的作用，STM 图像并不完全等同于原子位置；表面吸附分子的成像机理较为复杂，STM 图像与吸附分子的前线轨道、表面状况、偏压、隧道电流等因素有关。

7.1.3　隧道谱

　　隧道电流公式表明，STM 也可用于获得样品表面的电子结构信息，在原子级空间分辨水平上进行谱学研究，即扫描隧道谱（scanning tunneling spectroscopy，STS）。常用的测量模式包括：①恒距离 STS，使针尖处于样品上方恒定的位置，即针尖样品距离 S 不变，对偏压 V_b 进行扫描，并记录隧道电流随偏压变化的 I-V_b 曲线，从而获得样品表面的能带结构信息。也可记录微分电导 dI/dV ［或归一化微分电导 $(dI/dV)/(I/V)$］随偏压变化的曲线，从而更灵敏地显示 I-V_b 曲线的变化，反映出不同能量下的表面态密度。②恒电压 STS，即保持偏压恒定，通过调制针尖样品距离 S 达到测量隧道电流 I 与针尖样品间距 S 关系的目的，此方法可用于测量隧穿势垒。

7.2 ECSTM 仪器和实验方法

7.2.1 STM 工作方式

如图 7-2 所示，STM 仪器主要由三部分组成：显微镜探头部分、电子线路控制部分以及计算机控制部分。在 ECSTM 中需要增加电化学控制部分。显微镜探头部分除了样品及探针外，其核心是压电陶瓷（piezoelectric ceramic）扫描器，常用的为圆筒形压电陶瓷管，其内外均镀有一层薄而均匀的金属镀层作为电极，外柱面的电极沿轴线方向等分为互相绝缘的四个区域，分别作为 X 和 $-X$，Y 和 $-Y$，内柱面的电极为连续的金属镀层。如果对外电极间（X，$-X$ 和 Y，$-Y$）施加偏压，压电陶瓷管将发生偏转，由此实现 X-Y 平面内的扫描；对内电极 Z 加偏压，则使整个陶瓷管发生伸缩，从而实现对 Z 方向高度的控制。电子线路控制部分可控制扫描器在 XYZ 三个方向的扫描，调节隧道电流的预设值，比较测量到的隧道电流值与预设值，并将差值反馈给压电陶瓷扫描器。计算机控制部分用于设置扫描参数，包括 XY 扫描参数，并收集扫描后得到的 Z 方向的信息，生成 STM 图像。

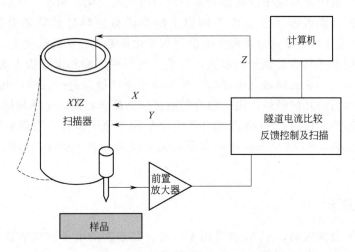

图 7-2 STM 主要组成部分示意图

STM 仪器的成像模式可以分为恒电流模式和恒高度模式（如图 7-3 所示）。在恒电流模式下，通过在扫描器上施加设定电压，使其发生形变，从而带动连接在其上的探针在 XY 方向上进行扫描。针尖和样品之间的隧道电流经前置放大器放大，与预设的隧道电流进行比较，形成差值信号。该差值信号反馈到控制扫描器 Z 方向的高压放大器，通过改变扫描器上的 Z 方向驱动电压，使扫描器在 Z 方向产生伸缩，从而调整针尖与样品之间的距离，使隧道电流跟随预设值。扫描过程中扫描器在 Z 方向上的伸缩信息被计算机记录下来，从而形成 STM 图像，该图像与样品表面原子尺度的三维形貌相关[如图 7-3(a)所示]。在恒高度模式下，负反馈回路基本不工作，响应十分慢，因此，探针不能跟随样品表面的起伏，可认为施加在扫描器 Z 方向的电压不变，针尖的绝对高度恒定。当扫描器形变，带动探针在 XY 方向上扫描时，针尖与样品不同位置处的不同距离会导致隧道电流的改变，通过记录隧道电流的变化可获得表面形貌的信息［如图 7-3(b)所示］。恒高度模式适合小范围原子分辨成像，可以使用更快的扫描速度，从而避免热漂移带来的图像扭曲，但不适合大范围成像，因为在扫描中针尖高度基本不变，较大的表面起伏（约1nm）可能导致针尖碰撞样品表面。作为 STM 最常用的一种工作模式，恒电流模式可用于大范围成像，观察表面起伏较大的样品，但由于受到反馈回路响应速度的限制，需采用相对较低的扫描速度。

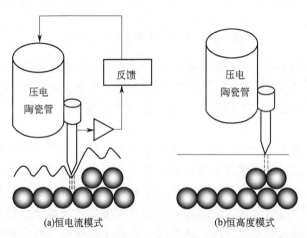

(a)恒电流模式　　　　　　(b)恒高度模式

图 7-3　STM 工作模式

7.2.2　ECSTM 基本特点

由于在电解液环境中工作，ECSTM 需要增加电化学控制部分，采用双恒电位仪独立地控制样品和针尖相对于参比电极的电位，否则不能确保针尖和样品处于所需要的状态。图 7-4 是一种常见的双恒电位仪控制电路，P 为恒电位仪，V_S、V_T 为低阻抗电源。样品电位 E_S（相对于参比电极）可由 V_S 调节。V_T 可以直接连接到恒电位仪 P，或者直接连接到基底，从而将针尖电位 E_T 定义为相对于参比电极，或者将偏压 U_T 固定设为针尖和基底电位之差。在此电路中，针尖虚地，I_T 通过前置放大器进入控制单元。与常规的电化学体系一样，ECSTM 中，参比电极作为针尖及基底电位的参照，对电极与针尖和基底分别构成了电化学反应的电流回路。需要指出的是，尽管用于 ECSTM 电路控制的方法有多种，但能对 E_S 和 E_T 进行独立地控制是它们共同的特点。

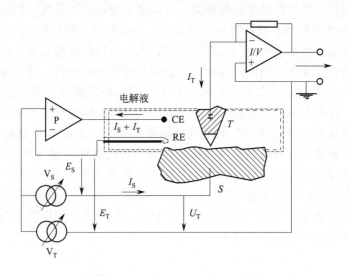

图 7-4　双恒电位仪控制示意图[15]

ECSTM 具有的另一个显著的特征是：除了产生隧道电流外，针尖以及基底上均会发生电化学反应，从而产生法拉第电流。法拉第电流的存在将干扰对隧道电流的检测，从而影响 ECSTM 的成像，降低分辨率和重现性。因此，为了使 STM 在电解液环境中能正常工作，需要尽量减小叠加在针尖上的电化学反应电流，使其不对隧道电流的检测造成影响。对针尖进行绝缘包封从而使尽可能小的金属尖端露出是一种十分有效的方法，该方法通过减小针尖与电解液的接触面积达到减小电化学法拉第电流的目的。此外，还需要对针尖的电极电位进行独立的控制，对于不同的针尖材料以及不同的电解液，应选用不同的针尖电位，使这一电位处于该材料在给定电解液中的双层充电电位区间，从而进一步减小法拉第电流的影响。由于以上特征，在常规 STM 电路中，隧道电流既可以从样品采样，也可以从针尖采样，但在 ECSTM 中，因为有比隧道电流大得多的电化学电流从样品流过，所以只能从针尖读取隧道电流。

7.2.3　ECSTM 实验

除了电子线路部分外，ECSTM 测试时需要两个工作电极（针尖和样品）、对电极和参比电极、电解池，下面将分别对这几部分进行介绍，并且将介绍实验中的几点注意事项。

7.2.3.1　针尖的制备、包封及表征

ECSTM 实验中能否获得高质量的图像与针尖的制备和绝缘包封过程密切相关。最常用的针尖材料是 PtIr 合金和 W。电化学刻蚀法适用于不同的针尖材料，制备的针尖形状对称，便于包封，是 ECSTM 实验中采用的主要针尖制备方法。

针尖的电化学制备涉及金属的阳极溶解，不同的针尖材料的制备条件不同，这

里以 W 针尖为例。制备 W 针尖的电解液可以用 $1mol \cdot L^{-1}$ 的 KOH 溶液，以碳材料作为另一个电极，使用变压器控制电压。把钨丝插入液面下约 3mm，加上 $15 \sim 25V$ 的交流电压，针尖尖端和侧面同时受到刻蚀，可由产生气泡的速度判断金属溶解的速度，当针尖刻蚀处接近液面时，可适当减小电压，以避免过度刻蚀。等刻蚀过程结束后，即可得到圆锥体形状的针尖。过度刻蚀的针尖会比较钝，较早停止刻蚀或刻蚀电压过高会导致针尖过于细长，均不利于获得稳定的高质量图像。控制合适的电压值是制备高质量针尖的关键，电压值选择需要以刻蚀速度，即气泡的产生速度，作为判断标准，由于实验装置等条件不一致，该电压并没有一个定值，需要实验者根据针尖成像结果进行总结和优化。

电化学刻蚀制备铂铱针尖的方法与上述方法类似，但所用电解液不同。KCN 溶液常被用来制备高质量的针尖，但由于 KCN 有剧毒，一些其它的电解液可作为替代，如 $CaCl_2$、NaCl 和 KCl 溶液。一种电解液配制方法如下：先配制体积比为浓 $HCl : H_2O = 1 : 9$ 的稀 HCl 溶液，以及饱和 $CaCl_2$ 溶液，使用时再将它们按体积比为饱和 $CaCl_2$ 溶液：稀 HCl 溶液＝6∶4 配制成刻蚀液。

电化学方法制备的针尖质量与所用电解液种类、浓度、电压、固/液界面形成的弯液面形状以及终止刻蚀过程的时机等因素有关，需要综合考虑。另外，电解液的新旧程度也会对针尖质量产生影响，如碱液的配制时间、电解液已刻蚀针尖的个数、刻蚀所用电解池的容积。制备好的针尖立即用大量超纯水清洗，然后晾干备用。

PtIr 合金丝比 W 丝软，因此也可采用机械剪切的方法制备。一种可行的方法如下：使用医用止血钳把金属丝一端夹住，然后用锋利的剪刀在金属丝的另一端剪出一个斜面，斜面的最尖端可用作针尖。由于止血钳可将金属丝夹得很牢，因此可以改善剪出针尖的质量，而且较短的金属丝也可以用于制备针尖。另外，金属丝尾部受到止血钳压迫后会稍微变粗，将有利于提高金属丝插入固定针尖小孔后的稳定性。

也可将电化学刻蚀和机械剪切结合起来，以缩短刻蚀针尖所用的时间，消除剪切针尖形成的多余的一些小针尖和金属须[16]。

用于 ECSTM 研究的针尖需要进行包封。包封材料必须是绝缘的，所含的杂质应该足够少，以免给实验体系带入污染物。包封材料应能与针尖较好结合，并且能在电解液中稳定存在。常用的包封材料包括指甲油、电泳漆、封蜡（Apiezon wax）、热熔胶（glue-gun glue）、玻璃等[17]。

指甲油和热熔胶属于日常用品，易于购买和操作，并已被证明可以满足 EC-STM 实验的要求[13,18]。两者的包封过程均比较简单，在包封过程中呈液体状，黏稠度适合，可避免损坏针尖，正常包封针尖的法拉第漏电电流为 10pA 左右。下面以热熔胶为例，介绍包封过程。钉尖包封装置和包封过程以及包封装置实物图如图 7-5 所示[19]，该装置是将尺寸约为 $1cm^2$ 的铜板与电烙铁相连，由可调变压器控制加在电烙铁上的电压，通过调节电压可以改变铜板的温度。将热熔胶加在铜板上的一个槽内，改变铜板温度使热熔胶黏稠度适中，过于黏稠会导致针尖最尖端损坏，黏稠度不够会使针尖最尖端暴露面积过大。由于环境的温度对黏稠度有影响，所以电压的选择与环境温度也有一定的关系。总之，选择合适的电压才能使包封材料处于合适的状态，从而得到满意的包封效果。包封时，针尖由下向上进入熔化的包封材料中，稳定一段时间，使针尖与聚甲基苯乙烯达到热平衡，再将针尖缓慢向上移动，使一定长度的针尖被包封，该长度需大于 ECSTM 实验中针尖需进入电解液的深度，然后将针尖向铜板凹槽开口方向平移取出。等包封材料凝固后，即可用于 ECSTM 实验。

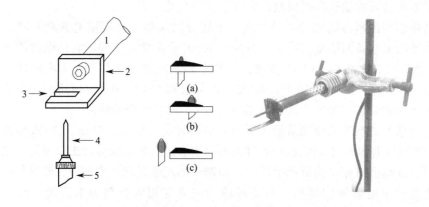

图 7-5　针尖包封装置和包封过程示意图[19] 以及包封装置实物图
（a）针尖推入时的状态；（b）针尖包封时的情况；（c）包封后的针尖
1—电烙铁；2—铜板；3—宽的凹槽；4—STM 针尖；5—操作架

如果需要优化包封条件，可用电化学反应的稳态极限电流值估算针尖顶部的裸露面积，从而判断绝缘包封的程度。由于包封后的针尖具有尺寸极小的裸露尖端，电解液中的电活性物质将进行非线性扩散，导致 S 形循环伏安图以及稳态极限电流的出现。对于以下可逆的氧化还原反应：$O_x + ne^- \rightleftharpoons R$，当物种 O_x 的体相浓度为 c_{O_x} 时，阴极稳态极限电流 $i_L = nFDc_{O_x}K(r_o)$，当使用半球模型时，$K(r_o) = 2\pi r_o$，当使用微盘模型时，$K(r_o) = 4r_o$。其中 i_L 为极限电流，D 为扩散系数，$cm^2 \cdot s^{-1}$；F 为法拉第常数；r_o 为微电极的表观半径；n 为反应电子数；溶液体系可采用 $0.05 mol \cdot L^{-1} K_3Fe(CN)_6$ 或 $0.05 mol \cdot L^{-1} K_4Fe(CN)_6$。因此，可以用上式估算针尖的几何尺寸。通常以微盘电极来近似电化学刻蚀制备的针尖的形状[20]。针尖包封后的质量和性能最终必须通过 ECSTM 实验来检验。

7.2.3.2　样品的制备和转移

为了发挥 ECSTM 原子级高空间分辨率的优点，ECSTM 的研究目前仍集中在使用单晶样品，即这些基底通常具有原子级平整的表面，因此能在实空间原子水平地关联电极几何结构与电极过程。可根据研究目的选用不同的电极材料，目前已能买到各种材料的单晶电极，这些单晶电极的价格与其定向的误差角度密切相关，最好选择误差角度最小的电极。对一些贵金属，如 Au、Pt、Rh、Pd、Ir 等，除购买商品化的大块单晶外，也可按照 Clavilier 的方法自行制备[21]。自行制备的金属不存在定向和切割造成的角度误差，从而可获得较商品化大块单晶更为理想的平整表面，而且，如果单晶面被损坏，很容易通过重结晶的方法进行修复[22]。Clavilier 的方法简介如下：用氢氧焰将金属丝的一端熔化，使其形成一个单晶球，等单晶球足够大后，可通过控制该单晶球在氢氧焰中的位置使部分或全部单晶球处于熔化状态，此时可观察到固体和液体的分界线，以及单晶球表面出现的一些杂质。小心地使金属球在氢氧焰中处于熔化状态后重结晶，然后将金属球在王水中浸泡几秒钟，以除去单晶球表面的杂质，再用超纯水清洗，重复以上过程，直至单晶球表面不再出现杂质，重复的次数取决于所用金属丝的纯度。在杂质除净后进行最后一次重结晶时，应使球的熔化液面缓慢上升至靠近根部，再控制液面缓慢匀速下降使单晶球以缓慢的速度重结晶，这样得到的单晶球上一般有八个比较大的 (111) 面和规律分布的几个更小的 (100) 面，可以选择其中一个面，将其水平朝上，然后将该单晶球用氢氧焰固定在相同材料的金属片上，即可作为单晶电极使用。

只有经过处理后，才能获得清洁的大面积原子级平整表面，以下介绍一些常用的处理单晶电极的方法。

① 退火 退火适用于 Au、Pt、Rh、Pd、Ir 等金属。将金属电极在氢焰中退火数分钟，可以去除表面的有机污染物，并且获得较大的原子级平整台面。退火过程最重要的是温度控制，可通过金属受热后的颜色或亮度来判断温度，黑暗的环境有利于亮度的判断，温度过低不能达到预期的效果，温度过高会损坏单晶。改变单晶电极进出氢焰的频率，即在氢焰下停留的时间，可有效控制电极的温度。一般来说，保持合适的温度 2min 以上即可达到退火的目的。退火后的单晶电极需要在惰性气体（N_2 或 Ar 气）的保护下冷却至室温，然后迅速转移至 ECSTM 电解池中进行实验。

② 电化学抛光 电化学抛光也是一种除去表面吸附的杂质，并获得原子级平整表面的方法。一些功函数较小的金属不适用以上介绍的退火方法，因为它们在火焰和空气中会发生较为严重的氧化，可考虑使用电化学抛光。例如，Cu 单晶电极的处理方法通常为电化学抛光，可在 50% 的磷酸溶液中以 Pt 片为对电极施加 2.1V 的阳极电压反应 30s，经大量超纯水冲洗后，在一滴超纯水珠的保护下转入电解池中，以减小 Cu 晶面在安装电解池过程中被污染的程度。电化学抛光也是 Au、Pt 等金属退火前的处理步骤，通常在 $0.5mol \cdot L^{-1}$ H_2SO_4 中以 5V 的阳极电压氧化 10s，然后在 $1mol \cdot L^{-1}$ HCl 溶液中浸泡 1min 以除去电化学抛光过程中形成的氧化层，然后用超纯水冲洗，根据单晶电极的洁净程度可重复以上过程，最后一次需要在 $1mol \cdot L^{-1}$ HCl 溶液中浸泡 3min 以上。用大量超纯水冲洗后，再用高纯氮气吹干。

③ 化学抛光 Ag 单晶电极通常采用的处理方法为化学抛光。化学抛光前需要进行机械抛光：将电极先后用 $0.3\mu m$ 和 $0.05\mu m$ Al_2O_3 粉在抛光布上打磨，直至

电极表面无明显刻痕。打磨时用力轻而均匀，避免导致晶面方向发生变化。用水冲洗干净后，进行化学抛光。化学抛光所用溶液的配制方法如下：2.5g CrO_3 加 2mL 盐酸，用水稀释至 8mL，再加入 8mL $HClO_4$，稀释 3 倍，得到溶液 A，将溶液 A 用水稀释 3 倍，得到溶液 B。电极先后在溶液 A、B 中进行化学抛光。每次抛光后都必须用大量的水冲洗电极表面，经过溶液 B 抛光后的电极再依次经浓氨水浸泡约 10s，大量水冲洗，浓硫酸浸泡约 10s，大量水冲洗。最后用超纯水冲洗电极表面，浸入超纯水中保护并立即用于实验，以避免电极表面被沾污或氧化。

事实上，为了使处理好的单晶电极在转移进实验体系之前尽量减小来源于空气中的污染物，人们尝试过多种方法。例如，对氢焰处理过的电极，人们在相当长的一段时间内选择了淬火这一办法，即在电极离开火焰、停止受热后的 2～5s 内，就将其转移到超纯水中迅速冷却，从而使电极与空气接触的时间减到最小。正是这一处理电极的方法，使人们在相当长的时间内没有观察到表面重构的现象。因为淬火的方法会使表面重构移去，太快的淬火还可能破坏表面结构，甚至会损伤单晶的体相结构。因此，人们现在倾向于在退火后将电极在惰性气体的保护中冷却，然后再转移进电解池。对于 Pt 和 Rh 等对空气中的污染物很敏感的基底，可采用 I/CO 替代的方法获得干净的表面，首先用吸附 I 保护电极表面，再用 CO 取代 I 吸附层，而 CO 吸附层可通过电化学氧化从表面除去。

7.2.3.3 对电极和参比电极

由于受到空间的限制，ECSTM 电解池的尺寸较小，而且构造也与常规电化学电解池不同，因此，通常使用金属丝作为对电极和参比电极。Au 丝或 Pt 丝具有较好的电化学稳定性，可用作对电极，将金属丝做成绕电解池一圈的环状可增大对电极的面积并使电流分布更均匀。参比电极的选择则取决于电解液的组成，常用的选择方案如下。

当电解液中含有某种金属阳离子 Me^{z+} 时，可选用该种金属丝 Me 直接浸入电解液作为参比电极，这时形成以下的电化学平衡：$Me^{z+} + ze^- \rightleftharpoons Me$。常用的金属丝包括 Ag 丝和 Cu 丝。

当电解液中含有卤素离子时，可选用 Ag/AgX 参比电极，其工作原理基于以下电化学平衡：$Ag + X^- \rightleftharpoons AgX + e^-$，即通过沉积在 Ag 上的 AgX 在 Ag 和 X^- 之间建立起平衡，例如，与含有 Cl^- 或 Br^- 的溶液接触的 Ag/AgCl 电极和 Ag/AgBr 电极。这类参比电极的优点在于制备简单，结构紧凑。Ag/AgCl 参比电极的制备过程如下：用 6# 金相砂纸打磨银丝，除去氧化膜后，放入丙酮中浸泡数分钟，取出，用水冲洗干净，在 $0.1 mol \cdot L^{-1}$ HCl 溶液中恒电流阳极极化，阳极极化电流控制为 $0.4 mA \cdot cm^{-2}$，对电极用 Pt 片，30min 后取出，此时银丝表面覆盖上一层淡紫色的 AgCl，即形成 Ag/AgCl 参比电极。将电解质溶液改成 KBr + $HClO_4$ 或 KI + $HClO_4$，用类似的方法可以制得 Ag/AgBr 参比电极和 Ag/AgI 参比电极。

除了以上两类参比电极，在准确度要求不高的情况下，可以使用 Pt 丝或 Ag 丝作为"准参比"电极。这类参比电极的电位取决于电解液体系，通常受到多个电极过程的控制，因此，使用这类电极需要进行校准。

7.2.3.4 电解池的设计、清洁和装配

用于加工 ECSTM 电解池的材料通常为聚四氟乙烯（Teflon）或二氟乙烯与三氟氯乙烯共聚物（Kel-F），两者均具有很好的化学稳定性。图 7-6 为 ECSTM 电解池的一个例子，工作电极放在 Fe 垫片上，电解池通过 O 形圈将工作电极紧压在 Fe 垫片上，从而防止漏液，参比电极和对电极与工作电极处于同一个腔中。以上是个比较简单方便的设计方案。当需要电解池更加讲究时，可对其进行改进，例如，可以将电解池向外延伸，从而进一步增大容积，参比电极和对电极可以处于不同的腔中。

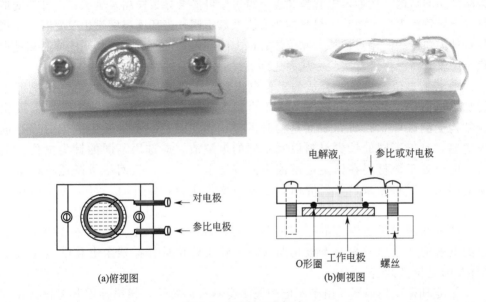

(a)俯视图　　　　　　(b)侧视图

图 7-6　ECSTM 电解池

每次实验前，电解池、O 形圈、Pt 丝对电极以及聚四氟乙烯镊子等均需清洗，常用的方法是：将它们放入装有浓硫酸的烧杯中浸泡过夜，取出后用大量超纯水冲洗，然后在加热器上加热清洗，需多次更换超纯水并加热至微沸，洗净的实验用品用超纯水浸泡备用，并且应尽快使用。

电解池装配前，电解池、O 形圈、参比电极和对电极均要用高纯氮气吹干，减小由于液体流动导致电解池全面污染的可能性。应尽量缩短电解池装配所需的时间，减小由于电极暴露在空气中可能引入的污染物。

7.2.3.5 注意事项

为了增加 ECSTM 实验的成功率，获得高空间分辨率的图像，并且确保数据的可靠性，ECSTM 实验所涉及的每个环节都需要仔细对待，这里介绍几点注意事项。

① 防止样品表面污染　ECSTM 实验对洁净程度的要求高于常规的电化学实验。首先，必须使用超纯水才能保证水中的离子和有机物不会污染电极表面和针尖表面；实验室也需要尽可能地减小灰尘的来源；实验的每一环节都应该尽量避免引

入杂质，例如，化学试剂的纯度、用于实验的所有物品的清洗。

② 保护扫描器　不用时需放入干燥器中保存，干燥器中的硅胶需及时更换。用于制备针尖的金属丝的直径需适合。过细的金属丝插不紧，如通过弯曲的方法使其插紧，在成像过程中，应力的释放会导致 STM 图像变形；过粗的金属丝可通过电化学刻蚀的方法使其直径适中，但是，针尖经过电化学刻蚀后，需要整体清洗，否则扫描器上固定针尖的小孔会被刻蚀用电解液污染，导致压电陶瓷扫描器漏电，影响压电陶瓷扫描器正常扫描。

③ 尽量减小可能带来的漂移　否则，即使获得了原子分辨图像，也无法准确判断样品的结构。例如，电解池螺栓上得过紧可能会导致样品发生漂移；针尖变形可能会导致针尖发生漂移；材料的热膨胀系数不同，当环境温度发生改变时，也将导致针尖和样品的相对位移。除了注意以上问题外，可通过让安装好的样品和针尖稳定一段时间后再进行实验，从而达到缓解漂移的目的。

④ 控制电位　需设置合适的工作电极和针尖电位，在控制电位的情况下才能加入所需的电解液。开路电位或不合适的电位可能会导致工作电极表面氧化或结构受到破坏，在研究表面重构时需要特别注意这一点。针尖电位的选择也很重要，对于不同的针尖材料以及不同的电解液，应选用不同的针尖电位，使这一电位处于该材料在给定电解液中的双层电位区间，从而尽量避免法拉第电流的影响。对新体系进行研究前，或者需要优化包封条件时，可通过测量稳态极化曲线或循环伏安法曲线来选择合适的针尖电位范围。例如，使针尖远离基底，即离开产生隧道效应的距离范围，或者将针尖转移至其它的非 ECSTM 所用的电解池，通过测量稳态极化曲线，将针尖电位选择在残余电化学电流小于 $10pA$ 的电位区间。

⑤ 定期标定扫描器　由于压电陶瓷本身具有的特性，扫描器因其老化会在扫描尺寸上发生变化，因此必须定期按照仪器使用说明书标定压电陶瓷扫描器，更新参数表。需要特别指出的是，由于不同的实验者所用的样品厚度不一样，露在固定针尖的小孔外的针尖长度会有明显的差别，因此需要使用不同的参数表。实验者最好分别使用和定期更新各自的扫描器参数表。

⑥ 离子液体中高分辨成像　由于离子液体易受水和氧的影响，需要根据所研究体系对水和氧的敏感程度选择使用简易的惰性气氛防护装置或者手套箱。手套箱能更有效地避免水和氧的影响，但会显著增加实验操作的困难并引入了振动干扰。另外，离子液体的黏度和隧穿势垒等物理化学性质也不同于水溶液，使得高分辨 STM 图像比水溶液中困难。若实验确需在手套箱中进行，则需要将样品和探头部分以悬挂的方式固定在手套箱顶部，从而达到减少机械振动的目的。为了避免手套箱循环开启时风机的运行对成像的稳定性造成的干扰，可在扫描过程中停止循环。通过实验比较，我们认为，简易惰性气氛防护装置可满足多数离子液体实验对水和氧含量的要求，并且较容易获得高分辨 STM 图像。

7.3 ECSTM 在水溶液中的应用

水溶液中电化学界面结构和过程的 ECSTM 研究已有过较为全面的介绍,有兴趣全面了解的读者可参考相关著作[13,14]。本节仅从 ECSTM 用于表面成像、纳米构筑和谱学测量三个方面介绍部分研究结果,使读者对 ECSTM 应用有基本的了解,一些例子的选择基于与下节离子液体中的研究结果进行比较的目的。

7.3.1 表面成像

7.3.1.1 表面重构

对于表面的原子而言,与其配位的原子数目与体相原子相比有所减少,形成与体相不同的环境,从而导致一些金属表面的最外层原子会发生重排并形成与本体不同的结构,这种现象被称为表面重构。重构过程涉及旧键的断裂和新键的形成,使表面的电荷重新分布,起到了降低表面能的作用。通常认为吸附物会引起表面重构或导致表面重构的移去,而电化学环境中存在包括大量的水分子在内的多种物种以及所施加的电场,这导致了重构现象的复杂性,也表明对这一界面电化学过程进行研究对理解电化学界面具有重要的意义。Yeager 率先对电化学中的重构行为进行了研究[23],Kolb 等人随后的大量工作深化了对电极表面重构现象的认识[24,25]。

Au 单晶的低指数晶面 Au(111)、Au(100) 和 Au(110) 可发生不同形式的重构,形成更密的结构[26]。下面以 Au(111) 表面重构为例,说明表面重构的特点。对于未重构的 Au(111) 表面而言,可以认为表面原子维持了其在体相的位置,从而可直接从体相结构推知表面结构,人们称为 (1×1) 结构。但是对重构的 Au(111) 表面,原子不再维持其在体相的位置,排列方式发生了显著的变化,形成了所谓的 $(\sqrt{3} \times 22)$ 结构。在这种结构中,表面原子沿着一个 $[1\bar{1}0]$ 方向压缩了约 4.5%,这种压缩造成了顶层原子与下一层原子在排列上不匹配。$(\sqrt{3} \times 22)$ 重构的基本特征是双行 (double rows) 重构线骨架,骨架的方向为 $[11\bar{2}]$。重构形成的骨架将表面分成 fcc 区和 hcp 区,fcc 区的宽度基本上为 hcp 区的两倍,两组双行重构线骨架之间的距离约为 6.3nm。

为了减小重构所造成的张力,重构线骨架在某些情况下会改变方向,形成所谓的 "之" 字形结构。电极表面重构可由热诱导或电化学诱导。热诱导重构与退火条件关系密切,当火焰的温度比较低时,并不一定出现 "之" 字形结构,而当火焰的温度比较高时,就能够观察到 "之" 字形结构。通过控制电位可以改变表面荷电的状态,在溶液中诱导表面重构,电化学诱导的重构通常显得比较杂乱。

在电化学体系中,Au(111) 表面的重构是否存在取决于所加的电极电位,当电极电位稍正于 Au(111) 重构表面的零电荷电位,$(\sqrt{3} \times 22)$ 结构就会移去,表面恢复与体相相同的 (1×1) 结构。由于重构表面比未重构表面的原子密度大,所以重构移去后,多余的原子会被挤出来,从而在表面形成一些 Au 岛。

7.3.1.2　欠电位沉积

在金属电沉积的初始过程中，若沉积原子与异种基底原子之间的相互作用强于沉积原子之间的相互作用，则金属离子在其平衡电势以正的条件下便可在基底上还原并生成（亚）单原子层，这被称为欠电位沉积（underpotential deposition, UPD）。金属的欠电位沉积具有重要的理论意义和实际意义，因而长期以来一直是电化学研究的重要课题。ECSTM 可原位跟踪欠电位的过程，在原子分辨水平获得沉积层结构随电极电位和时间的变化，它在该领域的应用使人们更深入地从微观角度认识了沉积初始阶段金属与表面的相互作用及成核和生长机理。已有综述文章对大量欠电位沉积体系的 ECSTM 研究进行了详尽的介绍[27]，主要针对欠电位提前量、吸附或成核方式、阴离子影响、吸附结构以及表面合金化等问题进行探讨。我们选择 Sb 在 Au(111) 和 Au(100) 单晶电极上的欠电位沉积过程进行介绍，Sb 是一种具有重要应用背景的金属，在发生欠电位沉积之前，还能发生不可逆吸附，并且易与其它金属形成表面合金，对这一复杂体系的研究有助于认识不同晶面结构、阴离子吸附以及欠电位沉积区合金化等因素对欠电位沉积的影响[28]。

Sb(Ⅲ) 在 Au(111) 表面会发生不可逆吸附。ECSTM 研究表明，Sb(Ⅲ) 离子（以 SbO$^+$ 形式存在）在 +0.2～+0.55V 之间以平躺吸附的方式和硫酸根离子一起共吸附在 Au(111) 表面，由于 SbO$^+$ 在表面平躺吸附的随意性，STM 无法原子分辨 SbO$^+$ 在表面的排列方式。在不含有 Sb(Ⅲ) 的 0.5mol·L^{-1} H$_2$SO$_4$ 溶液中，表面结构在 0V 左右时转变成一种更为松散的膜结构，这时 Sb(Ⅲ) 已被还原成 Sb 原子，膜结构并未由于 Sb(Ⅲ) 的还原而被破坏。当溶液中有 Sb(Ⅲ) 时，吸附物种的膜结构在欠电位沉积发生时被破坏，更多的 Sb 沉积在表面，导致结构转变成了一种沟道状的网状结构，如图 7-7(a) 所示。和没有不可逆吸附影响的"单纯"的欠电位沉积形成的岛状沉积结构相比，这种复杂的沟道状网状结构可能是由于 SbO$^+$ 平躺吸附层的膜状结构中的氧离去造成的。无论是否有不可逆吸附的影响，Sb(Ⅲ) 的欠电位沉积都伴随着表面合金化过程的发生，有一层以上表面 Au 原子参与了这一表面合金过程。

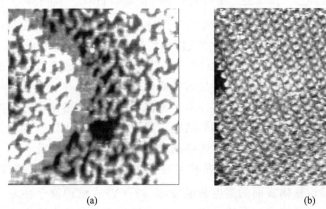

(a)　　　　　　　　　　　　　(b)

图 7-7　(a) Sb 在 Au(111) 表面欠电位沉积形成的沟道状结构，100nm×100nm；
(b) Sb 在 Au(100) 表面欠电位沉积形成的有序结构，10nm×10nm

晶面结构不同导致支持电解质中硫酸根离子在 Au(100) 和 Au(111) 表面的吸附行为不同，并进一步影响 Sb 在 Au(100) 表面的欠电位沉积行为。Sb(Ⅲ) 在 Au(100) 表面吸附及还原的电位范围内，硫酸根离子在 Au(100) 表面会发生无序和短程有序的吸附。首先在 +0.3V 时，SO_4^{2-} 和 Sb(Ⅲ) 在表面相继吸附，形成无序片状结构。+0.05V 时，Sb(Ⅲ) 还原成 Sb 原子，表面的硫酸根离子脱附，破坏了表面的膜结构，形成 Sb 的 (2×2) 有序结构，而在 Au(111) 表面没有出现有序结构。在 Sb(Ⅲ) 的欠电位过程中，表面形成的 Sb 亚单层的结构为 (1×2)，并进一步发生结构转变[图 7-7(b)]，不同于 Au(111) 表面形成的二维岛状结构或沟道网状结构。Sb 在 Au(111) 表面形成了表面合金，但由于 Au(100) 表面的低配位数使表面合金不稳定以及层内共价键的形成使 Sb 沉积层结构稳定两个因素的共同作用，使得 Sb 在 Au(100) 表面没有形成表面合金。对以上具有特殊行为的欠电位沉积体系的研究将有助于进一步认识欠电位沉积的本质。

7.3.2 表面构筑

相对于真空条件下的纳米构筑，电化学环境具有设备便宜、操作简便等优点。当 STM 针尖和样品表面的距离足够近时，可能发生隧穿机理以外的过程，例如，当针尖金属的内聚能小于基底金属的内聚能时，就可能发生针尖上原子向基底表面的跳跃接触（jump-to-contact）过程。利用这一过程，德国 Ulm 大学 Kolb 研究小组发展出一用 ECSTM 在金属和半导体表面构筑金属纳米簇的方法[6]。构筑过程如图 7-8 所示，先在 ECSTM 针尖上沉积所需的金属，然后在压电陶瓷 Z 方向施加一定大小的脉冲电压，驱动针尖靠近样品，当针尖和样品的距离足够近时，会发生跳跃接触过程，即沉积在针尖上的金属会向样品表面转移。当脉冲结束时，针尖离开样品，转移到样品表面的金属就形成了纳米结构。溶液中的金属离子可不断沉积到针尖表面，补充针尖上因构筑消耗的金属原子，因此，重复以上步骤就可以构筑得到纳米结构阵列或图案。通过调节所施加的脉冲，可在在一定范围内控制纳米团簇的高度。该方法为目前溶液中分辨率最高的纳米构筑方法，利用该方法在水溶液中成功构筑了 Cu、Pd、Ag 和 Cd 等纳米结构[29~31]。需要指出的是，如果在水溶液进行构筑，一些较活泼的金属的沉积往往会受到析氢的影响，ECSTM 在析氢的条件下也无法正常工作，因此限制了该方法的应用范围。

7.3.3 隧道谱测量

ECSTM 不但能在原子分辨水平观察电极表面吸附物种的结构，而且可以通过扫描隧道谱获取垂直于电化学界面方向的结构信息，从而更为全面地了解电化学界面。其中，控制针尖和样品的电势为恒定值，改变针尖样品之间距离的同时记录隧道电流的方法称为距离隧道谱（distance tunneling spectroscopy，DTS），该谱反映了隧穿结的能态，可计算电子隧穿的有效能垒高度。

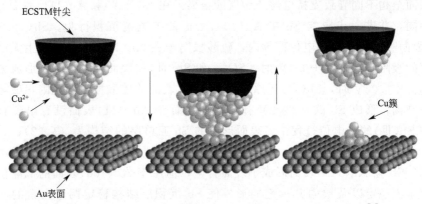

图 7-8　ECSTM 利用跳跃接触过程进行表面纳米构筑的示意图[6]

在电化学界面，电极表面状态与界面结构都将对隧道电流与距离的关系产生影响。Neburchilova 等[32] 测量了 Pt(111)在 0.05mol·L⁻¹ H₂SO₄ 溶液中不同电位下的有效能垒值，在双层区以及 Pt 开始氧化的电位区，有效能垒接近于 0.2eV，当表面形成了强化学吸附氧后，该值升至约 0.4eV。Schindler 等人的研究表明，在 Au(111)/0.02 mol·L⁻¹ HClO₄ 界面，有效能垒高度随着与 Au 电极表面距离的不同以波动的方式进行变化，这一特征与界面水的结构有关[33]。DTS 测量的有效能垒高度反映了电荷密度的分布，密度泛函理论计算可得到表面吸附物种电荷密度的分布。Jacob 等通过距离隧道谱、结合密度泛函理论，将有效能垒高度数据与离子和水的空间分布进行关联，首次得到双电层在垂直于电极表面方向的结构的实验证据和理论证据，从而获得了 Au(111)在 H₂SO₄ 溶液中电化学界面结构的详细模型[34]。Jacob 等人的工作也表明实验测量和理论计算相结合能提供垂直电极表面方向的距离标定，而无需基于 STM 针尖与基底点接触电阻的假设；如果缺乏理论计算的结合，则无法将有效能垒高度数据与垂直于表面的双电层组成进行直接的关联。

7.4 ECSTM 在离子液体中的应用

室温离子液体（简称为离子液体）由有机阳离子与无机阴离子组成，其熔点接近或低于室温。由于具有特别的物理化学性质，如非挥发性、高稳定性、可设计性、高导电性和宽电化学窗口，离子液体成为一类新型的电化学溶剂[35]。不但宽电化学窗口为研究在水溶液中溶剂分解导致干扰的电极反应提供了可能性，而且离子液体中的阴离子和阳离子会改变反应物种的溶剂化行为和存在形式，并使电极/离子液体界面具有特殊的结构和性质，从而显著影响电极过程。更为重要的是，离子液体几乎不存在蒸气压、对空气和水稳定的特点为开展 ECSTM 研究提供了可能，其宽电化学窗口以及与电极表面特殊的相互作用也为 ECSTM 在纳米尺度的电化学研究提供了新的契机。本节将介绍 ECSTM 在研究离子液体中的电极表面吸附、欠电位沉积、表面构筑和电导测量等方面的应用。

7.4.1　表面成像

7.4.1.1　离子液体的表面电化学

研究离子液体中阴阳离子在电极表面的吸附行为以及与电极表面的相互作用是认识电极/离子液体界面的前提条件。我们通过 ECSTM 研究发现，由于离子液体与电极表面的相互作用，Au(111)电极在 BMIBF$_4$ 离子液体中表现出特殊的表面电化学行为，即 Au(111)表面重排现象，而这种现象在水溶液中从未被发现过。当电极电位负移至一定电位时，Au(111)表面出现许多单原子深度的小洞。随着时间的延长，这些小洞会在整个电极表面发展成为一种杂乱的网格结构，其"网格线"宽约 2nm，原先平整的表面经历这样的破坏后成为原子极的粗糙表面。这一长程重排表面在 BMIBF$_4$ 的阴极分解电位下可发生"电化学退火"而恢复到大范围平整的单晶表面，并呈现 ($\sqrt{3} \times 22$) 重构[36]。Endres 等也报道了类似的现象[37]。我们认为电极上 BMI$^+$ 的吸附可能导致表面向阳离子的部分电荷转移，从而减弱电极表面金属原子间的内聚能，使之发生上述表面重排，而阴离子 BF$_4^-$ 在这一过程中也可能起到了某种协同作用。

ECSTM 还可通过跟踪离子液体在电极表面的吸附状态，为正确判断电极/离子液体界面 PZC 从而认识双电层结构提供直接的实验依据，而如何根据微分电容曲线判断 PZC 在文献中存在分歧。Freyland 小组观察到了 PF$_6^-$ 在 Au(111)表面形成的有序吸附结构，及其随电位而发生的相变过程[38]，而 Au(111)电极不适合观察阳离子的吸附。我们通过选用 Au(100)单晶电极，在较正的电位区间观察到 BF$_4^-$ 形成以菱形为单胞的有序结构，而在较负的电位区间观察到 BMI$^+$ 则形成了条状结构，如图 7-9 所示，在该结构中，两列上的 BMI$^+$ 的丁基侧链通过范德华力相互作用而形成稳定吸附的结构。以上观察到的阴/阳离子在电极表面吸附转换的

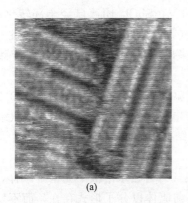
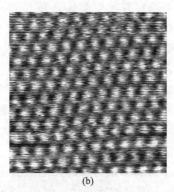

(a)　　　　　　　　　　　　(b)

图 7-9　(a) BMI$^+$ 在 Au(100)表面形成的条状结构，8nm×8nm；

(b) BF$_4^-$ 在 Au(100)表面形成的有序结构，5nm×5nm

过程发生在微分电容曲线中微分电容最大值对应的电位附近，这表明体系的 PZC 应该在该电位附近。以上工作首次在离子液体中将单晶电极上观察到的电极表面过程与微分电容的测量结果相结合，进而推测出体系的 PZC[39]。

7.4.1.2　离子液体中的欠电位沉积

离子吸附和溶剂的作用等对欠电位沉积的过程以及所形成的结构有显著的影响。离子液体作为一种完全不同于水的溶剂，具有不同的溶剂化性质，与金属离子和电极表面的相互作用都会与水显著不同，所形成的电极/电解液界面必然具有特别的结构和性质，从而对金属离子在电极表面的放电和成核等过程产生影响。与水溶液中关于欠电位沉积的大量研究相比，对离子液体中欠电位沉积的研究只有零星的报道，包括 Cu、Ag、Zn、Sb 和 Bi 等在 Au 表面的欠电位沉积[40~45]。在离子液体中开展系统的研究有望发现新现象和新规律并在欠电位沉积理论方面取得进展。我们在此介绍 Sb 在 Au(111) 和 Au(100) 单晶表面的欠电位沉积，完全不同于前文所介绍的在水溶液中的沉积行为反映了离子液体对电化学反应的显著影响。

$SbCl_3$ 在离子液体中具有很好的溶解性，可作为 Sb 沉积的前驱体。Freyland 等在 $BMICl-AlCl_3$ 中利用 ECSTM 研究了 Sb 在 Au(111) 上的电沉积行为[44,45]。Sb 在 Au(111) 表面的欠电位沉积阶段形成二维纳米条结构，ECSTM 图像观察到 $\sqrt{7} \times \sqrt{7}$ 结构以及 $\sqrt{3} \times \sqrt{3}$ 结构，并且欠电位沉积过程伴随着表面合金的生成。

我们在含 $0.01 mol \cdot L^{-1}$ $SbCl_3$ 的 $BMIBF_4$ 中研究了 Sb 在 Au(111) 和 Au(100) 表面的欠电位沉积行为。$SbCl_3$ 溶解在 $BMIBF_4$ 中仍以中性 $SbCl_3$ 的形式存在，并没有发生明显的解离和络合。电位诱导下，$SbCl_3$ 在电极表面吸附并自组装形成独特的团簇结构，在含 $SbCl_3$ 的不同离子液体（$BMIPF_6$，$BMITf_2N$，$EMI-CF_3SO_3$，$EMITf_2N$）中都观察到了同样的团簇吸附结构，说明离子液体中 Au(111) 表面 $SbCl_3$ 团簇吸附结构的形成具有普适性。这一电化学界面的无机分子吸附和自组织过程是在高离子强度环境下电极/离子液体界面各种相互作用力综合平衡的结果。电位负移至 $-250mV$，$SbCl_3$ 分子发生还原，Cl 原子的脱附使团簇结构变得不稳定并发生解体。在 $-300mV$，$SbCl_3$ 团簇已经全部转化成由 Sb 原子构成的条状结构。Sb 原子条之间互成 $60°$，与 Au(111) 基底的对称性一致。当电位负移至 $-0.5V$，Sb 欠电位沉积层形成多层结构。电位进一步负移导致形成结构复杂的表面合金。

在 Au(100) 表面，$SbCl_3$ 没有发生前驱体吸附。当电位负移到 $-0.2V$，Sb 形成与 Au(111) 表面相似的条状沉积。随着电位负移，更多的 Sb 以条状结构沉积在 Au(100) 表面。电位进一步负移，在条状结构表面出现许多单原子高度的岛并持续增多至覆盖住整个表面。

Sb 在离子液体中的特殊的欠电位沉积行为与在水溶液中完全不一样，充分反映了离子液体作为溶剂的特殊性，例如，Sb 前驱体以分子形式存在，而不发生解离或水解。溶剂的阴阳离子组成以及高的离子强度形成了电化学界面的特别结构和形成，导致了前驱体以分子形式发生吸附和自组织。进一步结合离子液体对反应物的传质和传荷行为的影响，使 Sb 的欠电位沉积也表现出新特征。对离子液体-电极表面和离子液体-金属离子相互作用的深入研究对揭示欠电位沉积的本质具有重要意义。

7.4.2　离子液体中的表面构筑和电导测量

如前文所述，利用跳跃接触（jump-to-contact）过程可在基底表面构筑纳米簇。然而，一些金属在水溶液中的电沉积会受到析氢反应的严重影响，因此无法在水溶液中实现纳米构筑。离子液体具有宽电化学窗口，一些在水溶液中不能进行的电沉积过程可在离子液体中得以实现。另外，针尖金属原子之间的内聚能小于针尖金属和基底金属的内聚能是发生针尖材料向基底表面跳跃接触的前提，而在离子液体中，由于离子液体中离子会与针尖和基底发生特别的相互作用，可能可以避开内聚能对一些构筑过程的限制。

金属原子线和金属-分子-金属结的量子输运性质是纳电子学和分子电子学的重要研究内容[46,47]。扫描隧道显微镜裂结法（STM-BJ）是构建金属原子线和金属-分子-金属结的重要方法之一，它是以 STM 为工具测量针尖和基底之间通过机械撞击和拉伸后形成的金属或半导体量子点接触的电导。通常，STM 针尖和样品基底选择使用相同的金属材料，并施加一定的偏压使其处于正常的隧道电流工作状态下，此时针尖样品不发生接触；然后通过改变压电陶瓷管 Z 方向的电压控制 STM 针尖逼近基底至二者形成一定的顶接触，在严格的环境和机械控制下也可于刚发生接触时形成良好的单原子量子点接触；接着使针尖后撤提拉，此时针尖和基底之间的接触部分逐渐被拉伸，经历形成一个单原子接触的过程后针尖和基底脱离。

该方法最大的优点是其操作具有良好的可重复性，在实验中可以很方便地得到大量的量子电导测量数据以进行各种统计分析，大大加深了人们对于金属量子输运性质的认识。一些价电子结构较为简单、延展性较好的金属量子测量体系（如 Au、Cu 等）已经可以很容易地通过同质机械裂结法获得具有良好重现性的量子电导测量结果。STM-BJ 技术作为一种研究原子尺度世界的有力工具逐渐被广泛地运用于金属量子电导效应研究领域，很快在超低温高真空、室温大气和室温高真空等各种实验条件下都获得了许多重要的研究成果，大大加深了人们对金属量子化电子输运行为的理解，对纳电子学乃至分子电子学研究领域的发展起到了极为重要的作用。

然而，对于大多数金属量子电导测量体系而言，同质机械裂结法往往需要在非常苛刻的条件控制下才可能获得具有一定重现性的电导测量数据。特别是对一些价电子结构较为复杂、延展性差的金属测量体系而言，其量子电导的统计分布特征即使在真空低温环境下都较为离散，往往很难在室温下获得有用的量子电导信息（如 Fe、Pd 等）。另外，在大多数情况下，对同质机械裂结法形成金属量子结过程中的原子构型演变机理的探讨都极为有限，尽管大量的理论研究文献表明，金属量子结中的原子排列构型对量子输运性质具有不可忽略的影响。这些都反映了现有同质机械裂结法所存在的一些局限性：①仅依靠反复的机械撞击过程所形成的金属量子点接触，其成结拉伸过程中的原子重排过程往往具有较大的无序性和随机性，很难形成结构一致的金属量子结；②对于一些化学性质较为活泼，且原子迁移能力（延展性）较差的金属而言，通过机械撞击方法不易形成良好的原子间键合，且环境中的杂质极易嵌入金属量子结中，并对最终的电导测量结果造成严重的干扰。

根据跳跃接触进行纳米构筑的原理，在构筑金属纳米团簇时必然会经过一个单原子或单分子尺度的纳米量子结的形成过程，从而提供了一种构建金属原子结或分子结的新方法。这种构建和测量金属量子点接触的方法我们称为基于"跳跃接触"的电化学 STM-BJ 法。在金属纳米团簇的拉伸断裂的过程中，监控流经针尖与基底间的电流变化曲线（偏压固定时即反映纳米点接触的电导变化）则能够观测到相应的金属量子输运现象，即电流变化曲线在特定位置呈现台阶状变化特征。它从技术层面上与传统的 STM-BJ 方法极为相似，但从基本构建机理层面上看，它与传统的同质机械裂结法存在着很大的不同。首先，本方法中初始的金属纳米点接触的形成并非简单依靠的机械撞击接触，而是利用 STM 针尖顶部的金属原子向基底表面发生的"跳跃接触"迁移过程，整个过程中针尖与基底两个电极间并未发生直接机械碰撞，这意味着一些金属研究体系中通过机械撞击机理难以形成稳定量子点接触的问题可能在此得到解决；其次，这种方法可以在异质金属电极对中实现金属量子点接触的构建，虽然最后量子点接触的拉伸和断裂仍旧发生在沉积于针尖顶部的目标金属上，但在基底一侧的金属纳米结部分往往只有几个原子层的厚度，因此基底异质金属的电子结构将可能对量子点接触的输运性质产生影响；最后，"跳跃接触"过程结束后在基底表面所形成金属纳米团簇可能具有与基底匹配的单晶原子排布结构，这意味着金属量子点接触在拉伸变形的过程中的原子重排很可能经历一个相对可控和重现的过程，从而使我们有机会能够首次从结构控制的层面上对金属量子点接触的电荷输运性质进行探讨。

为了在现有构筑平台上实现金属量子点接触电导的测量，我们需要在原有的基础上再加一路采集针尖电流的输入（A/D）通道，实时监控构筑时通过金属量子点接触的电流变化情况。这一功能同样可以很方便地通过具有数据采集/输出卡的外部工作站来实现。

另外，以离子液体作为溶剂增加了这种新方法所适合构筑体系的普适性。我们利用 ECSTM 针尖纳米加工技术的原理，发展了构建金属原子线及其电导测量的新方法，使 STM-BJ 技术更具普适性，并能应用于构建非金电极的金属-分子-金属结及其电导的测量[48]，已测量了 Cu、Pd 和 Fe 三种不同性质的金属原子线电导，证明了该方法的可行性和普适性，以及其在构建过渡金属原子线及其电导测量方面所具有的优势。以下将以磁性金属 Fe 和半导体元素 Ge 电子输运性能研究为例介绍电化学 STM-BJ 法的应用。

7.4.2.1　磁性金属 Fe 电子输运性能研究

在水溶液环境中，Fe 特殊的化学活泼性质使其电化学研究面临较大的挑战，其电沉积过程也受到析氢过程的严重干扰，从而对 STM 现场研究造成了极大的限制。室温离子液体具有的特点使得其研究工作得以开展。同时，离子液体还提供了特殊的溶剂化以及高离子强度环境，可在很大程度上影响电沉积前驱体的存在形式以及溶液物种的传质和放电过程，这些特征有可能导致在金属（尤其是铁磁性金属）电沉积过程中新现象和新规律的发现。另外，STM 技术以其超高的空间分辨能力和操控能力，不仅为研究电沉积过程提供了一种强有力的工具，而且也是溶液环境中实现表面纳米构筑效率和分辨率最高的一种方法[49]。

图 7-10 为利用基于"跳跃接触"的电化学 STM-BJ 法以离子液体作为溶剂构筑得到的 48 个 Fe 纳米簇组成的环，Fe 团簇的高度约为 0.6nm，环直径为 120nm。

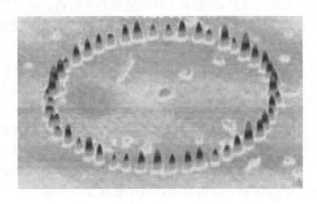

图 7-10　在 Au(111)表面构筑的 48 个 Fe 纳米簇组成的环

图 7-11　在 Au(111)表面用 Fe 团簇构成的
"NANOIRON"和"BMIBF$_4$"图案阵列

因此，利用仅有数个原子层高度的 Fe 纳米团簇在 Au(hkl)表面可以构筑包括圆环、文字以及大面积团簇点阵在内的各种复杂纳米图形（图 7-11）；Fe 团簇的直径通常在 3~6nm，高度为 0.3~1.0nm，展现出较好的均匀性，并且在一定范围内团簇的尺度可通过实验参数进行控制。Fe 纳米团簇还表现出了极高的电化学稳定性，可在平衡电位以正达 0.3V 电位区间保持稳定；这种特殊的电化学稳定性可能与金属纳米团簇尺度小到一定程度后所表现出的量子化效应有关。通过跟踪所形成的 Fe 纳米团簇后续的电化学沉积过程发现，Fe 纳米团簇的生长具有与基底晶面构型相关的自有序各向异性沉积特征，第一次从实验上证明了在单晶基底表面利用 STM 针尖"跳跃接触"诱导构筑方法产生的金属纳米团簇可自发形成与基底晶面匹配的单晶原子排布结构，且这一结论得到了分子动力学模拟研究的理论支持。

对于铁族磁性金属材料量子点接触的研究受到人们的广泛关注，因为其量子输运行为具有特殊的自旋极化特性，可能在自旋纳电子器件等领域有特殊的应用前景。尽管到目前为止人们在实验和理论研究方面都已经投入了许多工作和努力，但是对铁族元素的自旋量子输运特性的研究探讨——特别是在实验结果方面仍然存在许多矛盾和争论。尤其是对于 Fe 而言，作为地壳含量最高、应用也最为广泛的铁磁性金属，其量子输运研究工作的开展却相对较少，尤其是在实验测量方面仍存在较大的困难和争议。

根据现在对于金属单原子接触电导的理论认识，单个原子结中的量子电导通道数目主要取决于中心原子的价电子轨道数目，而其各个通道的透射系数则由点接触位点的原子结构环境所决定。因此，对于价电子轨道为 d 轨道的过渡金属体系而言，其电子输运通路主要来源于 5 个未完全开放的 d 轨道通道的贡献。磁性金属材料由于电子自旋对称性受到破坏，因此，相对于其它金属而言，其单个自旋电导通道的量子电导不是 G_0 而应是 $G_0/2 = e^2/h$，但在通道总数上需分别包括自旋向上和自旋向下两种类型。Fe 是一种典型的铁磁性过渡金属元素，其外层电子排布结构为 $3d^6 4s^2$。在零偏压下 Fe 的单原子结的量子输运行为主要取决于五个 3d 价电子轨道（考虑电子自旋态的情况下实际上应该分为 10 个自旋劈裂的通道）在费米能级附近所贡献的通道透射系数，无论是轨道的透射系数还是输运电流的自旋极化程度都与量子结的几何构型以及原子错配度有着密切的关联。因此，Fe 的电子量子输运行为将表现出相当程度的复杂性，若再考虑到其较为活泼的化学性质，实验上对 Fe 量子电导的测量确实具有较大的难度。

可以根据纳米构筑实验参数选择电化学 STM-BJ 量子电导测量条件：①针尖电位，必须保证针尖顶端的 Fe 电沉积过程始终保持一定的速度进行，因此针尖电位通常控制在 $-800 \sim -850$mV（vs Ag/AgCl，下同）。②基底电位，在纳米构筑阶段，通常尽量选择更正的基底电位进行构筑以获得更平整的构筑表面，但对于量子电导的测量而言，少量的表面 Fe 前驱体吸附物实际上并不影响测量结果的准确性，并且在前置放大器的针尖电流检测量程的限制下，基底与针尖的电位差值不宜过大（通常不超过 100mV），否则难以得到全面的 Fe 量子电导信息。因此，在构筑电导测量时通常将基底电位控制在 (-750 ± 50)mV 电位区间（该电位区间虽然已经略负于 Fe 的电沉积平衡电位 -650mV，但这一特殊电沉积体系通常在该区间只在基底表面发生极为微量的 Fe 电化学还原，因此对构筑过程的影响几乎可以忽略）。③Z-pulse，常用的 Z-pulse 高度范围为 (0.45 ± 0.5)V，持续时间为 20ms。④STM 参数设置，IG＝PG＝0.1，setpoint＝8nA。⑤采样参数，为得到更精确的测量结果，采用最高 500kHz 的采样频率，采样时间为 8ms。

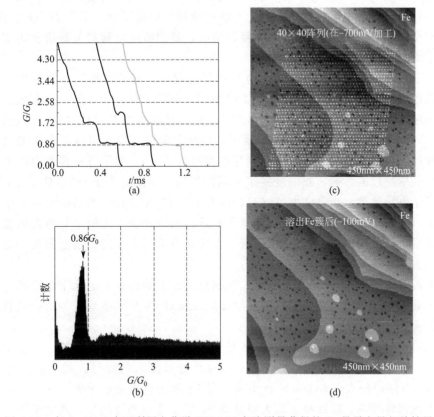

图 7-12 在 Au(111)表面利用电化学 STM-BJ 方法测量获得的 Fe 量子电导相关结果

图 7-12 给出了通过电化学 STM-BJ 构筑电导测量法获得的 Fe 量子电导相关结果。图 7-12（a）为典型的单条 Fe 量子电导变化曲线，可以看到在约 $0.86G_0$ 的电导值附近出现明显的量子电导台阶。图 7-12（b）为对 1600 条 Fe 量子电导变化曲线进行统计后获得的量子电导柱状统计分析图，由图中可看到在 $0.86G_0$ 位置呈现明显的量子电导统计峰形。这种良好的峰形统计分布特征与文献中报道的较宽或者甚至无明显特征的 Fe 电导统计分布结果大相径庭，而且 $0.86G_0$ 的 Fe 量子电导值也比低温超高真空中的文献测量值要小得多。我们分析认为可能是以下几种因素的共同作用最终导致了这样一种测量结果。

第一，Fe 量子点接触的输运性质与其几何构型和原子排布状态有密切的关系，而在构筑电导测量方法中所测量的点接触构型可能在一定程度上具有可重复的单晶构型演变机理，因此在每次获得的 Fe 量子点接触的量子化电导值相对更为接近。

第二，在 Fe 量子点接触的形成过程中可能有部分 Au 原子从基底扩散到量子结中形成合金，从而影响了点接触量子电导的数值大小。这里需要指出的是，尽管合金影响因素在目前还无法简单地完全排除，但我们对构筑电导测量后在基底表面形成的 Fe 纳米团簇进行的溶出实验说明在构筑提拉过程中并未发生明显的表面合金现象［如图 7-12（c）和（d）所示］。同时，当 Au 与其它金属形成合金时，其量子点接触电导将主要显示 Au 的量子输运特性，即量子电导值仍为 $1G_0$。因此，即便有个别 Au 原子嵌入 Fe 量子点接触结中，我们所测量到的电导信息仍应主要来源于 Fe 原子的贡献。

第三，在电化学 STM-BJ 构筑电导测量过程中，量子点接触断裂后在基底上留下的团簇高度通常只有 2～4 个原子层厚度，尽管在量子点接触拉伸断裂后往往会有一定程度的原子收缩重排，但形成量子结时基底端的 Fe 原子层数应该仍然十分有限，因此，Au 基底原子与 Fe 量子点接触之间的界面也可能对点接触电导有一定程度的影响（在针尖一端也可能存在类似的情况）。为了进一步探讨这种异质金属接触所导致的影响，我们变换了不同的针尖和基底开展 Fe 的电化学 STM-BJ 构筑量子电导测量。当基底由 Au(111) 改为 Pt(111) 或者针尖由 Au 针尖改为 Pt-Ir 针尖后，构筑电导测量所得到的 Fe 量子电导柱状统计分布图的电导峰形以及峰位置均未发生明显的变化。这说明 Fe 量子点接触两端所存在的异质金属接触对其量子点接触电导并没有十分显著的影响。

第四，由于 Fe 量子点接触在形成和测量过程中始终处于电化学电位的控制之下，因此，电化学势以及相应的电化学反应过程对 Fe 量子输运行为的影响目前也仍难以完全忽略。

从目前的结果来看，许多影响 Fe 量子电导的因素尚不十分明确，需要更多的实验检验并且配合相应的理论研究工作对其进行深入的探讨。我们利用电化学 STM-BJ 方法第一次在室温条件下实现了对 Fe 量子点接触电导的可信测量，并且获得了重现性较高、统计特征较为明显的 Fe 量子电导测量结果，这对于进一步研究和探索能应用于室温条件下纳/分子电子器件，尤其是自旋量子器件具有非常重要的意义。

7.4.2.2 半导体 Ge 电子输运性能研究

微晶态 Ge 通常是直接带隙半导体。与 Si 相比，Ge 具有 0.67eV 的窄带隙、载流子迁移率高、电子和空穴的有效质量小、介电常数小，因而更适用于发光器件、存储器件和光电探测器件。除了制备各种 Ge 纳米结构，并对其形貌、结构、光学和电学特性进行研究外，Ge 原子线的构建和量子输运性质的研究也是纳电子学领域的重要研究内容。基于跳跃接触的电化学 STM-BJ 法可保证每次提拉都发生同质断裂，可克服断裂情况复杂的问题[50]。

根据电化学 STM-BJ 法测量量子电导的原理可知，要实现 Ge 的纳米构筑和量子电导测量，针尖和基底电位的选择是非常关键的。通过对 Ge 在 Au(111) 表面电沉积行为进行研究，可判断 Ge 纳米构筑和电导测量的参数，基底电位控制在表面较平整且构筑得到的纳米团簇能稳定存在的电位下，而针尖电位则需在有 Ge 沉积的电位区间内进行尝试。

在进行团簇点阵构筑前，可先手动进行单点构筑（single pulse）来摸索点阵构筑条件，主要是脉冲电压的大小。单点构筑时针尖处于正常扫描状态。若连续施加

5～10次单点构筑，每次都可以从STM图像上观察到相应的团簇产生，且每次单点构筑只产生单个团簇，团簇的形状较好（理想情况为圆形），基底无洞出现，按照金属纳米构筑的经验，达到上述效果的单点构筑条件即可用来构筑团簇点阵。确定好构筑条件之后，就可在程序控制下自动进行团簇点阵的构筑。图7-13为针尖电位处于欠电位区时得到完整的（3×3）点阵，点阵中团簇高度为0.4～1.1nm，直径为3～8nm。

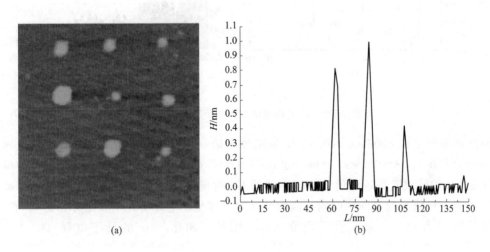

(a)　　　　　　　　　　　　　　(b)

图7-13　在Au(111)表面构筑的（3×3）Ge纳米点阵

在上述纳米构筑的过程中，针尖和基底之间会形成Ge原子线。在构建Ge原子线的过程中，记录针尖电流可得到针尖的I-t曲线（提拉曲线），经过适当的数学换算即可得到体现Ge原子线量子输运性质的电导曲线。

实验发现，在有Ge团簇留下时，其提拉曲线不一定有电导台阶。可能的原因是Ge的机械拉伸性不好，针尖后撤构建原子线的过程中，在没有形成直径与其费米波长（2.1nm）相当的原子结时就已断裂。故对Ge量子电导的统计，无法像Cu、Pd、Fe等金属一样，通过一次性构筑大面积点阵得到有明显电导峰的统计数据。只有通过大量的实验，从提拉曲线中挑出有台阶的曲线进行统计分析才能得到Ge的量子电导。图7-14中是从2250条提拉曲线中挑选出319条有台阶且噪声较小的电导曲线中的典型电导曲线及其电导统计图。典型电导曲线[图7-14(a)]在$0.025G_0$、$0.05G_0$处出现台阶；电导统计图显示Ge的量子电导集中分布在$0.02G_0$到$0.15G_0$之间，且在$0.025G_0$、$0.05G_0$处出现较显著的电导峰。

总体而言，Ge纳米构筑的成功率要远小于目前已用该方法实现纳米构筑的金属体系，且其纳米团簇尺寸的均一性也不如金属。可能的原因是Ge的机械拉升性及电沉积行为的可控性不如金属。虽然Ge在Au(111)和Pt(111)表面的电沉积行为略有不同，且其纳米构筑及量子电导测量时的条件也不尽一致，但在这两种电极表面得到的量子电导的测量结果是一致的。在Au(111)和Pt(111)表面得到的电导

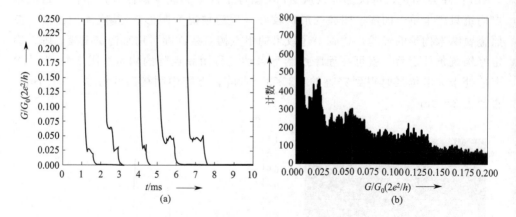

图 7-14 Ge 的典型电导曲线及其电导统计图

曲线都倾向于在 $0.025G_0$、$0.05G_0$ 处出现台阶,电导统计图显示 Ge 的量子电导集中分布在 $0.02\sim0.15G_0$ 之间。这说明用本实验方法构建 Ge 原子线时发生的确实是 Ge 的同质断裂,测量结果体现的是 Ge 的量子输运性质,没有受到基底材料的影响。在较高的电导区间内,观察到了半导体量子电导研究中普遍存在的 $0.5G_0$ 处的电导台阶。与金属量子电导($1G_0$ 附近)相比,Ge 的量子电导($0.02\sim0.15G_0$)要小得多。可能的原因有较小尺寸的原子线的形成、应力产生的原子重排、半导体本身特殊的能带结构及半导体电导通道较小的透射系数。

7.5 小结

经过二十余年的发展,电化学扫描探针显微术已不局限用于电极表面结构的表征和电极溶液界面的谱学测量。在纳米科技发展的需求和驱动下,电化学扫描探针显微术已成为利用电化学的优势,在电化学环境中进行纳米结构制备和纳电子学研究的重要手段。新研究领域的出现将为电化学扫描探针显微术的理论和实验技术的发展提供新的契机,而电化学扫描探针显微术也将为认识新领域发挥其重要的作用。

参 考 文 献

[1] Binnig G,Rohrer H,Gerber C,et al. Tunneling through a controllable vacuum gap. Appl Phys Lett,1981,40:178-180.
[2] 白春礼. 扫描隧道显微技术及其应用. 上海:上海科学技术出版社,1992.
[3] Sonnenfeld R,Hansma P K. Atomic-resolution microscopy in water. Science,1986,232:211-213.
[4] Weaver M J. Electrochemical interfaces:Some structural perspectives. Journal of physical chemistry,1996,100(31):13079-13089.
[5] Kolb D M. Electrochemical Surface Science. Angew Chem Int Ed,2001,40:1162-1181.
[6] Kolb D M,Ullmann R,Will T. Nanofabrication of small copper clusters on gold (111) electrodes by a

scanning tunneling microscope. Science，1997，275：1097-1099.

[7] Zhou Xiao-Shun，Wei Yi-Min，Liu Ling，Chen Zhao-Bin，Tang Jing，Mao Bing-Wei. Extending the Capability of STM Break Junction for Conductance Measurement of Atomic-Size Nanowires：An Electrochemical Strategy. J AM CHEM SOC, 2008，130：13228-13230.

[8] Liu H T，Liu Y，Li J H. Ionic liquids in surface electrochemistry. Phys Chem Chem Phys，2010，12：1685-1697.

[9] 毛秉伟. 扫描隧道显微技术及其在电化学中的应用. 化学通报，1991，5：277-284

[10] Gewirth A A，Niece B K. Electrochemical Applications of in Situ Scanning Probe Microscopy. Chem Rev, 1997，97：1129-1162.

[11] Itaya K. In-situ Scanning Tunneling Microscopy in Electrolyte Solutions. Prog Surf Sci, 1998，58（3）：121-248.

[12] Tao N J，Li C Z，He H X. Scanning tunneling microscopy applications in electrochemistry—beyond imaging. Journal of electroanalytical chemistry，2000，492（2）：81-93.

[13] 万立骏. 电化学扫描隧道显微术及其应用. 北京：科学出版社，2005.

[14] 万惠霖. 固体表面物理化学若干研究前沿. 厦门：厦门大学出版社，2006.

[15] Siegenthaler H. STM in electrochemistry. New York：Springer-Verlag，1992.

[16] Rogers B L Shaptera J G，Skinner W M，Gascoigne K. A method for production of cheap，reliable Pt-Ir tips. Rev Sci Instrum，2000，71（4）：1702-1705.

[17] Claudia E Bach，Richard J Nichols，Heinrich Meyer，Jurgen O Besenhard. An electropainting method for coating STM tips for electrochemical measurements. Surface and Coatings Technology，1994，67：139-144.

[18] Marcus D Lay，John L Stickney. EC-STM Studies of Te and CdTe Atomic Layer Formation from a Basic Te Solution. Journal of The Electrochemical Society，2004，151：C431-C435.

[19] Nagahara L A，Thundat T，Lindsay S M. Preparation and characterization of STM tips for electrochemical studies. Review of Scientific Instruments，1989，60（10）：3128-3130.

[20] Gewirth A A，Craston D H，Bard A J. Electroanal Chem，1989，261：477.

[21] Clavilier J，Faure R，Guinet G，Durand R. Preparation of mono-crystalline Pt microelectrodes and electrochemical study of the plane surfaces cut in the direction of the（111）and（110）planes. J Electroanal Chem，980，107：205-209.

[22] Yan J W，Sun C F，Zhou X S，Tang Y A，Mao B W. A simple facet-based method for single crystal electrochemical study. Electrochemistry Communications，2007，9：2716-2720.

[23] Homa A S，Eager E Y，Cahan B D. J Electroanal Chem，1983，150：181.

[24] Kolb D M，Lehmpfuhl G，Zei M S. J Electroanal Chem，1984，179：289.

[25] Zei M S，Lehmpfuhl G，Kolb D M. Surf Sci，1984，221：23.

[26] Kolb D M. Reconstruction Phenomena at metal-electrolyte interfaces. Prog Surf Sci, 1996，51：109-173.

[27] Herrero E，buller L J，Abruna H D. Underpotential deposition at single crystal surfaces of Au，Pt，Ag and other materials. Chem Rev, 2001，101：1897-1930.

[28] Wu Q，Shang W H，Yan J W，Mao B W. An in situ STM study on Sb electrodeposition on Au(111)：irreversible adsorption and reduction，underpotential deposition and mutual influences. Journal of molecular catalysis A-chemical，2003，199：49-56.

[29] Engelmann G E，Ziegler J C，Kolb D M. Nanofabrication of small palladium clusters on Au(111) electrodes with a scanning tunnelling microscope. J Electrochem Soc, 1998，145：L33-L35.

[30] Kolb D M；Engelmann G E，Ziegler J C. Nanoscale decoration of electrode surfaces with an STM. Solid State Ionics，2000，131：69-78.

[31] Zhang Y，Maupai S Schmuki P. EC-STM tip induced Cd nanostructures on Au(111). Surf Sci, 2004，551：L33-L39.

[32] Kasatkin E V，Neburchilova E B. Local topography and energy nonuniformity of the single-crystal and textured platinum surfaces studied by the electrochemical scanning tunneling microscopy and spectroscopy. Russ J Electrochemistry，1998，34：1039-1049.

[33] Hugelmann M，Schindler W. In Situ Distance Tunneling Spectroscopy at Au(111)/0. 02 M HClO. J Electrochem Soc, 2004，151：E97-E101.

[34] Simeone F C，Kolb D M，Venkatachalam S，Jacob T. The Au(111)/Electrolyte Interface：A Tunnel-Spectroscopic and DFT Investigation，Angew Chem Int Ed, 2007，46：8903-8906.

[35] Buzzeo M C, Evans R G, Compton R G. Non-haloaluminate room-temperature ionic liquids in electrochemistry - A review. Chemphyschem, 2004, 5: 1107-1120.

[36] Lin L G, Wang Y, Yan J W, Yuan Y Z, Xiang J, Mao B W. An in situ STM study on the long-range surface restructuring of Au(111) in a non-chloroaluminumated ionic liquid. Electrochemistry Communications, 2003, 5: 995-999.

[37] Borisenko N, El Abedin S Z, Endres F. In situ STM investigation of gold reconstruction and of silicon electrodeposition on Au (111) in the room temperature ionic liquid 1-butyl-1-methylpyrrolidinium bis (trifluoromethylsulfonyl) imide. Journal of physical chemistry B, 2006, 110 (12): 6250-6256.

[38] Pan G B, Freyland W. 2D phase transition of PF6 adlayers at the electrified ionic liquid/Au(111) interface. Chemical Physics Letters, 2006, 427 (1-3): 96-100.

[39] Su Y Z, Fu Y C, Yan J W, Chen Z B, Mao B W. Double Layer of Au(100)/Ionic Liquid Interface and Its Stability in Imidazolium-Based Ionic Liquids. Angew Chem Int Ed, 2009, 48: 5148-5151.

[40] Borissov D, Aravinda C L, Freyland W. Comparative Investigation of Underpotential Deposition of Ag from Aqueous and Ionic Electrolytes: An Electrochemical and In Situ STM Study. J Phys Chem B, 2005, 109, 11606-11615.

[41] Endres F, Schweizer A, The electrodeposition of copper on Au(111) and on HOPG from the 66/34 mol% aluminium chloride/1-butyl-3-methylimidazolium chloride room temperature molten salt : an EC-STM study. Phys Chem Chem Phys, 2000, 2: 5455-5462.

[42] Dogel J, Freyland W. Layer-by-layer growth of zinc during electrodeposition on Au(111) from a room temperature molten salt. Phys Chem Chem Phys, 2003, 5: 2484-2487.

[43] Wang J G, Tang J, Fu Y C, Wei Y M, Chen Z B, Mao B W. STM tip-induced nanostructuring of Zn in an ionic liquid on Au(111) electrode surfaces. Electrochemistry Communications, 2007, 9 (4): 633-638.

[44] Aravinda C L, Freyland W. Nanoscale electrocrystallisation of Sb and the compound semiconductor AlSb from an ionic liquid. Chem Commun, 2006, 16 (16): 1703-1705.

[45] Mann O, Aravinda C L, Freyland W. Microscopic and Electronic Structure of Semimetallic Sb and Semiconducting AlSb Fabricated by Nanoscale Electrodeposition: An in Situ Scanning Probe Investigation. J Phys Chem B, 2006, 110: 21521-21527.

[46] Agrait N, Yeyati A L, Ruitenbeek J M. Quantum properties of atomic-sized conductors. Phys Rep, 2003, 377: 81-279.

[47] Tao N J. Electron transport in molecular junctions. Nature Nanotechnology, 2006, 1: 173-181.

[48] Zhou X S, Wei Yi-Min, Liu Ling, Chen Zhao-Bin, Tang Jing, Mao Bing-Wei. Extending the Capability of STM Break Junction for Conductance Measurement of Atomic-Size Nanowires: An Electrochemical Strategy. J Am Chem Soc, 2008, 130 (40), 13228-13230.

[49] Wei Y M, Zhou X S, Wang J G, Tang J, Mao B W, Kolb D M. The creation of nanostructures on an Au(111). small, 2008, 4: 1355-1358.

[50] Xie X F, Yan J W, Liang J H, Li J J, Zhang M, Mao B W. Measurement of the Quantum Conductance of Germanium by an Electrochemical Scanning Tunneling Microscope Break Junction Based on a Jump-To-Contact Mechanism. Chemistry-An Asian Journal, 2013, 8 (10): 2401-2406.

索　引